자동차 기관공학

이찬수
황성일
봉필준 공저

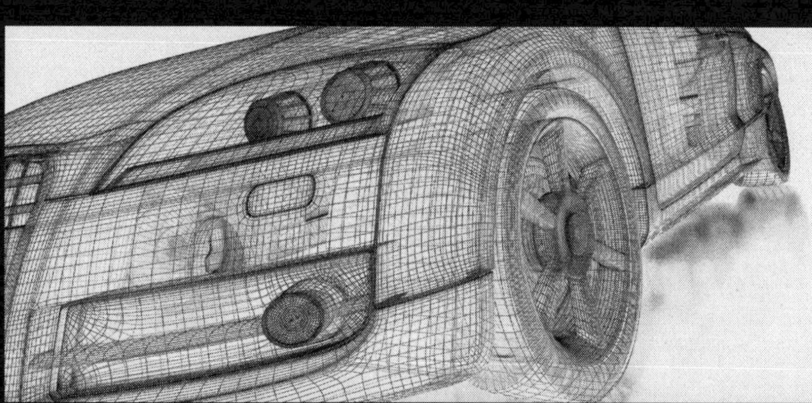

Automotive engine

D.B.Info

머리말

현대의 자동차 산업은 기계 공업을 기반으로 하여 전기·전자·화학·공업 등을 총망라한 종합 기계 산업이다. 국내외적으로도 자동차 산업은 규모 면에서 가장 왕성하게 성장하는 유망 산업이며, 소재 및 기술 개발과 적용 속도가 매우 빠른 분야 중 하나이다.

그리고 경제적인 자동차란 개인, 기업, 국가에만 적용되는 것이 아니며, 유한한 자원 에너지도 관련지어 생각해야 한다고 본다. 따라서 다시 전기자동차와 수소연료전지자동차에 도전하여 독자들과 함께하고 싶은 마음도 간절하다.

《자동차 기관공학》에는 필자와 오랜 세월을 함께한 내연기관의 추억을 두고두고 남기고 싶은 심정이 고스란히 담겨있다. 또한 '이제 시작이다'라는 마음가짐으로 본 교재를 완성하였다.

본 교재는 열역학에 기반을 둔 내연기관의 작동원리와 구조 전자제어 기관, LPi기관 및 CRDi 디젤기관, 하이브리드 자동차 등을 중점적으로 소개하였다.

이 책의 내용이 아직 미비한 점이 많으리라 생각하기에, 잘못된 부분이나 부족한 점에 대해서는 독자 여러분들의 예리한 지적과 아낌없는 조언을 부탁드린다.

끝으로 이 교재가 완성되는 데 함께한 기아자동차(주) 부산서비스센터 황성일 박사님, 서영대학교(파주캠퍼스) 자동차기계공학과 봉필준 교수님, 복두출판사 송광헌 대표님·유익수 과장님과, 졸고의 편집과 교정에 무던히 힘써주신 편집부 한승희 국장님 및 편집부 가족들에게 지면으로나마 감사의 마음을 전하는 바이다.

2019. 12. 05

이찬수 씀

차례

Chapter 1
내연기관의 작동원리

Chapter 2
열역학의 기초 및 성능

Chapter 1 내연기관의 작동원리

1. 내연기관의 일반적인 사항

1-1. 열기관의 정의

열기관(heat engine)은 작동물질을 연소하여 발생한 열에너지를 기계적 에너지로 전환($Q=AW$)하여 동력을 얻는 장치이며, 내연기관과 외연기관이 있다.

내연기관(internal combustion engine)은 연료를 실린더 내에서 연소 · 폭발시켜서 혼합기 자체가 보유한 화학적 에너지를 연소에 의해 열에너지로 바꾸어 그 연소가스가 팽창할 때의 일을 직접 이용한 것이다. 내연기관에는 피스톤 왕복형 기관, 로터리 기관, 가스 터빈, 제트 기관 등이 있다.

외연기관(external combustion engine)은 보일러나 원자로와 같이 기관의 외부에서 발생한 열에너지를 전열벽(傳熱壁)을 통해 작용물질에 가하는 것으로, 증기 터빈과 스터링 기관(stirling engine)이나 피스톤식 증기기관이 이에 속한다.

연료 면에서 보면 내연기관은 실린더나 연소기 내에서 연료를 연소시키므로 구조가 비교적 소형이며, 연소가스 자체가 작동물질이 되기 때문에 액체나 기체 연료를 사용하지만, 외연기관은 외부에서 연료를 연소하기 때문에 사용하는 연료의 범위가 고체 연료를 비롯해서 매우 넓은 것이 특징이다.

열기관은 왕복형 피스톤 기관과 같이 작동물질의 압축 팽창을 실린더 체적 변화에 따라 일로 바꾸는 용적형(容積型)과 가스 터빈과 같이 작동물질의 운동에너지를 이용하는 유동형(流動型)으로 나눌 수 있다. 용적형은 작동가스의 흐름이 간헐적이므로 유동형에 비해 유량(流量)이 큰 작동물질을 사용하는 것이 어렵다. 그리고 기관의 출력은 주로 공급되는 열에너지의 크기에 따라 결정되기 때문에 유동형은 큰 출력과 고속 회전형이고 용적형은 적은 출력과 저속 회전형이다.

1-2. 열기관의 분류

1-2-1. 피스톤 방식(왕복형 또는 용적형)

작동 유체의 폭발압력을 피스톤 직선 왕복 운동으로 크랭크축에 회전력을 발생시키는 방식으로 내연기관과 외연기관인 증기기관, 스털링 기관 등이 있다.

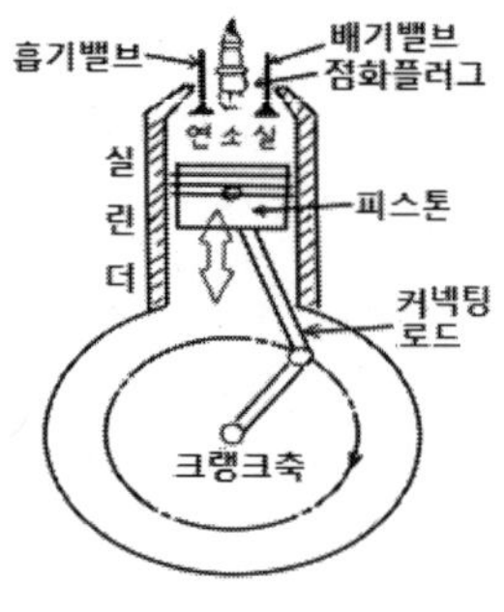

[내연기관]

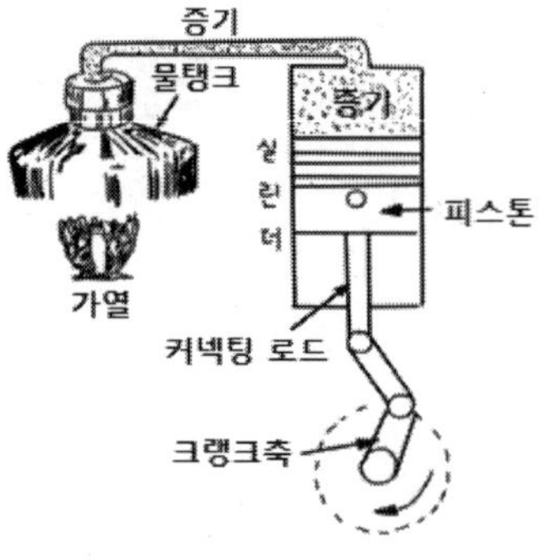

[증기기관]

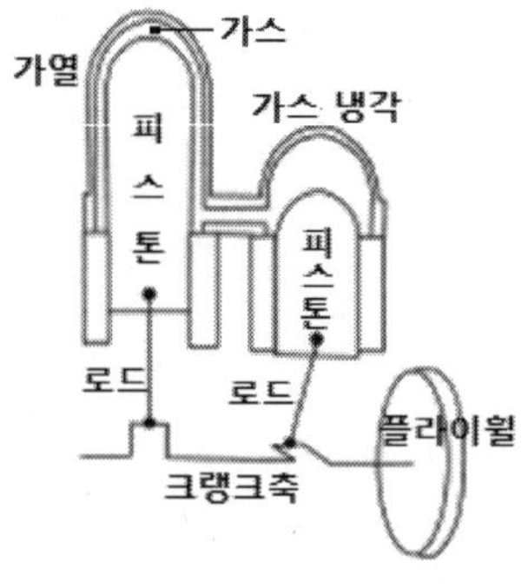

[스털링 기관]

(1) 내연기관(internal combustion engine)

연료의 연소가 기관의 내부에서 이루어져 열에너지를 기계적 에너지로 바꾸는 기관이다. 연료를 연소시켜서 생긴 연소가스 그 자체가 직접 피스톤에 작용하여 연료가 가지고 있는 열에너지를 기계적인 일로 바꾸는 기관을 말한다. 실린더 내에서 연료와 공기와의 혼합기체에 점화하여 폭발시켜서 피스톤을 움직이는 왕복운동형 기관을 가리킬 때가 많으나, 제트기관 로켓기관 등도 내연기관이다.

(2) 증기기관(steam engine)

증기기관은 외연기관에 속하며, 증기가 지닌 열에너지를 기계적 일로 변환시키는 기관의 한 형식이다. 일반적으로 열을 가해 발생시킨 증기의 압력으로 실린더 내의 피스톤을 움직여 동력을 얻는 왕복운동기관을 말한다. 고압증기의 정적압력(靜的壓力)을 실린더 내의 피스톤에 작용시켜 피스톤의 상하 왕복운동을 동력으로 사용한다.

(3) 스털링 기관(stirling engine)

스털링 기관은 외연기관에 속하며, 일정량의 가스가 실린더에 봉입되어 있고 가스가 가열되거나 냉각되면서 압력이 증가되거나 감소됨에 따라 피스톤이 왕복 운동하는 열기관이다.

1-2-2. 회전 방식(유동형)

(1) 로터리 기관(rotary engine)

로터리 기관은 1960년 방켈(독일)이 고안한 기관으로서 방켈기관이라고도 한다. 이 기관의 특징은 에피트로코이드(epitrochoid) 곡선 모양의 케이싱(casing)과 이것에 내접하는 삼각형 모양의 로터(회전자)로 되어있다. 케이싱이 실린더에 해당하고 로터가 피스톤에 해당한다. 케이싱과 로터 사이에 3개의 공간이 있으며, 로터의 회전으로 각 공간의 부피는 시시각각으로 변화하여 흡입 → 압축 → 폭발 → 배기를 한다.

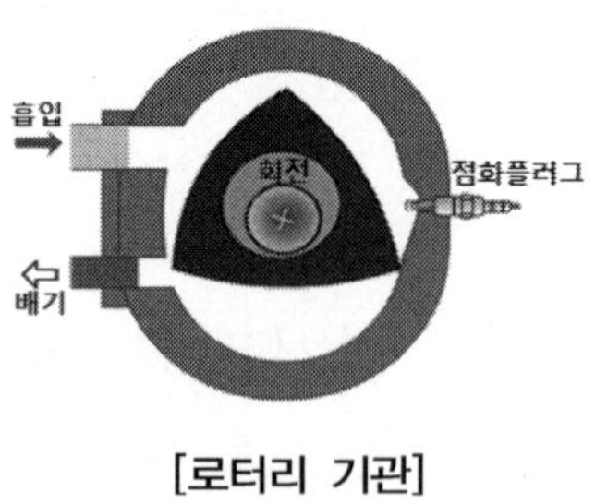

[로터리 기관]

로터가 1회전하는 사이에 각 날개마다 4사이클 동작을 완성한다. 흡입 · 압축을 위한 밸브는 없고 2사이클과 같은 흡기구 · 배기구를 로터 자신이 개폐한다. 크랭크축이나 커넥팅 로드가 없으므로 적은 배기량으로 높은 출력을 내는 장점이 있지만, 연료효율이 떨어지는 단점이 지적되었고 대중적인 기관으로 발전하지 못했다.

(2) 가스터빈 기관(gas turbine engine)

가스터빈 기관은 내연기관에 속하며, 속도형 고속 압축기로 공기를 계속적으로 압축하고, 압축된 공기 중에 연료를 분사, 연속적으로 연소한다. 이때 발생되는 연소가스로 터빈을 구동시키면 출력에 비해 소형, 경량의 열기관이다.

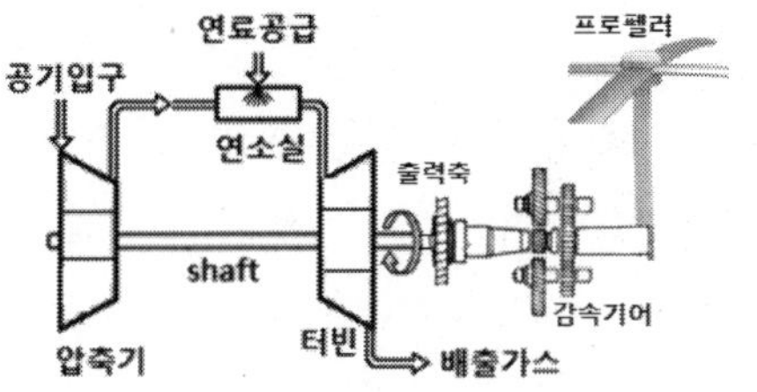

[가스터빈 기관]

(3) 증기터빈 기관(steam turbine engine)

증기터빈 기관은 외연기관에 속하며, 보일러에서 발생한 고압의 과열 증기를 노즐로부터 분출시켜 고속의 증기 분류로 이것을 회전하는 터빈 날개에 접촉시켜 동력을 얻는 일종의 열기관이다.

1-2-3. 분사 추진 방식

작동 유체의 폭발 압력을 일정한 방향으로 기관의 외부 좁은 구멍을 통해 분출시켜서 그 반작용 힘을 동력으로 이용하는 방식이다. 제트 기관, 로켓 기관 등이 있다.

Handy hint

▌내연기관의 장점

① 소형, 경량으로 할 수 있다.

② 연료를 실린더 내에서 직접 연소하므로 열손실이 적다.
즉 열효율이 높아 연료 소비율이 적다.

③ 시동 준비시간이 짧고, 변속이 쉽다.

④ 열효율이 높으므로 같은 양의 연료로 항속거리가 길다.

▌외연기관의 장점

① 사용연료 제한이 적다.

② 진동과 소음이 적다.

③ 큰 마력에 용이하다.

1-3. 왕복식 내연기관의 개요

왕복식 내연기관은 흡입, 압축, 폭발, 배기라는 4개의 행정에 의해서 작동되는데, 각 행정을 완료하기 위해서는 피스톤이 일정한 거리를 왕복 운동해야 한다. 피스톤이 맨 위에 올라갔을 때의 지점을 상사점(Top Dead Center : TDC)이라 하고 맨 아래로 내려왔을 때의 지점을 하사점(Bottom Dead Center : BDC)이라 하며, 상사점과 하사점 사이의 거리를 행정(Stroke)이라 한다.

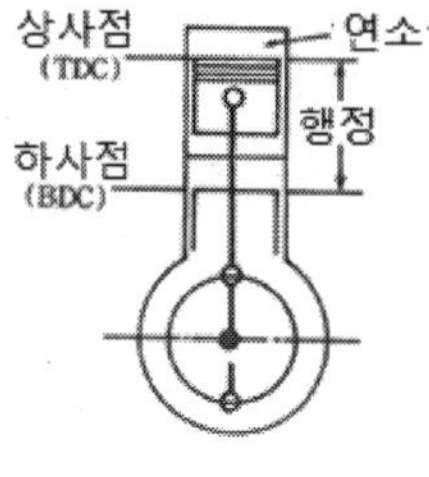

[상사점과 하사점]

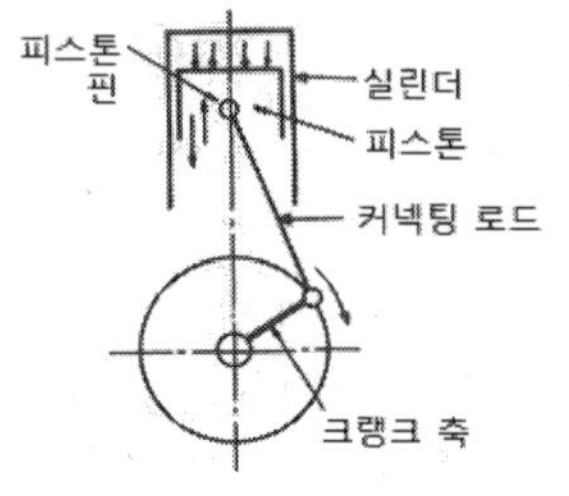

[피스톤-크랭크축 기구]

그리고 이 4개의 행정을 한번 완료하는 것을 1 사이클(Cycle)이라 부른다. 크랭크축이 2회전 하는 동안에 1 사이클이 완성되는 기관을 4행정기관이라 부르고, 크랭크축이 1회전 하는 동안에 1 사이클이 완성되는 기관을 2행정기관이라 부른다.

1-3-1. 4행정 사이클 기관의 작동 순서

이 사이클의 작동 방식은 1876년 독일의 오토(N. Otto)에 의해 고안된 것이며 흡입/압축/폭발/배기를 피스톤이 4행정을 하여 완성하게 되어 있다. 현재의 가솔린 기관은 거의 이 방식을 택하고 있다.

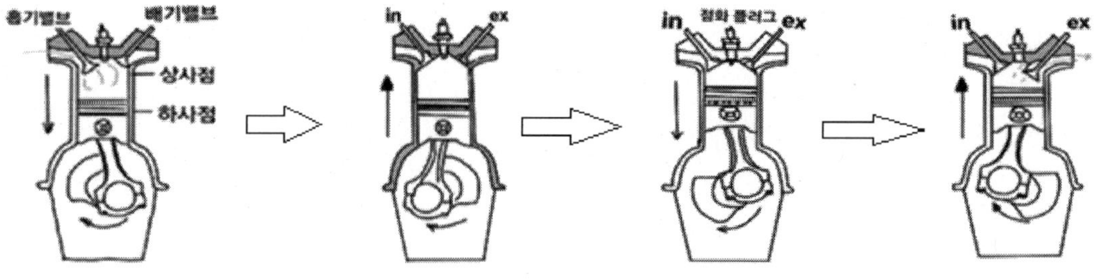

(a) 흡입 (b) 압축 (c) 폭발 (d) 배기

(1) 흡입행정(Intake stroke)

흡입행정은 피스톤이 상사점에서부터 하사점으로 이동되는 행정이다. 이 행정에서 배기밸브는 닫혀있으며, 흡기밸브는 상사점 전(BTDC) 10～30° 정도에서 열리고 하사점 후(ABDC) 45～60°에서 닫힌다. 이때 열려있는 흡기밸브를 통하여 공기 또는 공기+연료의 혼합기가 실린더 내에 흡입된다. 크랭크축 회전각도는 180°이고, 피스톤이 하강함에 따라서 실린더 내에는 부압이 발생한다.

(2) 압축행정(Compression stroke)

압축행정에서는 흡·배기밸브 모두 닫혀 있고 피스톤은 하사점에서 상사점으로 이동하는 행정이다. 크랭크축 회전각도는 360°이고, 체적은 감소하며 압력과 온도는 상승한다. 기관의 회전속도가 높아질수록 압축압력은 더욱 상승한다. 혼합기를 압축하는 것은 혼합 가스의 온도를 높여 쉽게 연소되게 하고, 또 연소가스의 압력이 더 증대되게 하기 위해서이다. 피스톤이 상사점에 이르기 조금 전(BTDC 5°)에 이 압축된 혼합기가 점화플러그에 의해 점화된다.

(3) 폭발행정(Power stroke)

폭발(동력)행정에서는 흡·배기밸브 모두 닫혀 있고, 피스톤은 상사점에서 하사점으로 이동한다. 압축행정에서 피스톤이 상사점에 이르기 조금 전에 점화된 혼합기는 빠른 속도로 연소하면서 발생된 압력이 피스톤에 내려 미는 힘을 가한다. 이 힘이 커넥팅 로드를 거쳐 크랭크축을 회전시켜 유효한 힘을 발생시킨다. 크랭크축 회전각도는 540°이며, 이 폭발행정에 의해 회전운동을 하는 플라이휠에 의한 관성(inertia)으로 움직여진다. 폭발행정에서의 최대 폭발 압력은 35~45[kgf/㎠]이다.

(4) 배기행정(Exhaust stroke)

배기행정에서는 흡기밸브는 닫히고, 배기밸브가 열려 피스톤은 하사점에서 상사점으로 이동한다. 배기밸브는 하사점전(BBDC) 50～60° 정도에서 열려서 상사점후(ATDC) 10～30° 정도에서 닫힌다. 크랭크축 회전각도는 720°이며, 폭발 행정에서 일을 한 연소가스를 실린더 밖으로 배출하는 행정이다. 배기밸브는 피스톤이 상사점을 조금 지나서 닫히고, 흡기밸브가 상사점 조금 전에 열려 다음의 흡입행정이 시작되는데, 4행정 사이클 기관이란 이와 같이 4행정을 완료하는데 크랭크축이 2회전을 하는 기관이다.

1-3-2. 2행정 사이클 기관의 작동 순서

이 기관의 작동 방식은 1880년 영국의 클러크(D. Clerk)에 의해 고안되었다. 4행정 사이클은 오토 사이클(정적 사이클)이라고 부르는데, 클러크 사이클이라고도 한다. 작동 방식은 크랭크축이 1회전할 때마다 1회의 동력 행정을 하며, 구조가 간단하고 경량으로 할 수 있다. 이륜차나 경자동차용의 소형 기관에 사용되고 있다. 이 형식의 소형 기관에서는 포핏형(poppet type)의 흡·배기밸브를 모두 두지 않고, 실린더에 둔 소기 구멍과 배기 구멍을 피스톤 상하 운동하면서 개폐하여 흡·배기를 하게 된다. 다음 그림은 흡입, 배기 및 소기의 3구멍을 둔 3구멍식 2사이클 기관의 작동을 나타낸 것이다.

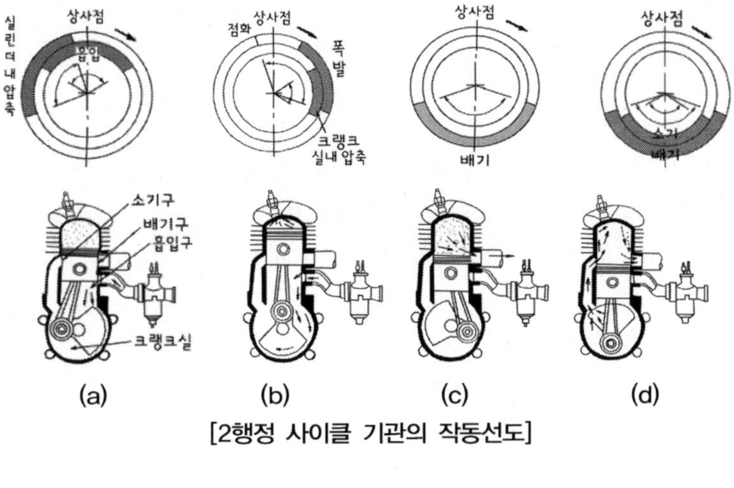

(a) (b) (c) (d)

[2행정 사이클 기관의 작동선도]

그림 (a)에서 피스톤이 상승하여 배기구멍을 막으면 실린더 내의 가스는 압축된다. 피스톤이 더욱 상승하여 크랭크 케이스에는 피스톤에 의해 막혀 있던 흡입 구멍이 열리면서 피스톤 아래쪽의 크랭크 케이스에 기화기로부터 혼합기가 들어가게 된다. 이 작용은 피스톤의 상승 행정의 후반에서 시작되어 피스톤이 상사점으로부터 내려오는 행정의 전반까지 계속된다.

그림 (b)에서와 같이 피스톤이 상사점에 이르면 점화, 폭발되어 피스톤이 힘을 얻으면서 크랭크축을 회전시킨다. 피스톤이 내려가기 시작하면 그림 (c)에서와 같이 배기 구멍이 열려 배기가 시작된다. 조금 더 내려가 구멍이 열리면 크랭크 케이스 내의 혼합기가 그림 (d)에서와 같이 실린더 내로 들어와 연소가스를 압출하여 배기를 촉진시킨다. 다시 피스톤이 상승 시작하면 소기 구멍, 배기 구멍을 순서로 닫아 압축이 시작된다.

이와 같이 2행정 사이클 기관은 크랭크축이 1회전을 할 때마다 4개의 행정이 완료되며, 4행정 사이클과 같이 행정이 구분되지 않고 행정이 항상 중첩되어 실시된다.

1-3-3. 2행정 사이클 기관의 소기 방식

소기(scavenging)란 잔류 배기가스를 실린더 밖으로 밀어내면서 새로운 혼합 가스나 공기를 실린더 안에 공급하는 작용을 말한다.

(1) 횡단 소기형(cross scavenging type)

대칭으로 소기구와 배기구가 실린더 아래쪽에 설치되어 있으며 루프형과 거의 같으나 다른 점은 소기가 배기구멍으로 들어가는 경우가 있어 다른 형식에 비해 소기효율이 비교적 낮다. 따라서 과급도 충분하지 못하고, 밸브기구가 간단하므로 소형 가솔린 기관에 사용되고 있다.

2행정 기관에서 가솔린 기관보다 디젤 기관이 더 유리한 이유는 연료 손실면에서 디젤 기관은 흡기시 공기를 흡입하기 때문에 흡입된 공기가 손실된다 해도 가솔린 기관처럼 연료가 손실되는 것이 아니기 때문이다.

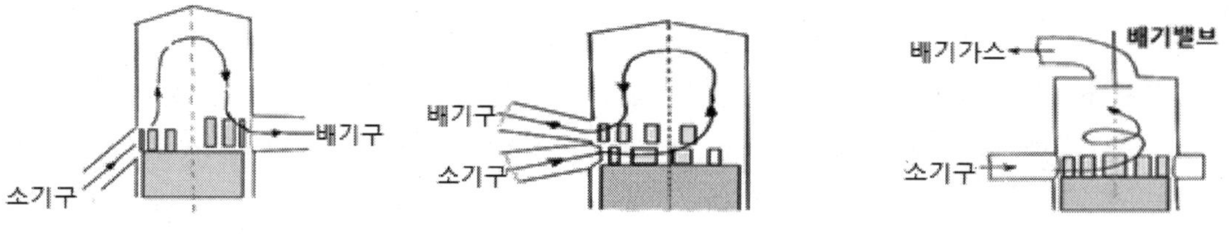

(a) 횡단 소기방식 (b) 루프 소기방식 (c) 단류 소기방식

(2) 루프 소기형(loop scavenging type)

루프 소기형은 실린더 아래쪽에 소기구와 배기구를 양 구멍을 둔 것으로서 횡단 소기식과 별 차이가 없으나 다른 점은 소기 구멍 방향이 위쪽으로 향해져 있으며 소기는 배기 구멍을 스치는 방향으로 밀려들어가게 된다. 그러므로 소기가 배기 구멍으로 흐르는 일이 적어 효율 면에서 횡단 소기형보다 우수하다.

(3) 단류 소기형(uniflow scavenging type)

단류 소기방식은 밸브 인 헤드형(valve in head type)이라고도 하며, 소기구멍에서 들어온 새로운 공기가 방향을 바꾸지 않고 한 방향으로 흐르게 하는 형식을 말한다. 이 형식은 실린더 헤드에 포핏

밸브를 두고 실린더 아래쪽에 소기 구멍을 둔 것으로, 횡단 소기방식이나 루프 소기방식보다 효율이 좋다.

Handy hint

▌디플렉터(deflector)

2행정 사이클 기관에서 피스톤 헤드에 설치한 돌출부를 말하며, 혼합가스에와류를 일으켜 연료손실을 줄이고, 연소가스 배출을 돕게 한다.

▌블로 다운(blow down)

폭발행정 말과 배기행정 초기에 배기밸브(또는 포트)가 열려 배기가스의 자체 압력에 의하여 자연히 배출되는 현상을 말한다.

▌블로 바이(blow-by)

압축과 폭발행정 시 실린더와 피스톤 사이에서 압축가스가 누설되는 현상을 말한다.

1-4. 4행정 사이클 기관과 2행정 사이클 기관의 비교

기관	4행정 사이클 기관	2행정 사이클 기관
장점	① 각 행정이 구분되어 있다.	① 배기량이 같을 때 발생동력이 크다.
	② 흡입공기로 인해 열적부하가 적다.	② 토크(회전력) 변동이 적다.
	③ 저속에서 고속의 회전속도 범위가 넓다.	③ 실린더 수가 적어도 회전이 원활하다.
	④ 체적 효율이 높고 연료소비율이 적다.	④ 밸브장치가 간단하다.
		⑤ 마력당 중량이 작고 가격이 싸다.
단점	① 밸브장치가 복잡하다.	① 유효행정이 짧아 흡·배기가 불완전하다.
	② 충격이나 기계소음이 크다.	② 연료소비율이 높다.
	③ 실린더 수가 적으면 사용이 곤란하다.	③ 저속회전이 어렵고 역화가 발생하기 쉽다.
	④ 마력당 중량이 크다.	④ 피스톤과 링의 소손이 빠르다.

Chapter 2 열역학의 기초 및 성능

1. 열역학의 기초

열역학(thermodynamics)이란 열에너지를 기계적인 에너지로 전환시킴에 있어서 과정(process)과 순환(cycle)을 이용하여 경제성 및 효율성을 추구하는 학문을 말한다. 열기관을 개량하기 위해 가장 필요한 지식은 열과 일 사이에 존재하는 기본 관계인 열역학 제1법칙, 열역학 제2법칙이다.

열역학 제1법칙은 열과 일의 양적 변환 관계에 대한 것이고, 제2법칙은 열과 일의 변환되기 위한 조건을 다루는 것이다. 이와 같이 열역학이란 '열과 관계되는 동력의 문제뿐만 아니라, 널리 에너지의 형태 변화와 이들과 관련되는 여러 가지 현상을 취급하는 학문'이라고 할 수 있다. 다음은 내연기관의 구조와 그 작용을 이해하는 데 있어 필요로 하는 열역학의 기초 측정 단위이다.

1-1. 열, 온도, 온도계

(1) 열(heat)

온도가 다른 두 물체를 접촉시키면 온도가 높은 쪽은 온도가 내려가고, 낮은 쪽은 올라가서 나중에는 두 물체의 온도가 같아진다.(열역학 제0법칙, 열평형의 법칙, 온도계의 원리를 제공해 주는 법칙)

$$_1Q_2 = GC\Delta t = GC(t_2 - t_1)\text{kcal}$$

이것은 온도를 높이는 작용을 가진 어떤 것이 온도가 높은 물체에서 온도가 낮은 물체로 옮아갔기 때문이라고 생각된다. 이와 같이 온도를 높이는 작용을 가진 것을 열이라 한다. 내연기관에서는 압축된 공기와 연료의 연소에 의해 이 열이 발생한다.

(2) 온도(temperature)

우리들이 피부로 느끼는 따뜻하다, 차갑다 등의 느낌의 차이를 물리적으로 정확하게 정한 것을 온도라 한다. 같은 물체끼리 가지고 있는 열량이 많고 적음에 따라 온도의 높고 낮음을 나타낸다. 그러나 서로 다른 물체에 있어서는 반드시 그렇지는 않다.

온도는 온도계(溫度計, thermometer)로 표시하며, 온도를 나타내는 눈금에는 섭씨(℃), 화씨(°F) 및 절대온도(°K) 등이 있다. 섭씨 온도계는 1기압 아래에서 물의 빙점(ice point)을 0[℃], 비등점(boiling point)을 100[℃]로 하여 이 사이를 100 등분한 것을 단위 눈금(1°)로 하고 있다. 화씨 온도계는 섭씨 0°를 32°로, 섭씨 100°를 212°로 정한 뒤 이 사이를 180등분한 것이다. 따라서 화씨 눈금의 1°는 섭씨 1°의 5/9에 해당한다.

섭씨와 화씨 사이에는 다음과 같은 관계가 있다.

$$℃ = \frac{5}{9}(°F - 32),\ °F = \frac{9}{5}(℃ + 32)$$

절대 온도는 이상 기체의 부피가 '0'(분자운동이 정지)이 되는 온도 -273.15[℃]를 0°로 하고 섭씨 온도와 같은 방법으로 눈금을 정한 것이다. 이 온도는 기체의 부피는 압력이 일정할 때 온도에 비례한다는 보일-샤를의 법칙(boyle-charle's law) 등 열역학의 이론상 온도로 사용되고 있다. 이 온도는 이것의 사용을 생각해낸 켈빈 경(kelvin lord)의 이름을 따서 켈빈 온도라고도 하며, °K를 붙여 표시한다.

예를 들어보자면 0[℃]=-273[°K]로 나타낸다. 따라서 °K=℃+273로 나타낸다.

(3) 온도계의 종류

물체의 온도가 높고 낮음에 따라 물체는 팽창 또는 수축하며, 높은 온도에서 내는 빛깔과 낮은 온도에서 내는 빛깔이 달라지고 전기 저항에도 변화가 생긴다. 이와 같은 물리적 성질을 이용하여 정확하게 온도나 기온을 재는 기구를 온도계라 한다.

온도계를 원리에 따라 나누면 액체 온도계, 기체 온도계, 금속 온도계, 저항 온도계, 열전대 온도계(thermocouple), 고온도계(빛 고온도계, 복사 고온도계) 등이 있다. 액체 온도계는 수은, 알코올 등의 액체가 팽창하는 성질을 이용한 것이고, 기체 온도계는 헬륨, 수소 등의 기체가 팽창하는 성질을 이용한 것이다. 금속 온도계는 서로 다른 두 개의 금속의 팽창의 차이를 이용한 것이며, 저항 온도계는 전기 저항이 온도에 비례해서 변화하는 성질을 이용한 것이다. 열전대 온도계는 열전대에 의해 일어나는 기전력(起電力)이 온도차에 비례하는 성질을 이용한 것이고, 고온도계는 높은 온도의 물체가 내는 빛의 빛깔이 온도와 일정한 관계가 있는 것을 이용하여 온도를 구한다. 참고로 내연 기관 배기가스의 온도 측정에는 열전대가 사용된다.

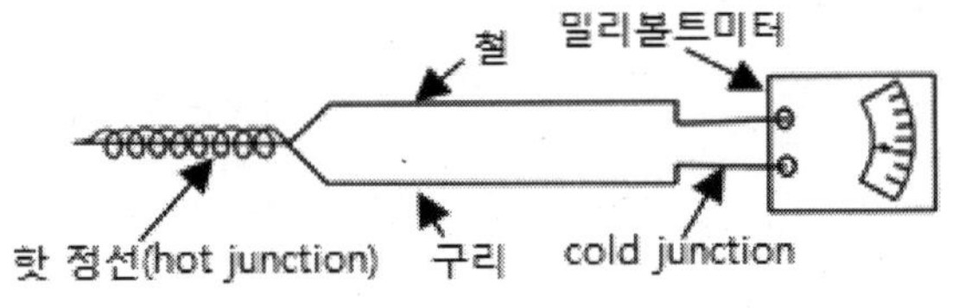

그림 2.1 열전대의 원리

1-2. 열량, 비열

(1) 열량(calorific value)

앞서 말한 바와 같이 물체가 뜨겁고 차가운 것은 일반적으로 그 물체가 가지고 있는 열의 양의 많고 적음에 의한 것인데, 이때 이 열의 양을 열량(熱量)으로 표시한다.

공학에서는 열량의 단위로 킬로칼로리(kilocaloric, kcal)를 사용하며, 이 외에도 평균 킬로칼로리, 15° 킬로칼로리 및 국제 킬로칼로리가 있다. 사실 어느 것을 사용해도 실용상 큰 차이는 없다.

평균 킬로칼로리는 표준 기압 하에서 순수한 물 1[kg]의 온도를 0[℃]에서 100[℃]까지 올리는 데 드는 열량의 1/100에 해당되는 것이며, 15° 킬로칼로리는 표준 기압 하에서 순수한 물 1[kg]의 온도를 14.5[℃]에서 15.5[℃]까지 올리는 데에 드는 열량으로 표시된다. 국제 킬로칼로리는 국제 증기표회의에서 결정한 열량 단위이다.

영국 열단위 BTU(british thermal unit)는 순수한 물 1[ib]의 온도를 1[°F] 올리는 데 드는 열량인데 킬로칼로리와는 다음과 같은 관계가 있다.

kcal	BTU
0.252	1
1	3.968

표 2.1 kcal와 BTU의 관계

(2) 비열(specific heat)

어떤 물질 1[kg]의 온도 1[℃] 올리는 데 드는 열량을 비열(比熱)이라고 한다. 비열의 단위로는 [kcal/kg]이 사용된다.

비열은 물질에 따라 그 값이 다르고 또 물질을 가열하는 상태에 따라서도 달라진다. 특히 가스체에서는 열팽창이 크기 때문에 비열을 정압(定壓)과 정적(定績) 둘로 나누어 생각한다. 일정한 압력 하에서 가열하는 경우의 비열은 정압비열이라 하며 Cp로 표시하고, 체적은 일정하게 유지하면서 가열하는 경우의 비열은 정적비열이라고 하며 Cv로 표시한다.

일반적으로 열팽창에 따르는 외부일 때문에 정압비열 Cp가 정적비열 Cv보다 크다. 즉 $\kappa = Cp/Cv$이며 κ(비열비)는 1보다 크다.

1-3. 연소에 필요한 공기량 및 연료 발열량

(1) 연소에 필요한 공기량

연소에 필요한 산소를 공급하는 공기는 산소(O_2) 이외에도 다량의 질소(N_2)와 미량의 아르곤(Ar) 등을 포함하고 있다. 공기 성분을 근사적으로 산소와 질소만으로 나누면 그 비율은 중량 비율로 산소 23.2[%], 질소 76.8[%]가 된다. 따라서 연료 1[kg]을 연소시키는 데 필요한 공기량을 O_o[kg]이라 하면 이론적으로 필요 공기량(L_o)은 연료 1[kg]에 대해

$$Lo = \frac{1}{0.232} O_o \text{[kg/kg]}$$

이 된다.

예를 들어 어떤 액체 연료 1[kg] 속에 탄소 C[kg], 수소 H[kg], 황 S[kg], 산소 O[kg]이 함유되어 있다고 해보자. 이때 연소의 화학 반응식으로부터 탄소 1[kg]의 연소에는 산소 8/3[kg], 수소 1[kg]에는 산소 8[kg], 또 황 1[kg]의 연소에는 산소 1[kg]을 필요로 하므로 이 액체 연료 1[kg]을 완전 연소시키기 위해서는 외부로부터

$$\frac{8}{3} C + 8H + S - O \text{[kg/kg]}$$

의 산소량을 공급해야 한다. 따라서 필요한 이론적인 공기량은

$$Lo = \frac{1}{0.232} (\frac{8}{3} C + 8H + S - O) \text{[kg/kg]}$$

이 된다.

[예제] 어떤 경유의 조성이 다음과 같다고 한다. 이 연료 1[kg]을 연소시키는 데 드는 이론적 공기량을 구하여라.

탄소(C)=85.6[%]　　　수소(H)=11.98[%]
산소(O)=1.2[%]　　　황(S)=0.76[%]
아스팔트=0.29[%]　　　기타 불순물=0.08[%[

[풀이] $Lo=\frac{1}{0.232}(2.67\times0.856+8\times0.1198+0.0076-0.012)=14.06$[kg] 또는 11.9[㎥]

(2) 연료의 발열량

연료 속에 포함되어 있는 가연 성분이 연소되면 다량의 열량이 발생되는데, 이 연소열은 기계적 일에 이용된다. 단위량의 연료가 완전 연소될 때 발생되는 열량을 그 연료의 발열량이라고 한다.

연소할 때 발생된 가스 속에 수증기가 포함되어 있을 경우 이것이 응축되면 응결하면서 증발열이 방출된다. 이와 같이 수증기의 증발열을 포함한 발열량을 고위발열량(high caloric value)이라고 한다.

실제 기관에 있어서는 연소 가스는 실온까지 냉각되지 않는다. 따라서 수증기가 복수되지 않으므로 증발열도 이용되지 않는다. 이 경우의 발열량을 저위발열량(low caloric value)이라고 한다.

열기관의 사이클에서의 계산에서는 이 저위발열량을 사용한다. 경유의 저위발열량은 10,170[kcal/kg], 가솔린의 저위발열량은 10,500[kcal/kg] 정도 된다.

1-4. 열전도

열은 에너지의 형태로 이동한다. 그리고 어떤 물체의 안 또는 이웃 물체 사이에 온도 차이가 있으면 온도가 높은 곳에서 낮은 곳으로 이동한다. 예를 들어 수냉식 내연 기관에서 연료의 연소로 발생한 열은 실린더 벽을 거쳐 냉각수로 이동되고, 냉각수의 열은 라디에이터에서 공기에 전도된다. 열이 전도하는 율은 물체에 따라 다르며 이 정도를 전도율로 표시한다.

열전도율은 두께 1[cm]인 판재의 양면의 온도차가 1[℃]일 때 판재면의 1[㎠]를 1[초] 동안에 통과하는 열량(cal)을 말하며, cal/cm·s·℃로 표시한다. 또는 두께 1[m]의 판재의 양면을 온도차가 1[℃]일 때 판재면의 1[㎡]를 1시간 동안에 통과하는 열량(kcal)을 말하기도 하며 kcal/m·h·℃로 표기한다. 또 영 단위에서는 두께 1[in](또는 1[ft])의 판재의 양면의 온도차가 1[°F]일 때 판재의 1[ft^2]를 1시간 동안에 통과하는 열량(BTU)을 말하며 BTU/ft·h·°F로 표시한다.

1-5. 기체의 법칙 및 상태식

(1) 보일의 법칙(boyle´s law, 등온법칙 : T=C)

영국의 보일은 일정한 온도에서 기체의 비체적(단위 중량당 기체가 점유하는 체적)은 그 압력에 반비례한다는 사실을 발견했다. 이것이 보일의 법칙 또는 마리오 법칙이라고 한다(그림 2.2).

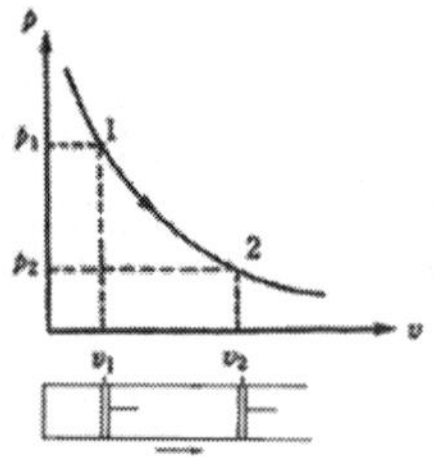

$v \propto \frac{1}{p}$ 비례상수를 c라 하면, $v = c\frac{1}{p}$

$pv = c$

$\therefore p_1 v_1 = p_2 v_2$

그림 2.2 P-V 선도

(2) 샤를의 법칙(charle´s low : 정압법칙, P=C)

프랑스의 샤를은 압력이 일정하면 기체의 비체적은 그 온도에 정비례한다는 사실을 발견했는데, 이를 샤를의 법칙 또는 게이 루작의 법칙이라 한다(그림 2.3).

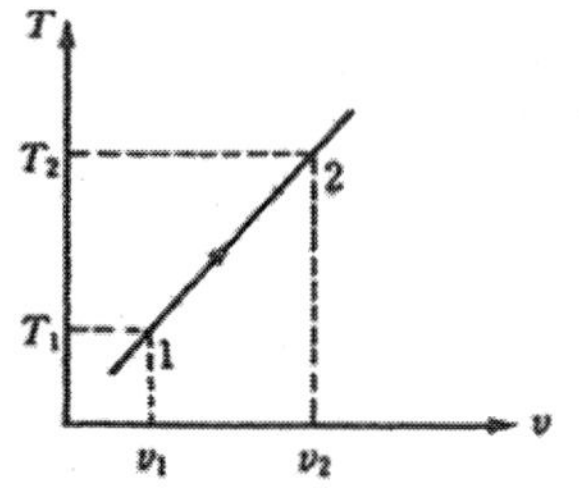

$v \propto T,\ v = cT$

$\frac{v}{T} = c$

$\frac{v_1}{T_1} = \frac{v_2}{T_2}$

그림 2.3 T-v 선도

(3) 보일-샤를의 법칙

기체의 비체적은 압력에 반비례하고, 절대온도에 정비례한다.

$$v \propto \frac{T}{P} \quad v = c\frac{T}{P}$$

$$\frac{Pv}{T} = c,\ \frac{PV}{T} = c \quad (\text{여기서, } v : \text{비체적, } V : \text{체적})$$

$$\frac{P_1 v_1}{T_1} = \frac{P_2 v_2}{T_2}$$

(4) 완전가스의 상태식

보일-샤를의 법칙을 완전히 만족하고, 또한 비열이 일정한 기체를 완전가스라 하면 다음의 상태식이 성립한다.

$$PV = GRT$$

만일, 1[kg]의 동작유체의 경우에는 $Pv = RT$로 표현될 수 있다.

v : 비체적, R : 가스정수, $R = 848$[kg · m/°K · kmol]=8314[N·m/°K·kmol]

이 되며, 이때 R은 일반 가스 정수라 한다. 일반 가스 정수는 모든 기체에 대해 일정하다. 이때 공기의 기체상수(R)=29.27[kg · m/kg°K]=287[N · m/kg · °K]=287[J/kg·°K]이다.

[예제] 탄산가스(CO_2)의 기체상수(R)는?

[풀이] 우선, CO_2의 분자량을 구하면 12+16×2=44

$$R = \frac{848}{44} = 19.27[\text{kg · m/kmol· °K}] = \frac{8314}{44} = 189[\text{N · m/kmol · ° K}] = 189[\text{J/kmol · ° K}]$$

아보가르도(Avogadro)의 법칙에서 같은 온도, 같은 압력, 같은 체적 내의 가스의 분자 수는 가스의 종류에 관계없이 모두 같다. 기체의 1[kmol]의 부피는 표준상태(℃, 1atm)에서 22.41[㎥]이다.

1-6. 완전가스의 상태 변화

미시적으로 보면 기체는 많은 분자로 구성되는데, 이들 분자 간에 분자력이 작용하지 않고 분자의 크기도 무시할 수 있다는 가정 하에서 성립하는 상태식을 따르는 가스를 이상기체(ideal gas) 또는 완전가스(perfect gas)라 한다. 실제로 이상기체는 존재하지 않으나, 가스는 액체에 비하여 분자 간의 거리가 멀고 분자력도 적으며, 또 분자의 체적도 전체에 비해 무시할 정도로 적으므로 공업적으로 이용되는 공기나 연소가스 등은 완전가스로 취급한다. 이에 비해 수증기, 암모니아, 프레온 냉매 등은 액체와 기체의 두 상태에서 사용되며, 또 액체는 기체보다 분자간 거리가 가깝기 때문에 분자력이나 분자의 크기를 무시할 수 없다.

액체가 증발하면 증기가 되며, 증기의 보통 상태에서는 완전가스로 취급할 수 없다. 이런 종류의 증기를 불완전 가스(imperfect gas)라 한다.

실제 기체는 분자량이 작을수록, 압력이 낮을수록, 온도가 높을수록, 비체적이 클수록, 이상기체의 상태식을 근사적으로 만족한다. 즉 완전가스라 함은 완전가스 상태방정식을 만족시키는 가스를 말한다.

(1) 등온변화(等溫變化, isothermal change)

가스가 등온 하에서 팽창 또는 압축될 때는 $Pv = RT =$일정이 되며, Pv선도는 직각 쌍곡선이 된다. 지금 그림 2.4의 $P-v$선도에서 등온변화의 상태는 곡선 AC로 표시된다. 상태 1에서 2로 등온 팽창할 때 외부에 대해 하는 일($_1W_2$)은

$$_1W_2 = RT\ell n\frac{P_1}{P_2} = P_1v_1\ell n\frac{v_2}{v_1}\text{[kg·m/kg]}$$

가 되어 Pv선도의 빗줄 부분의 면적 ABDC로 표시된다. 역으로 2에서 1로 압축되었을 경우에는 이와 같은 양의 일이 외부로부터 주어진 것이 된다.

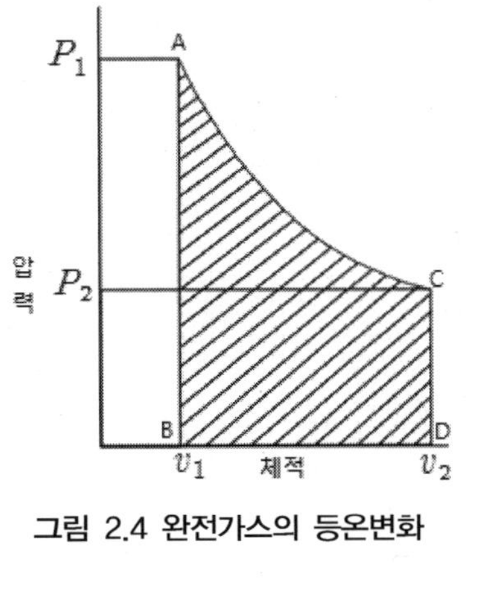

그림 2.4 완전가스의 등온변화

(2) 정압변화(定壓變化, isobaric change)

기체의 압력을 일정하게 유지하면서 가열 또는 냉각할 때의 변화를 정압 또는 등압변화라 한다. 이때

$$\frac{v}{T} = \text{일정} \quad \text{즉,} \ \frac{v_1}{T_1} = \frac{v_2}{T_2}$$

가 되어 비체적 v와 온도 T와는 비례한다. 일량은

$$_1W_2 = R(T_2 - T_1)[\text{kg·m/kg}]$$

이 된다.

(3) 정적변화(定積變化, isometric change)

기체의 체적을 일정하게 유지하면서 변화시키는 것을 정적 또는 등적변화라 한다. 이때

$$\frac{P}{T} = \text{일정} \quad \text{즉,} \ \frac{P_1}{T_1} = \frac{P_2}{T_2}$$

가 되어 체적이 일정하면 압력과 온도는 비례한다(샤를의 법칙). 체적이 일정하므로 외부에 대해 일은 전혀 하지 않으며 가해진 열량은 전부 내부에너지의 증가에 사용된다. 이때 일량은

$$_1W_2 = v(P_1 - P_2) = R(T_1 - T_2)[\text{kg·m/kg}]$$

이 된다.

(4) 단열변화(斷熱變化, adiabatic change)

상태 변화를 하는 사이에 외부로부터의 열의 수수(授受 : 주고받음)가 없는 경우를 단열 변화라 하며 다음의 식이 성립한다.

$$Pv^{\kappa} = \text{일정}, \ \kappa(\text{비열비}) = Cp/Cv$$

일량은 $_1W_2 = \frac{R}{\kappa - 1}(T_1 - T_2)[\text{kg·m/kg}]$으로 표시된다.

(5) 폴리트로픽 변화(polytropic change)

내연기관의 실린더 안에서의 가스의 팽창 및 압축은 단열 하에서 변화하지 않고, 도중에 실린더 헤드나 실린더 라이너 등을 통하여 열을 수수(授受)하면서 변화한다. 일반적으로 실린더 안의 가스 체적과 압력은

$$Pv^n = \text{일정}$$

의 관계를 가진다.

이것을 폴리트로픽 변화라 부르며, 지수 n은 기관에 따라 다르고, 또 행정을 하는 사이에도 변화하여 일정하지는 않다. 일량은

$$_1W_2 = \frac{P_1 v_1}{n-1}\left[1 - \left(\frac{1}{\epsilon}\right)^{n-1}\right] \quad (\text{여기서, } \epsilon \text{ : 압축비})$$

로 표시된다. 또 n의 값이

$n = 1$ 이면	$Pv = \text{일정}$	등온변화
$n = \kappa$ 이면	$Pv^{\kappa} = \text{일정}$	단열변화
$n = 0$ 이면	$P = \text{일정}$	정압변화
$n = \infty$ 이면	$v = \text{일정}$	정적변화

가 되며, 그림으로 표시하면 그림 2.5와 같다.

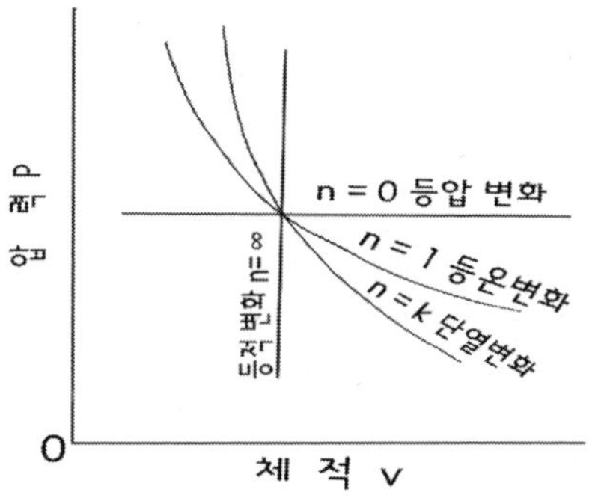

그림 2.5 폴리트로픽 변화

1-7. 열역학의 기본 법칙

(1) 열역학의 제1법칙

열은 기계적 일로 변환($Q = AW$)되고 또 기계적 일은 열로 변환될 수 있으며, 이때 기계적 일과 열의 비는 일정하다. 이것을 열역학의 제1법칙(first law of thermodynamics)이라 한다.

이것은 가역법칙, 에너지 보존의 법칙을 열과 일과의 사이에 적용한 것이라고 생각해도 되며, 1kcal의 열량은 427[kg · m]의 일에 해당된다. 이 427[kg · m/kcal]를 열의 일당량이라 하고 J로 표시한다. 또 그 역수를 A로 표시하고 일의 열당량이라고 부른다. 즉

$$\text{열의 일당량} \quad J = 427[\text{kg} \cdot \text{m/kcal}]$$

$$\text{일의 열당량} \quad A = \frac{1}{427}[\text{kcal/kg} \cdot \text{m}]$$

가 된다.

외부로부터 에너지를 공급을 받지 않고 영구 운동을 계속하는 것을 제1종 영구운동이라고 부르지만, 이는 에너지 불멸의 원리에 어긋나므로 불가능하다. 즉, 에너지를 공급하지 않고 일을 시키고 또 공급한 열 이상의 일을 시킬 수 있는 기계는 절대로 존재할 수 없다는 것을 열역학의 제1법칙이 이론적으로 증명하고 있다.

(2) 열역학의 제2법칙

열은 고온에서 물체에서 저온의 물체로 흐르나 그것의 역은 자연 그대로는 불가능하다. 따라서 열이 기계적 일로 변환되는 것은 고온의 물체의 열이 공급되는 경우에 가능하다. 이것을 열역학의 제2법칙(second law of thermodynamics)이라 한다. 이는 가역인지 비가역인지를 구분하는 법칙이며, 엔트로피(entropy)를 설명한 법칙이다.

열원으로부터의 열을 온도의 강하를 수반하지 않은 채 어떤 변화도 주지 않으며 기계적 일로 바꿀 수 있는 운동을 제2종 영구운동이라 하는데, 제2법칙은 이 제2종의 영구운동이 불가능하다는 것을 나타낸다고 할 수 있다. 결론적으로 제1법칙은 열이 일정한 관계를 가지고 기계적 일로 바뀌는 것을, 제2법칙은 그 변화에는 스스로 제한이 있음을 나타낸다.

(3) 열역학의 제3법칙

1906년에 네른스트(Nermst)가 밝힌 법칙으로, 어떤 이상적인 방법으로도 어떤 계(system)를 절대온도

°K(-273℃)에는 이르게 할 수 없다는 법칙이다. 즉 절대온도에 근접하면 분자운동은 정지하고 엔트로피는 0에 근접한다.

1-8. 카르노 사이클(sadi carnot cycle)의 개념과 열효율

(1) 카르노 사이클의 개념

카르노 사이클은 프랑스인 카르노가 고안한 사이클이다. 일반적으로 실현 가능한 열기관은 정적가열에서 단열팽창 또는 정압가열에서 단열팽창인데 카르노가 주장한 것은 등온팽창에서 단열팽창을 요구하므로 실현될 수 없다. 결국, 카르노 사이클은 두 개의 등온변화와 두 개의 단열변화로 이루어지는 가역 이상 사이클이다.

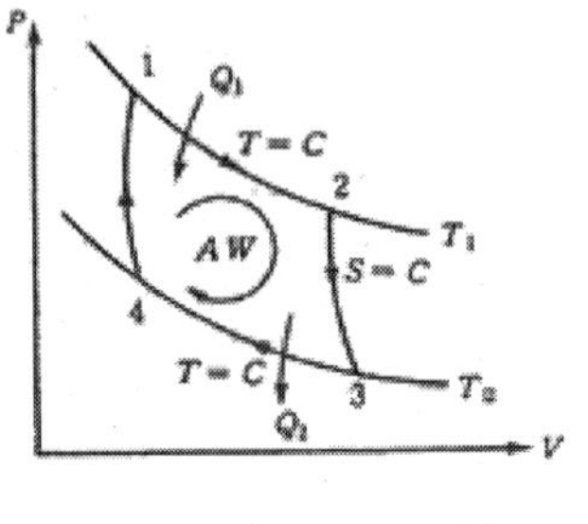

그림 2.6 P-V선도

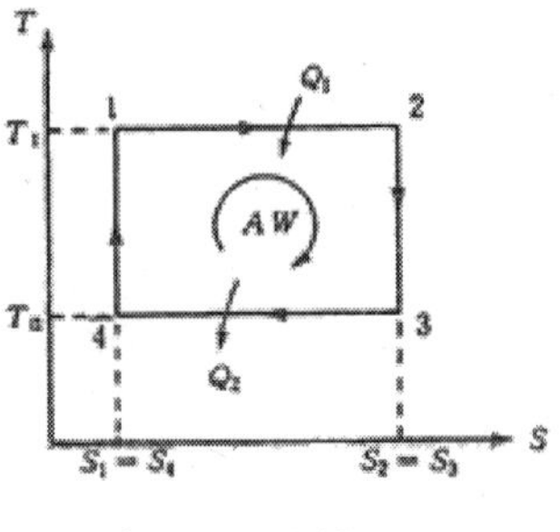

그림 2.7 T-S선도

그림 2.6과 2.7.은 카르노 사이클의 PV선도와 TS선도를 나타낸다. 카르노 사이클의 순서는 등온팽창[1 → 2과정] → 단열팽창[2 → 3과정] → 등온압축[3 → 4과정] → 단열압축[4 → 1과정]으로 표시했다.

(2) 카르노 사이클의 열효율(η)

$$\eta = \frac{\text{유효 일로 변한 열량}}{\text{공급열량}} = \frac{Q_1 - Q_2}{Q_1} = 1 - \frac{Q_2}{Q_1}$$ (여기서, Q_1: 공급열량, Q_2: 방출열량)

$$\eta = 1 - \frac{T_2}{T_1}$$ (여기서, T_1 : 고열원 온도, T_2 : 저열원 온도)

1-9. 내연기관의 열역학적 이론 사이클

내연기관에 실용되고 있는 사이클에는 오토 사이클, 디젤 사이클, 사바데 사이클 총 세 가지가 있다. 이 사이클들을 논할 때, 작동 가스를 완전 가스의 법칙이 따르는 공기로 가정한 것을 공기 사이클(air cycle)이라고 한다. 공기 사이클에서는 비열이 온도에 따라 변화되지 않고, 또 압축 및 팽창이 단열 하에서 행해진다고 가정한다. 아래에서 각 사이클을 설명하고, 공기 사이클의 열효율을 알아보기로 한다.

1-9-1. 오토 사이클(otto cycle)

열량 공급 시 일정한 체적 하에서 열량이 공급된다고 하여 정적 사이클(constant volume cycle)이라 불리는 사이클이다. 동작유체가 오토 사이클에 의하여 운전되는 실용적인 기관에는 자동차 가솔린 기관이나 소형의 동력용 기관 등이 있다. 이 오토 사이클은 두 개의 단열과정과 두 개의 정적과정으로 구성된 연소 사이클이다.

(1) 오토 사이클 P-V 선도의 상태도

① 0-1 과정 : 흡입과정
② 1-2 과정 : 단열압축과정(Q=0)
③ 2-3 과정 : 정적연소과정(V=C)
④ 3-4 과정 : 단열팽창과정(Q=0)
⑤ 4-1 과정 : 정적방열과정(V=C)

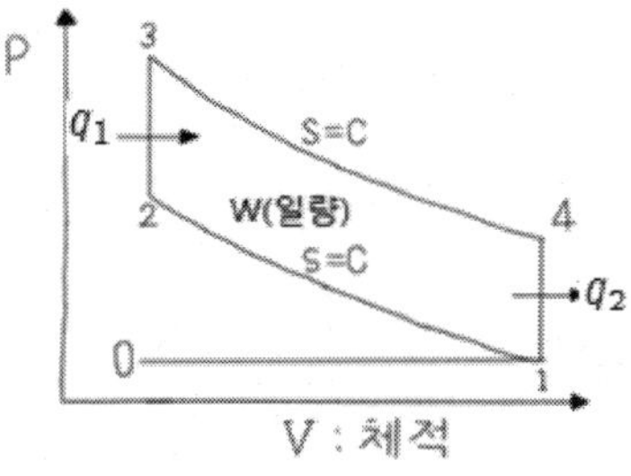

[P-V 선도]

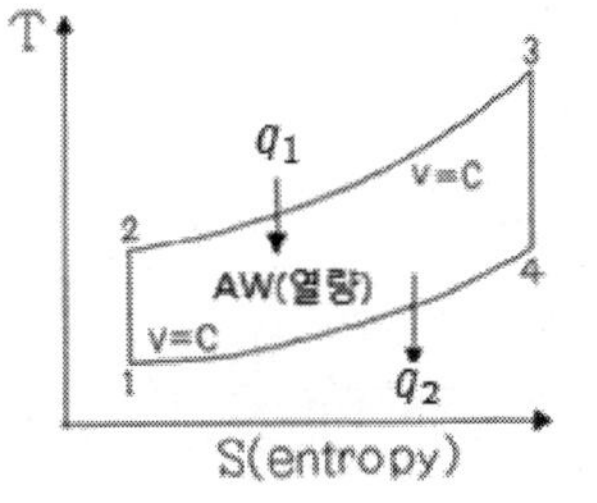

[T-S 선도]

(2) 오토 사이클의 열효율

가. T-S 선도에서 열효율을 구해보면

① 가열량 : q_1(정적 가열)

공기에 가해진 열량=내부 에너지의 증가+외부에 한 일

$\delta q = du + Apdv \quad v = c \quad dv = 0$

$\delta q = du$ 양변을 적분하면 $\int_2^3 \delta q = \int_2^3 du \qquad du = Cvd_T$ 이므로

$_2q_3 = \int_2^3 Cvd_T \qquad \therefore\ q_1 = Cv(T_3 - T_2)$

② 방열량 : q_2(정적 방열)

$\delta q = du + Apdv \qquad v = c \qquad dv = 0$

$\delta q = du$ 양변을 적분하면 $\int_4^1 \delta q = \int_4^1 du \qquad du = Cvd_T$ 이므로

$_4q_1 = \int_4^1 Cvd_T \qquad \therefore\ q_2 = Cv(T_4 - T_1)$

$\therefore$ T-S 선도에서 열효율(η_o)= $\dfrac{\text{유효열량(일로변환 열량)}}{\text{공급열량}} = \dfrac{AW}{q_1} = \dfrac{q_1 - q_2}{q_1}$

$$= 1 - \frac{q_2}{q_1} = 1 - \frac{Cv(T_4 - T_{1)}}{Cv(T_3 - T_2)} = 1 - \frac{T_4 - T_1}{T_3 - T_2}$$

나. PV 선도에서 열효율을 구해보면

오토 사이클의 PV 선도에서 압축비(ϵ)를 구하면

$v_2 = v_c$: 연소실(간극) 체적, $v_1 - v_2 = v_s$(행정 체적), $v_1 = v$: 실린더 체적

압축비(ϵ)= $\dfrac{v}{v_c} = \dfrac{v_c + v_s}{v_c} = 1 + \dfrac{v_s}{v_c}$

$\therefore$ 압축비= $\dfrac{\text{최대체적}}{\text{최소체적}} = \dfrac{v_1}{v_2} = \dfrac{v_4}{v_2} = \dfrac{v_1}{v_3} = \dfrac{v_4}{v_3}$

① $1 \rightarrow 2$ 과정 : 단열 압축과정이므로

단열지수 관계식 $\dfrac{T_2}{T_1} = \left(\dfrac{v_1}{v_2}\right)^{\kappa - 1} = \left(\dfrac{P_2}{P_1}\right)^{\frac{\kappa - 1}{\kappa}}$ 에서

$$T_2 = T_1\left(\frac{v_1}{v_2}\right)^{\kappa-1} = T_1(\epsilon)^{\kappa-1} \qquad \text{압축비}(\epsilon) = \frac{v_1}{v_2} \text{ 이므로}$$

② 3→4 과정 : 단열 팽창과정이므로

단열지수 관계식에서 $\frac{T_3}{T_4} = \left(\frac{v_4}{v_3}\right)^{\kappa-1} = \left(\frac{P_2}{P_1}\right)^{\frac{\kappa-1}{\kappa}}$

$$T_3 = T_4\left(\frac{v_4}{v_3}\right)^{\kappa-1} = T_4(\epsilon)^{\kappa-1}$$

$$\eta_o = 1 - \frac{T_4 - T_1}{T_3 - T_2} = 1 - \frac{T_4 - T_1}{T_4(\epsilon)^{\kappa-1} - T_1(\epsilon)^{\kappa-1}} = 1 - \frac{T_4 - T_1}{\epsilon^{\kappa-1}(T_4 - T_1)} = 1 - \left(\frac{1}{\epsilon}\right)^{\kappa-1} = f(\epsilon)$$

∴ PV 선도에서 오토 사이클 열효율$(\eta_o) = 1 - \left(\frac{1}{\epsilon}\right)^{\kappa-1}$ 여기서, ϵ : 압축비, κ : 비열비

Handy hint

▮ 오토 사이클의 이론 열효율은 압축비와 비열비에 의하여 결정되며, 압축비가 높으면 열효율이 증가한다. 그러나 노킹 문제로 압축비를 제한한다.

▮ 비열이란 어떤 물질 1[kg]을 1[℃] 상승시키는 데 요하는 열량[kcal/kg · ℃]이다.

▮ 비열비$(\kappa) = \frac{\text{정압비열}(Cp)}{\text{정적비열}(Cv)}$(단. $Cp > Cv$, κ는 항상 1보다 크다)

① 1원자 분자일 때 비열비는 1.66이다. [예] He(헬륨)

② 2원자 분자일 때 비열비는 1.4이다. [예] Co, H_2, O_2

③ 3원자 분자일 때 비열비는 1.33이다. [예] H_2O, CO_2

1-9-2. 디젤 사이클(diesel cycle)

저속 디젤 사이클은 두 개의 단열과정과 한 개의 정압과정 그리고 한 개의 정적과정으로 구성된 연소 사이클이다. 이 사이클은 동작 유체를 단열 압축하여 고온으로 하면 연료를 분사하는 것만으로도 자기 착화하여 일정한 압력 하에서 연소된다. 이와 같이 유체가 이루는 사이클을 디젤 사이클 또는 정압 사이클(constant pressure cycle)이라 부른다.

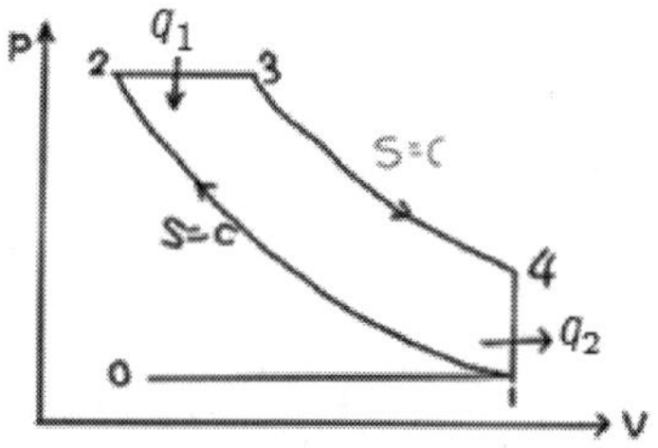

[P–V 선도]

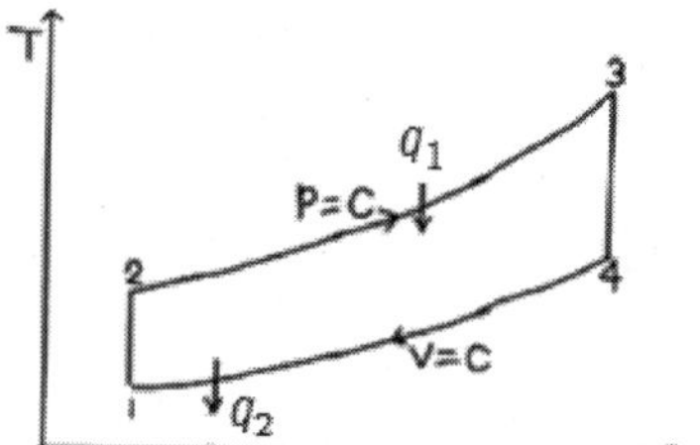

[T–S 선도]

(1) 디젤 사이클 P-V 선도의 상태도

① 0-1 과정 : 흡입과정(공기만으로 흡입)

② 1-2 과정 : 단열압축과정(공기만으로 압축)

③ 2-3 과정 : 정압연소과정

④ 3-4 과정 : 단열팽창과정

⑤ 4-1 과정 : 정적방열과정(배기과정)

(2) 디젤 사이클의 열효율

가. T-S 선도에서 디젤 사이클 열효율

① 가열량 : q_1(정압 가열)

$\delta q = dh - Avdp \quad p = c \quad Avdp = 0$

$\delta q = dh \quad dh = Cpd_T$

$q_1 = Cp(T_3 - T_2)$

② 방열량 : q_2(정적 방열)

$\delta q = du + Apdv \quad v = c \quad Apdv = 0$

$\delta q = du \quad du = Cvd_T$

$q_2 = Cv(T_4 - T_1)$

$$\therefore \text{열효율}(\eta_d) = 1 - \frac{q_2}{q_1} = 1 - \frac{Cv(T_4 - T_1)}{Cp(T_3 - T_2)} = 1 - \frac{Cv(T_4 - T_1) \times \frac{1}{Cv}}{Cp(T_3 - T_2) \times \frac{1}{Cv}}$$

$$= 1 - \frac{T_4 - T_1}{\frac{Cp}{Cv}(T_3 - T_2)} = 1 - \frac{T_4 - T_1}{\kappa(T_3 - T_2)}$$

나. PV 선도에서 디젤 사이클 열효율

PV 선도에서 압축비$= \dfrac{\text{최대체적}}{\text{최소체적}} = \dfrac{v_1}{v_2} = \dfrac{v_4}{v_2} = \dfrac{v_4}{v_3}$

① 1→2과정 : 단열 압축

단열지수 관계식 $\dfrac{T_2}{T_1} = \left(\dfrac{v_1}{v_2}\right)^{\kappa - 1} = \left(\dfrac{P_2}{P_1}\right)^{\frac{\kappa - 1}{\kappa}}$ 에서

$T_2 = T_1\left(\dfrac{v_1}{v_2}\right)^{\kappa - 1} = T_1(\epsilon)^{\kappa - 1}$ 　 압축비$(\epsilon) = \dfrac{v_1}{v_2}$ 이므로

② 2→3과정 : 정압 가열

샤를의 법칙에서 기체의 압력이 일정할 때 기체의 비체적은 절대온도에 비례한다.$(p = c)$

$\dfrac{Pv}{T} = c$ 에서 $P =$ 일정하므로

$$\frac{v}{T}=c \qquad \frac{v_2}{T_2}=\frac{v_3}{T_3} \qquad T_3=T_2\left(\frac{v_3}{v_2}\right) \qquad \frac{v_3}{v_2}=\sigma(\text{단절비 또는 체절비})$$

$$T_3=T_2(\sigma) \qquad T_2=T_1(\epsilon)^{\kappa-1} \text{ 이므로}$$

$$T_3=T_1(\epsilon)^{\kappa-1}\cdot\sigma$$

③ 3→4과정(단열 팽창)

단열지수 관계식 $\frac{T_4}{T_3}=\left(\frac{v_3}{v_4}\right)^{\kappa-1}=\left(\frac{P_4}{P_3}\right)^{\frac{\kappa-1}{\kappa}}$ 에서

$$\frac{T_4}{T_3}=\left(\frac{v_3}{v_4}\right)^{\kappa-1} \qquad T_4=T_3\left(\frac{v_3}{v_4}\right)^{\kappa-1}=T_3\left(\frac{v_2}{v_4}\times\frac{v_3}{v_2}\right)^{\kappa-1}$$

$T_3=T_1(\epsilon)^{\kappa-1}\cdot\sigma$ 이고, $\frac{v_3}{v_4}$는 압축비의 역수 $\frac{1}{\epsilon}$ 이고, $\frac{v_3}{v_2}$는 σ 이므로

$$T_4=T_1\epsilon^{\kappa-1}\sigma\times\frac{1}{\epsilon^{\kappa-1}}\sigma^{\kappa-1}=T_1\sigma^{\kappa}$$

$$\therefore \text{ 디젤 사이클 열효율}(\eta_d)=1-\frac{T_4-T_1}{\kappa(T_3-T_2)}=1-\frac{T_1\sigma^{\kappa}-T_1}{\kappa(T_1\epsilon^{\kappa-1}\sigma-T_1\epsilon^{\kappa-1})}$$

$$=1-\frac{\sigma^{\kappa}-1}{\kappa(\epsilon^{\kappa-1}\sigma-\epsilon^{\kappa-1})}=1-\frac{\sigma^{\kappa}-1}{\kappa\epsilon^{\kappa-1}(\sigma-1)}=1-\left(\frac{1}{\epsilon}\right)^{\kappa-1}\cdot\frac{\sigma^{\kappa}-1}{\kappa(\sigma-1)}=f(\epsilon\cdot\sigma)$$

여기서, ϵ : 압축비, σ : 단절비(정압 팽창비), κ : 비열비

Handy hint

- 단절비가 '1'이면 오토 사이클이 된다.
- 디젤 사이클에서는 압축비가 높고, 단절비가 작을수록 열효율이 증가한다.

1-9-3. 사바테 사이클(sabathe cycle)

고속 디젤 사이클은 두 개의 단열과정과 한 개의 정압과정 그리고 두 개의 정적과정으로 구성된 연소 사이클이다.

고속 디젤 기관에서는 단시간 내에 연료를 연소시킬 필요가 없으므로 압축이 끝나기 조금 전에 연료 분사를 시작하여 압축 끝에 착화되도록 하면 그동안 주입된 연료는 거의 정적 상태에서 연소하고, 그 후에 분사된 연료는 거의 정압 상태에서 연소하게 되므로 이 합성 사이클은 고속 디젤 기관의 이론 사이클이라고도 한다.

이 사이클은 사바테가 고안한 것이며, 무기분사식 디젤 기관의 기본 사이클을 이루는 것이다. 사바테 사이클은 연소, 즉 열량 공급이 정적 및 정압의 두 부분에서 행해지므로 정적정압 사이클(constant volume-constant pressure cycle) 또는 2중연소 사이클(dualcombustion cycle)이라고도 부른다. 또한 이 사이클은 오토(otto)와 디젤(diesel) 사이클을 합성한 것이므로 복합 사이클(combined cycle)이라고도 부른다. 특히 고속 기관에서는 확실한 연소를 일으키기 위하여 정압 연소뿐만 아니라 정적 연소, 즉

폭발까지도 일어나게 한다.

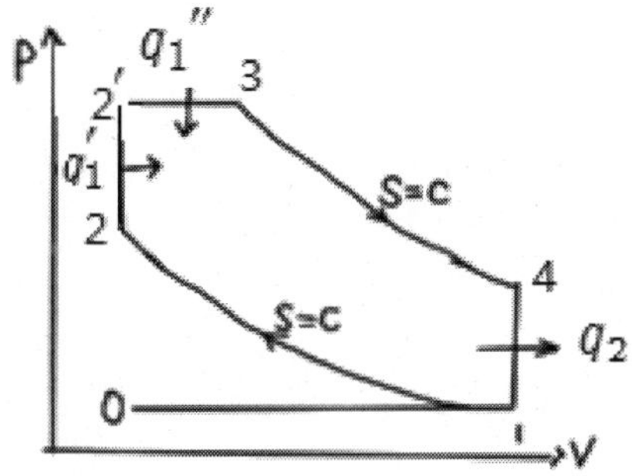

[P–V 선도]

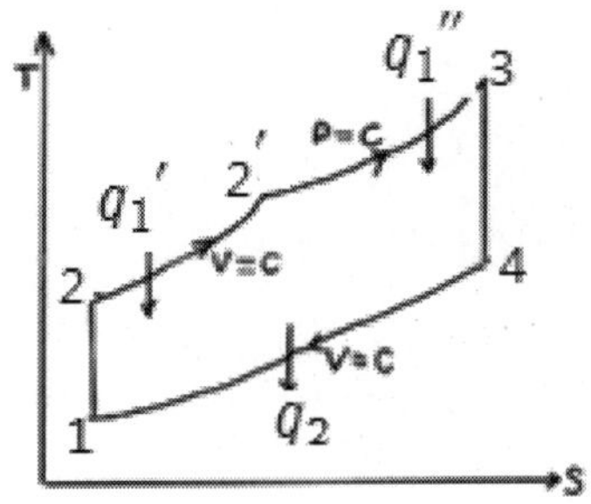

[T–S 선도]

(1) 사바데 사이클 P-V 선도의 상태도

① 0-1 과정 : 흡입과정(공기)

② 1-2 과정 : 단열압축과정(공기)

③ 2-3 과정 : 정적연소과정(연료 분사 연소)

④ 3-4 과정 : 정압연소과정(연료 분사 연소)

⑤ 4-5 과정 : 단열팽창과정(연소가스)

⑥ 5-1 과정 : 정적방열과정(연소가스 배기과정)

(2) 사바데 사이클의 열효율

가. T–S 선도에서 사바테 사이클 열효율

① 가열량 : $q_1 = q_1' + q_2''$(정적 가열+정압 가열)

$\delta q = du + Apdv$

$\delta q = dh - Avdp$

$q_1 = Cv(T_2' - T_2) + Cp(T_3 - T_2')$

② 방열량 : q_2(정적 방열)

$\delta q = du + Apdv$

$q_2 = Cv(T_4 - T_1)$

∴ 사바테 사이클의

$$열효율(\eta_s) = 1 - \frac{q_2}{q_1} = 1 - \frac{Cv(T_4 - T_1)}{Cv(T_2' - T_2) + Cp(T_3 - T_2')}$$

$$= 1 - \frac{Cv(T_4 - T_1) \times \frac{1}{Cv}}{[Cv(T_2' - T_2) + Cp(T_3 - T_2')] \times \frac{1}{Cv}} = 1 - \frac{T_4 - T_1}{(T_2' - T_2) + \frac{Cp}{Cv}(T_3 - T_2')}$$

$$= 1 - \frac{T_4 - T_1}{(T_2' - T_2) + \kappa(T_3 - T_2')}$$

나. P-V 선도에서 사바테 사이클 열효율

압축비$(\epsilon)= \dfrac{최대체적}{최소체적} = \dfrac{v_1}{v_2} = \dfrac{v_1}{v_2{}'} = \dfrac{v_4}{v_2} = \dfrac{v_4}{v_2{}'}$

단절비$(\sigma) = \dfrac{v_3}{v_2{}'} = \dfrac{v_3}{v_2}$

① 1 → 2과정(단열 압축)

단열지수 관계식 $\dfrac{T_2}{T_1} = \left(\dfrac{v_1}{v_2}\right)^{\kappa-1} = \left(\dfrac{P_2}{P_1}\right)^{\frac{\kappa-1}{\kappa}}$ 에서

$T_2 = T_1\left(\dfrac{v_1}{v_2}\right)^{\kappa-1} = T_1(\epsilon)^{\kappa-1}$ 　압축비$(\epsilon)= \dfrac{v_1}{v_2}$ 이므로

② 2 → 2′과정(정적 과정)

$\dfrac{Pv}{T} = c$ 정적이므로 $\dfrac{P}{T} = c$ 　$\dfrac{P_2}{T_2} = \dfrac{P_2{}'}{T_2{}'}$ 　$T_2{}' = T_2\left(\dfrac{P_2{}'}{P_2}\right)$

$T_2 = T_1(\epsilon)^{\kappa-1}$ 　$\dfrac{P_2{}'}{P_2} = \dfrac{P_3}{P_2} = \rho$(압력 상승비 또는 폭발비)

$T_2{}' = T_1\epsilon^{\kappa-1}\rho$

③ 2′ → 3과정(정압 가열)

$\dfrac{Pv}{T} = c$ 　$\dfrac{v}{T} = c$

$\dfrac{v_2{}'}{T_2{}'} = \dfrac{v_3}{T_3}$ 　$T_3 = T_2{}'\left(\dfrac{v_3}{v_2{}'}\right)$ 　$T_2{}' = T_1\epsilon^{\kappa-1}\rho$ 이고, $\dfrac{v_3}{v_{2'}} = \sigma$이므로

$T_3 = T_1\epsilon^{\kappa-1}\rho\sigma$

④ 3 → 4과정(단열 팽창)

단열지수 관계식 $\dfrac{T_4}{T_3} = \left(\dfrac{v_3}{v_4}\right)^{\kappa-1} = \left(\dfrac{P_2}{P_1}\right)^{\frac{\kappa-1}{\kappa}}$ 에서

$\dfrac{T_4}{T_3} = \left(\dfrac{v_3}{v_4}\right)^{\kappa-1}$ 　$T_4 = T_3\left(\dfrac{v_3}{v_4}\right)^{\kappa-1} = T_3\left(\dfrac{v_2{}'}{v_4} \times \dfrac{v_3}{v_2{}'}\right)^{\kappa-1}$

$$T_4 = T_3\left(\frac{v_3}{v_4}\right)^{\kappa-1} = T_3\left(\frac{v_2{}'}{v_4} \times \frac{v_3}{v_2{}'}\right)^{\kappa-1} = T_1\epsilon^{\kappa-1}\rho\sigma\cdot\frac{1}{\epsilon^{\kappa-1}}\cdot\sigma^{\kappa-1} = T_1\rho\sigma^{\kappa}$$

$$\eta_s = 1 - \frac{T_4 - T_1}{(T_2{}' - T_2) + \kappa(T_3 - T_2{}')} = 1 - \frac{T_1\rho\sigma^{\kappa} - T_1}{(T_1\epsilon^{\kappa-1}\rho - T_1\epsilon^{\kappa-1}) + \kappa(T_1\epsilon^{\kappa-1}\rho\sigma - T_1\epsilon^{\kappa-1}\rho)}$$

$$= 1 - \frac{\rho\sigma^{\kappa} - 1}{(\epsilon^{\kappa-1}\rho - \epsilon^{\kappa-1}) + \kappa(\epsilon^{\kappa-1}\rho\sigma - \epsilon^{\kappa-1}\rho)} = 1 - \frac{\rho\sigma^{\kappa} - 1}{\epsilon^{\kappa-1}(\rho-1) + \kappa\epsilon^{\kappa-1}(\rho\sigma - \rho)}$$

$$= 1 - \frac{\rho\sigma^{\kappa} - 1}{\epsilon^{\kappa-1}(\rho-1) + \kappa\epsilon^{\kappa-1}(\sigma-1)} = 1 - \left(\frac{1}{\epsilon}\right)^{\kappa-1}\cdot\frac{\rho\sigma^{\kappa} - 1}{(\rho-1) + \kappa\rho(\sigma-1)} = f(\epsilon\cdot\sigma\cdot\rho)$$

여기서, ϵ : 압축비, ρ : 압력비(폭발비), σ : 단절비, κ : 비열비

Handy hint

- 압축비가 동일한 경우에는 압력상승비(폭발 비)가 클수록, 단절비가 작을수록 열효율이 향상된다.
- 단절비가 '1'이면 오토(정적) 사이클에 가까워진다.
- 압력비가 '1'이면 디젤(정압) 사이클에 가까워진다.

1-10. P-V선도와 실제의 작동

1사이클에서 실린더 내 가스의 상태 변화를 세로축에 압력(P)을 나타내고, 가로축에 체적(V)을 나타낸 것을 일반적으로 P-V선도라 하는데, 이는 작동 사이클의 특징을 이해하는 데 중요한 지표가 된다.

피스톤의 압력을 받은 면적은 변하지 않으므로 P-V선도의 가로축(V)은 피스톤 행정의 척도로 대치할 수 있다. 그리고 피스톤 행정은 크랭크 각도의 함수이므로 압력 P를 크랭크 각도에 맞추어 그릴 수 있다. 이것을 일반적으로 지압선도(indicator diagram)라 하며, 넓은 의미에서 P-V선도라 한다.

4사이클 가솔린 기관의 P-V선도와 피스톤의 위치 및 흡·배기밸브의 개폐시기를 비교하여 나타낸 것이다. 이 그림에서 저압 부분은 특징을 나타내기 위해 실측한 값보다 확대한 것이다.

Vh는 1행정에서 피스톤이 배기하는 체적이며 행정 체적이라 한다. 또 피스톤이 상사점(a)에 도달했을 때 실린더 안에 남아 있는 체적 Vc를 연소실 체적이라 한다. 그림에서 (a′→b′)는 흡입행정, (b′→a″)는 압축행정, (a″→b′)는 동력행정, (b″→a′)는 배기행정에서의 각 압력의 변화이다.

동력행정 이외의 행정에서 작동 가스는 마이너스(-)의 일을 한다. 그리고 1사이클의 일 Wi는 그림의 면적 W_1에서 W_2를 뺀 값, 즉 Wi= $W_1 - W_2$는 도시(圖示)일이라 하며, 작동가스가 피스톤의 압력을 받은 면에 가한 힘이다. 여기서 W_2를 펌프 손실이며, 흡기 및 배기 저항 때문에 손실한 일의 양이다. 또 1사이클에 공급된 열량을 Q로 하면, W_1과 Q와의 비는 다음 식으로 나타내며

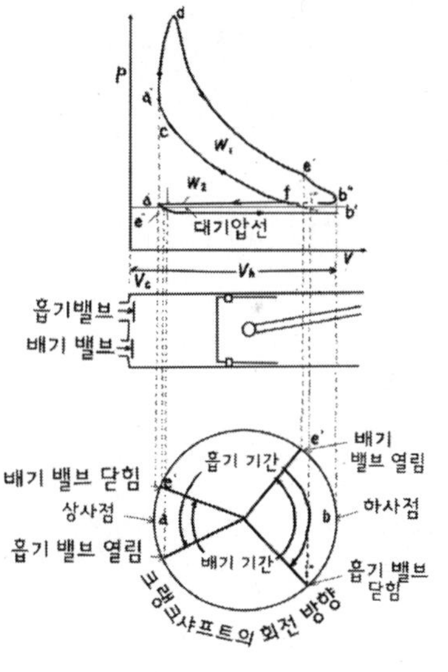

[4사이클 가솔린 기관의 P-V선도]

$$\eta_i = \frac{Wi}{Q} = \frac{(W_1 - W_2)}{Q}$$

이것을 도시 열효율이라 한다. W_1에서 운동부분의 마찰 및 물 펌프, 오일 펌프 등 부속장치의 구동에 소비한 일을 뺀 것이 기관의 크랭크축에 전달되는 유효한 동력이 된다. 그림의 지압선도를 따라 실제의 4사이클 기관의 작동과정과 그 특성에 대해 설명하면, 실제의 기관에서는 흡·배기밸브의 개폐시기가 상사점 또는 하사점보다 조금 전이나 후가 되는 것이 일반적이다.

(1) 지압선도로 알 수 있는 것

① 연료 분사 밸브의 개폐시기 적부
② 흡·배기밸브의 개폐시기 적부
③ 사이클 진행과정 및 평균 유효압력 계산
④ 도시 마력 계산
⑤ 압축 압력 및 최고 압력의 상승 속도 크기
⑥ 점화시기 및 연소 상태 등(단, 기관의 회전속도 및 성능은 알 수 없음)

(2) 이론 지압선도 작성 시 가정

① 밸브개폐는 정확히 사점에서 이루어진다.
② 급열과정은 정확히 사점에서 이루어진다.
③ 실린더 내에는 잔류가스가 없다.
④ 압축과 팽창은 단열과정이다.
⑤ 기관 각부에는 마찰손실이 존재하지 않는다.

1-11. 내연기관 사이클을 공기표준 사이클로 간주하기 위한 가정

① 동작유체는 이상기체다.
② 비열은 온도에 따라 변화하지 않는 것으로 본다.
③ 압축행정과 팽창행정의 단열지수는 같다.
④ 사이클 과정을 하는 동작물질의 양은 일정하다.
⑤ 각 과정은 가역 사이클이다.
⑥ 압축 및 팽창과정은 등엔트로피(단열)과정이다.
⑦ 높은 열원에서 열을 받아 낮은 열원으로 방출한다.
⑧ 급열은 실린더 내부의 연소로 이뤄지는 것이 아니라 외부의 고온 열원으로부터의 열전달에 의해 이뤄진다.
⑨ 연소 중 열해리 현상은 일어나지 않는다.

andy hint

▌엔트로피(entropy : S) : 에너지도 아니고, 온도와 같이 감각적으로 알 수도 없으며, 또한 측정할 수도 없는 상태량으로서 어떤 물체에 열을 가하면 증가하고, 냉각시키면 감소하는 상상적인 양이다. 수식으로는 $ds = \frac{dQ}{T}$ 로 정의된다. 단열과정이므로 $\delta Q = 0, ds = 0$[일정(등 엔트로피 과정)]이 된다.

▌이상기체의 정의 : 기체 중에서 분자 간의 분자력이 작용하지 않으며 분자의 크기도 무시할 수 있다는 가정 하에서 성립하는 기체로서

① 이상기체 상태방정식(PV=GRT)을 만족한다.

② 보일-샤를의 법칙($v = c\frac{T}{P}$)을 만족한다. 즉, 기체의 비체적은 압력에 반비례하고, 절대온도에 비례한다.

③ 완전가스라 부른다.

④ 분자 간 충돌 시 에너지 변화가 없다.

1-12. 실제 기관의 열효율이 공기 표준 사이클보다 낮은 원인

① 실제 기체의 비열은 온도가 상승함에 따라 증가

② 실린더 벽 및 피스톤을 통한 열전달

③ 불완전 연소 및 불꽃 전파기간 손실

④ 흡기 및 배기밸브에서의 유체 유동에 따르는 압력강하 및 소요일

⑤ 압력 및 온도 구배로 인한 비가역 과정

2. 내연기관의 성능

2-1. 배기량(Displacement)

피스톤이 하사점에서 상사점으로 이동하는 사이에 배출할 수 있는 용적을 배기량이라 한다. 이것은 실린더 내에 흡입할 수 있는 양이기도 하므로 기관의 출력과 밀접한 관계가 있다.

(1) 1실린더 배기량[cc, ㎤]

$\frac{\pi}{4} \times (\text{실린더 지름})^2 \times \text{행정}$

(2) 총 배기량[cc, ㎤]

1실린더 배기량×실린더 수

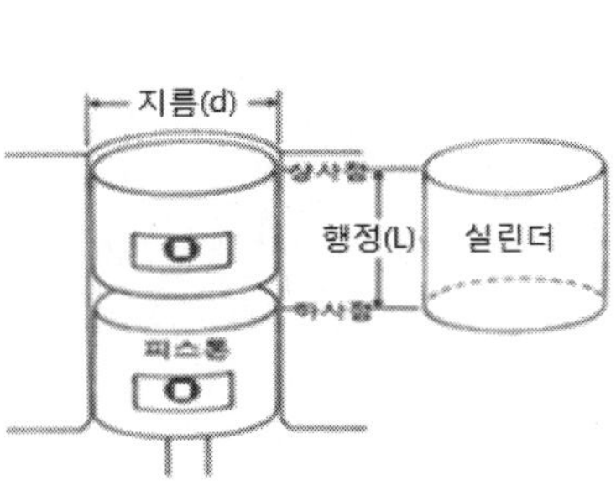

[실린더 지름과 행정]

2-2. 압축비(Compression ratio)

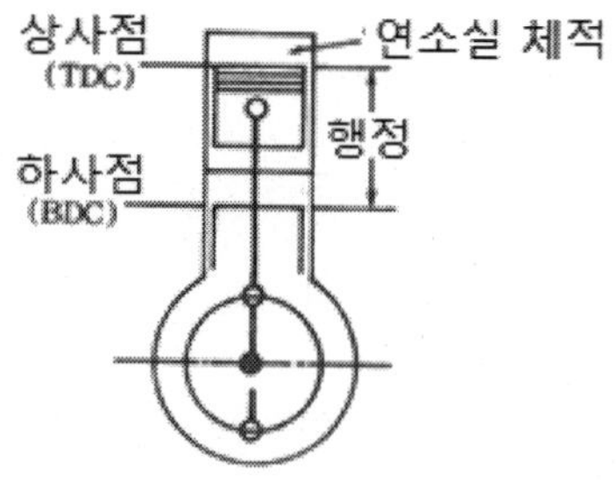

압축비는 피스톤이 하사점에 있을 때 실린더 상부체적(총체적)과 피스톤이 상사점에 있을 때 연소실 체적과의 비를 압축비라 하고 기관의 성능에 큰 영향을 미친다.

$$\text{압축비}(\epsilon) = \frac{V}{Vc} = \frac{Vc + Vs}{Vc} = \frac{Vc}{Vc} + \frac{Vs}{Vc} = 1 + \frac{Vs}{Vc}$$

여기서, V : 총체적(cc), Vc : 연소실 체적(cc), Vs : 행정체적(cc)

압축비를 높이면 열효율이 좋아지므로 출력을 높이거나 연료 소비율을 적게 할 수 있다. 하지만 압축비를 너무 높이면 가솔린 기관에서는 노킹(knocking)이 발생하고, 디젤 기관에서는 기계적 손실이 커진다. 적당한 가솔린 기관의 압축비는 10~15:1 정도이며, 디젤 기관의 압축비는 15~23:1 정도이다.

2-3. 피스톤의 평균속도(Piston mean speed)

피스톤의 이동 속도는 상사점과 하사점에서는 피스톤이 운동을 바꾸므로 속도는 0[Zero]이고, 중간 부분에서 최대가 되므로 이 피스톤의 이동 속도를 평균화한 것을 말한다. 최근 엔진에서는 피스톤 평균속도가 12~13[m/sec] 정도이다.

$$\text{피스톤 평균속도(V)} = \frac{2LN}{60} = \frac{LN}{30}[\text{m/sec}]$$

여기서, L : 피스톤의 행정[m], N : 엔진 회전수[rpm]

기관의 행정을 단행정이라고 하며, 실린더 지름을 크게 하면 피스톤 속도를 증가시키기 때문에 고속 회전을 할 수 있고 출력도 향상된다.

2-4. 회전력(Torque)

회전력은 회전하려고 하는 힘을 말하며, 회전력 곡선은 중속에서 가장 크고, 최고 회전속도에서는 적어진다. 이는 회전 속도에 따라 연소압력 및 흡입 효율이 변하기 때문이다. 피스톤에 연소가스 압력 Po가 작용할 때 피스톤 핀, 커넥팅 로드를 통하여 크랭크 암과 직각 방향의 힘 $P1$이 가해졌을 때 $P1$과 크랭크 암의 길이 r과의 곱이 회전력이 되며, 이것이 크랭크축을 회전시키려고 하는 것이다. 즉, 회전력=힘×힘이 작용하는 반지름의 길이로 표시한다. 이때 동일한 기관에서는 압축과 폭발 압력이 높을수록 커진다. 11[kgf·m] /2,200[rpm]이란 기관이 분당 2,200회전할 시 크랭크축의 직각방향 1[m] 거리에서 11[kgf]의 힘이 가해진다는 뜻이다.

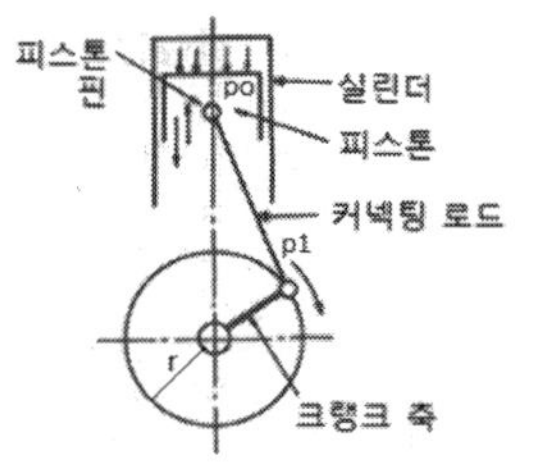

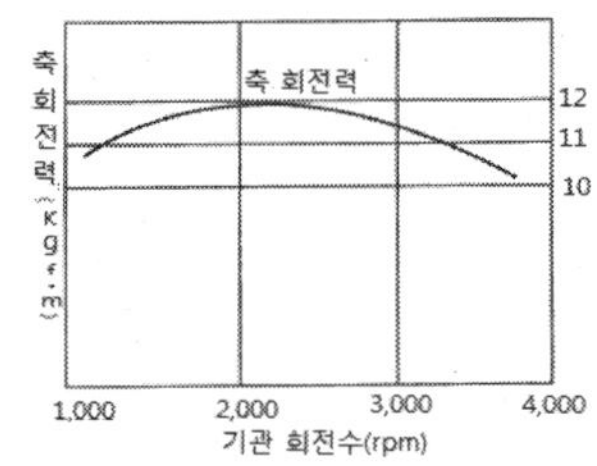

[피스톤-크랭크축 기구] [축 회전력 곡선]

2-5. 마력(Horse power)

마력이란 기관의 힘을 나타내는 동력의 단위이며, 단위 시간에 하는 일의 양을 말한다.

(1) 지시 마력(Indicated Pferde Starke : 도시마력)

실린더 안에서 연료가 연소하여 피스톤이 상하운동을 하게 하는 힘을 지압계(indicator)로 측정하여 지압선도로 나타내 계산한 마력을 지시마력 또는 도시마력이라 한다.

① 4행정기관의 $IPS = \dfrac{P_{mi} \times A \times L \times Z \times N}{75 \times 60 \times 100 \times 2} = \dfrac{P_{mi} \times V_t \times N}{900,000}$[kgf·m/s]

② 2행정기관의 $IPS = \dfrac{P_{mi} \times A \times L \times Z \times N}{75 \times 60 \times 100} = \dfrac{P_{mi} \times V_t \times N}{450,000}$[kgf·m/s]

여기서, P_{mi} : 도시평균 유효압력[kgf/㎠]

A : 실린더 단면적$=\dfrac{\pi}{4}d^2$[㎠]

L : 피스톤 행정[cm]

Z : 실린더 수

N : 기관의 회전수[rpm]

V_t : 총 배기량[cc : ㎤]

(2) 제동 마력(Brake Pferde Starke : 정미(실)마력)

피스톤의 상하운동이 커넥팅 로드를 통해 크랭크축의 회전력이 되며 이 크랭크축의 회전력에 의해 얻어진 마력을 제동마력 또는 정미(正味)마력이라 한다.

① 4행정기관의 $BPS = \dfrac{P_{me} \times A \times L \times Z \times N}{75 \times 60 \times 100 \times 2} = \dfrac{P_{me} \times V_t \times N}{900,000}$[kgf·m/s]

② 2행정기관의 $BPS = \dfrac{P_{me} \times A \times L \times Z \times N}{75 \times 60 \times 100} = \dfrac{P_{me} \times V_t \times N}{450,000}$[kgf·m/s]

여기서, P_{me} : 제동평균 유효압력[kgf/㎠]

A : 실린더 단면적$=\dfrac{\pi}{4}d^2$[㎠]

L : 피스톤 행정[cm]

Z : 실린더 수

N : 기관의 회전수[rpm]

V_t : 총 배기량[cc : ㎤]

(3) 마찰 마력(Friction Pferde Starke)

마찰마력이란 피스톤이 왕복운동할 때 피스톤 링이 실린더 벽에 마찰하여 발생하는 마력을 말하며, 기관에서 발생된 동력 중 실제 사용되는 동력은 30~40[%] 정도에 불과하고 나머지는 손실이 된다. 이 손실 중 마찰손실이 약 10[%]를 차지하며 나머지는 배기손실, 냉각손실, 펌프 손실 등이다.

$$FPS = \frac{F_r \times Z \times N \times V}{75} = \frac{F \times V}{75}\text{[kgf·m/s]}$$

여기서, F_r : 피스톤 링 1개당 마찰력[kgf]

Z : 피스톤당 링의 수[개]

N : 실린더 수

V : 피스톤의 평균속도[m/s]

F : 총 마찰력[kgf]$= F_r \times Z \times N$

Handy hint

- 1ps=75[kgf · m/s]=632.3[kcal/hr]=736[w]=0.736[kw]
- 1kw = 102[kgf · m/sec] = 860[kcal/h]
- 1kw=1.36ps
- [예제] 엔진의 지시마력이 105[PS], 마찰마력이 21[PS]일 때 기계효율은 약 몇 %인가?

[풀이] $IPS = FPS + BPS$에서 $BPS = IPS - FPS = 105 - 21 = 84[PS]$

$$\therefore \ \eta_m = \frac{BPS}{IPS} \times 100[\%] = \frac{84}{105} = 80[\%]$$

(4) SAE 마력

과세 표준마력으로, 자동차기술협회에서 세금을 부과하기 위해서 제정된 마력계산법(상용 등록)으로서 실린더 내경과 실린더 수만 알 수 있으면 계산할 수 있다.

① 실린더 내경이 mm일 때 : $SAE = \dfrac{M^2 \times Z}{1613}$ (단, M : 실린더 내경(mm), Z : 실린더 수)

② 실린더 내경이 inch일 때 : $SAE = \dfrac{D^2 \times Z}{2.5}$ (단, D : 실린더 내경(inch))

(5) 연료 마력(Fuel Pferde Starke)

연료마력은 연료의 발열량, 소비량, 비중, 시험 시간을 알면 구할 수 있다.

$$\text{연료마력} = \frac{60 \times C \times W}{632.3 \times t} = \frac{C \times W}{10.5 \times t}$$

여기서, C : 연료의 저위 발열량[kcal]

W : 연료의 중량[kgf]=연료의 비중×연료의 체적[ℓ]

t : 측정 시간[분]

2-6. 제동마력(BPS)과 회전력(Torque)의 관계

기관에서 실제로 발생하는 제동마력(축 출력)은 크랭크축이 회전력에 의해 단위 시간에 하는 일의 양이므로 제동마력과 회전력 사이에는 다음과 관계식이 성립된다. 따라서 축 출력은 축 회전력과 rpm에 의해 비례하여 증가한다.

$$BPS = \frac{2\pi TN}{75 \times 60} \fallingdotseq \frac{TN}{716}[\text{ps}]$$

$$BPS = \frac{2\pi TN}{102 \times 60} \fallingdotseq \frac{TN}{974}[\text{kw}]$$

여기서, π : 원주율[3.14]

T : 축 회전력[kgf·m]

N : 크랭크축의 분당 회전수[rpm]

2-7. 연료 소비율(Fuel consumption ratio)

연료 소비율은 기관이 일정한 일을 할 때 연료를 어느 정도 소비하는지 나타낸 값이다. 그 단위는 1마력이 1시간당 소비한 연료량이며 g으로 표시한다.([g/ps·h]) 따라서 이 값이 적은 기관일수록 경제성이 좋고 성능이 좋은 기관이다. 실제 기관에서는 최대 회전력 부근에서 연료 소비율은 최소로 된다.

Handy hint

▮자동차 기관의 연료 소비율

기관의 종류	사용연료	연료 소비율
가솔린 기관	가솔린	200~280[g/ps · h]
디 젤 기관	경유	180~240[g/ps · h]

2-8. 기관 성능 곡선

기관의 각 회전속도에서 최대출력 시의 축 출력, 축 회전력, 및 연료 소비율의 관계를 나타낸 그림을 기관 성능곡선이라 한다.

기관의 축 출력[ps]은 회전속도[rpm]가 증가함에 따라 급속히 증가하나, 너무 고속 회전이 되면 흡입 공기량의 관계 등으로 연소상태가 나빠져 축 출력이 증가하지 않는다.

축 회전력[kgf·m]은 저속이나 고속에 관계없이 일정한 직선으로 되는 것이 이상적이나, 실제는 연소상태가 가장 좋은 중속에서 최대를 나타내며, 저속에서는 열손실이 크고 고속일 때는 기계 마찰이 크기 때문에 양쪽 끝이 내려간다.

연료 소비율[g/ps·h]은 최대 회전력을 나타내는 회전속도 부근에서 최저값을 나타내는 것이 보통이다. 이때의 회전속도를 표준 회전수라고 한다.

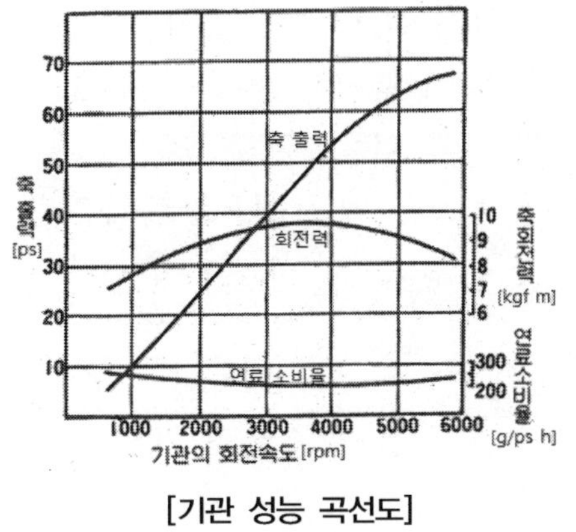

[기관 성능 곡선도]

3. 효율 및 유효 압력

3-1. 열효율(thermal efficiency)

열효율이란 기관에 공급된 연료가 연소하여 발생한 총열량과, 기계적인 일로 전환된 열량과의 비를 말한다. 일에 따라 열효율은 이론 열효율, 도시 열효율, 제동 열효율 3가지로 나뉜다.

(1) 이론 열효율(theoretical thermal efficiency)

이론 열효율은 이론적 사이클에 의하여 일로 변하여 얻은 열량과 그 사이클에 공급된 열량과의 비이다. 열역학 제1법칙에 일로 변환된 열량은 그 사이클에 공급된 열량 q_1과 배출 열량 q_2와의 차이를 말한다.

$$\eta_{th} = \frac{AW_{th}}{q_1} = \frac{q_1 - q_2}{q_1} = 1 - \frac{q_2}{q_1}$$

여기서, η_{th} : 이론 열효율

q_1 : 공급된 총열량

q_2 : 방출된 열량

A : 일의 열당량[1/427kcal/kg·m]

W_{th} : 1사이클에서 이론상으로 한 일[kg·m]

(2) 도시 열효율(indicated thermal efficiency)

도시 열효율은 실린더 내에서 작동가스가 피스톤에 가한 일(열량)과 공급한 열량과의 비이다. 작동가스가 피스톤에 가한 일을 도시 일[Wi]이라 하고 그 동력을 도시 마력 또는 지시마력이라 한다. 따라서 도시 열효율은 이론 열효율보다 항상 적다. 도시 열효율은 다음 식으로 나타낸다.

$$\text{도시 열효율}(\eta_i) = \frac{\text{도시 일}}{\text{공급된 총열량}} = \frac{AWi}{q_1}$$

(3) 제동(실, 정미) 열효율(brake thermal efficiency)

제동 열효율이란 크랭크축이 하는 일, 즉 실제의 동력으로 전환된 열량과 공급한 총열량과의 비를 말한다. 다음 식으로 표시한다.

$$\text{제동 열효율}(\eta_e) = \frac{\text{제동 일}}{\text{공급한 총열량}} = \frac{AW_e}{q_1}$$

제동(正味) 일은 도시 일에서 운동 부분의 마찰, 팬, 밸브, 물 펌프, 발전기, 보조 장치를 움직이는데 필요한 일을 뺀 것이며, 실제 크랭크축에서 얻어진 동력을 제동마력 또는 축 마력이라 한다.

기관에 공급된 총열량은 실린더 내에서 연료가 연소하여 발생한 것이므로 연료의 저위발열량을 $H\ell$[kcal/kg], 연료 소비량을 B[kg/h], 1시간에 공급한 열량은 $H\ell \times B$[kal]가 된다. 여기서 얻은 제동마력 Ne[ps]로 하여, 1시간에 하는 1마력의 일을 열량으로 환산하면 75/427×3600[kcal]=632.3[kcal]이므로 1시간에 632.3×Ne[kcal]의 제동 일량이 되므로 제동 열효율은 다음과 같이 된다.

$$\therefore \text{제동 열효율}[\eta e] = \frac{632.3 \times Ne}{H\ell \times B} \times 100[\%]$$

3-2. 기계효율(mechanical efficiency)

기계효율은 기계 마찰의 크기와 관계가 있으며 지시마력에서 제동마력을 뺀 것을 마찰 손실마력[FPS]이라 하며, 이것은 기관의 내부 마찰과 부속 장치[팬, 흡·배기장치 등]를 구동하는 데 소비된 것이다.

① $\eta_m = \frac{BPS}{IPS} \times 100[\%]$ 여기서, IPS : 지시마력, BPS : 제동마력

$[IPS = FPS + BPS \quad FPS = IPS - BPS]$

② $\eta_m = \frac{\text{제동평균유효압력}}{\text{지시(도시)평균유효압력}} = \frac{\text{제동 열효율}(\eta e)}{\text{지시 열효율}(\eta i)}$

∴ 제동 열효율(ηe) = 기계효율(η_m) × 지시 열효율(ηi)

3-3. 선도계수(線圖 係數)

도시 일(W_i)은 앞에서 설명한 여러 손실 때문에 이론 일(W_{th})보다 항상 적다. 이때 도시 일과 이론 일과의 비율을 선도계수라 한다. 이 선도계수는 실제 사이클이 이론 사이클에 얼마나 근접하는가를 나타낸다. 따라서 선도계수는 다음 식으로 표현한다.

$$\text{선도계수}(fm) = \frac{\text{도시 일량}(W_i)}{\text{이론적인 일량}(W_{th})} = \frac{\text{지시 열효율}(\eta_i)}{\text{이론 열효율}(\eta_{th})} = \frac{\text{실제 기관의 지시출력}}{\text{이론 사이클의 기관의 출력}}$$

3-4. 평균 유효압력(Mean effective pressure)

평균 유효압력이란 1사이클의 일을 행정 체적으로 나눈 것이며, 배기량과 회전 속도가 각각 다른 기관의 성능을 비교할 때 이용한다. 이 평균 유효압력에는 이론 평균 유효압력, 도시 평균 유효압력, 제동 평균 유효압력, 마찰 평균 유효압력이 있으며 다음과 같은 관계가 성립된다.

① 도시 평균 유효압력(Pmi) = 이론 평균 유효압력($Pmth$) × 선도계수(fm)

② 마찰 평균 유효압력(Pmf) = 도시 평균 유효압력(Pmi) - 제동 평균 유효압력(Pme)

③ 제동 평균 유효압력(Pme)= 도시 평균 유효압력(Pmi) × 기계효율(η_m)

(1) 4행정 기관에서

① 도시 평균 유효압력$(Pmi) = \frac{W \times BPS \times 10}{V_t \times N}$

여기서, W : 일의 량[75×60×60×0.4]=108,000[kgf·m]

BPS : 제동마력[ps]

V_t : 총배기량[cc, ℓ]

N : 기관 회전수[rpm]

② 제동 평균 유효압력$(Pme) = \frac{4\pi T}{10\,V_t} = 1.258 \times \frac{T}{V_t}$

여기서, T : 회전력[m·kgf]

(2) 2행정 기관에서

① 도시 평균 유효압력$(Pmi) = \dfrac{W \times BPS \times 10}{V_t \times N}$

여기서, W : 일의 량[75×60×60×0.2]=54,000[kgf·m]

② 제동 평균 유효압력$(Pme) = \dfrac{2\pi T}{10 V_t} = 0.628 \times \dfrac{T}{V_t}$

Handy hint

- 가솔린 기관의 도시 평균 유효압력 : 6.3~10.9[kgf/㎠]
- 디젤 기관의 도시 평균 유효압력 : 5.3~8.6[kgf/㎠]

∴ 가솔린 기관 도시 평균 유효압력 > 디젤 기관 도시 평균 유효압력

- 도시 평균 유효압력 : 흡·배기 시 얻어지는 압력
- 제동 평균 유효압력 : 기관에서 실제 얻는 압력
- 마찰 평균 유효압력 : 기계적인 손실

∴ 지시 평균 유효압력 > 제동 평균 유효압력 > 마찰 평균 유효압력

3-5. 열 배분(Heat balance : 열 감정)

기관에 공급된 열량은 유효한 일(동력)로 전환되는 과정에서 불가피한 열손실이 있으며, 공급된 열량의 어느 정도가 유효한 일로 전환되고 열손실은 어느 정도인지 그 배분된 비율을 백분율[%]로 나타낸 것이 열 배분이라 한다. 이 열 배분은 기관의 성능향상 대책을 검토하는 데 편리하다.

열손실의 내용은 다음과 같다.

① 배기손실 : 배기가스와 함께 배출된 열량이다. 기관에서 가장 많이 배출되는 열량이다.
② 냉각손실 : 연소실 벽을 통해 냉각 매체(냉각공기, 냉각수) 등에 빼앗긴 열량이다.
③ 기계손실 : 피스톤 링, 기관 베어링 등의 마찰 손실과 팬이나 발전기 등 부속장치를 구동하는 데 소비된 열량(일)을 기계 손실이라 한다.
④ 가스교환 손실 : 연소 가스를 배출하고 혼합기를 흡입하기 위한 손실을 말하며 특히 흡입과정에서 빼앗긴 손실을 펌프 손실이라 한다.

이 열 배분의 비율은 기관의 종류는 물론이고 회전수와 부하에 따라 서로 약간 달라진다.

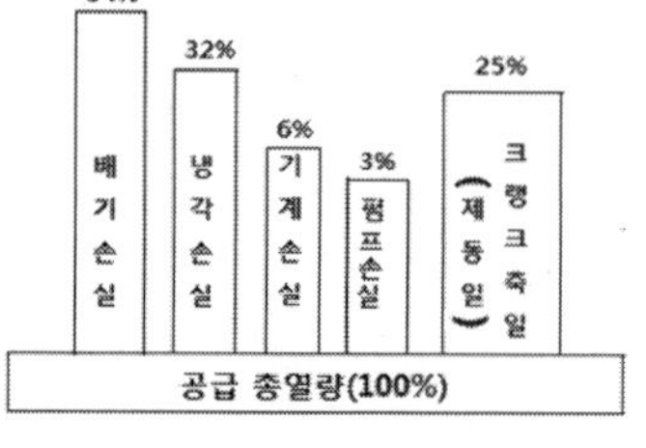

[열 배분의 예]

4. 기관의 흡입 용량과 공기 과잉률

4-1. 체적 효율(Volumetric efficiency)

체적 효율은 새로 흡입된 공기의 흡입 정도를 표시하는 척도이며, 기관의 평균 유효압력은 1사이클 중에 흡입한 공기 무게에 비례하므로 흡입행정에서 흡입한 공기량을 나타낼 때 행정체적을 기준으로 한다.

실린더 행정체적에 대한 실제 실린더 안에 흡입된 새로운 공기에 대한 체적 비를 체적 효율이라 한다.

체적 효율은 실제로 실린더 안에 흡입되는 압력, 온도, 잔류가스(residual gas)량 등에 의해 달라진다.

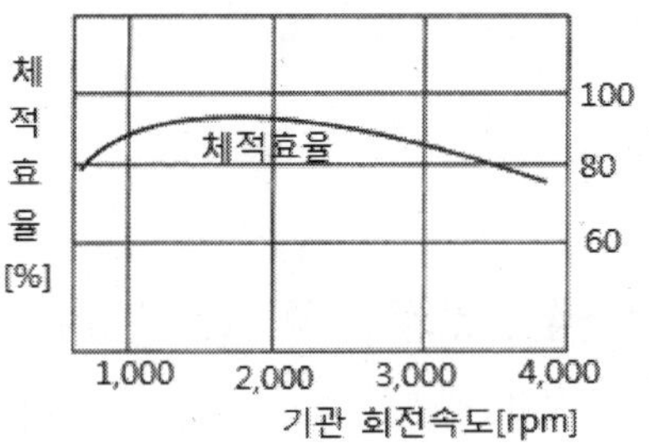

[기관 체적 효율]

실제의 흡입 능력을 나타내기 위하여 임의의 상태에서 절대압력[kg/㎠], 절대온도[°k]를 각각 P, T라 하고 대기의 표준상태의 온도[℃], 압력이 760[mmHg]일 때 온도와 압력을 To, Po라고 하면 체적 효율은 다음 식으로 표시한다.

$$\text{체적 효율}(\eta_v) = \frac{(P, T)\text{하에서 흡입된 새로운 혼합기의 체적}}{\text{행정체적}(Vs)} \times 100[\%]$$

$$= \frac{(P, T)\text{하에서 흡입된 새로운 혼합기의 중량}}{(P, T)\text{하에서 행정체적을 차지하는 새로운 혼합기의 중량}} \times 100[\%]$$

4-2. 충진 효율(Charging efficiency)

실린더의 행정체적과 새로 흡입된 공기의 체적과의 비를 말한다. 즉 기관에 실제로 흡입된 작업 물질의 체적과 대기의 표준 상태 하에서 실린더 체적에 상당하는 공기의 체적과의 비를 충진 효율이라 한다.

충진 효율은 기관의 흡입행정 때 실린더 안에 흡입되는 흡기량에 따라서 결정되는 것으로 기관의 출력에 직접적인 영향을 미친다. 따라서 충진 효율이 클수록 좋으며 충진 효율은 다음 식으로 나타낸다.

$$\eta_c = \frac{(P, T)\text{하에서 흡입된 새로운 혼합기의 체적을 }(Po, To)\text{로 환산한 체적}}{\text{행정체적}(Vs)} \times 100[\%]$$

$$= \frac{(P, T)\text{하에서 흡입된 새로운 혼합기의 중량}}{(Po, To)\text{하에서 행정체적을 차지하는 새로운 혼합기의 중량}} \times 100[\%]$$

$$= \frac{To}{T} \times \frac{P}{Po} \times \eta_v(\text{체적 효율})\text{이다.}$$

흡기관의 압력 및 온도가 표준 상태일 때에는 $P = Po$, $T = To$이므로 $\eta_v = \eta_c$이다. 디젤 기관의 체적 효율은 80~90%이며, 가솔린 기관의 흡기계의 저항 때문에 흡입 압력이 낮아지므로 65~88%이다.

체적 효율이 클수록 기관의 회전을 증가시킬 수 있으나 밸브 지름이 작거나, 실린더 또는 연소실 온도가 상승하면 체적 효율은 감소된다.

4-3. 충진 비(Relative cylinder charge)

실제 기관에서는 완전 소기란 불가능하므로 잔류 연소 가스의 체적을 합한 것과 행정체적의 비를 충진 비라 한다.

$$충진\ 비 = \frac{연소에\ 참여할\ 새로운\ 공기\ 체적 + 잔류\ 연소가스\ 체적}{실린더\ 행정체적(Vs)} \times 100[\%]$$

4-4. 소기 효율(Scavenging efficiency)

4행정 배기가스의 배출은 피스톤의 배기행정에 의하여 이루어지나 2행정 기관은 새로운 소기작용으로 배기가스가 배출된다. 따라서 소기 양부(良否)의 척도로 나타내기 위하여 소기효율과 급기효율이 이용된다.

소기 효율은 실린더 안의 잔류가스를 소기하는 능력의 척도를 나타내며, 공기 순도와 거의 비슷하다. 소기 효율은 다음 식으로 나타낸다.

$$소기\ 효율(\eta_s) = \frac{새로\ 급기된\ 공기의\ 체적}{실린더에\ 충전된\ 총가스\ 체적} \times 100[\%]$$

$$= \frac{소기\ 완료\ 후\ 실린더\ 안에\ 남아\ 있는\ 새로운\ 혼합기(급기)의\ 중량}{소기\ 완료\ 후\ 실린더\ 안의\ 총\ 가스\ 중량} \times 100[\%]$$

4-5. 급기 효율(Trapping efficiency)

2행정/4행정 기관은 소기 및 배기구가 동시에 열려 있는 오버랩(overlap) 동안에 급기된 새로운 공기가 배출에 의해 손실된다. 이 손실된 공기를 제외한 실제로 연소에 참여할 수 있는 새로운 공기의 체적비를 말한다. 즉 실린더 안에 새로운 가스가 얼마만큼 남아 있는가를 알기 위함이다.

급기 효율은 소기 방식과 압력, 소기의 유입각, 회전속도 등에 따라 영향을 받게 되며, 급기 효율은 다음 식으로 나타낸다.

$$급기\ 효율(\eta_t) = \frac{급기된\ 새로운\ 공기체적 - 배출에\ 의해\ 손실된\ 새로운\ 공기체적}{실린더\ 행정체적(Vs)} \times 100[\%]$$

$$= \frac{소기완료\ 후\ 실린더\ 안에\ 남아\ 있는\ 새로운\ 혼합기(급기)의\ 중량}{공급된\ 총\ 급기의\ 중량} \times 100[\%]$$

4-6. 흡기 비(Delivery ratio)

실제 과급 4행정 및 2행정 기관과 같은 기관은 피스톤 작용에 의존하지 않고 소기용 펌프 및 송풍기로 강제 공급하므로 실린더 행정체적보다 더 많은 공기를 공급할 수 있다. 흡기 비는 보통 1.2~1.5 정도이며 다음 식으로 나타낸다.

$$흡기\ 비 = \frac{급기된\ 새로운\ 공기체적}{실린더\ 행정체적}$$

4-7. 공기 과잉율(Excess air : 공기비 : λ)

공기 과잉율이란 연료를 완전 연소시키는 데 필요한 이론 공연비에 대해 현재 연소실에서 연소되는 혼합기의 공연비율을 말한다. 즉 이론 공연비에 대해 현재 어느 정도 상태로 연소되는가를 나타내는 지수이다.

$$\text{공기 과잉율}(\lambda) = \frac{\text{실제 흡입된 공연비}}{\text{이론 공연비}} = \frac{14.7:1}{14.7:1} = 1$$

λ : 1이면 최적의 연소 상태이고, $\lambda > 1$이면 연소실 내 혼합기는 희박한 상태이고, $\lambda < 1$ 이면 연소실 내 혼합기는 농후한 상태이다. 공기 과잉율의 상태로 엔진 내 혼합기의 농도를 간접적으로 파악할 수 있으며, 또한 배기가스 중의 유해가스 발생 정도도 파악할 수 있다.

λ 값에 따른 유해 배출 가스	$\lambda = 1$: 완전연소	$\lambda > 1$: 희박	$\lambda < 1$: 농후
	질소산화물(NO_X)	탄화수소(HC)	일산화탄소(CO)

[λ 값에 따른 유해 배출 가스]

Handy hint

▌실린더 안에 흡입되는 흡기량이 감소하는 이유

① 흡입 및 배기의 관성이 피스톤 운동을 따르지 못할 때

② 피스톤 링, 밸브 등의 마모에 의하여 가스 누설이 발생할 때

③ 흡입 및 배기밸브의 개폐 시기 조정이 불완전할 때

④ 흡입 압력이 대기압보다 낮고, 실린더 온도가 대기 온도보다 높을 때

5. 기관의 출력 성능

한 기관이 낼 수 있는 출력은 회전수, 흡기 상태, 공급 연료 등 여러 가지 변수에 따라 다르다. 기관 출력 용량이란 그 기관이 낼 수 있는 최대 출력을 나타내며, 출력은 기관의 형식 및 용도에 따라 경제성, 내구성, 신뢰성, 안전성 및 사용의 가혹성 등을 고려하여 표시한다. 기관의 출력은 사용하는 목적에 따라서 여러 가지 명칭이 정해져 있으며 그 주요한 것은 다음과 같다.

(1) 최대 출력(maximum power)

중기나 자동차 같은 것은 동력의 요구가 시간적으로 다양하다. 이런 경우와 같이 부하 변동이 심하고 기관이 낼 수 있는 최대 출력으로 실제 작업 중에 자주 운전되는 기관은 기관 출력 용량의 호칭에 최대 출력을 사용한다. 최대 출력이란 그 기관에서 낼 수 있는 최대의 출력을 말한다.

(2) 연속 최대 출력(continuous maximum power)

장시간 연속 운전을 보증할 수 있는 최대 출력으로 정격 최대 출력이라고도 하며, 선박용 기관에 사용하는 출력이 이에 속한다.

(3) 정격 출력(rated power)

일정한 속도로 정치기관(定置機關)에 사용되는 출력으로, 정해진 정격 회전속도로 연속적인 운전이 가능한 출력을 말한다.

(4) 1시간 정격 출력(one-hour rated power)

중기 기관에 사용되는 출력으로 정격 회전 속도로 1시간 연속적으로 낼 수 있는 출력을 말한다,

(5) 연속 정격 출력(continuous rated power)

중기 기관에 사용되는 출력으로 정격 회전 속도 1시간 정격 출력의 85[%]로 오랜 시간 고장 없이 연속적으로 낼 수 있는 출력을 말한다.

(6) 과부하 출력(over loaded power)

일정 속도로 정치기관, 중기 기관 및 선박용 기관에 사용되는 출력으로 앞의 정치용과 중기용 기관의 경우는 정격 회전 속도에서 정격 출력의 10[%] 증가를, 선박용 기관은 3승 곡선(프로펠러 곡선)에 의한 회전 속도로서 연속 최대 출력의 10[%] 증가의 출력을 말한다.

(7) 상용 출력(normal or cruising power)

선박용 기관에 사용되는 출력으로, 선박이 정해진 순항 속도, 즉 경제속도로 항해하는 데 필요한 출력을 말한다.

(8) 비출력(specific horse power)

최근에는 과급기관을 많이 사용하므로 기관의 크기에 비해 출력이 큰 것이 제작되는데, 기관의 크기만으로는 출력을 잘 알지 못한다. 따라서 행정 체적당의 출력을 사용하면 편리하기에 비출력(比出力)을 사용한다. 비출력에는 리터 마력과 중량 마력이 있다.

① 리터 마력(litter horse power)

기관 행정체적[ℓ]당의 출력을 말하며, 기관 출력 용량이 아니라 성능을 나타낸다. 총 배기량을 V_t라 하면

$$\text{리터마력}(K_\ell) = \frac{P_{mb}}{V_t} + \frac{P_{mb}}{A \times L \times Z} \times 1,000$$

여기서, P_{mb} : 제동 평균 유효압력(kgf/㎠)

A : 실린더 단면적(㎠)

L : 행정(cm)

Z : 실린더 수

② 중량 마력(weight horse power)

기관 1[kg]당의 마력으로서 기관 제동마력을 전 중량으로 나눈 값이며, 보통 마력당 중량이 기관을 비교하는 수치로 이용된다.

6. 동력계(Dynamometer)

기관의 제동(正味) 마력을 측정하는 장치를 동력계(다이나모미터)라 부른다. 동력계에는 동력을 소비하여 출력을 측정하는 흡수 동력계(absorption dynamometer)와, 동력 전달 도중 축의 비틀림 등을 이용하여 출력을 측정하는 비틀림 동력계(torsion dynamometer)가 있다. 어느 것이든 크랭크축에 동력계를 장치하여 기관을 운전하여 그 출력을 측정한다.

6-1. 흡수 동력계(absorption dynamometer)

동력을 흡수함으로써 출력을 측정하는 것으로는 프로니 브레이크, 물 동력계, 전기 동력계, 공기 동력계 등이 있다.

(1) 프로니 동력계(prony dynamometer)

프로니 동력계는 기관의 발생동력을 고체 마찰에 의하여 흡수하는 동력계이다. 플라이 휠 또는 축에 고정된 브레이크 몸체에 브레이크 편을 볼트와 너트 B에 의하여 브레이크 드럼을 죄는 힘을 F, 마찰계수를 μ라 하면 드럼에 가해지는 마찰력 $Ft = \mu \times F$[kgf]이다. 이 힘에 의하여 드럼이 하는 일은 $W = 2\pi RFt$ [kgf·m]이다. 플라이휠의 반지름이 R, 회전수가 n일 때 동력은 $\dfrac{2\pi \times R \times Ft \times n}{60}$[kgf·m/s]이다.

$$\therefore \text{ 제동마력} = \frac{2\pi \times R \times Ft}{75 \times 60} = \frac{LW \times n}{716} \fallingdotseq \frac{Tn}{716}[\text{ps}]$$

$$= \frac{9.8 \times 2\pi T \times n}{60 \times 1000} \fallingdotseq \frac{Tn}{974}[\text{kw}]$$

여기서, L : 암의 길이

W : 저항력

T : 회전력$= FR = LW$

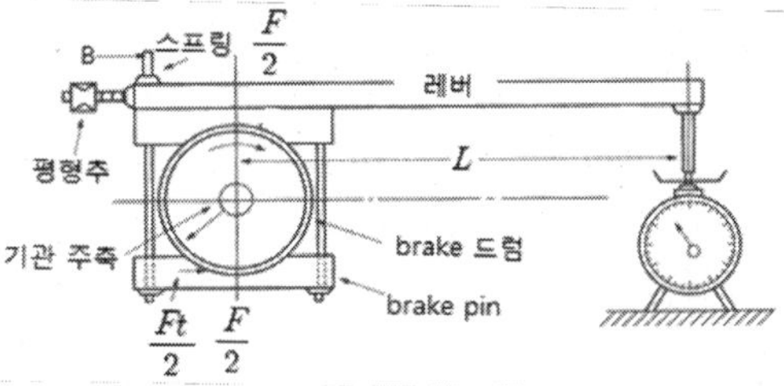

[프로니 동력계]

프로니 동력계는 값이 저렴하고 취급이 용이하여 저속 회전용에 사용되며, 고속 회전에서는 안정된 회전을 얻기가 곤란하다.

(2) 물 동력계(water dynamometer)

동력을 측정하는 데 물을 사용하며, 물의 내부 마찰과 와류를 이용한 형식이다. 이 동력계의 특징은 측정 기관에 무리가 없으며 측정값이 정확하다. 기관은 회전자에 직결되어 케이싱 속에서 회전자를 회전시킨다.

저울의 눈금을 W, 회전력을 T라 하면 $T = L \times W$이다.

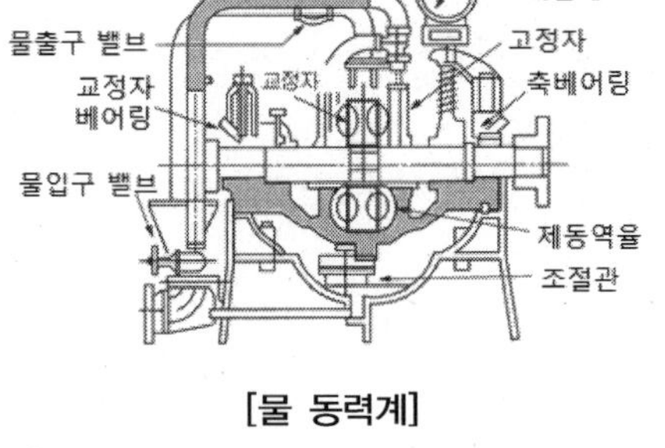

[물 동력계]

(3) 전기 동력계(electric dynamometer)

출력을 전력으로 바꾸는 형식으로, 일종의 발전기이며 동력 흡수방식에 따라 발전식과 와전류식으로 나눌 수 있다.

발전식은 발전기의 전기자를 기관으로 구동하여 발생된 전력을 저항에 의해 소비시키는 방식으로 역으로 모터로서도 사용할 수 있기 때문에 기관의 시동과 마찰마력 측정에 사용된다. 그림은 전기동력계 중 와전류 형태의 동력계를 나타낸 것으로서, 케이싱 내에 코일을 설치하고 코일에 전류를 공급하여 폐회로 자속을 형성한다. 이 자속 내에서 원판형의 디스크가 기관에 의해 회전된다. 플레밍의 왼손법칙에 의해 디스크에는 와전류(eddy current)가 발생된다. 이 전류에 의해 디스크에 제동력이 걸린다.

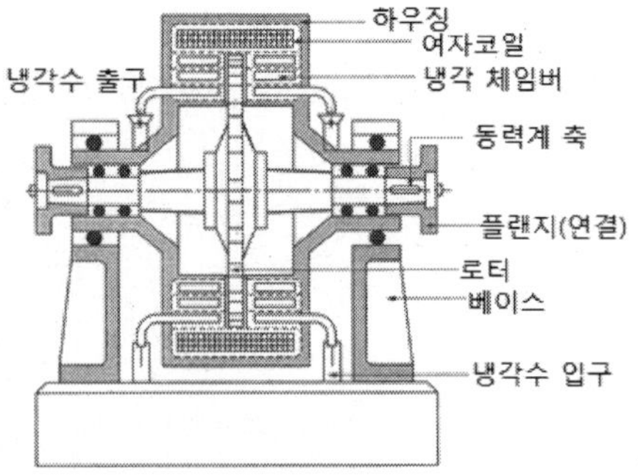

[와전류 동력계]

와전류 동력계는 브레이크에 걸리는 힘이 균일하고, 제동이 쉬우며 전동기로서 기관의 시동도 용이하다. 또한 기계적 손실 측정이 가능하여 현재 널리 사용되고 있지만 수동력계보다 비싼 단점을 가지고 있다.

(4) 공기 동력계(air fan dynamometer)

공기 동력계의 형식은 팬 또는 추진축을 기관에 직결하여 공기를 교반해서 동력을 흡수한다. 팬의 특징을 미리 점검해 두면 회전 속도만 측정하여 출력을 측정할 수 있으며, 동력 측정보다는 내구 운전과 같은 일정 부하로 장시간 운전 시 사용할 수 있다.

6-2. 비틀림 동력계(torsion dynamometer)

비틀림 동력계의 형식은 하중이 작용하면 축이 비틀리는데, 이 비틀림 각도가 회전력에 비례함을 이용한 것이다.

비틀림 각도를 측정하는 데는 기계적 확대 장치를 축에 장치하는 방법과 특별한 중간 축을 넣어서 광학적으로 측정하는 방법이 있다.

Chapter 3 연료와 연소

연료는 기관의 동력을 얻는 열에너지원이며, 자동차용 연료에는 액체연료와 기체연료가 있다.

액체연료는 가솔린, 등유, 경유 등이 있으며 자동차용 연료의 주류이다. 기체연료는 LP가스와 CN가스(compressed natural gas : 압축 천연가스)가 있고 이 밖에 수소, 메탄 등도 자동차 연료로 사용되고 있다.

기체연료는 그 취급이 불편하기 때문에 일부 차량에만 사용하고 있으나 에너지 자원의 다양화와 원유의 고갈 및 가격 인상 그리고 기체연료의 취급 기술의 향상 등으로 그 사용 비율이 높아지고 있다. 여기서는 가솔린과 LP가스, CN가스 및 경유에 대해 설명하겠다.

1. 연료(Fuel)

1-1. 탄화수소(HC)에 의한 연료 분류

원유의 주성분은 탄소와 수소를 주체로 한 유기 화합물이며, 일반적으로 탄화수소라 한다. 이 탄화수소는 결합하고 있는 탄소 원자와 수소 원자 수에 따라 여러 종류로 분류된다.

구체적으로는 파라핀계와 나프텐계를 주성분으로 하여 방향족 및 오레핀계 탄화수소와 유황, 질소, 산소 등의 화합물이 함유되어 있다.

(1) 파라핀계(paraffin series)

파라핀계의 화학식은 C_nH_{2n+2}이고, 탄소가 직렬상 구조를 가지는 화합물로서 메탄(methane), 에탄(ethane), 프로판(propane) 등과 같이 끝에 ane를 붙여서 표시한다.

파라핀계와 올레핀계는 지방족에 속하는데, 지방족은 쇄상 화합물이고 비교적 연소하기 쉽지만, 방향족은 연소시키기 어렵다.

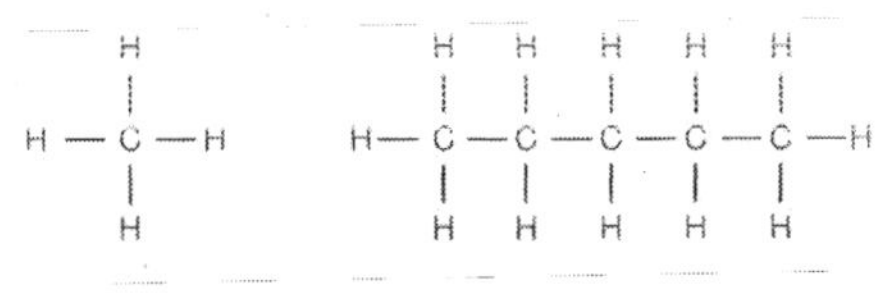

(a) CH_4(methane) (b) C_5H_{12}(pentane)

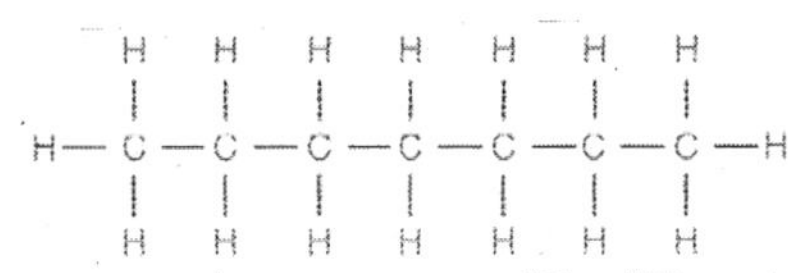

(c) C_7H_{16}(n-heptane)

(2) 나프텐계(naphthane series)

나프텐계의 화학식은 C_nH_{2n}이다. 올레핀계와 같은 구조이나 탄소 원자가 단결합에 의하여 다른 2개의 탄소 원자가 환상 화합물로 결합한 것이다.

사이클로부탄(cyclobutane), 사이클로펜탄(cyclopentane) 등과 같이 앞에 사이클로(cyclo)를 붙여서 표시한다.

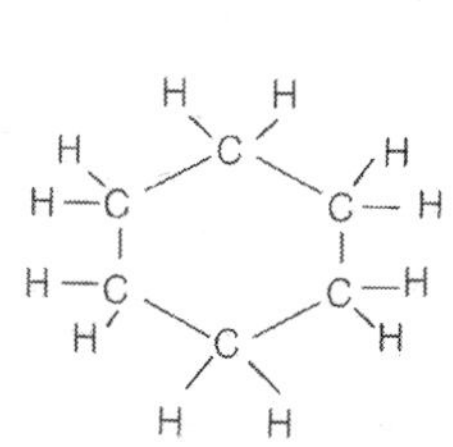

[cyclohexane]

(3) 방향계(aromatics)

방향계의 화학식은 C_nH_{2n-6}이다. 불포화 환상 화합물로 되어 있고 6개의 탄소 원자가 하나씩 걸어서 2층 결합과 단결합으로 환상 결합한 것이다. 이들은 모두 석유 또는 천연 가스로서 지중에서 채취되며, 산지에 따라서 정유 후의 제품의 성질도 달라진다.

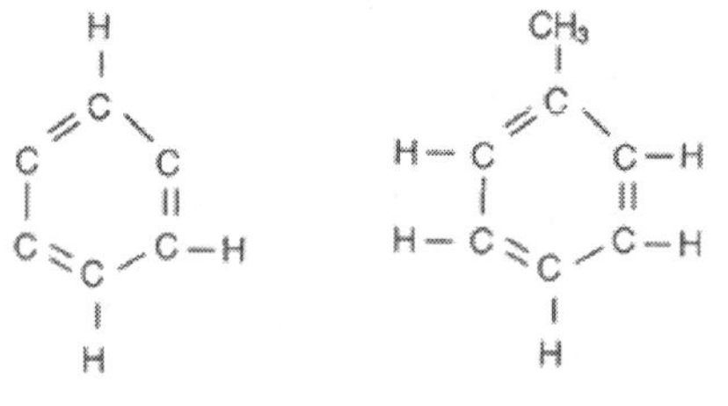

(a) benzen(벤젠)　(b) toluene(톨루인)

(4) 올레핀계(oleffin series)

올레핀계는 자연계에 존재하지 않으며, 석유제조과정에서 생성된다. 올레핀계의 화학식은 C_nH_{2n}이다. 불포화 쇄상 화합물로 되어 있고 탄소 원자가 직선으로 결합하고 있으며, 파라핀계 탄화수소보다 수소 원자가 2개 적고 1개의 2중 결합을 가지고 있다.

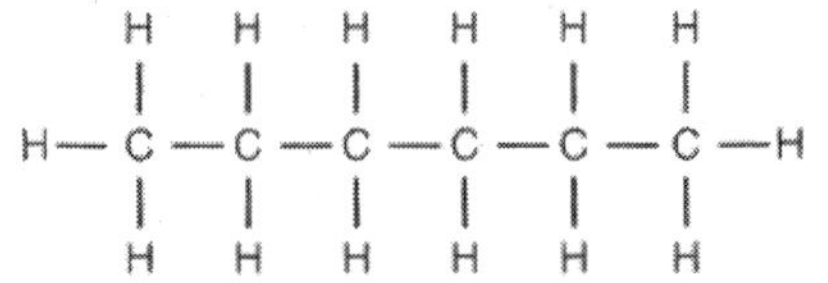

(a) 노멀(정) 펜탄(n-pentane)

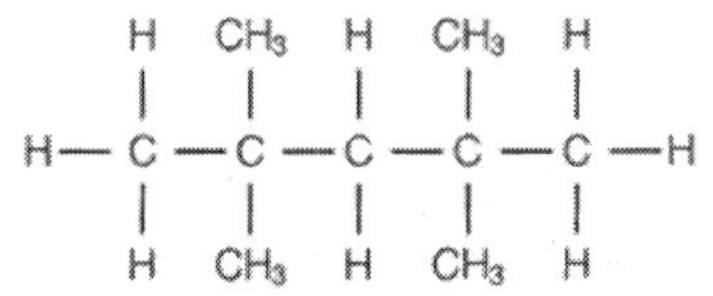

(b) iso-octane(이소옥탄)

1-2. 석유의 정제 과정

액체연료의 주가 되는 가솔린 및 경유 등은 원류를 정제하여 얻게 되는데, 그 정제 과정을 간단히 설명해보고자 한다.

원유의 성상은 그 산지에 따라 상당히 다르며, 독특한 냄새가 나는 액체이다. 비중은 0.78~0.99이며, 색깔이 암갈색으로 유동성이 큰 것도 있고, 암흑색으로 끈적끈적한 그 종류가 여러 가지가 있다. 적당한 정제 공정을 거쳐 이들 원유에서 가솔린, 등유, 중유, LP가스 등을 얻게 되며, 이 밖에도 부산물로 합성 고무, 합성수지 및 각종 약품에 이르기까지 극히 많은 석유 제품을 얻을 수 있다. 그 순서에 따라 그림과 같이 원유는 이물질이 섞여 있으므로 먼저 이물질을 제거한 후 상압 또는 감압 증류장치에 넣어, 비등점의 차를 이용해서 가솔린, 경유, 등유 및 중류를 얻는다.

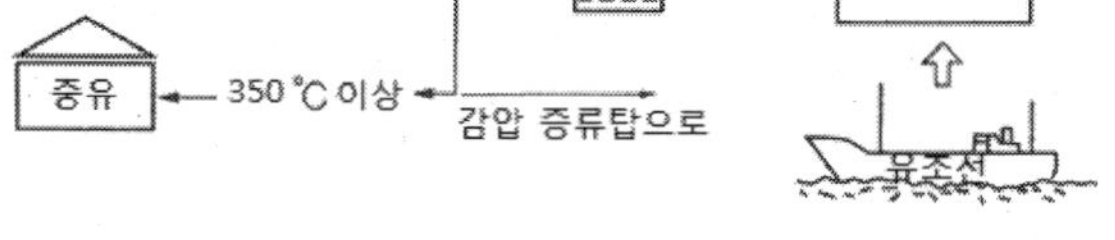

[원유의 정제 과정]

즉, 30~200℃에서 유출된 것이 가솔린, 160~280℃에서 유출된 것이 등유, 200~350℃에서 유출된 것이 경유이며 증류탑의 밑 부분에서는 중유가 나온다. 이와 같은 증류나 그 밖의 조작으로 얻은 유분 가운데 어느 것은 그대로 판매하나 대부분은 불순물이 섞여 있거나 또는 사용 목적에 맞게 만들기 위해 다시 정제한다. 불순 성분은 수분, 유황, 산소, 질소 등의 화합물, 불포화 탄화수소, 수지질, 아스팔트질 등이다.

1-3. 가솔린(gasoline)

가솔린은 앞에서 설명한 파라핀계, 나프탄계, 올레핀계, 방향계 등 많은 탄화수소 분자의 혼합체이며, 그 정제법에 따라 직류(直溜) 가솔린, 분해(分解) 가솔린 및 개질(改質) 가솔린 등으로 나뉜다.

직류 가솔린은 원유의 분류(分溜, fractional distillation)에서 얻은 것이며, 옥탄가가 55~70이므로 그대로 자동차 연료로 사용할 수 없어 접촉 개질(改質)하여 옥탄가를 높이거나 옥탄가가 높은 가솔린과 혼합하여 사용한다.

분해 가솔린은 원유 속의 등유, 경유, 중유 등을 다시 증류하여 만든 것이며, 개질 가솔린은 옥탄가를 높이기 위해 직류 가솔린이나 분해 가솔린을 화학적으로 변화시켜 개질한 것이다.

(1) 자동차 가솔린 연료의 구비조건

① 체적 및 무게가 적고 발열량이 클 것
② 연소 후 유해 화합물을 남기지 말 것
③ 경유에 비해 착화온도가 높고, 옥탄가가 높을 것
④ 온도에 관계없이 유동성이 좋을 것. 특히 공기와 혼합이 잘 되며 휘발성이 좋을 것
⑤ 연소 속도가 빠를 것
⑥ 베이퍼 록(vapor Lock)이나 퍼컬레이션(percolation) 등이 쉽게 발생되지 않을 것

Handy hint

▌베이퍼 록 현상

액체가 고온에 의해 기화 또는 증발하여 기포가 생겨 송유 또는 압력전달 작용이 불가능해지는 현상으로 연료회로 또는 브레이크 장치 유압회로 내에 생긴다.

▌퍼컬레이션 현상

연료가 고온 상태일 때 체적 팽창을 일으켜 연료 공급이 과대해지는 현상이다.

(2) 옥탄가(octane number)

옥탄가는 안티 노크성을 나타내는 척도이며, 노크를 발생하기 쉬운 노말 헵탄(C_7H_{16})을 옥탄가 '0'으로 하고, 노크를 발생시키지 않은 이소옥탄(C_8H_{18})을 옥탄가 '100'으로 하여 다음 식에 의해 임의의 옥탄가의 표준 연료를 만들어서 이것과 시험하려고 하는 연료를 비교하여 그 옥탄가를 알 수 있다.

$$\text{Research 옥탄가} = \frac{\text{이소옥탄}}{\text{이소옥탄} + \text{노말(정)헵탄}} \times 100$$

이 옥탄가는 기관의 압축비에 따라 선정하며, 시판하는 가솔린에는 하이 옥탄 가솔린(high-octane gasoline)과 레귤러 가솔린(regular gasoline)이 있다. 하이 옥탄 가솔린은 옥탄가가 97~100 정도이고, 압축비가 8.5 이상의 기관에 적합하다. 레귤러 가솔린은 옥탄가가 87~88 정도이고, 압축비가 8.5 이하인 기관에 알맞다.

연료의 옥탄가를 측정하기 위해 CFR(cooperative fuel research : 미국 연료 연구단체) 기관을 사용한다. CFR 기관은 운전 중에 압축비를 바꿀 수 있고, 또한 노크 발생 시 노크 강도를 기록할 수 있으며, 그 제원은 다음과 같다.

실린더 내경 : 82.6[mm]	피스톤 행정 : 114.3[mm]
기관 회전수 : 900[rpm]	냉각수 온도 : 100[℃]
행정 체적 : 611.8[㎤]	흡기 온도 : 149[℃]
압축비 : 가변	실린더 수 : 1기통

(3) 안티-노크제

가솔린의 옥탄가를 높이기 위해 연료에 혼합하는 첨가제를 말하며, 가장 널리 쓰이고 또 효과가 있는 것은 4에틸납[$Pb(C_2H_5)_4$]이 있으며, 이것이 유연 휘발유이다.

근년에는 저속 노크를 억제하기 위해 비등점이 낮은 4메틸납을 혼합한 것도 많이 쓴다. 예를 들면 가솔린 3.5[ℓ]에 4[cc] 정도의 4에틸납을 첨가하면 옥탄가 78인 가솔린이 옥탄가 96.3으로 개량된다.

(4) 발열량(calorific value)

연료의 발열량은 단위 중량 또는 단위 체적의 연료가 산소와 결합하여 완전 연소할 때 발생하는 열량이며, 액체연료는 [kcal/kg], 가스체 연료는 [kcal/N㎥]의 단위로 표시한다.

액체연료의 발열량은 보통 정적 연소 발열량을 재는 봄브(bomb)열량계를 이용하여 측정하며, 이 열량계에 의하여 측정되는 값에는 연소에 의해 생성된 수증기가 냉각되어 물이 될 때의 잠열까지 포함되어 있다. 이와 같은 발열량을 고위발열량이라고 한다. 반면 연료 연소에 의하여 생긴 수증기가 가스 상태 그대로이고, 물이 되지 않을 경우에는 응고 잠열이 방출되지 않으므로 발열량은 고위발열량보다 잠열량만큼 적은 값이 된다. 이와 같은 발열량을 저위발열량이라 한다.

실제로 연료가 연소될 때에는 배기의 온도가 높으므로, 수증기가 가스 상태 그대로 배출되고 만다. 따라서 실제 기관의 열효율이나 기타 계산을 할 경우에는 저위발열량이 사용된다. 가스 연료의 발열량은 일정 유량을 보내주면서 정압 하에서 연소시키는 융커(junker) 계량계에 의하여 측정된다.

연 료		발열량[kcal/kg]	연 료		발열량[kcal/kg]
고체연료	석 탄	5,000~8,000	기체연료	메 탄	12,000
	코크스	7,000		LPG(프로판)	12,000
액체연료	가솔린	11,000		수소가스	28,000
	경 유	10,500		아세틸렌	11,800
	알코올	4,600~6,400			

[주요 연료의 발열량]

(5) 인화점/발화점/비중

연료에 불을 가까이했을 때 연료가 연소하기 위해서는 그 연료의 온도를 올려 기화시키고, 그 불로부터 인화할 수 있는 정도가 되어야 한다. 이때 인화하려고 할 때의 온도를 인화점이라 하며, 연소가 시작되는 온도를 발화점이라 한다.

비중은 물이 4[℃]일 때 연료와의 무게 비를 비중이라 하고, 물의 비중은 1이다.

연료	비중	인화점	발화점
가솔린	0.69~0.76	-40[℃] 이하	300[℃]
LPG	0.50	-11[℃] 이하	538[℃]
등유	0.78~0.84	30~60[℃] 이하	255[℃]
경유	0.84~0.89	50~70[℃] 이하	250[℃]
중류	0.90~0.99	60~150[℃] 이하	250~380[℃]

(6) 휘발성

흡기다기관에서 연료의 기화성은 분류(分溜)성상과 증기압에 따라 평가한다. 분류 성상은 일정한 양의 연료를 가열 증류하여 그 유출 온도와 그 온도에서 유출된 양의 백분율[%]을 구한 것이며, ASTM(American Society for Testing Materials : 미국 재료 시험협회) 증류 곡선이라 한다. ASTM 증류곡선에서

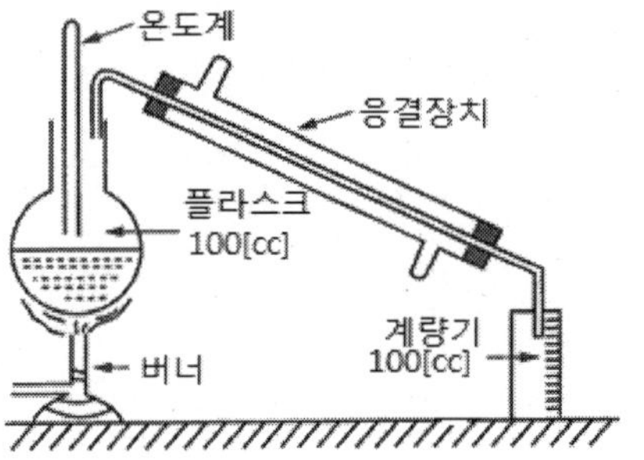

[ASTM증류 시험장치]

① 10[%]점의 온도가 낮은 가솔린은 한냉 시의 시동이 잘 된다. 그러나 증발하기 쉬우므로 너무 낮으면 베이퍼록이 발생하기 쉽다.

② 50[%]점(35~60[%]) 부근의 증류 온도가 낮은 가솔린은 기관의 워밍업이 빠르고, 가속성이 좋다. 그러나 퍼컬레이션을 일으키기 쉽다. 반대로 50[%]점이 높은 가솔린은 워밍업하는 데 시간이 걸리고 급가속할 때 실화하기 쉬우며 가속성도 나쁘다.

③ 90[%]점의 낮은 가솔린은 윤활유를 희석하기 쉽고, 오일의 소비량이 증가하여 기관의 출력을 저하시키는 경향이 있다. 가솔린의 성상과 안티-노크성도 중요한 요소이다.

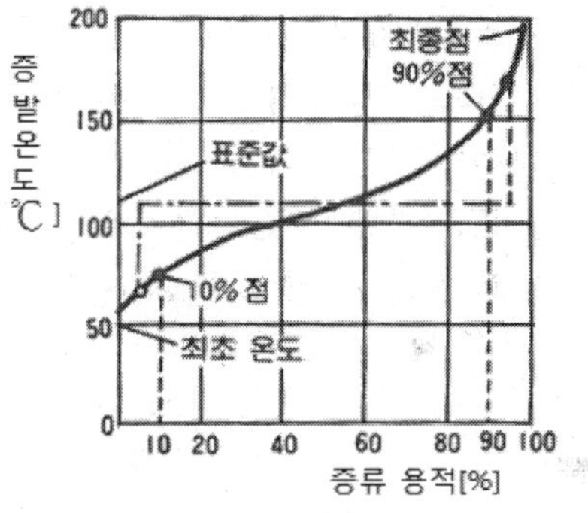

[ASTM 증류곡선]

(7) 증기압

일정한 양의 연료를 규정온도[37.8℃]에서 체적이 일정한 공기실 내에서 증발할 때의 포화증기압이며, 리드 증기압이라고도 한다.

증기압이 높으면 베이퍼록이 발생하기 쉽고 저장 및 운반 시에 증발 손실이 많다. 반대로 너무 낮으면 시동성이나 가속성이 나쁘다.

(8) 퍼포먼스 수(performance number)

동일한 운전 조건에서 시험 연료로 운전한 경우와 이소옥탄으로 운전한 경우의 노크의 한계에 있어서 도시마력의 비를 백분율[%]로 표시한 것을 말하며, 이것은 100 이상의 옥탄가의 경우 이소옥탄만으로는 계량할 수 없기 때문에 취해진다. 즉 퍼포먼스 수(PN)는 최대 흡입 압력의 크기를 표시하며, 옥탄가 100의 연료(이소옥탄)를 사용하였을 경우의 최대 흡입 압력의 크기를 그 연료의 PN이라 한다. 그러므로 최대 흡입압력을 100 옥탄가 때보다 20[%]만큼 더 증대시킬 수 있는 연료라면 PN는 120이 된다. 옥탄가(ON)와 퍼포먼스 수(PN)와의 관계는 다음과 같다.

$$PN = \frac{2800}{128 - ON} \qquad ON = 128 - \frac{2800}{PN}$$

1-4. LPG(Liquified Petroleum Gas) 연료

LPG의 주성분은 프로판(C_3H_8)과 부탄(C_4H_{10})가스의 혼합물이며, 물보다는 가볍고 공기보다는 무겁다. LPG는 석탄을 파낼 때 천연가스나 원유와 함께 지하에서 나오기 때문에 천연가스와 가솔린의 중간 성질을 가지고 있다. LPG는 공기량이 부족으로 불완전 연소할 때에는 CO가 발생한다.

LPG는 상온에서 비교적 낮은 압력으로 액화하고, 다른 가스에 비교해 다음과 같은 특징이 있다.

(1) LPG 연료의 특징

① 가솔린보다 값이 싸기 때문에 경제적이다.

② 베이퍼록(vapor lock : 증기폐쇄), 퍼컬레이션이 일어나지 않는다.

③ 대기 오염이 적고 위생적이다.

배기가스는 무색이고 독성이 있는 CO의 함유량이 가솔린에 비해 1/20 정도 적으며, 매연이 배출되지 않기 때문에 대기 오염이 적어 위생적이다.

④ 연소 효율이 좋고 기관 운전이 조용하다.

LPG는 기체에서 공기와 완전히 혼합하기 때문에 혼합 상태가 균일하며, 이론 공연비에 가깝게 완전 연소하며, 연소속도가 가솔린보다 느리며, 옥탄가가 높기 때문에 노킹(knocking)을 일으키지 않으므로 기관의 잡음이 비교적 적다.

⑤ 기관 오일을 더럽히지 않으며 기관의 수명이 길다.

LPG는 비등점이 낮기 때문에 실린더 안에서 완전히 기화 연소되므로 카본(carbon) 조성이 적고, 오일을 희석시키지 않는다. 연료에 첨가제를 넣지 않으므로 카본이나 회분에 의하여 오일이 더러워지지 않으며, 유황분이 가솔린에 비하여 1/10 정도 적다. 윤활유 희석, 오염, 카본 부착, 금속 부식 등이 거의 없기 때문에 오일의 교환 시기를 가솔린에 비하여 1.5~2배 정도 연장시킬 수 있다.

종목 \ 항목	LPG					가솔린
	프로판	프로필렌	n-부탄	i-부탄	부틸렌	
분자식	C_3H_8	C_3H_6	C_4H_{10}	C_4H_{10}	C_4H_8	C_8H_{18}
옥탄가	125	85	91	99	-	87
증기압[kg/㎠]	8.0	9.8	2.0	2.95	2.5	-
착화온도[℃]	481	458	441	544	443	210~300
발열량[kcal/kg]	11,975	11,635	11,772	11,751	11,515	11,200
완전연소 소요 공기량[kg/kg]	15.71	14.80	15.49	15.49	14.80	14.70

[LP가스의 물리·화학적 성질]

(2) LPG의 단점

① 연료 탱크(봄베)를 고압 용기로 사용하므로 자동차 무게가 증가한다.

② 증발잠열로 인해 겨울철 시동이 곤란하게 된다.

③ LPG 취급과 공급이 어렵다.
④ 베이퍼라이저 내에 타르나 껌(고무와 같은 물질)을 자주 배출시켜야 한다.
⑤ 발열량이 높아 가솔린에 비해 NO_X(질소산화물)는 많이 배출된다.
⑥ 기체 상태로 실린더 내에 들어가므로 체적 효율이 저하하여 가솔린 엔진에 비해 출력이 저하된다.

1-5. 천연가스(Natural Gas) 연료

천연가스는 메탄을 주성분으로 하는 가연성 가스이다. 또한 환경에 영향을 적게 주는 에너지인데, 지구 온난화에 영향을 주는 CO_2의 배출량을 석탄을 100으로 했을 때 석유는 83이지만 천연가스는 57에 불과하다. 천연가스를 액화할 때 먼지를 제거하고 황, 탄소, 습도 등을 전처리를 하여 황 성분과 다른 불순물이 없는 깨끗한 에너지로 만든 것이 액화천연가스(Liquefied Natural Gas : LNG)이다. 따라서 에너지로서는 LNG가 천연가스보다 우수하다.

천연가스의 주성분인 메탄은 0[℃]이며, 1기압에서는 가스 상태이다. 1[㎥]의 메탄을 1기압 하에서 -162[℃]까지 냉각하면 액화되어 그 체적은 0.0017[㎥]으로 본래의 체적의 1/600인 소용량이 된다. 이 천연가스의 성질을 이용하여 배관으로 수송할 수 없는 지역에서도 액체탱크에 의해 대량의 천연가스를 LNG로서 수송한다.

(1) 천연가스 연료의 특징

① 천연가스는 메탄(CH_4)을 주성분으로 하여 탄소량이 적은 탄화수소 연료인데, 메탄 이외에 소량의 에탄, 프로판, 부탄 등이 포함되어 있다. 메탄의 함유량은 산지에 따라 다르며, 83~99[%] 범위에 있고 그 밖의 성분도 미량의 범위로 변한다. 이들의 조성변화에 의해서 이론 혼합비, 발열량이 변하는 것만이 아니고 옥탄가(안티 노크성)에도 차이를 나타낸다.
② 메탄의 비점은 -162[℃]이고 상온에서는 기체이며, 상온에서 액체인 가솔린, 경유와는 수송 연료로서 차이가 있고 단위 에너지당 연료 체적은 디젤에 비해 압축천연가스(CNG)로 3.7배, LNG로 1.65배이다.
③ 옥탄가는 비교적 높고 세탄가는 낮으며 전기점화의 오토사이클 기관을 위한 연료이고 압축착화 디젤 기관에는 맞지 않는다.
④ 천연가스는 가스 상으로 흡입되는데 이때 가스의 체적유량은 액상의 가솔린에 비해 증가하기 때문에 증가한 분만 기관에 흡입되는 공기량은 감소하여(체적 효율이 저하되어) 출력이 떨어진다.
⑤ 가스 상에서 공기와 혼합이 용이하기 때문에 혼합기의 형성이 액상의 가솔린, 경유에 비해 용이하고 균질의 혼합가의 희박(lean)화에 의해 희박연소가 가능하다.
⑥ -20[℃]~-30[℃]의 극저온의 대기 하에서도 가스 상이기 때문에 시동 시 혼합기의 형성이 용이하고 기관 시동성 확보가 가능하다.
⑦ 가솔린 기관의 냉간시동 시 배기 중 미연소 탄화수소의 90[%]는 시동 직후에 배출되는데 그 원인의 하나는 냉간 시에는 액상의 가솔린이 쉽게 기화하기 어렵기 때문이다. 천연가스 기관에서는 이 비율이 작기 때문에 냉간시동 직후의 탄화수소 배출량은 가솔린 기관보다 작다.
⑧ 가스 상에서 공기와 혼합하기 쉽고 국부적으로 산소 결핍층은 형성되기 어렵기 때문에 산소 결핍에 기인하는 매연과 입자상물질은 작게 된다.
⑨ 천연가스는 피스톤의 틈(crevice)에 들어가기 쉽고 희박연소 온도가 저하한 경우 틈 사이의 HC는

팽창행정에서 산화되기 어려워 미연 HC로 배출된다.

⑩ 탄소량의 비율이 낮기 때문에 발열량당 CO_2 배출량이 비교적 작다.

⑪ 천연가스는 유황분의 불순물을 포함하지 않기 때문에 아황산가스(SO_2)를 배출하지 않는다.

⑫ 배출되는 HC의 주성분도 메탄이기 때문에 배출가스의 오존생성에 관계하는 광화학 반응성이 낮다.

⑬ 탄화수소연료의 공기에 대한 독성은 일반적으로 탄소수가 증가하는데 이어 증가하는 경향이 있으나 메탄은 탄화수소 연료 중에서 탄소수가 더욱 적어 독성이 낮다.

⑭ 탄화수소계 연료이기 때문에 연료계통의 부품재료의 내부식성 등의 재료 특성은 가솔린, 경유와 유사한 특성을 가지고 있다.

(2) 천연가스의 주성분 및 연료로서의 특징

구 분	압축천연가스(CNG)	액화석유가스(LPG)
공급방법	LNG 수입 · 도시가스 배관망 공급 · 압축 고압기체로 저장	액화 상태로 저장
주성분	메탄/청정연료	프로판/부탄
액화	어려움(-162[℃])	쉬움 (프로판 : -23[℃], 부탄 : -4[℃])
매장	기체 상태로 천연적 매장	석유 정제과정에서 발생
기관공급	기체 상태로 공급	기체 상태로 공급
연료상태	항상 안정적	불안정(기체~액체)
CO_2배출량	적음	많음
적용기관	모든 기관에 적합	소형기관에만 적합 (6ℓ급 이하)

(3) 천연가스의 안정성

구 분	천연가스(CNG/LNG)	액화석유가스(LPG)
유해성	인체에 무해함	인체에 유해함
비중	0.6	1.5
누출 시	대기 급속히 확산 (충전소 위험성 1/23)	저압으로 방출(아래로 고임)
대기확산	매우 빠름	매우 느림
연소범위	좁음(5~15vol%)	넓음(인화 위험성 높음)
자연발화온도	595[℃]	프로판 : 470[℃] 부 탄 : 365[℃] 가솔린 : 220[℃]
안전규제	충돌/화재에 대한 각종 규제	용기와 밸브만 규제
사고사례 (차량/충전소)	거의 없음	사고 많음

1-6. 디젤 기관(diesel engine)의 연료

경유도 원유를 정제하여 얻은 연료이며, 비중이 약 0.86이고 발화점이 200~350[℃]이다. 고급일수록 담황색이고 저급일수록 황색에 가깝다. 자동차용 디젤 연료로는 다음과 같은 성상이 요구된다.

① 착화성이 좋아야 하며 연료의 착화성은 세탄가로 나타낸다(착화온도가 낮을 것)

② 내폭성 및 내한성이 클 것

③ 고형 미립물이나 협잡물을 함유하지 않을 것

④ 인화점이 높고 발화점이 높을 것

⑤ 연소 후 카본 생성이 적을 것

⑥ 발열량이 클 것

⑦ 적당한 점도를 가져야 한다. 이것은 연료계통의 부품에 윤활을 하는 데 필요하다.

(1) 착화성

디젤 기관의 연소에서 착화지연은 연료의 착화성에 따라 영향이 있다. 착화성이 나쁘면 착화지연이 길어져 연소가 급격하고, 압력 상승률이 커져 심한 경우에는 디젤 노크가 발생한다.

(2) 세탄가(setane number)

디젤 연료의 착화성, 즉 안티-노크성을 나타내는 척도가 세탄가이다. 세탄가는 착화하기 쉬운 세탄($C_{16}H_{34}$)을 100으로 하고, 착화하기 어려운 $\alpha-$메틸 나프탈린($C_{10}H_7CH_3$)을 0으로 하여 옥탄가의 경우와 같이 임의의 세탄가인 표준 연료를 만들어, 이것과 시험하려고 하는 연료를 비교하여 그 연료의 세탄가를 알 수 있다.

$$\text{세탄가} = \frac{\text{세탄}}{\text{세탄} + \alpha - \text{메틸나프탈린}} \times 100$$

세탄가가 낮으면 저온 시의 시동성이 나쁘고, 또 워밍업 시 흰 연기가 발생하는 원인이 된다. 그리고 정상 운전 시는 가솔린의 옥탄가처럼 큰 영향은 없다. 세탄가는 옥탄가와 반대의 관계가 있으며 세탄가가 높은 연료는 옥탄가가 낮다. 세탄가를 높이는 첨가제는 질산에틸, 질산아밀, 과산화테트탈린, 초산아밀, 초산에틸 등이 있다.

2. 연소(Combustion)

연소란 연료를 산화시키는 산화반응을 말한다. 즉 연소가 적당하고 고온에서 연료의 급격한 산화 반응을 말하며, 일반적으로 열과 빛을 낸다. 이 연소가 아주 짧은 시간에 완료하고 발생 가스가 급속히 팽창하여 분출하는 현상을 폭발(explosion)이라 하고, 열과 빛 이외 압력의 증가로 음향을 발생한다. 연료의 주성분은 탄화수소이고, 그 밖의 소량의 산소와 유황 등이 함유되어 있으며 이들의 가연 원소가 전부 연소하는 경우를 완전 연소라 하고 일부가 연소하지 않고 남은 경우를 불완전 연소라 한다.

2-1. 가솔린 기관의 정상 연소

실린더에 흡입된 혼합기를 압축하여 점화 플러그에 의해 점화하면 그 플러그에 가장 가까운 부분이 먼저 착화하여 그 화염이 점차 전파해서 마침내 가스 전체가 폭발적인 연소를 하며 이 과정은 점화,

화염전파, 소염(消炎)의 현상으로 요약할 수 있다.

그림은 연소에 따른 압력변화와 크랭크축 각도와의 관계를 나타낸 것이다. 이 그림에서 연소과정을 설명하면, 피스톤이 압축행정의 상사점 조금 전인 A점에 있을 때 점화하여 착화되면, 그 부분의 가스 온도가 상승하면서 완만한 연소가 시작되고 압력도 높아진다. 이어서 B점에서 급격히 연소하여 폭발적인 연소가 되고 압축 상사점을 조금 지난 C점에서 최고 압력이 되었다가 D점에서 연소가 끝난다. 이 폭발적인 연소가 있은 뒤에도 약간의 연소는 계속되어 열이 발생하나 폭발 순간은 매우 고온(2,500℃)이기 때문에 열이 실린더를 거쳐 냉각수로 흘러, 계속 연소로 추가된 열량보다 큰 열량이 냉각수에 방산되므로 폭발하는 시간 이후에는 압력이 내려간다. 이 연소과정에서 A-B 사이를 점화지연 기간, 또는 연소의 제1기라 하고 급격한 연소가 시작되어 그 연소가 끝날 때까지의 기간 B-C-D를 연소의 제2기라 한다.

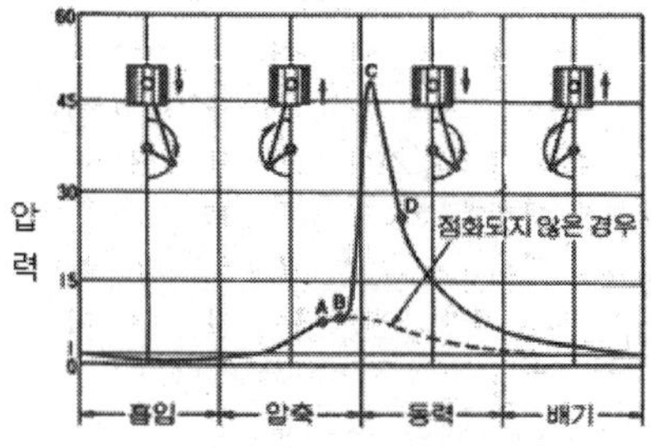

[연소와 압력변화]

연소 시 연소실 온도는 1900~2500[℃]이고, 연소 속도가 빠를수록 좋으나 정상 연소속도는 20~30[m/s]이다. 점화 시기가 늦어지면 실린더 안의 온도와 압력이 낮아지므로 연소 속도가 늦어지고 압력 상승률이 낮아진다.

혼합비에 대한 연소 속도는 이론 혼합비(14.7:1) 때보다 다소 농후한 상태에서 연소속도가 빠르고, 기관 회전 속도가 빠를수록 연소 속도가 기관 회전수에 비례하여 고속으로 된다. 그러므로 점화에서 최대 압력이 될 때까지의 시간은 회전수에 역비례하여 짧아진다.

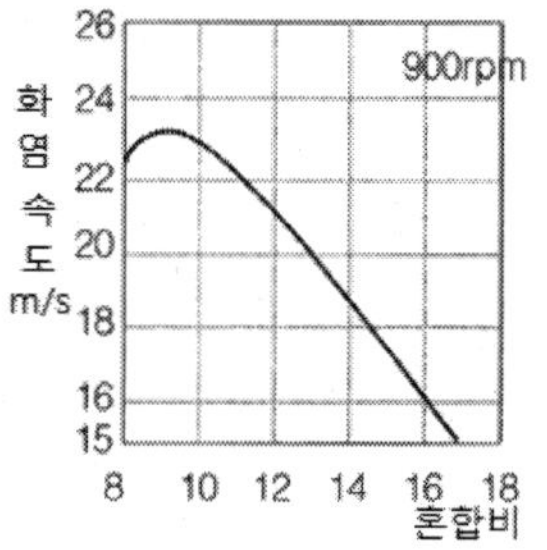

[혼합비와 화염속도 관계]

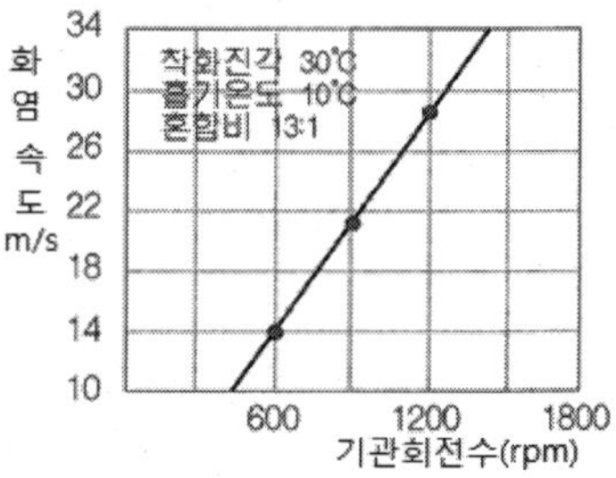

[rpm과 화염속도 관계]

(1) 연소에 영향을 미치는 인자

① 난류의 영향 : 연소에 필요한 시간이 단축되어 기관을 고속으로 운전할 수 있다. 난류에는 스월과 텀블, 스퀴시 등이 있다.

② 혼합비(공연비) : 최대 출력 공연비(13 : 1 부근)에서 연소 온도가 높고 연소 속도도 가장 빠르다.

③ 온도, 압력 : 온도와 압력이 상승되면 일반적으로 연소 속도는 빠르다.

④ 연소실 안의 잔류가스의 비율과 가스의 유동 속도

⑤ 연소실 형상과 점화플러그의 위치와 개수

(2) 연소 반응식

원자량은 탄소 원자의 원자량을 12로 정하고, 이 기준값과 비교한 다른 원자의 상대적 질량이다.

이론공기량	O_2	N_2	Ar
중 량 비	23.2%	75.51%	0.933%
체 적 비	21%	78.10%	1.286%

주요 원소의 원자량	C	O	N	H	S
	12	16	14	1	32

탄화수소(C_nH_m)의 연소 화학 반응식은 다음과 같다.

$$CnHm + (\frac{n+m}{4})O_2 \rightarrow nCO_2 + (\frac{m}{2})H_2O$$

① 탄소(C)의 연소 반응식

$C + O_2 = CO_2 + 97,200$[kcal/kmol]

1[kg] + 2.67[kg] = 3.67[kg]

$C + \frac{1}{2}O_2 = CO + 29,620$[kcal/kmol]

② 수소(H_2)의 연소 반응식

$H_2 + \frac{1}{2}O_2 = H_2O$[액상] + 68,500[kcal/kmol]

1[kg] + 8[kg] = 9[kg]

$H_2 + \frac{1}{2}O_2 = H_2O$[증기] + 57,750[kcal/kmol]

③ 황(S)의 연소 반응식

$S + O_2 = SO_2 + 70,860$[kcal/kmol]

1[kg] + 1[kg] = 2[kg]

(3) 연소에 필요한 공기량

연료 1[kg] 중에 함유된 원소들을 연소하기 위하여 필요한 공기량은 2.67C+8H+S[kg/kg]의 계산식이 되지만 연료 중에 함유된 산소(O)kg는 연소과정 중 수소와 결합하여 수증기가 발생되므로 이 분량을 수소에서 빼낸 8H-O가 된다. 또한, 산소 1[kg]을 얻기 위해서는 $\frac{100}{23.2}$=4.31[kg]의 공기량이 필요하므로 이론 공기량은 A_0라고 하면 다음 식을 얻는다.

$$A_0 = 4.31(2.67C+8H-O+S)[kg/kg]$$

여기서, 2.67C : 탄소 1[kg]을 연소시키기 위한 산소의 중량

8H : 수소 1[kg]을 연소시키기 위한 산소의 중량

1S : 유황 1[kg]을 연소시키기 위한 산소의 중량

체적으로는 산소 1[㎥]를 얻기 위하여 $\frac{100}{21}$= 4.76[㎥]의 공기가 필요하다.

$$\text{이론 공기량의 체적}(A_o V) = 4.76(1.867C + 5.6H + 0.7S - 0.7O)$$

여기서, $1.867C$: 탄소 1[N㎥/kg]을 연소시키는 데 필요한 산소 체적

5.6H : 수소 1[N㎥/kg]을 연소시키는 데 필요한 산소 체적

0.7S : 유황 1[N㎥/kg]을 연소시키는 데 필요한 산소 체적

0.7O : 연료 중에 포함되고 있는 산소가 연소 과정 중에 수소와 결합하여 수증기를 발생하는 데 소요된 양

2-2. 가솔린 기관의 이상연소와 노크

(1) 이상연소(abnormal combustion)

연소실의 가열된 표면에 의하여 화염면이 정상 점화 이전이나 또는 이후에 생긴 연소과정, 또는 혼합기의 일부 또는 전부가 극히 높은 비율로 소비되는 과정이다. 그러므로 이상연소는 표면 착화를 포함하여 화염의 전후를 불문하고 보통의 노킹이나 또는 표면 착화현상으로 인해 유발되는 노킹도 포함된다.

① 실화(miss-fire) 현상

기계적인 원인, 전기적인 원인, 연소적인 원인에 의하여 점화플러그에서 불꽃이 약하거나 불꽃이 튀지 않은 현상으로, 연소실 온도가 낮아 점화플러그에 카본 부착되어 많이 발생한다.

② 후기점화(후화 : after fire, post ignition)

혼합기가 먼저 점화플러그에 의해 점화되어 정상화염이 진행되는 도중에 미연소부에서 자연점화가 일어나는 현상을 말한다. 주로 급가속, 급감속 시에 발생된다.

③ 스파크 노킹(spark knocking)

가솔린의 옥탄가가 기관의 요구 옥탄가에 도달하지 못할 때에 주기적인 반복 소리를 수반하여 발생하는 노킹이다.

④ 더드(thud)

비교적 빠른 회전속도에서 발생하는 저주파(600~1200Hz)의 굉음이다. 혼합기의 급격한 연소가 그 원인이며 점화시기를 진각으로 제어할 수 있다.

⑤ 런 온(run-on)

점화스위치를 차단 후에도 기관이 회전이 계속되는 현상이다. 압축 시의 자연 착화현상이며 연료 인젝트의 후적, 냉각수 온도, 흡기온도, 압축비 등의 영향에 의해 발생된다.

⑥ 슬로 록(slow lock)

기관 정지 후, 재시동 시에 압축에 의해 노킹과 비슷한 금속음이 1~2회 발생하는 현상이며 화염속도는 노킹의 경우보다 훨씬 느리고 가스 진동은 발생하지 않는다.

⑦ 조기점화(pre-ignition)

압축과정 중 피스톤이 상사점 부근에 도달하기 전에 자연 폭발하는 현상으로 점화 시기를 빠르게 하였거나 연소실 내의 과열된 열점(퇴적된 카본, 점화플러그 과열, 배기밸브 과열 등)에 의해 발생한다.

⑧ 표면 착화(surface ignition)

연소실 내의 카본 퇴적, 점화플러그의 오손 등의 적열부에 의하여 혼합기가 점화 이전 또는 이후에 부분적인 자연점화에 의하여 연소가 일어나는 것이다.

(2) 노킹(knocking)

기관의 압축비를 높이고 열효율을 향상시키는 데 있어 가장 중요한 문제는 노킹을 비롯한 이상 연소를 억제하는 것이다.

전파되는 화염 전방의 미연소 가스가 급격히 연소하여 그 충격에 의해 연소실 안에는 심한 압력 진동이 생긴다. 이때 기관에는 금속으로 치는 소리(수 [kHz])가 발생하는데 이 현상을 노킹이라 한다.

이때 압력이 급격히 상승하여 실린더 안에서 가스 압력에 의한 진동이 일어나고, 가스에서 연소실 벽으로 전달되는 열이 증대된다. 이 때문에 연소실 벽의 온도는 노킹이 계속됨에 따라 점차 상승하여, 예를 들면 알루미늄 합금의 피스톤은 그 머리 부분에 피칭이라고 하는 많은 바늘구멍 모양의 곰보가 생기고 심할 때는 조기 표면 착화가 함께 발생하여 피스톤, 밸브 등의 부품이 파손된다.

(3) 노크 방지책

노킹을 방지하는 방법은 정상적인 화염의 전파가 끝날 때까지 미연소 가스의 예(豫 : 미리)연소 반응을 억제하는 데 있다.

일반적으로 미연소 가스 부분의 온도와 압력이 높을수록, 고온, 고압이 지속되는 시간이 길수록 예연소 반응은 진행된다. 노킹이 특히 고부하 운전 시에 일어나기 쉬운 이유는 압축할 때의 온도와 압력이 흡기가 감소된 저부하보다 높기 때문이다. 그리고 주로 낮은 회전속도에서 노킹이 발생되는 것도 미연소 가스가 압축 상태로 지속하는 시간이 긴 때문이다. 또 점화시기를 빨리한 경우에 노킹 경향이 많은 이유는 화염전파가 끝나는 시기가 상사점에 가깝기 때문이다.

위와 같은 관점에서 가솔린 노킹의 방지법으로는 다음과 같은 것이 있다.

① 옥탄가 높은 연료를 사용한다.

② 화염 전파 시간을 단축시킨다.

연소실의 모양이나 점화 플러그의 위치를 개량하여 화염전파 거리를 될 수 있는 대로 짧게 하면 화염 전파가 빨리 끝나게 되어 노킹이 발생하지 않는다. 그리고 혼합기의 소용돌이를 강화하여 화염 속도를 빠르게 하는 것도 노킹을 방지하는 효과적인 방법이다.

MBT 진각과 노크 한계 진각과의 차(差)를 노크 여유도(餘裕度)라 하면 이러한 대책은 어느 방법이든 연소시간을 단축하고 MBT를 늦은 쪽으로 옮기면 기관을 운전할 때의 노크 여유도를 크게 하는 효과를 얻는다. 여기서 MBT(minimum spark advance for torque)란 어떤 운전 조건하에서 최대 축 토크를 발생하는 데 필요한 최소 점화 진각을 말하고, 노크 한계 각도란 어느 일정한 운전 조건하에서 점화시기를 빠르게 했을 때 노킹이 발생하기 시작하는 점화시기를 말한다.

Handy hint

- 가솔린 기관에서 초기점화시기 : BTDC 5°
- 최대 축 토크 발생하는 점화시기(MBT) : ATDC 10~15° 부근

③ 미연소 가스를 냉각한다.

연소실 안에 와류(swirl) 등의 일정한 방향성을 가진 강한 유동(유동)이 없을 때, 일반적으로 점화 플러그에서 가장 먼 부분이 미연소 가스(end gas) 구역이 된다.

연소실의 모양을 개량하여 이 구역의 가스가 잘 냉각되게 하면 노킹을 방지하는 데 효과가 있다. 쐐기형(wedge type) 연소실이 그 예이며, 미연소 가스와 접한 연소실 벽의 면적을 크게 하면 냉각을 촉진할 수 있다.

④ 혼합비를 조정한다.

노킹이 발생하는 경향은 혼합비에 따라서도 다르다. 노크 여유도로 판단하면 일반적으로 이론 혼합비 부근이 노크 여유도가 가장 적은 경향이 있어 노킹이 발생하기 쉽다. 따라서 노킹이 문제가 되는 운전조건 하에서는 혼합비의 조정에 배려가 필요하다.

2-3. 디젤 기관의 연소과정

디젤 기관의 사이클은 공기흡입 → 공기가열(550[℃]) → 공기압축 → 연료분사 → 착화연소 → 배기의 사이클을 반복하고 고온/고압의 공기에 연료를 분사하여 동력을 얻는 기관으로서, 연소과정은 착화 지연기간 → 화염 전파기간 → 직접 연소기간 → 후기 연소기간의 4단계이다.

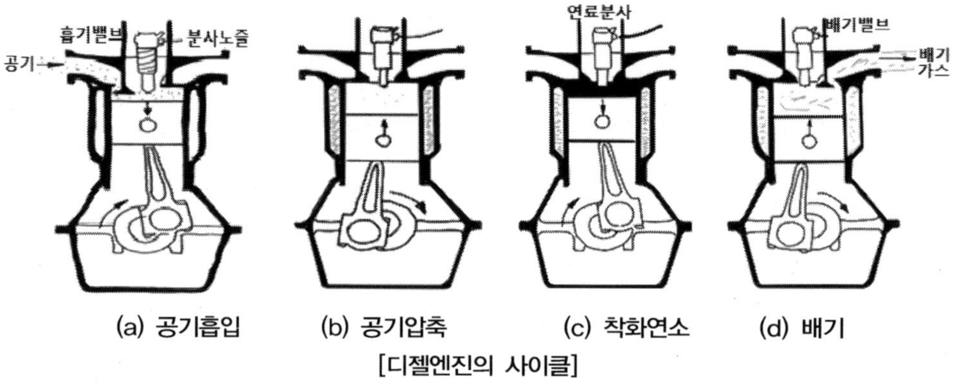

[디젤엔진의 사이클]

착화 지연기간 (연소 준비기간)	연료가 안개 모양으로 분사되어 실린더 안의 압축공기에 의해 가열되면서 착화온도에 가까워지는 기간. 즉 연료가 분사되어 압축열에 의해 불이 붙기 시작하기까지의 기간으로 이 기간이 길어지면 디젤 노크가 발생한다.
화염 전파기간 (폭발 연소기간)	착화 지연기간에 연소의 준비가 진행된 다음 혼합기의 한 군데 또는 여러 군데에서 발화가 일어나 급속히 각 부분으로 전파됨과 동시에 연소하여 압력이 급격히 상승하는 기간. 불이 붙어 확산되는 기간이다.
직접 연소기간 (제어 연소기간)	연소실 내의 다량의 연료가 연소되는 기간으로 이때 최고압력이 발생된다. 즉, 연료가 분사와 동시에 연소되는 기간이다.
후기 연소기간 (후 연소기간)	직접 연소기간 중에 미 연소된 연료가 연소되는 기간이다.

[디젤 연소과정]

(1) 디젤 기관의 연료 분무의 필요조건

디젤 기관의 연소과정은 앞에서 설명한 바와 같이 연소를 완전히 하기 위하여 다음과 같은 연료의 분무 조건을 구비하여야 한다.

① 미세화(무화)

연료 입자가 작을수록 가열되는 시간이 짧으며, 연소가 잘 되기 위해서는 연료의 입자를 미세화해야 한다.

② 관통력

연소가 시작됨에 따라 미세화된 연료는 새로운 공기와 혼합하여 연소 가스 내로 들어갈 수 있는 힘, 즉 관통력이 요구된다. 연료 입자의 지름이 클수록 관통력은 크며 위의 ①항의 미세화와는 반대가 된다.

③ 분포

같은 기관에서 출력을 증가시키기 위해서는 연소실 안에 압축된 공기 중의 한정된 산소를 전부 이용하여 가능한 많은 연료를 완전 연소시킬 수 있어야 한다.

디젤 기관은 연료 입자가 도달하지 않는 장소의 공기는 연소하지 못하며, 반대로 연료 입자가 많은 곳에는 산소가 부족하여 불완전 연소를 일으켜 검은 연기를 배출한다. 따라서 연료는 연소실 전체에 넓게 분무되어야 하며 미세화와 관통력과 같이 상반되는 현상이 있으므로 혼합가스의 형성은 분무만으로는 만족한 상태를 얻을 수 없다.

(2) 연료 입자의 크기를 좌우하는 조건

무화된 연료 입자 크기는 연소에 큰 영향을 주므로 그 크기에 따라 시험한 결과, 다음과 같으며 일반적으로 2~50[μ]의 크기로 혼합되어 있으며 다음과 같이 정한다.

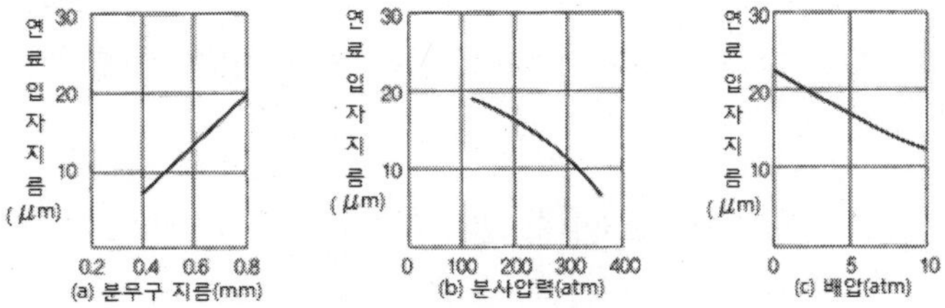

[연료 입자 지름과의 관계]

① 연료 분무구의 지름이 작으면 분류의 단위당 표면적이 크므로 공기의 마찰이 커져서 연료 입자는 작아진다.
② 배압이 높으면 공기의 마찰이 크므로 연료 입자가 작아진다.
③ 분사압력이 높으면 분사속도가 증가되어 공기 마찰 난류의 증가에 따라 연료 입자는 작아진다.
④ 공기의 유동은 분무와 공기와의 상대속도를 증가시키기 때문에 연료 입자는 작아진다. 이 경우에는 분사압력이 낮을수록 유효하다.
⑤ 공기 온도가 높아지면 공기의 밀도가 적어지고, 연료의 표면 장력이 감소되므로 연료 입자는 작아진다.
⑥ 분무구의 형태에 따라 출구 속도를 증가할 때는 연료 입자는 작아진다.

(3) 연료 입자의 도달 거리를 좌우하는 조건

연료의 입자의 도달거리는 공기의 혼합상 중요한 인자가 된다. 도달거리가 너무 짧으면 공기 이용율이 나빠지며, 너무 길며 연료 입자가 연소실 벽에 부착되어 불완전 연소를 일으킨다. 도달거리에 영향을 주는 인자로는 공기 저항, 분무구 안의 난류 등에서 설명하면 다음과 같다.

① 배압이 증가함에 따라 도달거리는 짧아진다.
② 분무구 지름이 크면 연료 입자가 커진다.
③ 분무구 형태에 있어서 연료 입자가 분무구에서 유출 속도가 최대일 때 도달거리도 최대가 된다.

(4) 디젤 기관의 노크 원인과 방지 대책

디젤 기관의 노크는 착화지연기간이 길면 그 기간에 분사된 양이 많으므로 다음 불꽃전파 기간에 이것이 순간적으로 연소하기 때문에 급격한 압력 상승으로 노크 현상을 일으킨다. 즉, 착화지연기간이 길어지면 디젤 노크가 발생된다. 디젤 기관의 노크 방지법은 착화지연기간을 짧게 하여야 한다. 다음과 같이 하여 노크를 방지한다.

① 착화성이 좋은(세탄가가 높은) 경유를 사용한다.
② 압축비, 압축압력 및 압축온도를 높인다.
③ 기관의 온도를 높이고, 기관 회전속도를 높인다.
④ 분사개시 때 분사량을 감소시킨다. 즉, 예비(파일럿 : 점화)분사를 실행시킨다.
⑤ 분사시기를 알맞게 조정한다.
⑥ 연료의 착화온도는 낮추고, 연료온도는 높인다.
⑦ 흡입 공기에 와류가 일어나도록 한다.

(5) 노크(knock) 음의 분류

① 와일드 핑(wild ping)

노크 음이 부정기적이고 예리한 금속성 소음이 나는 경우의 노크를 말한다. 연소실 퇴적물의 입자에 의한 조기 표면 착화 현상으로 발생된다. 점화시기를 늦게 하여 제어할 수 없다.

② 험블 파운딩(rumble pounding)

노크 음이 굵고 낮은 소리(600~1200[Hz])를 말하며 그 원인은 심한 조기 착화 또는 복합된 표면 착화로 인한 빠른 압력상승 속도 때문이다.

2-4. 가솔린과 디젤 기관의 노킹 방지법의 비교

가솔린 기관의 노크는 앞에서 설명한 바와 같이 혼합가스의 착화에 의한 것이며, 디젤 기관의 일반적인 연소와는 근본적으로 다르다. 가솔린 기관 노크는 연소 끝 부근 미연소가스에 의해 일어나고, 디젤 노크는 연소 초기에 일어난다. 다음 그림 (a)과 그림 (b)는 가솔린 기관과 디젤 기관에서 노크 발생 시 실린더 안의 압력 변화를 비교한 것이다. 디젤 기관은 착화지연기간 중에 형성되는 혼합가스의 양이 매우 적으므로 디젤 노크는 가솔린 노크에 비해 압력 상승률이 비교적 낮다.

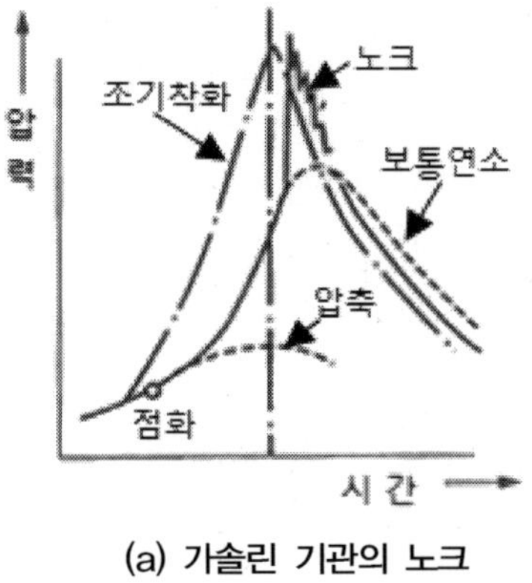

(a) 가솔린 기관의 노크

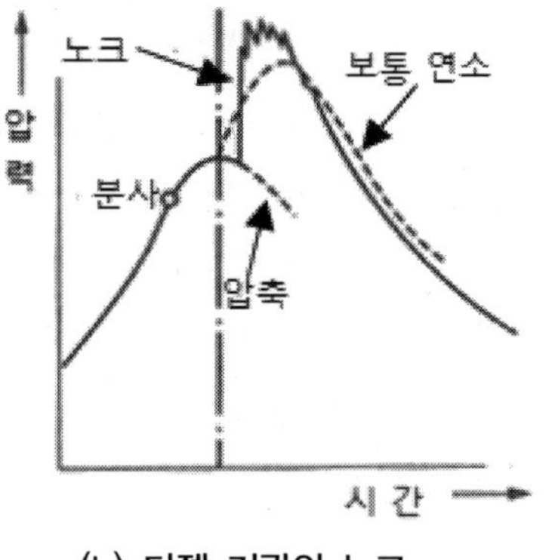

(b) 디젤 기관의 노크

디젤 노크는 자기 착화를 일으키기 어려울 경우에 발생하고 가솔린 노크는 자기 착화가 쉬울 때 발생한다. 그 원인 및 방지책도 서로 상반된다. 다음 표는 가솔린 기관과 디젤 기관의 노킹을 경감시키는 방법을 비교한 것인데 공통적인 사항은 와류가 있어야 한다는 점이다.

구분	연료착화 온도	착화 지연	압축비	흡입 온도	흡입 압력	실린더 벽 온도	실린더 체적	와류
가솔린	높게	길게	낮게	낮게	낮게	낮게	작게	많이
디젤	낮게	짧게	높게	높게	높게	높게	크게	많이

[가솔린과 디젤 기관의 노크 방지법 비교]

Chapter 4 기관 본체의 구조와 기능

기관의 본체는 동력을 발생시키는 부분으로 그 모양은 작동방식(4사이클, 2사이클), 실린더의 배치(직렬형, 수평형, V형), 냉각방식(수냉, 공냉)에 따라 다르나 기본적인 구조는 거의 동일하다.

기관의 본체는 실린더 헤드, 실린더 블록, 실린더, 피스톤, 커넥팅로드, 크랭크축, 플라이휠, 캠축, 밸브 및 밸브개폐기구, 크랭크 케이스 등으로 구성되어 있다. 이 밖에도 기관 본체에는 윤활장치, 냉각장치, 흡·배기장치 등이 설치되어 있으며 각 부속장치를 부착하는 몸체(base)의 구실을 한다.

여기서는 가장 일반적인 4사이클 직렬 오버 헤드 밸브(OHV)형 기관에 대해 설명한다.

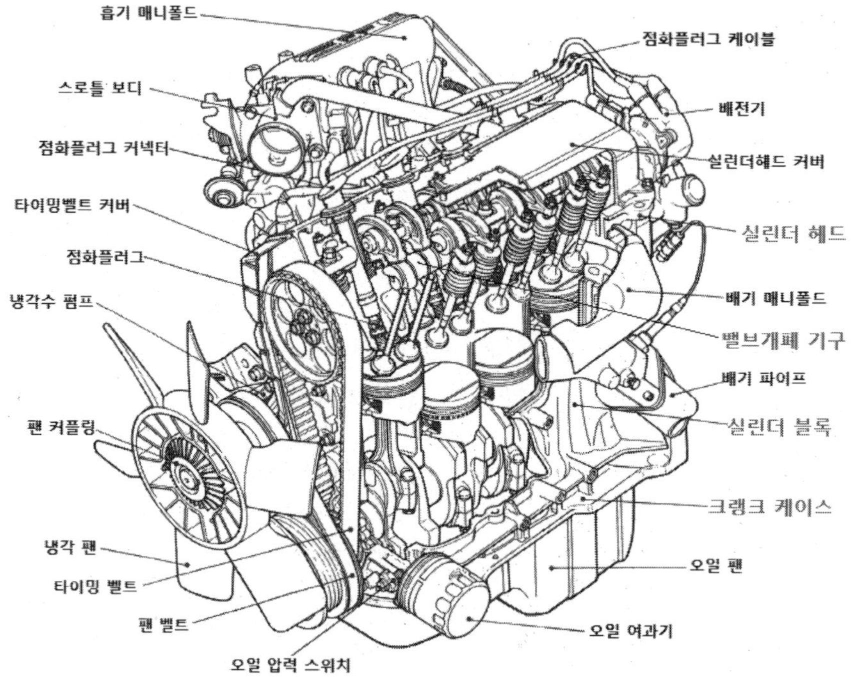

[가솔린 엔진의 구조]

1. 실린더 헤드(Cylinder Head)

실린더 헤드는 실린더 블록 위에 설치된 부분으로, 압축가스, 윤활유, 냉각수가 새는 것을 방지하기 위해 헤드 가스켓을 사이에 두고 여러 개의 볼트로 실린더 블록에 고정되어 있다.

내부에는 수냉식 기관일 경우 물재킷(water jacket)이 마련되어 있다.(공냉식일 경우 바깥쪽에 냉각핀이 설치되어 있다). 헤드 안쪽에는 연소실이 있고 바깥쪽에는 흡·배기다기관 점화플러그, 밸브 및 밸브개폐기구가 설치되어 있다.

재질은 주철 또는 알루미늄 합금이다. 알루미늄 합금 실린더 헤드는 열팽창률이 크고 내식성, 내구성이 비교적 적다는 결점이 있으나, 가볍고 열전도성이 우수하기 때문에 연소실 온도를 낮게 할 수 있어서 체적 효율을 높이는 장점이 있다.

1-1. 연소실(Combustion Chamber)의 종류와 특징

연소실 형태는 기관의 성능에 크게 영향을 미치기 때문에 형상을 비롯하여 밸브의 설치 위치, 점화플러그, 인젝터의 위치 등 여러 가지의 연구가 진행되고 있다.

또한 연소실은 압축비와 관계있다. 압축비를 높게 하면 출력이 커지고 연료 소비량도 작아진다. 다만 압축비를 무한히 높일 수는 없으며 또 압축비가 높아지면 노킹이 발생되어 압축비가 어느 정도 제한된다.

노킹은 연료의 옥탄가와도 밀접한 관계가 있어 옥탄가가 일정할 때에는 주로 연소실 형상에 크게 영향을 준다. 노킹이 잘 일어나지 않는 연소실이 되게 하려면 와류가 일어나 혼합기가 잘 섞일 수 있어야 되며 연소가 점화원으로부터 빠르게 진행되는 형상이어야 한다. 이에 가장 적합한 형상은 구형이지만 실제로 구형의 연소실을 구조상 얻기 어려우므로 반구형을 사용하고 있다. 또 오버 헤드 밸브(over head valve) 형식은 실린더 헤드에 흡입 및 배기밸브와 밸브 기구의 일부 및 점화플러그 등이 부착되어 있고 그 밖에 흡배기 통로와 물 재킷 등이 마련되어 있어 그 구조가 복잡하나, 가장 이상적인 연소실이 되어 압축비를 높일 수 있고, 밸브의 면적도 크게 할 수 있다. 따라서 열효율 및 체적 효율이 높아져 출력을 높일 수 있다.

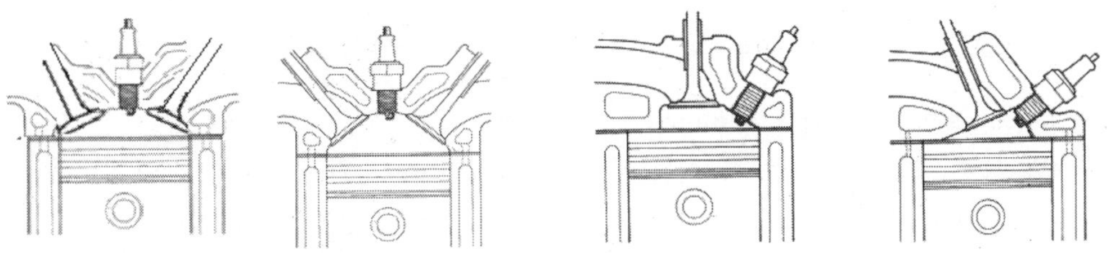

(a) 반구형 (b) 지붕형 (c) 욕조형 (d) 쐐기형

[연소실의 종류]

(1) 각 연소실의 특징

종류	특징
반구형 (Semi-spherical type)	큰 밸브를 사용할 수 있고 흡·배기구멍의 모양이 원활하므로 고출력을 기대할 수 있다. 점화플러그의 알맞은 위치설정에 따라 연소시간을 짧아지게 할 수 있으며, 연소실의 체적당 표면적이 작아 열손실이 적다. 밸브기구가 복잡해지는 결점이 있으나, 오버헤드밸브 형식으로 하였을 때 최근 기관에서는 이 형식을 주로 사용하고 있다.
지붕형 (Pentroof type)	정상의 각도를 90° 정도로 하여 연소실 내면이 평면형태이며, 밸브가 크랭크축 방향으로 배열되어 밸브기구가 간단해진다. 그러나 압축비를 높이기 위해 피스톤을 산 모양으로 하기 때문에 피스톤 무게가 증가되어 관성력이 커진다. 현재 4밸브 엔진 연소실의 대부분이 이 형식을 기본으로 하고 있다.
욕조형 (Bathtub type)	형상이 간단하고 밸브축이 직립한 형태로 조립된 욕조모양의 연소실이다. 푸시로드가 있는 OHV형 밸브기구를 사용하는 것이 일반적이다. 큰 결점은 없으나 밸브 크기에 제한을 받고 흡·배기구멍의 굽음이 커서 고성능을 기대하기가 어렵다.
쐐기형 (Wedge type)	강한 난류를 얻을 수 있고, 요구 옥탄가가 낮아 압축비를 크게 할 수 있다. 또한 큰 밸브를 사용할 수 없으나 밸브의 경사진 쪽에 흡·배기구멍을 만들면 가스의 흐름에 좋고 점화플러그 배치가 용이하다. 그러나 밸브의 경사가 크기 때문에 직렬 실린더에서는 밸브 개폐기구의 배치가 조금 곤란하다. 행정/실린더 내경비가 적은 V형 엔진에 많이 사용한다.

(2) 저공해 연소실

① 부연소실

주연소실 옆에 작은 부연소실을 설치하여 점화하기 쉽도록 농후한 혼합기를 여기에 흡입하여 점화한 후 주연소실에는 희박한 혼합기를 연소시키는 방식이다.

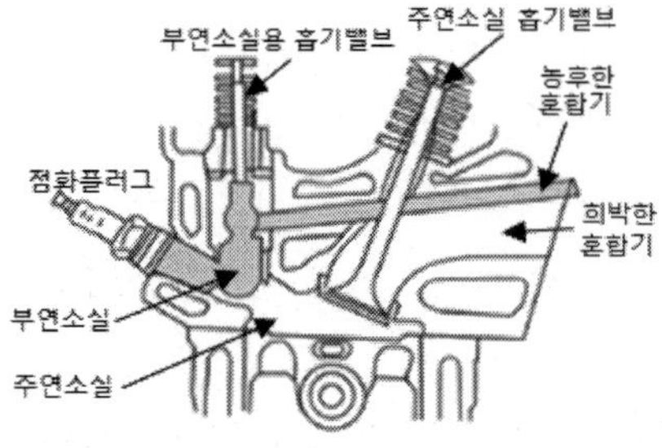

(a) 부연소실식

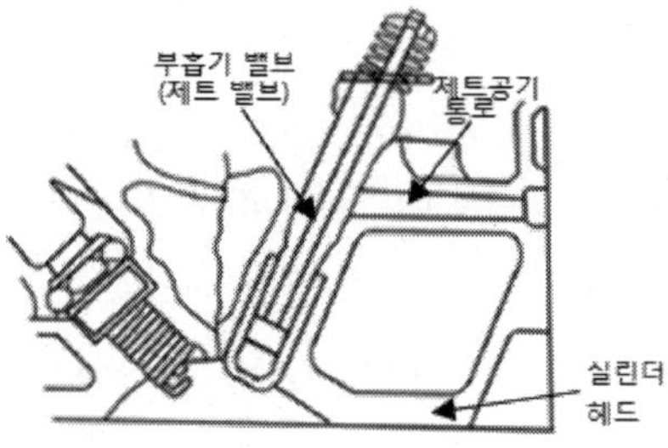

(b) 부흡기밸브

② 부흡기밸브(jet valve type)

주흡·배기밸브 외에 보조 흡기밸브(jet valve)를 설치하여 혼합기에 고속 분류를 보내서 소용돌이를 일으키게 하여 훨씬 희박한 혼합기라도 안정된 연소가 가능하다.

③ 난류생성 포트식(turbulence generating pot : TGP)

희박한 혼합기라도 연소하기 쉽도록 혼합기에 난류를 일으키기 위해서 연소실 안에 난류생성 포트를 설치하여 혼합기가 소용돌이를 일으키면 착화가 잘 되고 연소속도도 빨라진다. TGP는 3개의 분출을 가진 스테인리스 컵 형상으로 되어 있으며 실린더 헤드에 압입 후 주위를 고정시키고 있다.

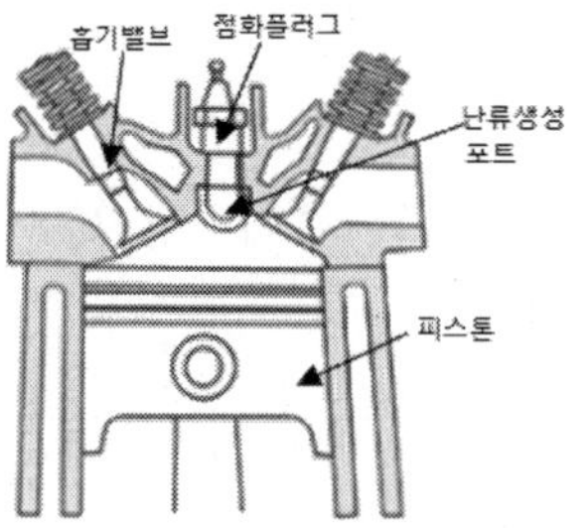

(c) TGP 방식의 연소실

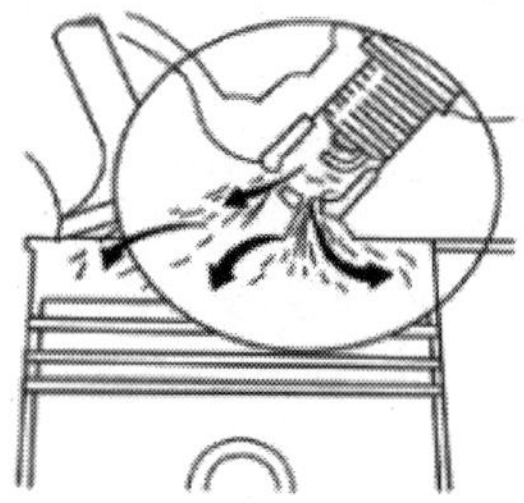

(d) TGP 방식의 연소형태

④ 흡기 가이드식

연소실 안의 흡·배기밸브의 시트 사이에 가이드(벽)를 만들어 이 가이드와 굽은 흡기통로에 의해 혼합기에 강한 와류를 발생시켜 희박한 혼합기의 연소가 잘 되게 하는 방식이다.

(e) 흡기 가이드식

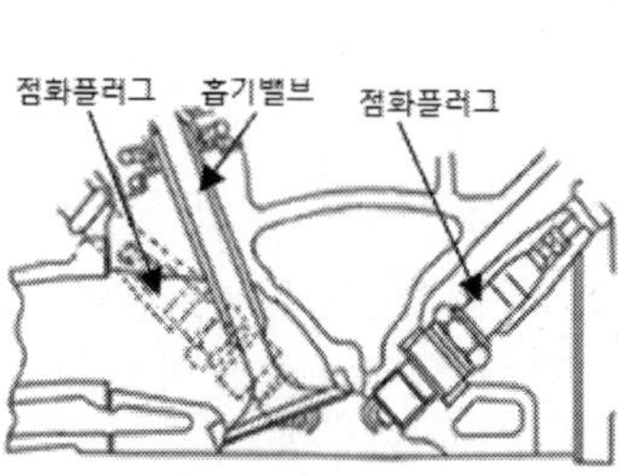

(f) 2플러그 식

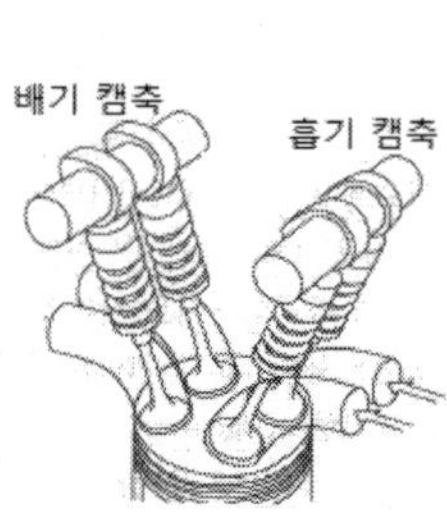

(g) 1실린더 4밸브식

⑤ 2플러그 식

각 연소실에 두 개의 플러그를 장착하여 동시에 점화시키면 연소시간을 단축하고 결과적으로 연소속도가 빨라지는 것과 같은 효과를 내는 방식이다. 이 방식은 대량의 배기가스를 재순환(EGR)해도 연소시간은 거의 변하지 않는다.

⑥ 1실린더 4밸브식

이 형식은 최근 배기가스 재순환(EGR)에 따른 출력저하를 보상하기 위해 1실린더에 흡기밸브 2개, 배기밸브 2개를 설치하면 흡·배기 효율을 증대하고 기관 회전수를 높여 큰 출력을 얻을 수 있다.

1-2. 기관 연소실의 구비 조건

연소실의 모양은 화염전파 시간, 노크, 연소실 및 체적 효율과 관계가 있으며, 기관의 출력, 열효율, 운전의 정숙은 연소실 모양에 따라 좌우된다고 볼 수 있다.

① 노킹방지 및 출력향상을 위해 화염전파에 요하는 시간을 가능한 한 짧게 한다.
② 조기점화 및 노킹을 방지하기 위해 가열되기 쉬운 돌출부를 두지 않는다.
③ 열효율을 높이기 위해 연소실의 표면적을 적절하게 한다.
④ 연소시간을 단축하기 위해 압축행정에서 혼합기에 와류(swirl 또는 tumble)를 일으키게 한다.
⑤ 체적 효율을 높이기 위해 흡·배기밸브의 지름 및 통로 구멍을 크게 하여 흡·배기작용을 원활하게 한다.

연소실 내의 정상 연소속도는 20~30m/s 이고, 연소실 내의 스웰비 $= \frac{\text{스웰속도}}{\text{기관속도}}$로 표시한다.

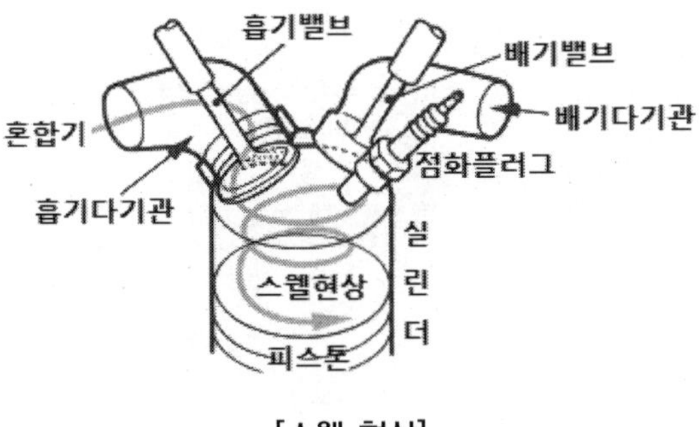

[스웰 현상]

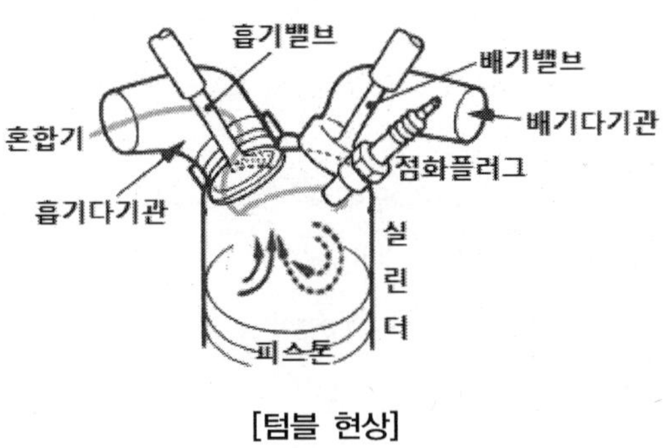

[텀블 현상]

1-3. 엔진성능에 관한 사항

1-3-1. 압축비(compression ratio)

압축비는 피스톤이 하사점에 있을 때 실린더 상부체적(총체적)과 피스톤이 상사점에 있을 때 연소실 체적과의 비를 압축비라 하고 기관의 성능에 큰 영향을 미친다.

$$\text{압축비}(\epsilon) = \frac{V}{Vc} = \frac{Vc + Vs}{Vc} = \frac{Vc}{Vc} + \frac{Vs}{Vc} = 1 + \frac{Vs}{Vc}$$

여기서, ϵ : 압축비, Vs : 행정 체적[cc], V : 총 체적[cc], Vc : 연소실 체적[cc]

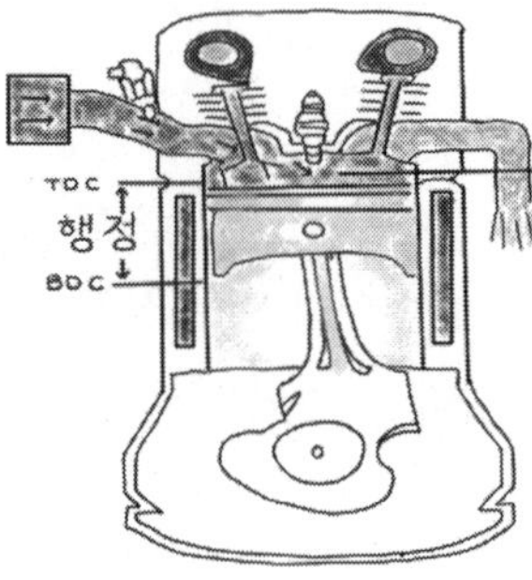

[피스톤 행정]

1-3-2. 행정 체적(stroke volume)

행정이란 피스톤의 움직인 거리, 즉 상사점(TDC)과 하사점(BDC)의 거리를 말하고, 배기량 또는 실린더 체적이라고도 한다. 따라서 행정체적$(Vs) = Vc(\epsilon - 1)$으로 표시한다.

1-3-3. 연소실 체적(combustion volume)

연소실체적$(Vc) = \dfrac{Vs}{\epsilon - 1}$으로 표시된다.

1-4. 실린더 헤드 가스켓(cylinder head gasket)

헤드 가스켓은 실린더 헤드와 실린더 블록 사이에 끼워져 그 접합면을 밀착시켜 기밀을 유지하고 압축가스와 엔진오일 및 냉각수가 누출되는 것을 방지한다. 그 재료는 단열성과 내압성이 요구되기 때문에 보통 구리판이나 강철판으로 석면(asbestos)을 감싼 것을 사용한다.

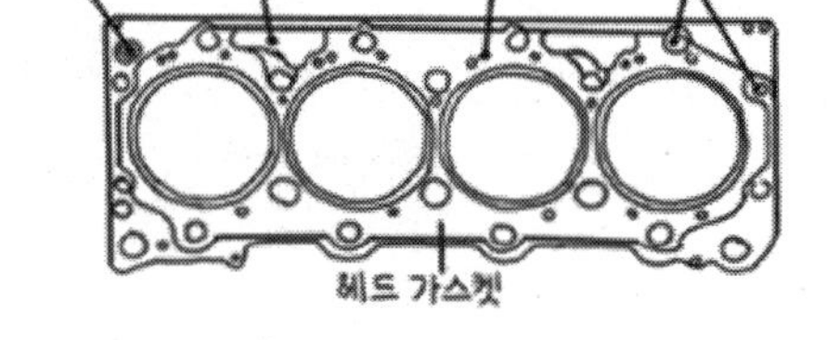

(a) 전면

과거에는 두께가 0.1~0.25[mm]인 구리판으로 석면의 상하면을 감싸 두께가 2[mm] 정도 되는 가스켓을 사용했으나, 최근의 고속 및 고출력 기관용으로 강철판의 양면에 갈고리를 내고 여기에 흑연을 섞은 석면을 압착하고 그 표면에 흑연을 바른 스틸 베스토 가스켓을 쓰고 있으며, 두께가 1.2[mm] 정도로 얇다. 이 가스켓은 고열, 고부하, 고압축에 견디는 뛰어난 성질을 가지고 있다. 이 밖에도 금속 가스켓이라 하여 강철판만으로 된 얇고 특수한 것도 있으며 고급 기관에 쓰이고 있다. 이 실린더 헤드 가스켓은 연마해서 사용하면 절대로 안 된다.

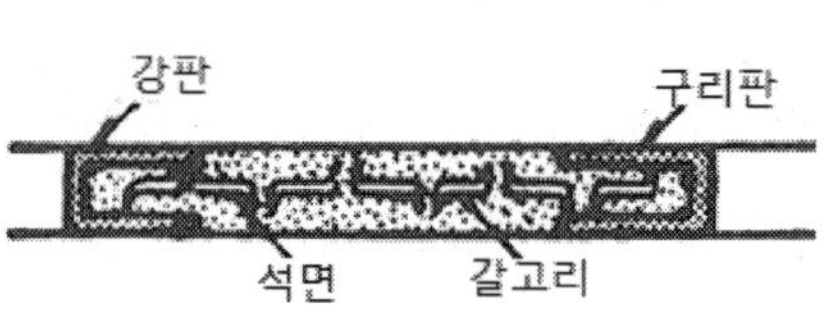

(b) 단면

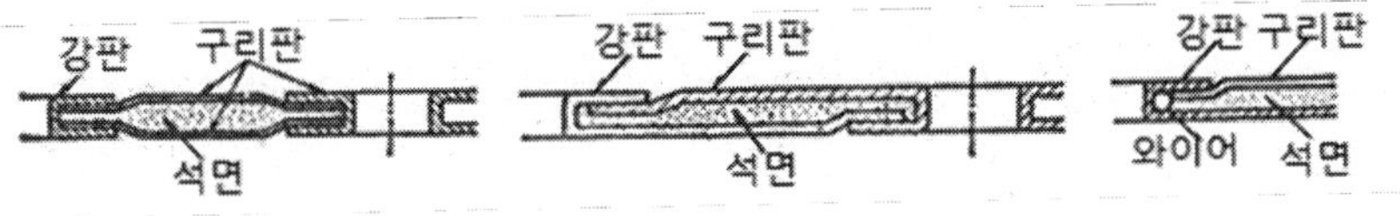

(c) 각종 가스켓의 단면 모양

Handy hint

- 가스켓(gasket) : 고정 부분에 사용되는 seal이다.
- 패킹(packing) : 운동부분에 사용하는 seal이다.

기관 분해 시 패킹(오일 실류), 가스켓류, O링류, 로크너트, 로크와셔, 플라스틱 너트, 분할 핀 등은 신품으로 교환해야 한다.

(1) 실린더 헤드 균열점검

실린더 헤드 균열의 원인은 엔진이 과열되었을 때 급랭과 냉각수 동결이다. 균열 점검은 육안검사, 타진법, 염색 탐상법, 자기 탐상법 등이 있으나 자기 탐상법이 가장 정확하다.

(2) 실린더 헤드 변형 점검

실린더 헤드의 변형 원인은 엔진의 이상연소(노킹, 조기점화)에 의한 비정상적인 압력상승과 엔진과열, 헤드볼트 조임력 불량, 냉각수 동결에 의한 동파 등이다. 점검방법은 곧은 자(또는 직각자)와 필러 게이지를 이용한다. 측정 개소를 보면 D 부분은 A, B, C에 의해 중복이 되므로 측정하지 않아도 된다. 현재의 정비지침서를 참고하면 그림의 가로 방향 D의 측정은 하지 않지만 세로 방향의 D는 측정한다.

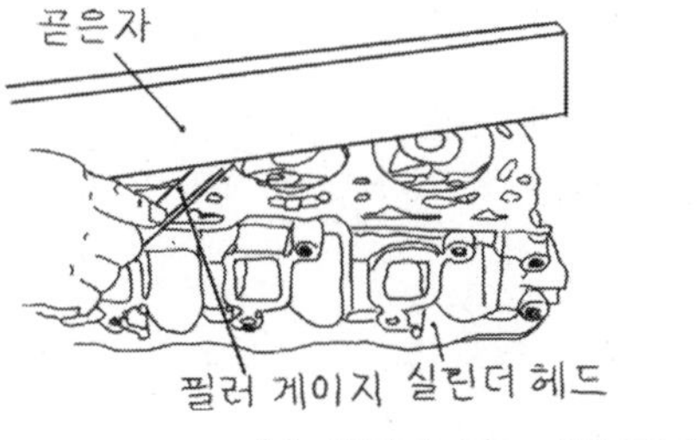

(a) 실린더 헤드 변형점검

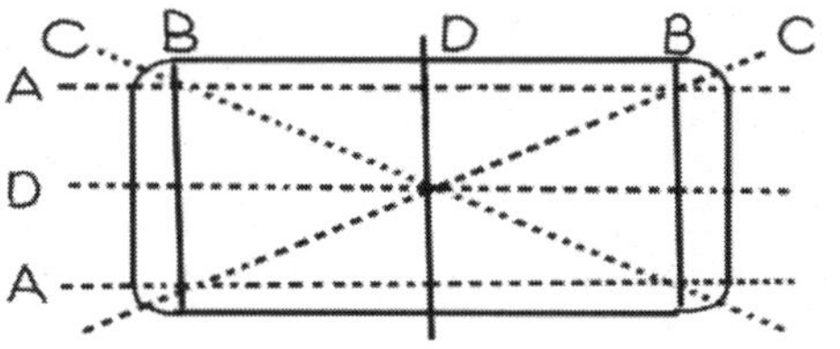

(b) 측정 부위

2. 실린더와 실린더 블록(Cylinder Block)

실린더 블록은 엔진의 기초 구조물이며, 내부에는 피스톤 상하 왕복운동을 하는 안내 역할과 혼합가스 밀봉 작용을 하는 실린더가 일체 주조로 되어 있으며, 실린더는 피스톤의 행정의 약 2배의 길이로 진원통으로 가공되어 있다. 또 피스톤이나 피스톤 링과의 마찰을 적게 하고 압축된 혼합기나 연소가스가 새지 않도록 정밀하게 호닝 다듬질되어 있다.

실린더 바깥 둘레에는 물 재킷이나 냉각핀이 설치되어 있으며 이를 통과하는 냉각수나 냉각팬으로 실린더가 과열되는 것을 방지한다. 이 실린더 블록의 재질은 구상흑연주철과 회주철 또는 알루미늄 합금이고, 종류로는 클로즈 데크와 오픈 데크 실린더 블록이 있다.

클로즈 데크(closed deck) 형식은 실린더 헤드 가스켓을 사이에 두고 실린더 헤드와 접촉하는 실린더 블록의 윗면은 실린더의 원통부분, 윤활유와 냉각수의 통로, 크랭크케이스 환기통로를 제외하고 나머지 부분은 완전히 밀폐되어 있는 형식이다.

오픈 데크(open deck) 형식은 실린더 내경 주위의 냉각수 재킷을 모두 개방한 형식이다. 이 형식에서는 실린더 블록의 강성이 낮기 때문에 연한 재질의 두꺼운 헤드 가스켓 대신에 얇은 금속 헤드 가스켓을 사용한다. 금속 헤드 가스켓은 거의 변형되지 않으므로 헤드 볼트의 조임 토크가 낮아도 되고 따라서 실린더 라이너의 변형을 감소시킴은 물론이고 실린더 헤드의 변형도 크게 감소시킬 수 있다.

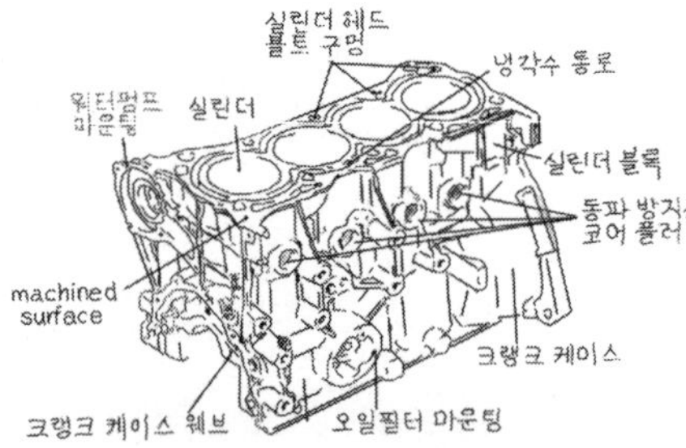

(a) 클로즈 데크 실린더 블록

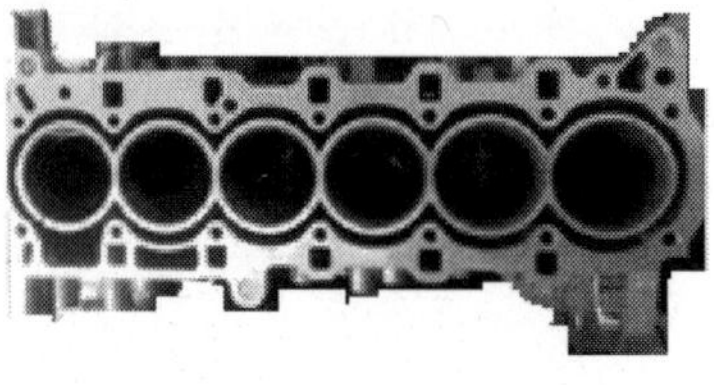

(b) 오픈 데크 실린더 블록

2-1. 실린더 배열에 의한 엔진 종류

자동차 가솔린 기관의 단(單) 실린더의 배기량은 많아야 600[cc] 정도이며, 총배기량이 이보다 큰 경우에는 다(多) 실린더 형식을 취하게 된다.

다 실린더 기관에서 실린더 배열은 기관의 전체 구조를 결정하는 중요한 사항이며, 직렬형(L형), V형, 수평 대향형 가운데서 택하게 된다.

직렬형은 가장 일반적인 실린더 배열이며, 6실린더까지의 기관에 많이 채용한다. 그 중에서도 크랭크축의 균형이나 제작상의 문제를 고려하여 3, 4, 6실린더가 많고 6실린더보다 전체 길이가 짧고 또한 이에 못지않은 기관 밸런스 특성을 가진 5실린더 기관도 예를 볼 수 있다.

V형은 구조가 복잡하나 실린더 수에 비해 길이가 짧고 강성을 확보하는 장점이 있기 때문에 V6, V8 등 6실린더 이상의 기관에 많이 채용한다.

대향하는 실린더를 수평으로 배치한 수평대향 피스톤 형식은 기관의 높이를 낮게 할 수 있는 장점이 있다. 이 밖에 W형이나 성형(radial type)이 있으나 자동차용으로는 쓰이지 않았다.

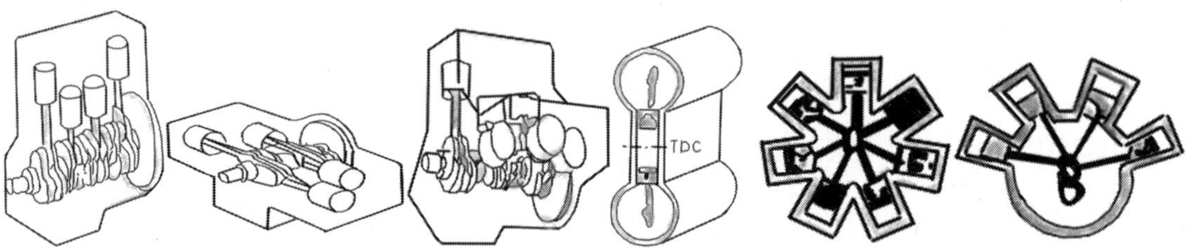

[직렬형] [수평 대향형] [V형] [대향 피스톤형] [성형] [W형]

2-2. 실린더 안지름과 행정에 따른 종류

실린더의 크기는 실린더 내경과 피스톤 행정에 따라 결정된다. 내경과 행정과의 비를 실린더 내경-행정비라 하며, 행정/내경의 값이 1.0 이상인 기관을 장행정 기관(under square engine)이라 하고, 행정과/내경의 값이 1.0인 기관을 정방형(square engine), 행정/내경의 값이 1.0 이하인 기관을 단행정 기관(over square engine)이라 한다.

최근의 자동차용 가솔린 기관은 행정/내경이 1.0 또는 그 이하인 것을 많이 쓰고 있다. 그 이유는 피스톤의 평균속도를 높이지 않고도 회전속도를 올릴 수 있고, 따라서 비출력(比出力 : 배기량에 대한 출력)이 커지고 또 기관의 높이를 낮게 할 수 있기 때문이다. 반면에 이 비(比)가 너무 적으면 피스톤이 과열하기 쉽고, 피스톤에 가해지는 힘도 커져 크랭크축 베어링에 주는 하중이 커지는 결점이 있다.

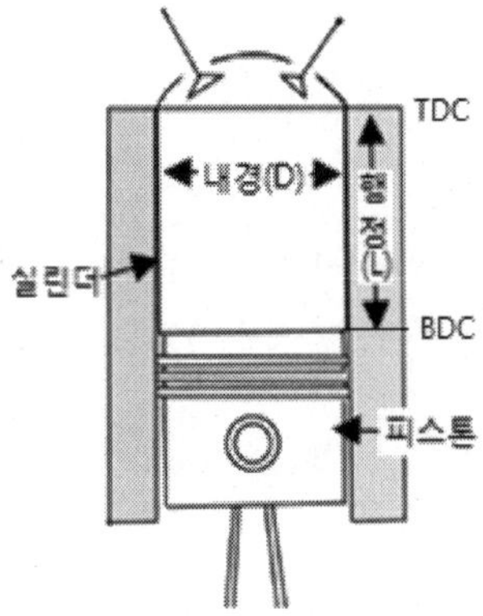

[장행정 엔진 : D<L]

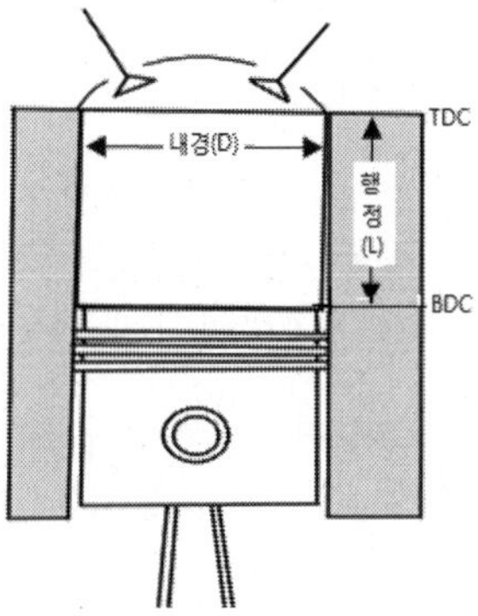

[단행정 엔진 : D>L]

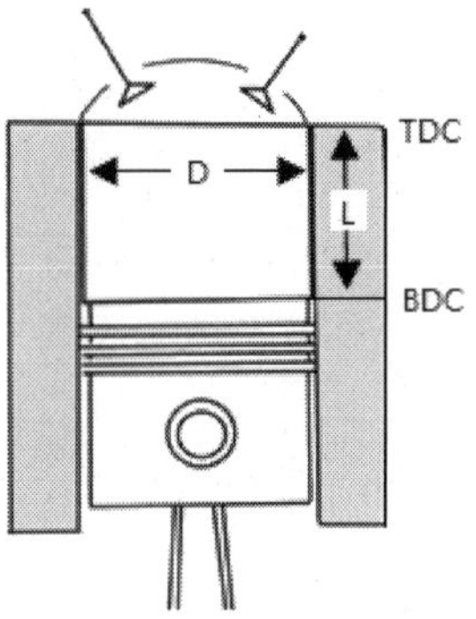

[정방형 엔진 : D=L]

장행정 엔진($\frac{L}{D}$ > 1.0)	단행정 엔진($\frac{L}{D}$ < 1.0)
① 속도보다는 힘을 중시하는 중 · 저속형 엔진에 사용한다.	① 피스톤의 평균속도를 올리지 않고도 회전속도를 높일 수 있다.
② 높은 회전력을 얻을 수 있다.	② 단위 실린더 체적당 출력을 크게 할 수 있다.
③ 회전속도가 비교적 작으며, 엔진 높이가 높아진다.	③ 흡입과 배기밸브의 지름을 크게 할 수 있어 체적효율을 높일 수 있다.
④ 측압을 감소시킬 수 있다.	④ 직렬형의 경우 엔진 높이가 낮고, 엔진 길이가 길어진다.

[장행정 기관과 단행정 기관의 비교]

2-3. 실린더 라이너(Liner : 실린더 안감)

라이너는 얇은 원통형 개체로 제작된 실린더로서 슬리브(sleeve)라고도 한다. 주철 또는 알루미늄합금으로 주조한 실린더에는 일반적으로 입자가 미세한 고가의 원심 주조한 주철 라이너가 사용된다. 원심 주조한 주철 라이너는 일반 주철 실린더의 마찰면보다 내마멸성이 우수하므로 기관의 수명이 연장된다.

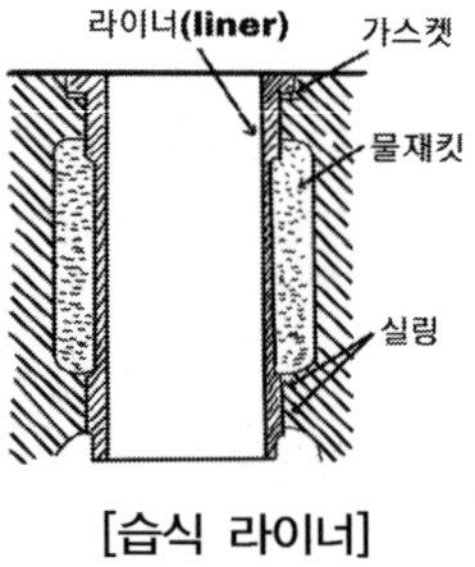

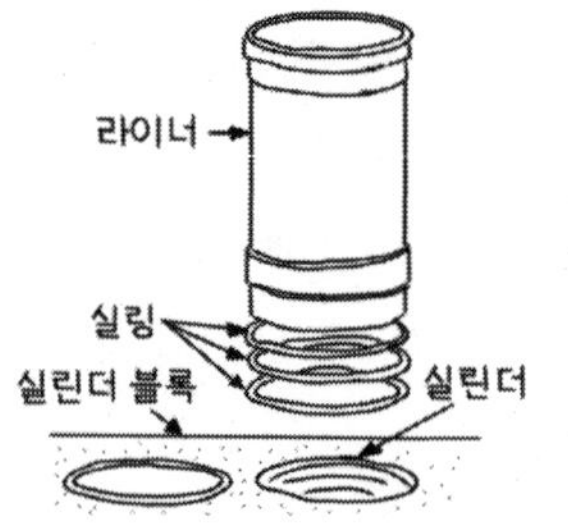

[습식 라이너]

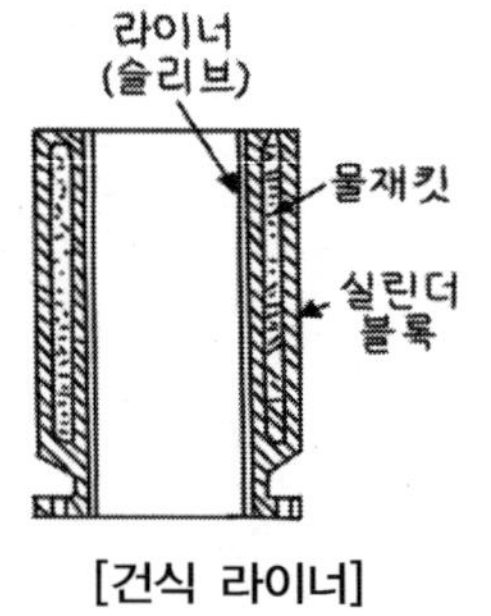

[건식 라이너]

구분 \ 라이너	습식 라이너	건식 라이너
사용 기관	디젤 기관 & 가솔린 기관	가솔린 기관
두께	5~8[mm]	실린더 벽이 있으므로 습식보다 약간 얇은 2~4[mm]
재질	실린더 재질이 주철이면 특수주철 라이너를 끼우고, 알루미늄합금이면 주철 라이너를 끼운다.	
특징	냉각수가 실린더에 직접 접촉하여 냉각효과가 우수하고 열 변형이 적다.	냉각수가 실린더에 간접 접촉하므로 냉각효과가 나쁘다.
교환 시 주의사항	크랭크실로 냉각수가 누출될 우려가 있으므로 하부에 2~3개의 실링을 비눗물로 바르고 설치한다.	교환 시 내경 100[mm]당 2~3톤의 힘이 필요하다.

[습식 라이너와 건식 라이너의 비교]

2-4. 크랭크케이스(crankcase)

크랭크케이스는 크랭크축의 중심보다 조금 낮은 부분에서 상하로 분할되어, 상부는 실린더 블록과 일체로 주조되어 있기 때문에 일반적으로 실린더 블록과 이 크랭크케이스를 합쳐서 실린더 블록이라 한다.

크랭크케이스의 양단에는 크랭크축과 캠축을 지지하는 베어링이 끼워져 있고, 실린더 블록의 강성을 높이기 위해서 실린더 블록의 안팎에 리브(rib)가 달려 있다.

크랭크케이스 부분의 모양은 디프 스커트(deep skirt) 형식과 하프 스커트(half skirt) 형식이 있다.

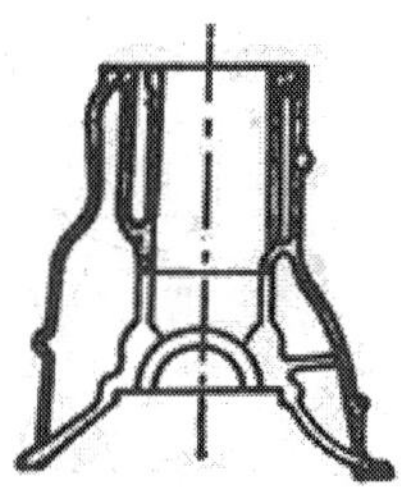

(a) 디프 스커트

디프 스커트 형식은 스커트가 메인 베어링의 중심보다 50~70[mm] 정도 아래로 연장된 형식이며, 실린더 블록의 강성(剛性)이 높고 비틀림에 강한다는 이점이 있다.

하프 스커트는 스커트 끝이 메인 베어링의 중심과 일치하며, 무게가 가볍게 되어 소형 기관에 주로 쓰인다.

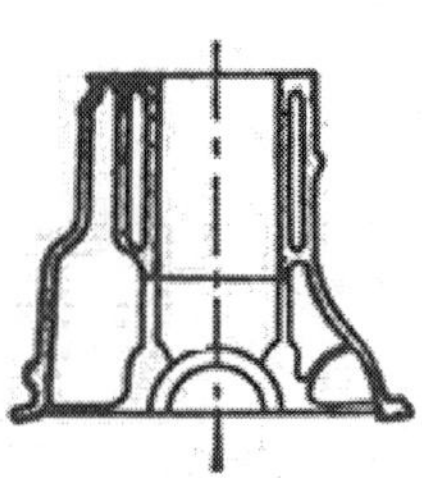

(b) 하프 스커트

크랭크케이스 하부는 강철판이나 경합금으로 만든 오일 팬(oil pan)이 가스켓을 사이에 대고 결합되어 기관 오일이 담겨 있다. 크랭크케이스 앞면은 크랭크축과 연결하여 캠축을 구동하는 타이밍 기어(timing gear)나 또는 체인 스프로킷(chain sprocket)을 설치하는 구조로 되어 있다.

2-5. 실린더 압축압력 시험

압축압력 시험은 엔진에 이상이 있을 때 또는 엔진의 성능이 현저하게 저하되었을 때 분해 · 수리 여부를 결정하기 위한 것이다.

측정 방법	① 엔진 워밍 후 연료공급 및 점화장치 차단한다. ② 공기청정기 및 구동벨트를 탈거한다. ③ 점화플러그를 모두 탈거한 후, 압축압력 게이지를 설치한다.  ④ 스로틀밸브를 완전히 열고, 엔진 크랭킹(4~6회)하면서 압축압력을 측정한다.
정상 압축압력	① 압축압력이 규정값의 70~110[%] 이하 ② 각 실린더 간의 차이가 10[%] 이하일 때
압축압력이 낮은 원인	① 흡 · 배기밸브 시트 밀착불량 ② 실린더 벽 및 피스톤 링의 마멸인 경우(습식압축압력 시험하면 압축압력이 상승한다.) ③ 헤드 개스킷 불량 및 실린더 헤드의 변형인 경우 ④ 흡기관 누설일 경우(인접한 실린더에서 압축압력이 동일하게 낮다.)
압축압력이 높은 원인	① 압축압력이 규정값의 110[%] 이상일 경우 ② 원인은 연소실 카본 누적이다. 엔진 분해 후 카본 제거한다.
엔진 해체 정비 (Over Hall) 시기 결정	① 압축압력이 규정값의 70[%] 이하일 때와 110[%] 이상일 때 ② 연료 소비율이 표준 소비율의 60[%] 이상일 때 ③ 윤활유 소비율이 표준 소비율의 50[%] 이상일 때

Handy hint

■ 습식 압축압력 시험

실린더 벽 및 피스톤 링의 불량 등의 상태를 판단하기 위하여 점화 플러그 구멍으로 엔진 오일을 약 10[cc] 정도 넣고 1분 후에 다시 하는 시험이다. 이때 압축압력이 정상이라면 엔진 오일 점도로 인해 실린더와 피스톤 사이에서 압축압력이 누설되지 않기 때문이다.

2-6. 실린더 마멸 점검

2-6-1. 실린더 마멸 원인

실린더 마멸의 원인은 실린더와 피스톤의 접촉, 피스톤 링에 의한 접촉, 흡입가스 중의 먼지 및 이물질, 연소생성물에 의한 부식 등이 있고, 실린더 상부와 크랭크축의 직각방향이 가장 마멸이 심하다.

2-6-2. 실린더 마멸량 점검 기구

① 실린더 보어 게이지

② 내경 마이크로미터

③ 텔레스코핑 게이지와 외경 마이크로미터

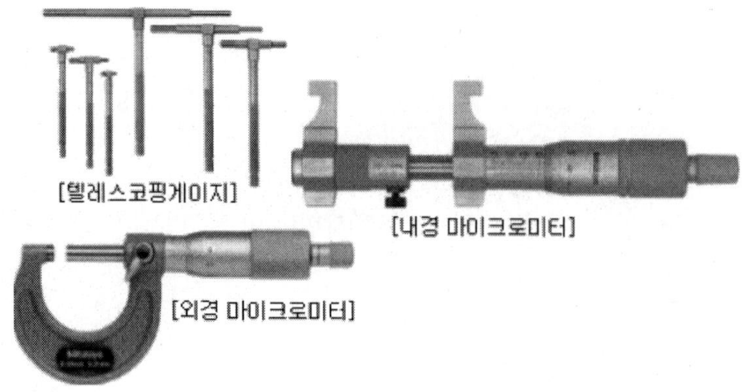

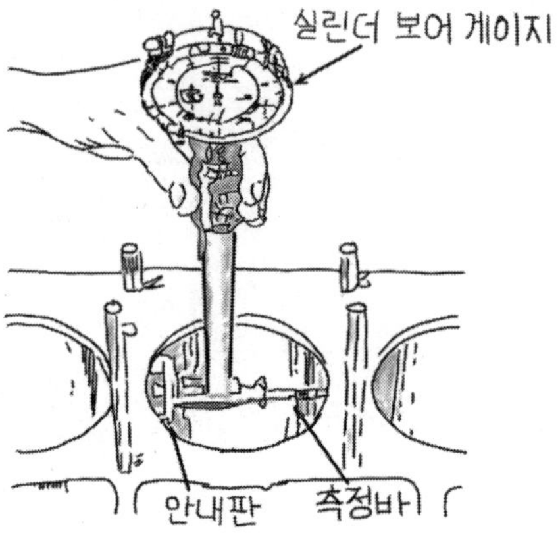

2-6-3. 실린더 마멸 측정부위 및 측정방법

실린더 벽 마멸량은 실린더의 상부, 중앙, 하부의 위치에서 크랭크축 방향과 크랭크축의 직각방향의 6곳을 측정하여 실린더 안지름의 최대 마멸량과 최소 마멸량의 차이 값이다.

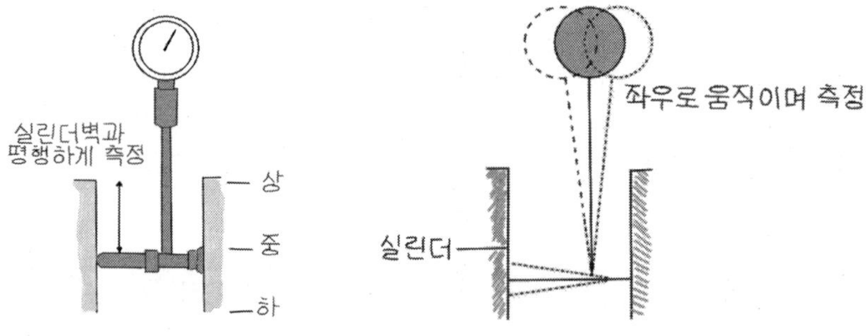

[실린더 마멸 측정부위 및 측정방법]

2-7. 엔진성능에 관한 사항

2-7-1. 1실린더 배기량(cc, ㎤)

$$\frac{\pi}{4} \times (\text{실린더 지름})^2 \times \text{행정}$$

2-7-2. 총배기량(cc, ㎤)

1실린더 배기량×실린더 수

2-7-3. 지시 마력(IPS : Indicated Pferde Starke)

지시 마력을 도시 마력이라고도 하며, 실린더 내에서 연료가 연소하여 발생한 마력을 말한다.

$$IPS = \frac{P_{mi} \times A \times L \times Z \times R}{75 \times 60 \times 100} = \frac{P_{mi} \times V \times R}{75 \times 60 \times 100} (\mathrm{ps})$$

여기서, P_{mi} : 지시평균 유효압력(kgf/㎠)　　A : 실린더 단면적(㎠)

L: 행정(cm)　　Z: 실린더 수

R: 엔진 분당회전수 (단, 2행정 사이클 엔진 : rpm, 4행정 사이클 : $\frac{rpm}{2}$)

V: 총배기량(cc)

2-7-4. SAE 마력

과세 표준마력으로 영국 왕실 자동차협회에서 세금을 부과하기 위해서 제정된 마력계산법으로서 실린더 내경과 실린더 수만 알 수 있으면 계산할 수 있다.

실린더 내경이 mm일 때 : $SAE = \frac{M^2 \times N}{1613}$, 실린더 내경이 inch일 때 : $SAE = \frac{D^2 \times N}{2.5}$

여기서, M : 실린더 내경(mm)　D : 실린더 내경(inch)　N : 실린더 수

3. 피스톤(Piston)

피스톤은 실린더 안을 왕복운동하며, 동력 행정에서 고온/고압의 가스 압력을 받아서 커넥팅 로드를 통해 크랭크축에 회전력을 발생시키는 역할을 한다. 또 흡입, 압축, 배기 행정에서는 크랭크축으로부터 힘을 받아 각각의 작동을 한다.

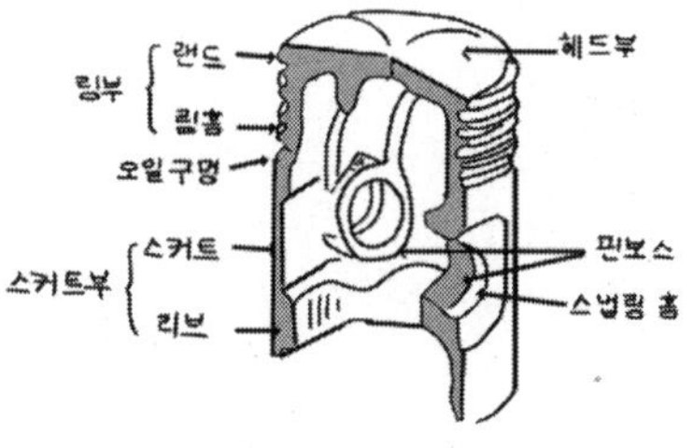

(a) 피스톤의 구조

특히 피스톤 헤드는 고온(2,000℃ 이상)의 연소가스에 노출되고, 40~60[kgf/㎠]의 압력을 충격적으로 받으며, 실린더 안에서 고속운동(20m/s)을 하기 때문에 실린더 벽과의 사이에 큰 마찰이 생긴다. 이러한 악조건에서 그 기능을 충분히 발휘하기 위해서는 다음과 같은 요구 조건을 갖추어야 한다.

① 실린더 안의 폭발가스 압력을 유효하게 이용하도록 하고, 또 어떤 온도 조건에서도 가스가 새지 않는 구조라야 한다.

② 실린더 벽과의 마찰을 감소하고 기계적인 손실을 최소로 적게 하기 위해 적당한 윤활을 하는 틈새가 필요하다.

③ 실린더 벽을 윤활하는 오일이 연소실 안으로 들어가지 않는 구조라야 한다.

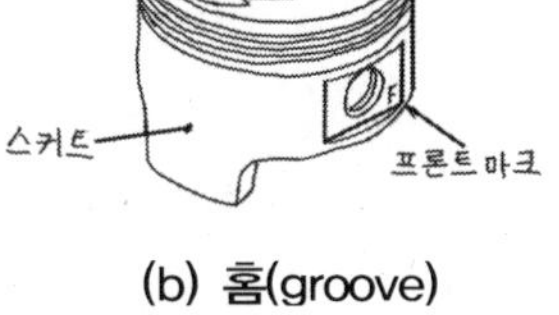

(b) 홈(groove)

④ 열을 받아 재질의 강도가 저하되거나 과열로 인한 이상 연소가 일어나는 것을 방지하기 위해 열전도가 좋고 또한 충분한 강도를 가져야 한다.

⑤ 실린더 안에서 고속으로 왕복운동을 하므로 관성에 의한 동력손실을 줄이기 위해 될 수 있는 대로

가벼운 것이 좋다.

피스톤 헤드 부분은 연소실의 일부를 형성하고, 실린더와 같이 고온을 받으나 냉각수나 외기(外氣)로 직접 냉각할 수 없으므로 실린더에 비해 그 팽창비율이 훨씬 크다. 따라서 피스톤의 설치계수는 온도 변화에 따른 팽창을 고려하여 헤드 부분의 지름을 스커트 부분의 지름보다 적게 되어 있다.

피스톤의 윗부분의 둘레에는 3~4개의 피스톤 링(piston ring)을 끼워 기밀을 유지하고, 오일이 연소실로 유입되는 것을 방지한다.

피스톤 링을 끼우는 홈을 링 홈(ring groove)이라 하고, 홈과 홈 사이를 랜드(land), 위에서부터 차례로 제1랜드, 제2랜드라 부른다. 또한 오일 링을 끼우는 홈에는 과잉된 오일을 피스톤 안으로 빼내기 위한 배유구(排油口)가 있다.

피스톤 헤드 안쪽에는 리브(rib)가 있어, 피스톤 헤드의 열을 빨리 피스톤 링이나 스커트부분으로 전달하고, 피스톤을 보강하는 역할을 한다. 피스톤 헤드는 피스톤이 상사점에 도달했을 때, 실린더 헤드의 안쪽 면과의 사이에 연소실을 형성하므로, 피스톤 헤드의 모양은 연소실의 모양에 따라 결정된다.

연소실의 모양은 연소가 잘 되어 기관의 성능을 향상하도록 만들어지며, 그 방법으로 압축행정이 끝날 때 강한 소용돌이를 일으키는 방법을 취한다.

압축할 때 소용돌이를 일으키는 데 피스톤 헤드의 모양이 큰 영향을 주므로, 피스톤이 상사점에 도달했을 때 피스톤 헤드와 실린더 헤드 안쪽 면과의 사이에 틈새가 작은 부분(squish area)을 만들어, 피스톤이 상사점에 가까워졌을 때, 혼합가스가 그 부분에서 밀려나가 소용돌이를 일으킨다.

반구형(半球型) 연소실로 된 기관은 피스톤 헤드를 반구형이나 또는 원추형으로 만들어, 실린더 헤드의 반구면(半球面)에 접근시켜, 넓은 면적의 스퀴시 면적을 만드나, 이 피스톤의 결점은 특수 가공을 해야 한다는 점이다.

쐐기형과 욕조형 연소실은 제작이 용이하고, 열을 받는 면적이 가장 적은 평형 헤드 피스톤이 많이 쓰인다.

압축비가 큰 기관에서는 흡·배기밸브와의 접촉을 방지하기 위하여 피스톤 헤드에 밸브가 닿지 않도록 그림 (b)와 같이 초생달 모양의 홈을 판 것도 있다.

3-1. 피스톤의 재질

피스톤의 재질은 다음과 같은 특성이 요구된다.

① 마찰계수가 작아야 한다.
② 내마멸성이 좋아야 한다.
③ 열팽창계수가 낮아야 한다.
④ 열전도성이 좋아야 한다.
⑤ 고온에서도 강도가 높아야 한다.
⑥ 밀도가 낮아야 한다.
⑦ 무게가 가벼워 관성력이 작아야 한다.

(1) 알루미늄 합금(Y합금 또는 경합금)

Y합금의 표준은 구리(Cu) 4[%], 니켈(Ni) 2[%], 마그네슘(Mg) 1.5[%]이고 나머지가 알루미늄(Al)으로 구성된 특수강이다.

Y합금은 가볍고, 고속회전에 적합한 피스톤으로 열전도가 좋으나 열팽창율이 크기 때문에 모양이나 구조를 여러 가지로 고안하고 있다.

예를 들면 피스톤 헤드는 열을 받아 팽창하는 비율이 크기 때문에 스커트 부분보다 작게 만든다. 그리고 피스톤 보스 부분은 살이 두껍고, 작동 중에 열을 받으면 다른 부분보다 팽창이 크기 때문에 피스톤 보스 방향의 지름이 그 직각 방향(스커트 방향)의 지름보다 작게 만들어졌다.

피스톤 보스 부분의 열팽창을 적게 하기 위하여 열팽창계수가 적은 인바 강을 보스 부분에 넣어서 주조하거나 무게를 가볍게 하기 위해 스커트 부분을 잘라낸 것 등이 있다.

(2) 로-엑스(Lo-Ex) 합금

로-엑스는 알루미늄과 규소에 소량의 구리와 니켈 마그네슘을 첨가한 경합금이다. Y합금보다 내열성은 조금 떨어지나 비중과 열팽창계수가 적고, 주조성이 좋기 때문에 현재도 많이 쓰고 있다.

(3) 코비탈리움(cobitalium)

코비탈리움은 내열성 Y합금의 일종으로 티탄(Ti)과 크롬(Cr)을 0.2[%] 정도씩 첨가한 것으로 결정이 미세하다.

3-2. 피스톤의 종류와 특징

(1) 캠 연마 피스톤(cam ground piston)

상온에서 핀 보스 부분을 단경, 스커트 부분을 장경으로 하는 타원형 피스톤이다. 스커트 부분은 핀 보스나 각 부의 두께가 다르므로 온도 변화에 따라 복잡한 변화를 한다. 특히 보스 쪽은 하중에 따라 변형하고, 또 피스톤 핀의 마찰 때문에 온도가 높아져 드러스트 쪽보다 열팽창이 크다. 그러므로 상온에서는 보스 방향의 축이 짧은 타원형으로 가공하여, 온도가 올라감에 따라 보스 방향의 지름이 커져서 표준온도로 되었을 때, 비로소 진원(眞圓)에 가깝게 된다. 현재 경합금 피스톤은 이 형식이다. 피스톤 지름은 스커트부의 지름으로 표시한다.

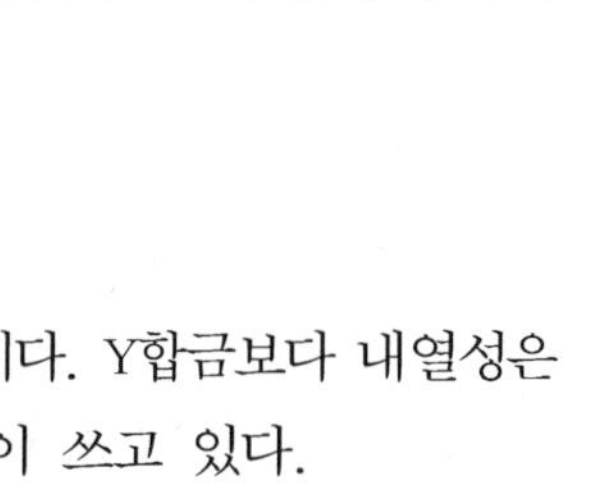

[캠 연마 피스톤]

(2) 스플릿 피스톤(split piston)

스플릿 피스톤은 측압이 적은 쪽의 스커트 부분으로 오는 열의 흐름을 제한하여 온도가 올라가지 않도록 한 것이다. 그리고 스커트 부분에도 세로 방향으로 홈(slot : 히터댐)을 만들어 탄성을 갖게 하고, 열팽창이나 측압으로 인한 변형을 막고 피스톤 틈새를 적게 할 수 있다. 이 슬롯 모양에는 U형과 T형 등이 있으며 슬롯의 끝 부분을 둥글게 파서 응력의 집중을 피하도록 했으나 강도 면에서는 불리하다. 그러나 제작이 용이하고, 피스톤 슬랩이 적어지며 오일의 조절이 잘 되는 등의 장점이 있으므로 승용차용 기관에 널리 이용되고 있다.

(3) 오프셋 피스톤(offset piston)

피스톤의 중심에 대해 피스톤 핀의 중심을 드러스트 쪽으로 1.0~2.5[mm] 정도 편심으로 한 것을 오프셋 피스톤이라 한다.

피스톤 작동 중 상사점에서 측압을 받는 면이 바뀌므로, 이때 피스톤 틈새만큼 피스톤이 옆으로 이동하여 실린더 벽에 부딪치면서 소음을 낸다. 이것이 피스톤 슬랩음이다.

따라서 피스톤 핀의 중심을 드러스트 쪽으로 편심이 되게 하면, 상사점전에 가스의 압력에 의한 힘 P_o와 피스톤 운동의 관성력 P_1 때문에 피스톤 핀의 주위에 모멘트(moment)가 생겨, 이것이 $P_s\times$ L보다 커지면, 먼저 A부분이 드러스트 쪽의 실린더 벽에 닿고 다음에 B부분도 상사점 후에 드러스트 쪽으로 이동하므로 충격을 완화할 수 있다.

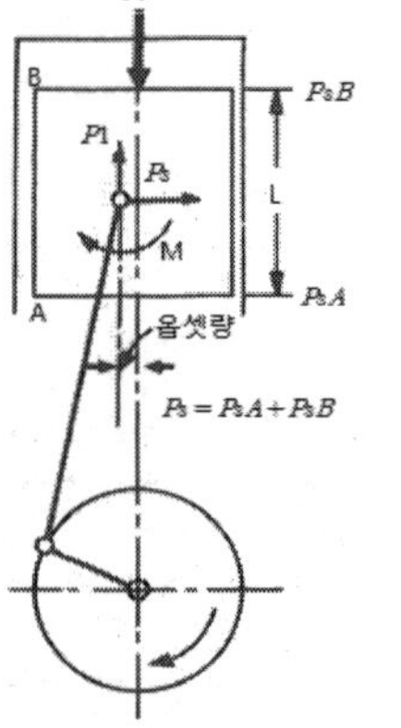

[오프셋 피스톤]

(4) 인바 스트럿 피스톤(invar strut piston)

인바 피스톤은 열팽창계수가 극히 적은 인바(니켈(35%)+탄소(0.1~0.3%)+망간(0.4%)라고 하는 니켈계 합금강의 스트럿(strut)을 피스톤 핀 부분이나 또는 인바로 만든 링을 피스톤 스커트의 윗부분에 일체 주조한 것이다. 이렇게 하여 알루미늄합금 피스톤의 열팽창을 제한하여 각 사용온도에서 항상 일정한 피스톤 틈새가 되도록 한 것이다. 따라서 제작은 곤란하나 열팽창으로 인한 변형이 적고 운전상태도 조용하며 수명도 길어지는 특징이 있다.

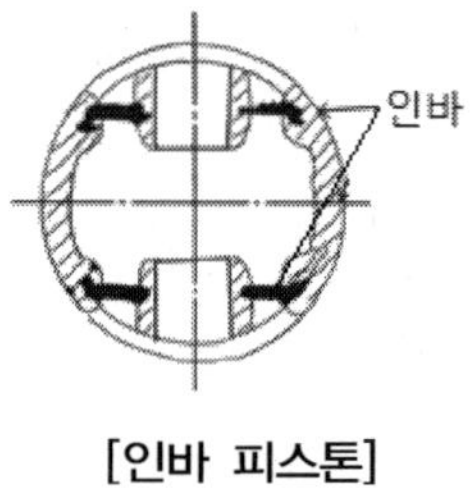

[인바 피스톤]

(5) 슬리퍼 피스톤(slipper piston)

이 피스톤은 측압이 가해지지 않은 쪽의 스커트 부분을 그림과 같이 따낸 모양으로 되어 있으며 무게를 늘리지 않고 드러스트의 접촉면적을 크게 하여 피스톤 슬랩을 적게 했으며, 고속 기관용으로 널리 쓰이고 있다. 그러나 스커트의 따낸 부분에 오일이 괴어 오일이 연소실로 들어가기 쉬운 결점이 있다.

(6) 솔리드 피스톤(solid piston)

이 피스톤은 스커트 부분이 통 모양으로 되고 열팽창에 의한 변형을 방지하기 위하여 피스톤 옆 부분을 가늘게 파놓은 슬릿(slit)이 없어 열팽창으로 인한 여유가 없으므로 모든 운전 조건에서 적절한 피스톤 틈새를 유지할 수는 없다. 대신 기계적인 강도가 높기 때문에 조용한 운전조건보다 고부하 운전조건에 사용하는 기관에 주로 사용한다.

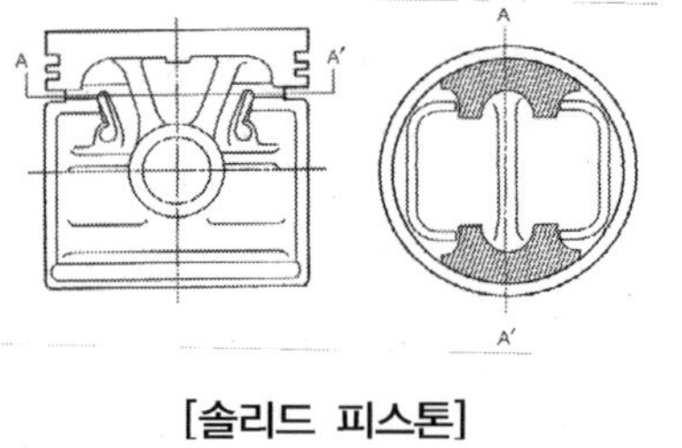

[솔리드 피스톤]

Handy hint

▌피스톤 슬랩음(side nock)

피스톤이 상사점과 하사점에서 운동방향을 바꿀 때 피스톤과 실린더 사이의 간극 증대로 인하여 실린더 벽을 때리는 현상이다. 저온에서 현저하게 발생되고 피스톤링 및 피스톤링 홈의 마멸이 발생되며, 피스톤 링의 기능 저하로 인하여 윤활유가 연소실에 유입되어 윤활유 소비 증대의 원인이 되고, 연소실에 카본이 누적되어 압축압력을 높이는 원인이 된다.

3-3. 피스톤 간극(Piston Clearance : 실린더 간극)

실린더 내경과 피스톤의 최대 외경(스커트 부분의 지름)과의 차이를 피스톤 간극이라 하며, 피스톤 간극을 두는 목적은 열팽창을 고려하기 위함이다. 피스톤 간극이 작으면 엔진 작동 중 열팽창으로 인하여 실린더와 피스톤 사이에서 소결(고착) 현상이 발생된다. 반대로 피스톤 간극이 크면 압축압력 저하, 블로바이 현상 발생, 연소실에 엔진 오일이 유입되어 희석(dilution : 묽게 되어 타는 현상)되고, 슬랩음 발생, 엔진 출력이 감소하는 원인이 된다.

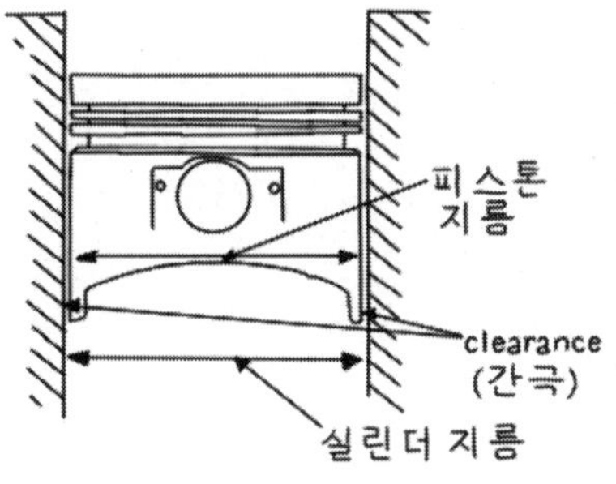

[피스톤 간극]

3-4. 엔진성능에 관한 사항

3-4-1. 피스톤의 평균속도

피스톤의 이동 속도는 상사점과 하사점에서는 피스톤이 운동을 바꾸므로 속도는 0(Zero)이고, 중간 부분에서 최대가 되므로 이 피스톤의 이동 속도를 평균화한 것을 말한다. 최근 엔진에서는 피스톤 평균속도가 12~13m/sec 정도이다.

3-4-2. 피스톤 평균속도 구하는 식

$$\text{피스톤 평균속도}(S) = \frac{2LN}{60} = \frac{LN}{30}(\text{m/sec})$$

여기서, L : 피스톤의 행정(m), N : 엔진 회전수(rpm)

4. 피스톤 링(Piston Ring)

피스톤 링은 고온/고압 하의 피스톤에 끼워져 실린더 벽에 밀착된 채로 섭동하기 때문에 고온에서 장력을 잃지 않고, 열팽창이 적으며 내마멸성이 큰 재료로 만들어진다.

피스톤 링은 적당한 탄성을 갖게 하기 위해 일부가 절개된 주철제 또는 강철제 링이며 피스톤의 링 홈에 끼우게 되어 있다.

피스톤 링의 기능은 압축과 팽창가스 압력에 대해 연소실 기밀을 유지하고, 팽창가스가 연소실에서 크랭크케이스로 새는 것을 막아주고 또 피스톤이 받은 열의 대부분을 실린더 벽에 전달하는 것이다.

그리고 실린더 벽에 뿌린 오일을 긁어내려 최소한의 유막을 만들고 여분의 오일이 연소실로 들어가서 소비되는 것을 방지한다. 이 가운데 주로 기밀을 유지하는 데 쓰이는 링을 압축 링(compression ring)이라 하고, 오일을 긁어내리는 작용을 하는 링을 오일 링(oil ring)이라 한다.

자동차용 가솔린 기관에서는 일반적으로 피스톤에 2개의 압축 링과 1~2개의 오일 링이 끼워져 있다. 그리고 2개의 오일 링을 쓰는 경우에는 그 중 1개는 스커트 아래 부분에 끼운다. 오일 링은 링의 장력을 크게 하고, 유연성을 좋게 하기 위해 링의 안쪽에 익스펜드를 넣는 것도 있다.

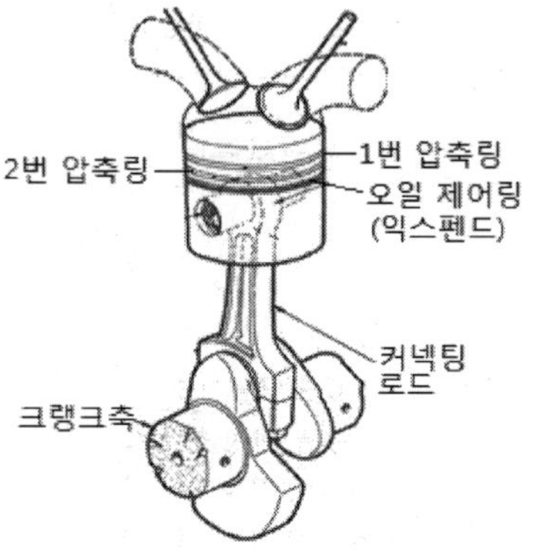

[압축 링과 오일 링]

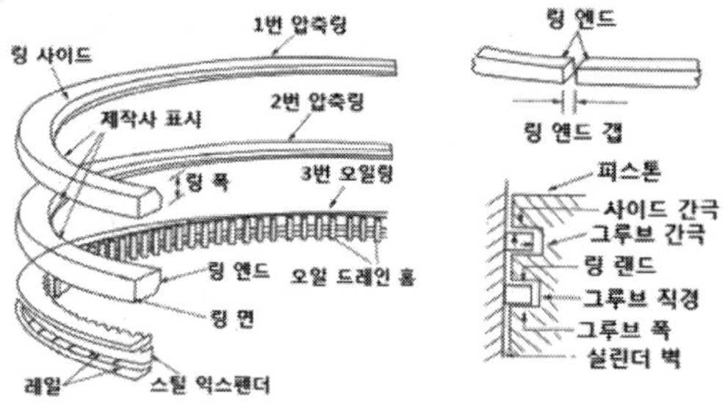

(a) 피스톤 링의 구조

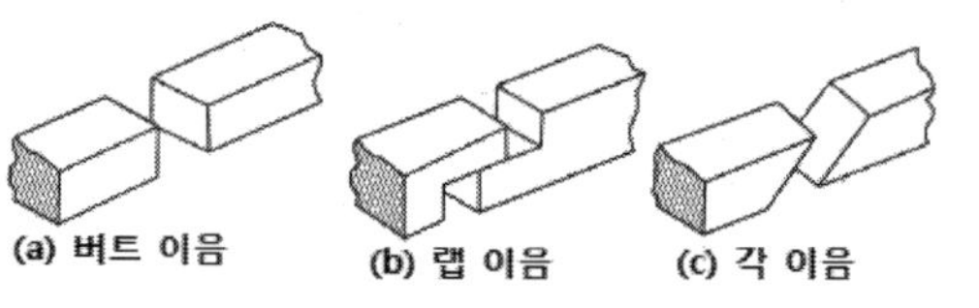

(b) 링 이음의 종류

4-1. 피스톤 링의 구비조건

① 고온에서도 탄성을 유지할 것

② 열팽창률이 적을 것

③ 오랫동안 사용해도 피스톤 링 자체나 실린더 마멸이 적을 것

④ 실린더 벽에 동일한 압력(면압)을 가할 것

⑤ 피스톤 링의 재질은 특수주철이며, 실린더 벽의 재질보다 다소 경도가 낮아야 할 것

⑥ 1번 링과 오일 링에는 크롬도금을 하여 내마멸성을 높이고 있을 것

4-2. 피스톤 링과 실린더 사이에서 발생되는 현상

(1) 피스톤 링의 플러터(flutter) 현상

엔진이 고속으로 상사점과 하사점으로 운동하면서 피스톤의 작동위치가 변환될 때마다 링의 떨림 현상이 발생되는 것을 링의 플러터 현상이라고 한다.

(2) 스커핑(scuffing) 현상

실린더 벽과 피스톤-링 각각의 마찰 부분에 과도한 열이 축적되면 유막이 파손되고, 피스톤-링이 직접 실린더 벽을 긁는 스커핑(scuffing) 현상이 발생한다.

(3) 스코링(scoring) 현상

이물질(異物質) 입자의 예리한 끝 부분에 긁혀서 생긴 흠집 또는 길게 긁힌 홈 자국 모양의 흠집을 스코링(scoring)이라 한다.

4-3. 피스톤 링 이음부의 조립방향과 이음부 간극 측정

(1) 링 이음부의 조립방향

링 이음부 방향은 압축가스의 누설을 방지하기 위하여 스커트 측과 크랭크축 방향을 피하면서 링 이음부 위치는 서로 120~180° 방향으로 끼워야 한다.

(2) 링 이음부 간극(end gap) 측정

링 이음부 간극은 크랭크축 방향과 축의 직각 방향을 피하여 끼우고 피스톤 헤드로 밀어넣어(하사점) 수평 상태로 유지한 후 필러 게이지로 측정한다.

(a) 링 이음 조립방향

(b) 링 이음

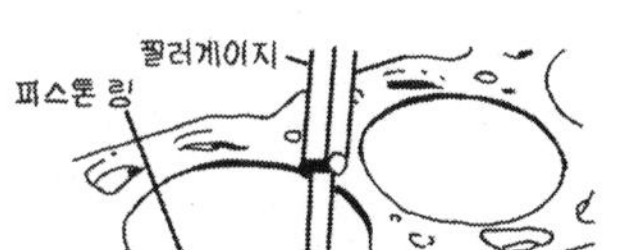

(c) 링 이음간극 측정

4-4. 엔진성능에 관한 사항

(1) 마찰마력(FPS : Friction Pferde Starke)

마찰마력이란 피스톤이 왕복운동할 때 피스톤 링이 실린더 벽에 마찰하여 발생하는 마력을 말한다. 엔진에서 발생된 동력 중 실제 사용되는 동력은 30~40[%] 정도에 불과하며 나머지는 손실이 된다. 이 손실 중 마찰손실은 약 10[%]를 차지하며 나머지는 배기손실, 냉각손실, 펌프 손실 등이다.

(2) 마찰마력 구하는 식

$$FPS = \frac{F_r \times Z \times N \times S}{75} = \frac{F \times S}{75} \qquad FPS = IPS - BPS \qquad IPS = FPS + BPS$$

여기서, F_r : 피스톤 링 1개당 마찰력(kgf)　　N : 실린더 수(기통수)

Z : 피스톤당 링의 수(개)　　S : 피스톤의 평균속도(m/s)

F : 총 마찰력(kgf)　　IPS : 지시마력　　BPS : 제동마력

5. 피스톤 핀(Piston Pin)

피스톤 핀은 피스톤과 커넥팅 로드를 연결하는 핀으로, 피스톤 보스부에 끼워져 피스톤에서 받은 압력을 커넥팅 로드에 전달함과 동시에 피스톤과 함께 실린더 안을 고속으로 왕복 운동한다.

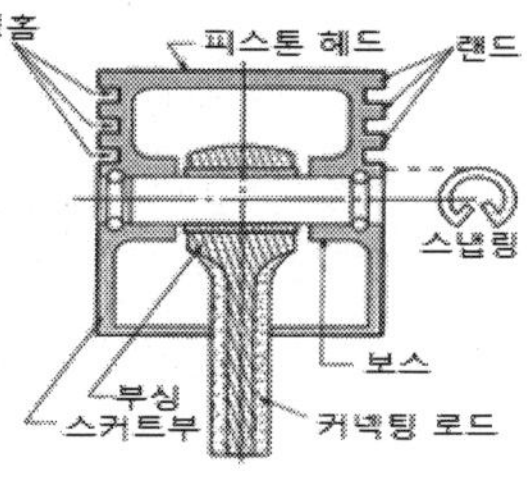

[피스톤 핀의 조립도]

피스톤 핀의 표면은 피스톤과 커넥팅 로드의 베어링과 접촉하므로 내마모성이 좋아야 한다. 이런 점을 고려하여 재질은 탄소 표면 경화강이나 니켈-크롬강을 주로 쓰며, 표면을 경화하여 마모에 견디게 하고 내부는 경화하지 않고 인성을 갖도록 한다. 그리고 표면은 담금질한 후 연마 또는 래핑 가공하여 매끈하게 다듬어서 피스톤의 보스에 끼운다.

피스톤 핀은 피스톤 핀 보스 부분에 끼워서 커넥팅로드의 소단부와 결합하며, 이 설치 방법에는 다음과 같은 것이 있다.

(1) 고정식(lock type)

이 방식은 그림 (a)와 같이 커넥팅로드 소단부에 부싱(bushing)이 끼워져 있고(알루미늄 합금 피스톤에서는 알루미늄 자체가 질 좋은 베어링이 되므로 부싱을 제외한다.) 피스톤 핀이 핀 보스 부분에 볼트로 고정되어 있다.

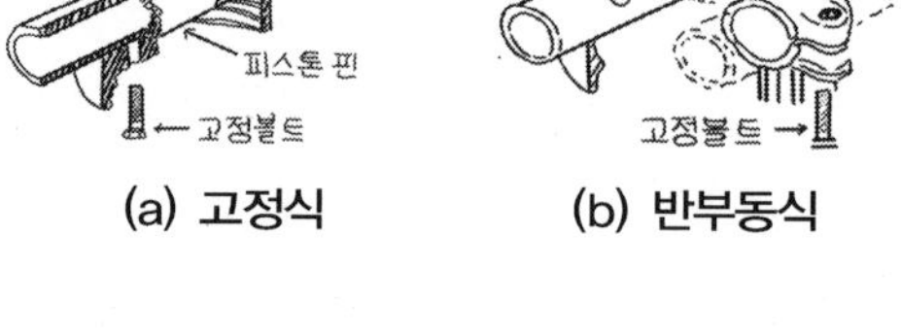

(a) 고정식　　(b) 반부동식

(2) 반부동식(semi-floating type : 요동식)

이 방법에는 그림 (b)와 같이 커넥팅로드의 소단부에 갈라진 곳을 만들어 피스톤 핀을 클램프 볼트(clamp bolt)로 죄는 형식과, 피스톤 핀 소단부 끝에 프레스로 압입하는 형식이 있다. 어느 것이나 피스톤 핀과 소단부 부분은 고정되어 있기 때문에 피스톤 핀이 피스톤 보스 부분에서 움직이게 되어 있다.

(3) 전 부동식(full-floating type : 무고정)

이 방식은 그림 (c)와 같이 피스톤 핀이 피스톤이나 커넥팅로드에 고정되지 않고 자유로이 회전하도록 된 것이다. 이때 핀이 빠져서 실린더 벽에 닿아 손상을 주지 않도록 양쪽의 보스 부분에 홈을 깎아 스냅 링(snap ring)을 끼우게 되어 있다.

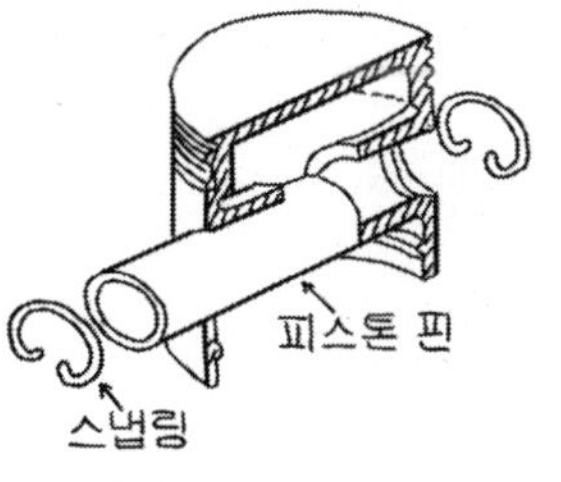

(c) 전부동식

6. 커넥팅 로드(Connecting Rod)

커넥팅 로드는 피스톤의 왕복 운동을 크랭크축에 전달하는 연결봉이며, 피스톤 핀과 연결되는 소단부(small end)와 크랭크축에 연결하는 대단부(big end)로 되어있다. 대단부 부분에는 보통 분할형 평베어링(plain bearing)을 사용한다.

커넥팅 로드는 압축력, 인장력, 휨 등의 하중을 반복적으로 받으므로 이에 충분히 견딜 수 있는 강도와 강성(剛性)이 요구된다. 니켈-크롬강, 크롬-몰리브덴강 등의 특수강을 써서 형단조하여 만드는데, 기계적 강도를 크게 하고 무게를 가볍게 하기 위하여 생크 부분은 대부분 I형 단면으로 되어 있다.

소단부 중심과 대단부 중심과의 거리를 커넥팅 로드의 길이라 하며, 이 길이는 피스톤 행정(stroke)의 약 2.0[배] 정도이다. 또는 크랭크축 회전 반지름에 약 3.0[배]가 적당하다.

이 길이가 긴 것은 실린더 벽에 가하는 피스톤의 측압이 적어지고 실린더의 마모를 적게 하는 장점이 있으나 강도와 무게 면에서는 불리하며, 또 기관의 높이가 높아진다.

커넥팅 로드가 짧은 것은 기관의 높이가 낮고, 무게를 가볍게 할 수 있는 이점이 있으며 최근 기관에는 후자를 많이 택하고 있다.

대단부는 크랭크 핀의 중심선상에서 상하로 또는 비스듬히 상하로 분할되어 있으며, 베어링을 끼워 베어링 캡에 볼트로 고정한다. 대단부에 사용하는 베어링을 커넥팅 로드 베어링이라 하며, 베어링 메탈로는 강철 베이스에 화이트 메탈(white metal : 배빗 메탈)이나 또는 켈밋 메탈(kelmet metal)을 융착한 것을 사용한다.

커넥팅 로드 축 부분에는 대단부와 소단부 끝을 관통하는 오일 통로가 뚫려있는 것도 있으며, 이것은 오일에 의한 피스톤의 냉각과 소단부의 윤활을 겸한 것이다.

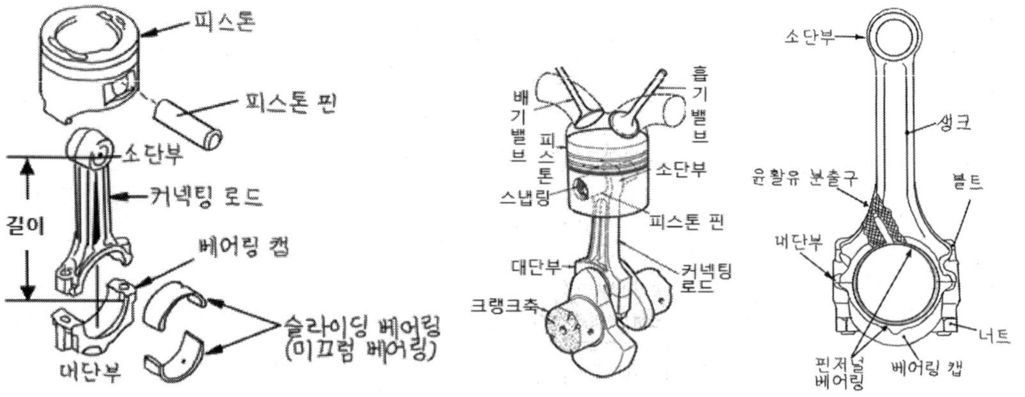

[커넥팅 로드의 구조]

(1) 커넥팅 로드의 비틀림(휨)이 엔진에 미치는 영향

실린더 또는 피스톤 마멸 원인의 한가지로 측압(thrust)을 들 수 있는데 이는 피스톤 상하운동이 커넥팅 로드를 거쳐 크랭크축을 회전시킬 때, 피스톤 헤드에 작용되는 힘과 크랭크축이 회전할 때의 저항력 때문에 실린더 벽에 밀려진다. 이와 같이 밀려지는 압력을 측압이라고 한다. 측압은 압축행정과 동력행정에서 서로 반대쪽에 작용되면, 동력행정일 때 더 크다. 커넥팅 로드가 비틀어지면 측압증대, 블로-바이 증대, 연료소비 증대, 오일소비 증대, 엔진출력 감소, 엔진 소음진동 증대, 크랭크축 핀 저널의 편마모, 실린더 벽의 이상마모 등의 현상이 발생된다.

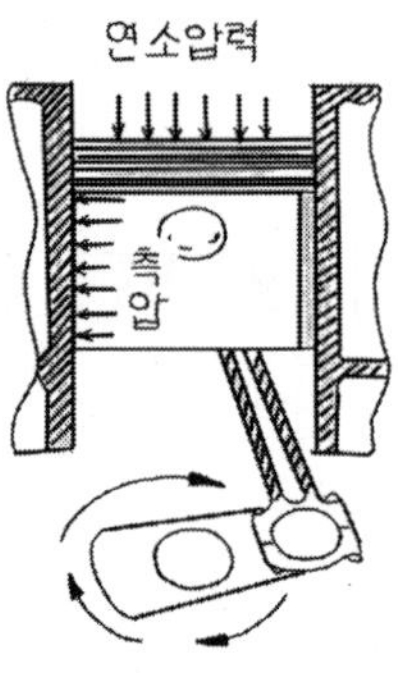

[피스톤의 측압]

(2) 피스톤과 커넥팅 로드의 무게 차

다(多) 실린더 기관은 실린더별로 결합한 피스톤과 커넥팅 로드의 무게 차가 크면, 크랭크축을 중심으로 한 운동부분의 무게가 불균형이 생겨 운동 중의 진동이 커지고 각 부분에 나쁜 영향을 준다.

따라서 이 무게 차는 될 수 있는 대로 적어야 한다. 자동차용 기관은 보통 무게 차가 15~20g 이내로 되어야 한다. 피스톤의 중량 차는 7[g] 이내 2[%] 이내여야 하고, 피스톤 및 커넥팅로드 어셈블리(Ass'y)의 중량 차는 20[g] 이내 2[%] 이내여야 한다.

7. 크랭크축(Crank Shaft)

크랭크축은 크랭크케이스 내에 각 실린더의 동력행정에서 얻은 피스톤의 상하운동을 회전운동으로 바꾸어 엔진 출력을 외부에 전달하며 흡입, 압축, 배기의 행정에서는 피스톤에 운동을 전달한다.

크랭크축은 회전 중에 휨(bending), 비틀림(torsion), 전단(shearing) 등의 응력을 받으므로 이 응력에 견딜 수 있게 강도와 강성이 요구된다.

최근 엔진 고속화 경향으로 피스톤 행정과 실린더 안지름의 비가 작아지는 단행정 엔진으로 제작함으로 인하여 메인 저널과 크랭크 핀의 중심거리가 짧아진 오버랩 크랭크축(Overlap Crank Shaft)을 제작하여 사용하기도 한다.

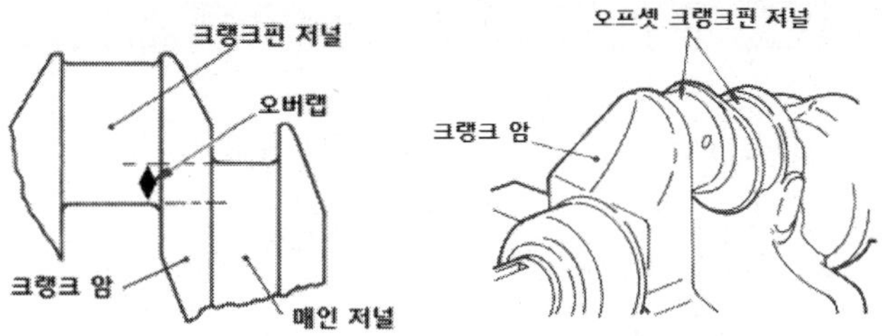

(a) 오버랩 크랭크축 (b) 오프셋 크랭크축

7-1. 크랭크축의 주요 구조

크랭크 저널 중심과 크랭크 핀 저널 중심이 편심으로 되어 있기 때문에 그대로 회전시키면 균형을 유지할 수 없다. 따라서 크랭크 핀 반대쪽 크랭크 암에 밸런싱 웨이트(counter weight)를 달아서 회전운동 부분의 질량에 의한 관성력 또는 왕복운동 부분의 질량에 의한 관성력의 일부로 균형을 맞추어 평형을 유지하며, 베어링에 걸리는 하중을 경감하고, 고속 시 비틀림 진동을 감소하기 위해 밸런싱 웨이트가 설치되어 있다.

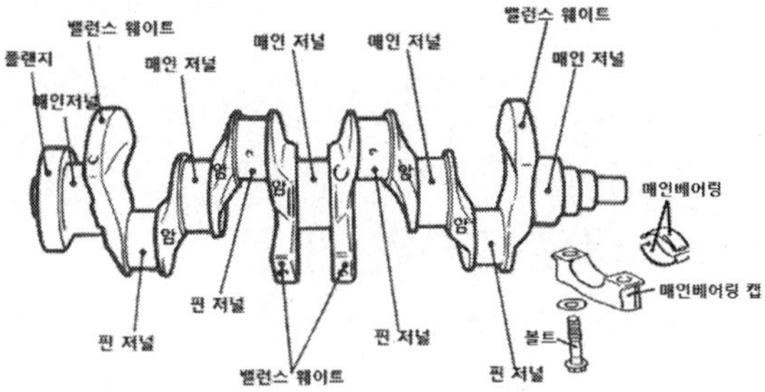

(a) 크랭크축의 구조

밸런스 축은 크랭크축에 평행하게 2개의 축을 부착하여 회전방향을 반대, 속도는 크랭크축의 2배, 무게 등을 적절히 선정하여 직렬 4실린더 엔진 특유의 비틀림 진동을 적게 한 것이다.

또 크랭크축의 뒤쪽 끝에는 플라이휠을 부착하기 위한 플랜지와 클러치축 끝을 지지하는 파일럿 베어링을 끼우는 하우징이 있다. 앞쪽 끝에는 캠축을 구동하기 위한 타이밍기어 또는 타이밍 체인 스프로킷과 물펌프 및 발전기 등을 구동하는 크랭크 풀리가 있다.

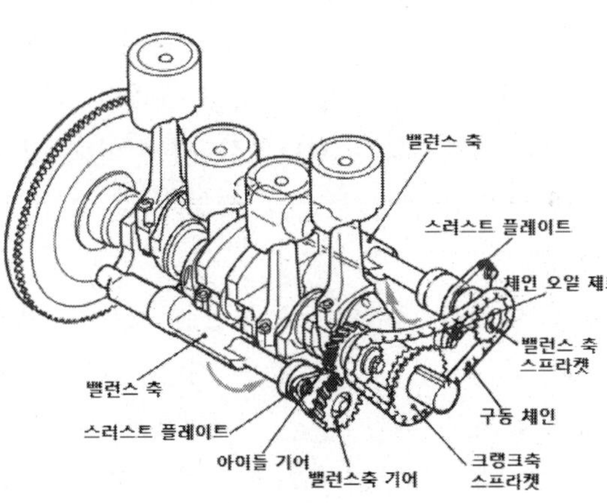

(b) 밸런스 샤프트

크랭크축 내부에는 커넥팅 로드 베어링과 피스톤 핀 베어링으로 윤활유를 공급하는 오일 통로가 있으며, 메인 베어링에 공급되는 윤활유의 일부가 이 오일 통로를 통해서 오일펌프로부터 압송된다. 그리고 크랭크축의 앞뒤의 끝 부분에서 크랭크케이스 안의 윤활유가 외부로 새는 것을 방지하기 위해 앞뒤의 베어링 바깥쪽에 오일 실(seal)이 들어있다. 뒤쪽에 오일 실을 쓰지 않고 오일 슬링거(oil slinger 또는 oil deflector)와 오일 스토퍼(oil stopper)를 결합해서 사용하는 것도 있다.

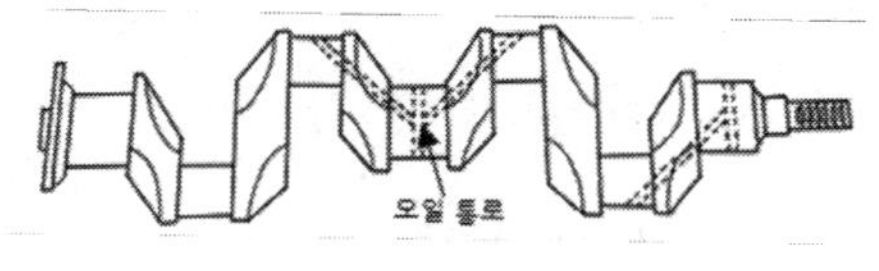

(c) 오일 통로

Handy hint

▮크랭크 반지름

크랭크 핀과 크랭크 저널과의 중심거리는 피스톤 행정의 1/2이며 이것을 크랭크 반지름이라 한다.

▮기관의 진동 원인

① 피스톤과 커넥팅 로드의 상하운동에 의한 중심 위치가 주기적으로 변하기 때문
② 크랭크축에 가해지는 회전력이 주기적으로 변하기 때문
③ 실린더 축 방향으로 생기는 왕복 운동부분의 관성력 때문
④ 커넥팅 로드가 크랭크축의 좌우로 흔들려서 생기는 관성력 때문이다. 특히 실린더 수가 적은 기관이 진동이 크고, 저속 회전 시가 고속 회전할 때보다 진동이 크다.

7-2. 크랭크축의 재질

크랭크축은 큰 하중을 받으면서 고속회전하기 때문에 강도나 강성이 충분하고 내마모성이 크며, 또 정적 및 동적으로 균형이 잡혀 원활하게 회전되어야 한다.

크랭크축의 재질은 일반적으로 고탄소강, 크롬-몰리브덴강, 니켈-크롬강 등을 써서 형단조한다. 최근에는 기관의 고속화와 더불어 크랭크축의 강성이 높아야 하므로 미하나이트(meehanite) 주철이나 구상흑연 주철 등의 주철제 크랭크축을 사용하게 되었다.

주철제 크랭크축은 형단조한 것에 비해 성형(成型)이 용이하고 가공공정이 적으므로 값이 싸며, 또 베어링 부분의 마모가 적고 또 진동 흡수성(구상흑연주철)이 좋은 이점이 있으나 고도의 주조 기술이 필요하다.

켈밋 메탈을 베어링으로 사용한 것은 크랭크 핀 및 크랭크 저널 부분의 표면을 2~3[mm]의 깊이로 고주파 담금질법 등으로 표면 경화처리를 하여 내마모성을 크게 하고, 내부의 경화되지 않는 부분은 인성을 갖도록 하였다.

그리고 회전 부분의 무게를 가볍게 하기 위해 크랭크 핀 부분을 중공(中空)으로 한 크랭크축이 있으나, 이런 경우에는 강성이 떨어지지 않도록 핀 부분을 베어링 면적에 대해 충분한 배려가 되어 있다.

7-3. 크랭크축의 형상

크랭크축의 형상은 실린더 수, 실린더의 배열, 크랭크 저널 수, 행정의 크기, 점화 순서 등에 따라 다르고 또 크랭크축의 길이를 짧게 하기 위해 인접하는 저널을 생략하는 경우도 있다.

(1) 4실린더 형

4실린더의 크랭크축은 예외 없이 크랭크 암이 한 평면상에 있고 양단의 크랭크 암에서 180° 각도를 이루고 있으며, 크랭크 저널의 수에 따라 2베어링지지 방식, 3베어링지지 방식, 5베어링지지 방식 총 3종류가 있다.

2베어링지지 방식의 크랭크축은 저널이 양쪽 끝에만 있으며, 크랭크축의 길이를 짧게 할 수 있고 가공도 간단하나 필요한 휨 강도나 강성을 갖기 위해 각 부분의 치수가 커지고 무게가 늘어나는 결점이 있다.

3베어링지지 방식의 크랭크축은 저널이 크랭크축의 양쪽 끝과 중앙 3곳에 있고 2베어링지지 방식보다 강도와 강성이 크다.

5베어링지지 방식의 크랭크축은 각 크랭크 핀의 양쪽에 각각 저널이 있어 휨 모멘트가 적으므로 각 부분을 가늘게 만들 수 있다. 따라서 진동이 적고 운전이 정숙하며, 크랭크축의 수명이 길기 때문에 이 형식을 현재 많이 사용하고 있다.

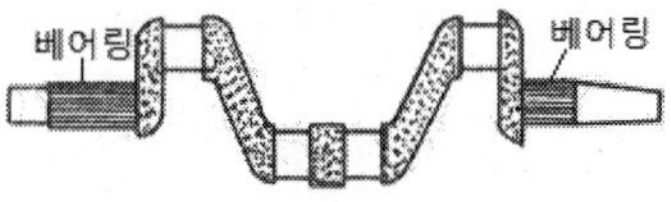

(a) 2베어링지지 방식

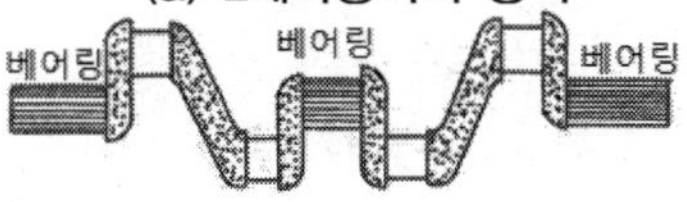

(b) 3베어링지지 방식

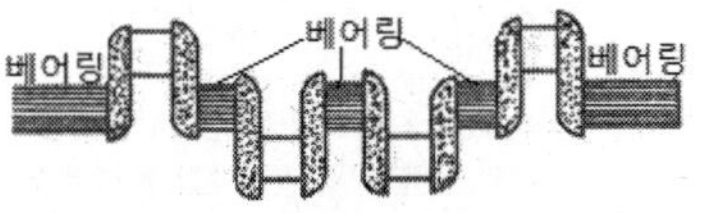

(c) 5베어링지지 방식

(2) 6실린더 형

6실린더의 크랭크축에 No.1과 No.6, No.2와 No.5, No.3과 No.4의 각 크랭크 핀이 동일 평면상에 있으며, 각 그룹은 각각 120°로 3방향으로 설치되어 있다. 그리고 3방향으로 나누는 방법에 따라 우수식과 좌수식이 있다. 또한 저널 수도 4개로 된 것과 7개로 된 것이 있다.

6실린더 기관도 현재 V형을 많이 쓰고 있으며 그 점화순서도 1-6-5-4-3-2로 되어 있다.

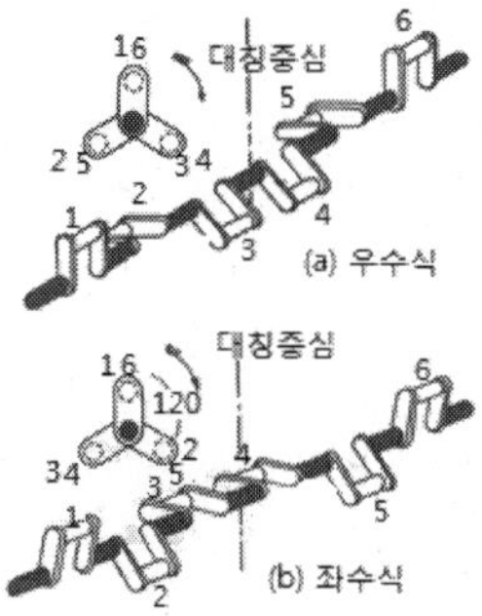

[6실린더 크랭크축]

(3) 8실린더 형

직렬 8실린더의 크랭크축은 그림 (a)와 같은 형식이며, 기관을 소형화 및 고출력화하게 됨에 따라 현재는 쓰지 않고 V형을 많이 쓴다.

V형 8실린더의 크랭크축은 직렬 4실린더의 크랭크축과 같이 180°형으로 하면 되나, 90°형은 90° 간격으로 4방향에 크랭크 핀을 설치한 것도 있다. 저널 수는 3개 또는 5개이다.

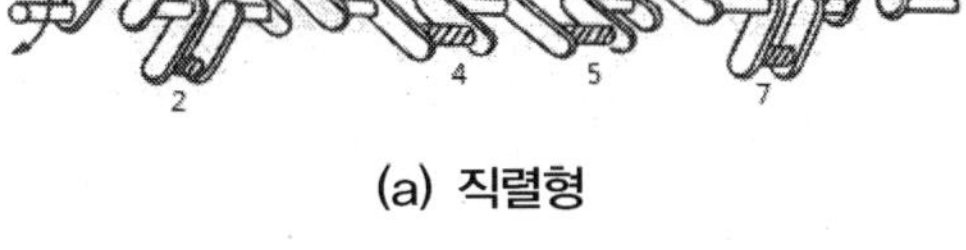

(a) 직렬형

(b) 90° 형

(c) 180° 형

7-4. 크랭크축과 점화순서

점화순서(폭발순서)는 No.1 실린더를 첫 번째 점화로 하여 실린더 번호로 나타내며, 크랭크 핀의 위치에 따라 다음과 같은 조건에 맞추어 결정한다.

① 폭발은 같은 간격으로 일어나야 한다.
② 크랭크축에 비틀림 진동이 일어나지 않게 한다.
③ 인접한 실린더에 연이어서 폭발이 이루어지지 않도록 한다.
④ 혼합가스가 각 실린더에 동일하게 분배되도록 한다.

Handy hint

▌실린더 수가 많은 엔진에서 점화순서를 실린더 배열순서로 하지 않는 이유
① 크랭크축의 회전에 무리가 가지 않도록 하기 위함이다.
② 엔진의 발생동력을 평등하게 하기 위함이다.
③ 원활한 회전을 하기 위함이다.

(1) 4실린더 기관의 점화순서

4실린더 기관의 크랭크 핀은 예외 없이 180°의 2방향이므로 직렬형은 No.1이 상사점에 있을 때 No.4도 역시 상사점에 있고 No.2와 No.3은 하사점에 있게 된다. 따라서 점화순서는 1-2-4-3와 1-3-4-2의 2종류가 있다.

크랭크 / 회전각도 / 실린더 No.	1 회 전		2 회 전	
	0~ 180°	180~ 360°	360~ 540°	540~ 720°
1번 실린더	동력	배기	흡입	압축
2번 실린더	압축	동력	배기	흡입
3번 실린더	배기	흡입	압축	동력
4번 실린더	흡입	압축	동력	배기

(a) 1-2-4-3 **점화순서**

크랭크 / 회전각도 / 실린더 No.	1 회 전		2 회 전	
	0~ 180°	180~ 360°	360~ 540°	540~ 720°
1번 실린더	동력	배기	흡입	압축
2번 실린더	배기	흡입	압축	동력
3번 실린더	압축	동력	배기	흡입
4번 실린더	흡입	압축	동력	배기

(b) 1-3-4-2 **점화순서**

(2) 6실린더 기관의 점화순서

직렬형 6실린더 기관의 점화순서는 여러 종류가 있으나, 여기에서는 우수식과 좌수식만 설명한다.

1-5-3-6-2-4(우수식) / 1-4-2-6-3-5(좌수식)

이와 같이 실린더 수가 6개 이상인 기관은 동력행정이 겹치므로 크랭크축의 회전이 원활해지고, 플라이휠의 무게를 가볍게 할 수 있어 기관의 가속성이 좋아진다.

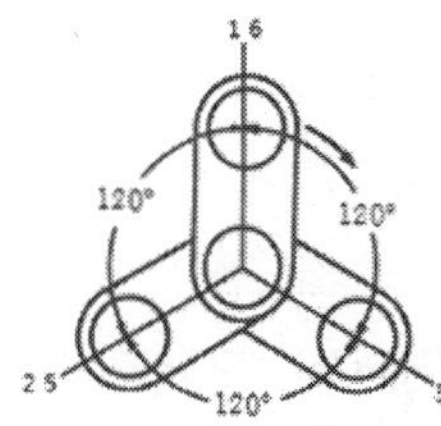

(a) 우수식 크랭크축

크랭크 / 회전각도 / 실린더 No.	1 회 전		2 회 전	
	0~180° 60° 120°	180~360° 240° 300°	360~540° 420° 480°	540~720° 600° 660°
1번 실린더	동력	배기	흡입	압축
2번 실린더	배기, 흡입	압축	동력	배기
3번 실린더	흡입, 압축	동력	배기	흡입
4번 실린더	동력, 배기	흡입	압축	동력
5번 실린더	압축, 동력	배기	흡입	압축
6번 실린더	흡입	압축	동력	배기

[우수식 작동행정]

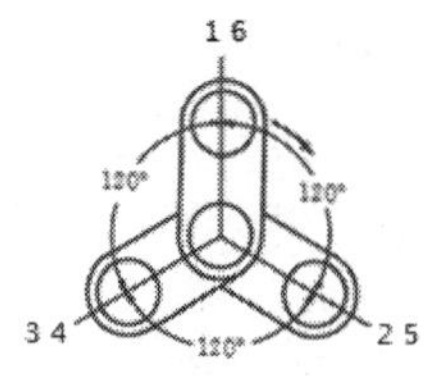

(b) 좌수식 크랭크축

크랭크 / 회전각도 / 실린더 No.	1 회 전		2 회 전	
	0~180° 60° 120°	180~360° 240° 300°	360~540° 420° 480°	540~720° 600° 660°
1번 실린더	동력	배기	흡입	압축
2번 실린더	흡입, 압축	동력	배기	흡입
3번 실린더	배기, 흡입	압축	동력	배기
4번 실린더	압축, 동력	배기	흡입	압축
5번 실린더	동력, 압축	배기	압축	동력
6번 실린더	흡입	압축	동력	배기

[좌수식 작동행정]

[예제1] 점화 순서가 1-3-4-2일 때 3번 실린더가 배기행정이면 1번 실린더는 다음 중 무슨 행정을 하는가?

가. 흡입행정　　나. 압축행정　　다. 동력행정　　라. 배기행정

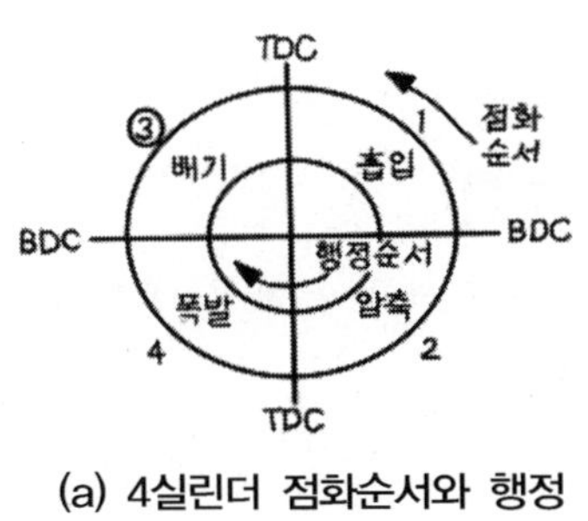

(a) 4실린더 점화순서와 행정

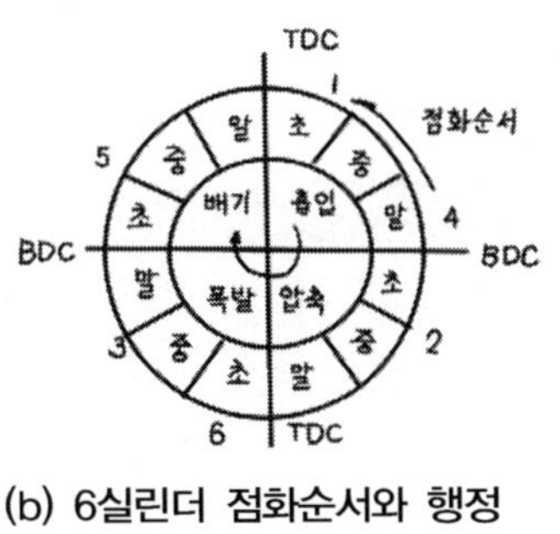

(b) 6실린더 점화순서와 행정

[예제2] 폭발순서가 1-5-3-6-2-4일 때 제 1번 실린더가 배기행정 초기이면 제6번 실린더의 행정은?

가. 흡입행정 중　　나. 압축행정 초　　다. 배기행정 말　　라. 폭발행정 중

(3) 8실린더 기관의 점화순서

직렬형 8실린더 기관의 점화순서는 여러 종류가 있으나 점화조건이 좋은 1-6-2-4-8-3-7-4를 많이 쓴다. V형 8실린더 기관은 좌우의 실린더 중심선이 90°각도를 이룬 90°V형이 가장 많고, 각 크랭크 핀에는 2개의 커넥팅 로드가 결합되어 있다. 90°V형에서 오른쪽 실린더 번호는 1-3-5-7이고, 왼쪽 실린더 번호는 2-4-6-8이 된다.

7-5. 엔진성능에 관한 사항

(1) 제동마력(Brake Pferde Starke : BPS)

제동마력은 정미마력, 축 마력이라고도 하며 지시마력에서 기계적 손실(① 피스톤과 실린더의 마찰저항, ② 크랭크축, 캠축 외 많은 회전축의 베어링의 마찰저항, ③ 윤활유 펌프, 물 펌프, 발전기 등의 보조 장치를 구동하는 데에 필요한 동력)을 뺀 마력을 말한다. 즉, 크랭크축에서 측정한 마력이다.

(2) 제동마력 구하는 식

① $BPS = \frac{2\pi TN}{60} = \frac{2\pi T\ell N}{75 \times 60} = \frac{TN}{716}[ps]$, $BPS = \frac{TN}{974}[kW]$

$BPS = IPS - FPS$, $BPS = \eta_m \times IPS$

여기서, T : 회전력[$m \cdot kgf$] N : 기관의 회전수[rpm] ℓ : 동력계 암의 길이[m]
IPS : 지시마력 FPS : 마찰마력 η_m : 기계효율

② $BPS = \frac{P_{mb} \times A \times L \times Z \times N}{900{,}000} = \frac{P_{mb} \times 총배기량 \times N}{900{,}000}$[4행정 사이클 기관]

여기서, P_{mb} : 제동평균유효압력[kgf/㎠], A : 실린더 단면적[㎠], L : 행정[cm]
Z : 실린더 수, N : 기관 회전수[rpm]

③ $BPS = \frac{P_{mb} \times A \times L \times Z \times N}{450{,}000} = \frac{P_{mb} \times 총배기량 \times N}{450.000}$[2행정 사이클 기관]

(3) 일=힘[kgf]×거리[m]에서

1[kgf · m]=9.8[N · m]이고, 1[N · m]=1[J]=0.24[cal]이다. 또한 1[cal]≒4.2[J]이다.

8. 크랭크축 베어링(Crankshaft Bearing)

베어링 재질은 저널 재질보다 융점이 낮고 연질이기 때문에 한계 윤활 상태가 되면 자체가 소모되어 저널 마멸을 방지하는 역할을 하고 있다.

크랭크축의 저널 부분이나 크랭크 핀 부분에 사용하는 베어링은 분할형(split type)인 미끄럼 평 베어링을 사용하고 있다.

베어링은 그 표면에 적당한 유막을 만들어 동력행정에서 회전부분이 받는 큰 하중이나 충격을 흡수하고, 또 크랭크축의 회전으로 생기는 고체 마찰을 액체 마찰로 바꾸어 눌어붙는 것을 방지하며, 접촉면의 마모나 출력 손실을 적게 한다. 따라서 크랭크축과 베어링 사이에는 적당한 유막을 만들기 위한 오일 간극(oil clearance)이 필요하다.

베어링은 강판제 반원통 또는 원통의 안쪽 면에 베어링 메탈(합금)을 녹여 붙여서 일정한 치수로 다듬질 한 것이며, 두께는 1~3[mm] 정도이다. 합금층의 두께는 화이트 메탈은 과거에는 0.5[mm] 정도였으나, 최근에는 0.1~0.3[mm]로 한 것이 많다. 켈밋은 0.2~0.5[mm] 정도가 많이 쓰인다. 켈밋 메탈을 중간층으로 하고 그 위에 납과 주석 합금으로 0.005~0.02[mm] 정도 두께의 도금층을 만든 트리메탈이 일부 기관에 쓰이고 있다.

베어링 메탈은 사용목적에 따라 여러 가지 조건이 요구되는데 요약하면 다음과 같다.

① 눌어붙지 않는 성질 ② 길들임과 매몰성 ③ 내부식성 ④ 내피로성

내피로성은 눌어붙지 않는 성질이나, 길들임 및 매몰성과는 상반되는 특징이며 1종류의 메탈 재료로 3가지 조건을 충족시키기는 것은 없다. 그러나 강판에 베어링 재료를 녹여서 붙여 강의 강도를 이용하면 내피로성과 눌어붙지 않는 성질, 길들임 및 쇳가루나 윤활유 속의 이물질 등을 메탈 자체의 속으로 매몰(埋沒)하는 매몰성(埋沒性) 등을 좋게 할 수 있다.

현재 많이 사용되고 있는 기관 베어링은 화이트 메탈, 켈밋 메탈, 알루미늄 메탈 등이 있다.

(1) 화이트 메탈(합금 : alloy)

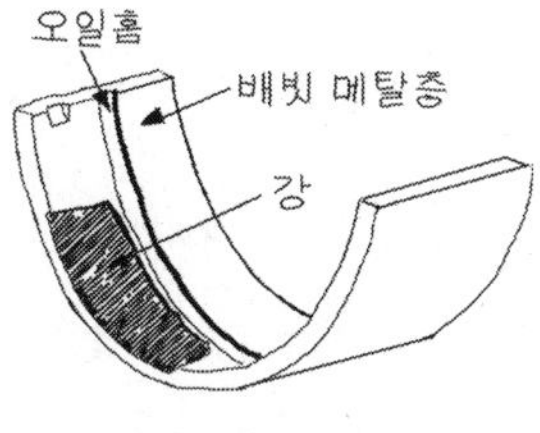

(a) 배빗 메탈

화이트 메탈은 일명 배빗 메탈(babbit metal)이라고도 한다. 주석(Sn)+납(Pb)+안티몬(Sb)+아연(Zn)+구리(Cu) 등의 백색 합금이며, 내부식성이 크고 무르기 때문에 길들임과 매몰성은 좋으나 고온에서 강도가 적고 피로 강도, 열전도율이 좋지 않다. 승용자동차에 주로 사용된다.

(2) 켈밋 메탈(kelmet metal)

켈밋 합금은 구리(Cu)+납(Pb)이 주성분이며, 그 조직은 주조한 것은 구리와 납이 수지상(수지상) 또는 그물모양으로 되어 있고, 소결한 것은 입자모양의 구리를 납으로 감싼 상태로 되어 있다.

켈밋 메탈은 화이트 메탈보다 내피로성이 크기 때문에, 화이트 메탈로는 견디지 못하는 고속 고하중을 받는 베어링으로 적합하다. 그러나 화이트 메탈보다 단단하기 때문에 크랭크축도 그만큼 단단해야 하며 그 때문에 켈밋을 쓰는 기관의 크랭크축 저널 및 크랭크 핀은 반드시 표면 경화처리를 한다.

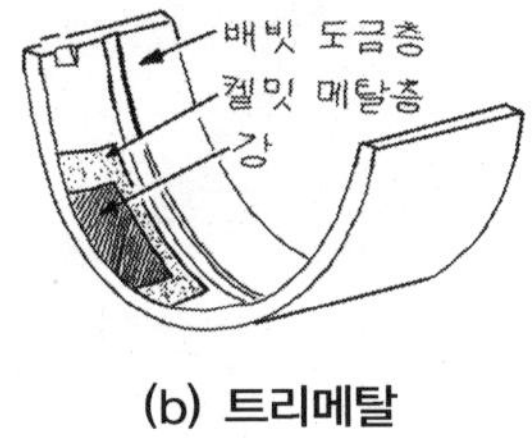

(b) 트리메탈

구리를 주성분으로 하기 때문에 열전도가 좋고, 더구나 조직 속에 들어있는 납이 윤활작용을 하므로 눌어붙는 일이 적다. 그러나 화이트 메탈에 비해 길들기와 매몰성이 나쁘므로 켈밋층의 표면에 다시 화이트 메탈을 극히 얇은 층(0.5[mm] 이하)을 만들어, 소위 트리메탈(3층 메탈 : trimetal)을 사용하여 길들임을 좋게 하고 있다.

(3) 알루미늄 메탈

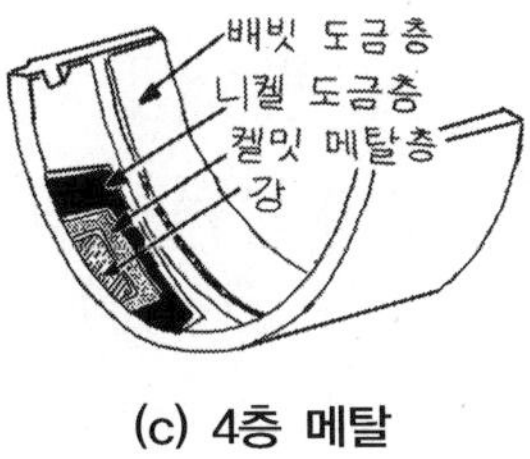

(c) 4층 메탈

알루미늄과 주석의 합금이며 강판에 녹여 붙여서 사용하는 베어링으로서 길들임과 매몰성은 화이트 메탈과 켈밋 메탈의 중간 정도의 능력을 가지며, 내 피로성은 켈밋보다 크다. 그리고 길들임과 매몰성은 주석으로 표면층을 만들면 개량된다. 따라서 화이트 메탈과 켈밋의 양쪽 장점을 갖춘 매우 좋은 베어링 재료이며, 최근에 많이 사용하고 있다.

8-1. 베어링의 돌기

돌기란 베어링을 하우징에 있는 틈에 끼우는 부분으로, 설치하는 이유는 베어링이 하우징 내에서 축방향이나 회전 방향으로 움직이지 못하게 하는 역할을 하게 하기 위해서다.

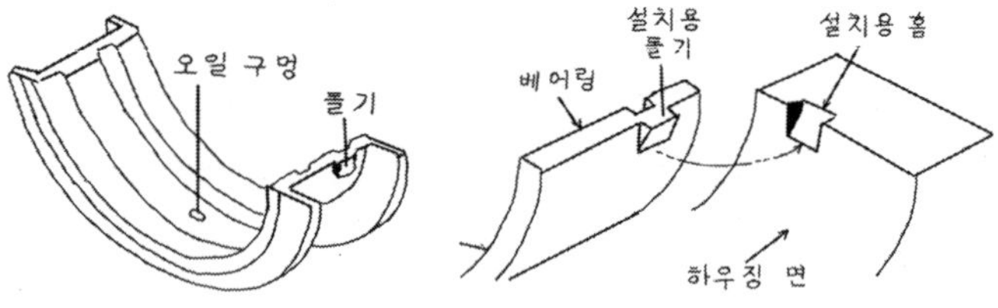

[베어링 돌기]

8-2. 베어링 크러시(bearing crush : 죔새)

베어링 크러시는 베어링을 하우징 안에서 움직이지 않도록 하기 위하여 하우징 안 둘레와 베어링의 바깥 둘레와의 차이를 두고 베어링 캡을 규정 토크로 고정한다. 한쪽 쥠 볼트를 완전히 풀었을 때, 캡의 접합면에 0.1~0.2[mm]의 틈새가 있는 정도면 적당하다. 베어링 크러시를 두는 목적은 다음과 같다.

① 볼트를 규정 토크로 죄었을 때 압착시켜 베어링 면의 열전도율을 향상시키기 위함이다.
② 크러시가 너무 크면 베어링이 안쪽으로 찌그러져 저널에 긁힘이 생긴다.
③ 크러시가 너무 작으면 베어링이 저널을 따라 움직이게 된다.
주) 신품 베어링을 교환할 때는 베어링 캡이나 베어링을 연삭해서는 안 된다.

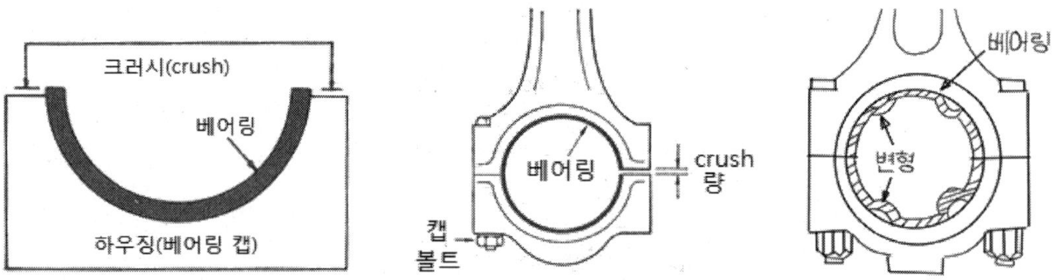

(a) 베어링 크러시 (b) 크러시의 측정 (c) 크러시가 클 때의 현상

8-3. 베어링 살 두께

살 두께 치수는 반원(半圓)의 중앙 부분의 두께로 나타낸다. 베어링의 오일 간극은 하우징의 안지름, 축의 지름, 베어링의 살 두께로 정해지며, 이 치수는 기관의 성능에 직접영향을 주므로 분할형 1개가 독립하여 제작되는 인서트 베어링은 특히 정밀한 치수라야 한다. 그리고 메탈의 양쪽 끝 부분의 살 두께는 중앙보다 조금 얇게 되어 있다.

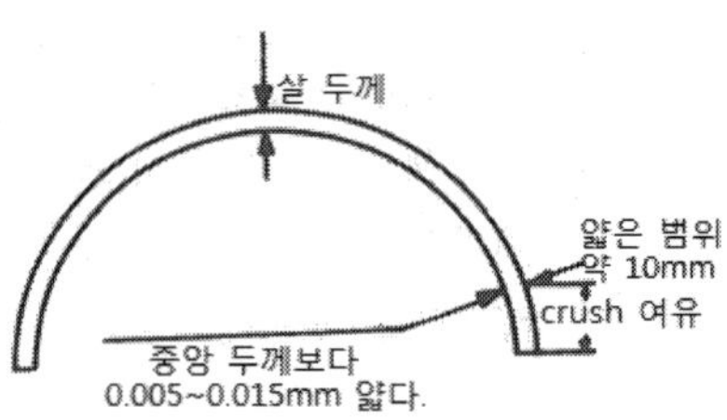

[베어링 메탈의 두께]

그 이유는 다음과 같다.

① 결합을 용이하게 한다.

베어링은 크러시가 있기 때문에 1쌍의 베어링을 결합했을 때 서로 맞대서 베어링이 접합하면 부근에는 오일 틈새를 적게 하는 변형이 생겨 결합하기가 어렵게 된다. 따라서 이 변형량만큼 미리 깎아내면

변형이 생겨도 오일 틈새에는 영향이 없다.

② 유막이 끊기는 것을 방지한다.

운전하중이 상하 방향으로 집중했을 때 일시적으로 유막이 끊긴다고 생각하면, 이때 수평 방향의 틈새로 쏠린 오일이 즉시 이 부분으로 공급되어 축과 베어링의 직접 접촉을 방지한다. 그리고 과대한 하중이 걸렸을 때는 하우징이 상하 방향으로 변형하여 수평 방향의 오일 틈새가 적어진다고 생각되므로, 정지했을 때의 오일 틈새를 상하 방향보다 수평 방향을 크게 하여 변형되어도 적절한 오일 틈새를 유지하도록 한다.

8-4. 베어링 스프레드(bearing spread : 벌어짐)

베어링 스프레드는 베어링을 끼우지 않았을 때 베어링 바깥쪽 지름과 베어링 하우징의 지름 차이이다. 베어링 스프레드를 0.125 ~0.5[mm]로 두는 이유는 다음과 같다.

① 베어링을 조립할 때 베어링이 제자리에 밀착되게 하기 위함이다.

② 조립할 때 베어링 캡에 베어링이 끼워져 있어 작업이 편리하다.

③ 베어링 캡 조립 시 베어링이 하우징에 압착되도록 한다.

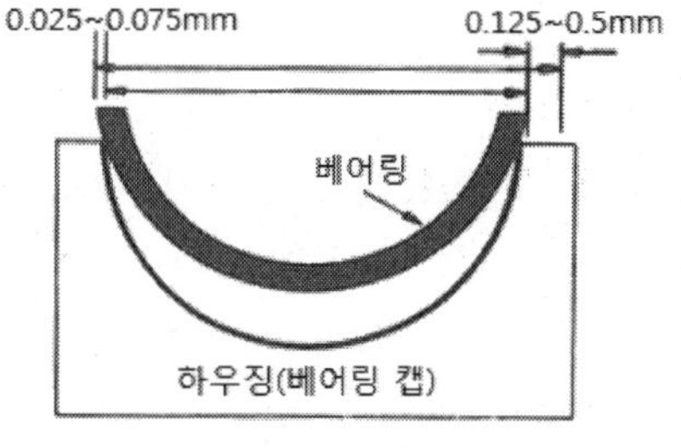

[베어링 스프레드]

8-5. 크랭크축 베어링의 구비조건

① 높은 폭발 압력에 견딜 수 있는 하중 부담 능력이 있을 것

② 반복적인 하중에 균열이나 변형이 일지 않도록 내피로성일 것

③ 불순물을 베어링 자체 내에 파묻어(매입성)버릴 것

④ 과부하 부분이 경부하 쪽으로 흘러 균일한 부하상태가 되도록 추종 유동성일 것

⑤ 내식성 및 내마멸성이 클 것

⑥ 고온 강도가 크고 길들임성이 좋을 것

⑦ 마찰계수가 적을 것

8-6. 크랭크축 점검 및 정비

크랭크축에 균열이 있으면 반드시 교환해야 하고, 그 외 휨 점검, 엔드 플레이(축 방향 움직임), 크랭크축 오일 간극 점검과 저널 마멸량 점검 등이 있다.

(1) 크랭크축 휨 점검

크랭크축 휨 량이 많으면 기관 회전 시 소음과 진동을 일으키며, 기관 각부에 충격을 주어 마멸을 촉진시킨다. 휨 량은 약 0.03[mm] 이하여야 한다.

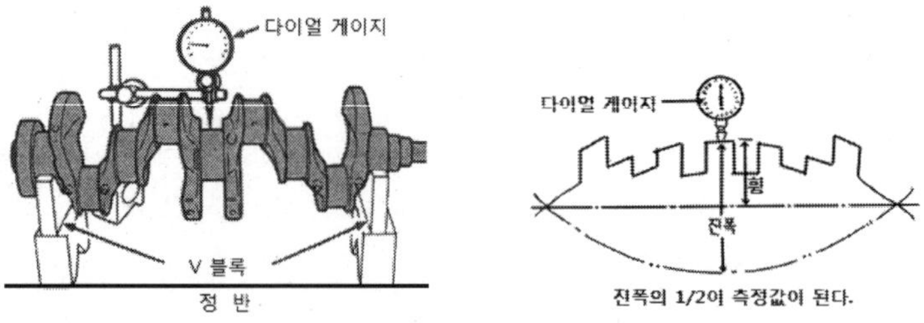

[크랭크축 휨 측정]

(2) 크랭크축의 오일간극 측정

크랭크축의 고체마찰을 유체마찰로 바꾸기 위해 오일간극을 둔다. 이 오일간극은 크랭크축과 베어링 사이의 간극(0.02~0.07[mm])이며, 이 간극 측정은 필러스톡 법, 심 조정법, 플라스틱 게이지 등으로 점검하는데 플라스틱 게이지로 점검하는 방법이 가장 정확하다.

(1) 오일간극이 커졌을 때의 현상 ① 유압이 낮다. ② 운전 중 심한 소음이 난다 ③ 윤활유 소비량이 많다. (2) 오일간극이 작을 경우의 현상 ① 유압이 높다. ② 마찰열에 의한 소결 ③ 각부 마멸 증대	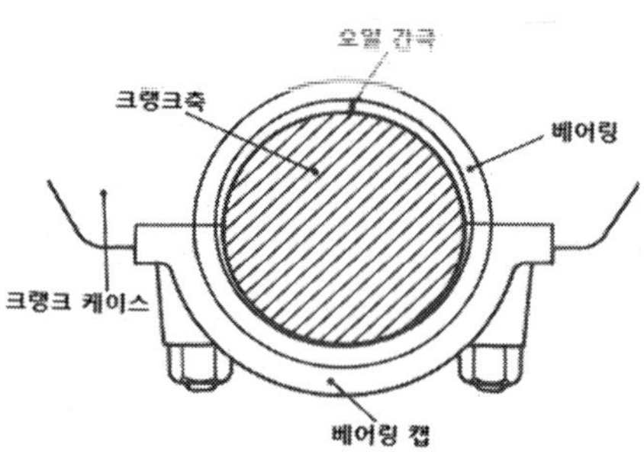 [크랭크축 오일간극]

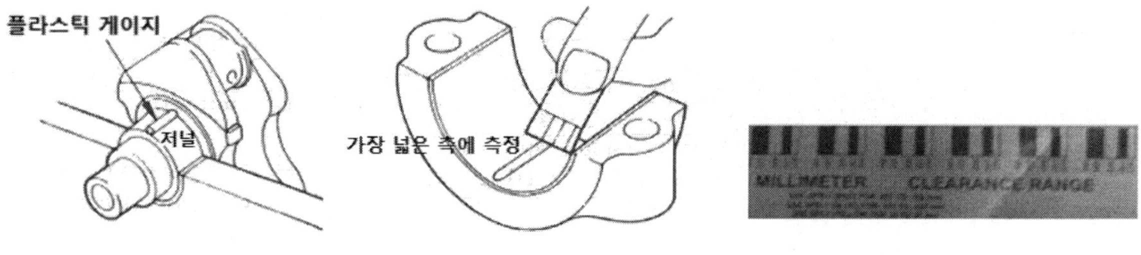

(a) 오일간극 측정 (b) 플라스틱 게이지

9. 플라이 휠(Fly Wheel)

크랭크축은 동력행정에서 큰 회전력을 얻을 뿐이며, 그 밖의 행정에서는 오히려 회전을 멈추려고 하는 힘이 작용하므로 이 맥동적인 회전을 관성력을 이용하여 출력을 일정하게 바꾸어 주는 역할을 한다. 또한 회전 중 관성이 크고 중량이 가벼워야 하므로 플라이휠 중심부 두께는 얇으며 주위의 두께는 두꺼운 원판으로 되어 있다. 재질은 주철 또는 주강을 사용하며, 기어 변속 시 엔진 동력을 차단하는 클러치가 설치되어 있다.

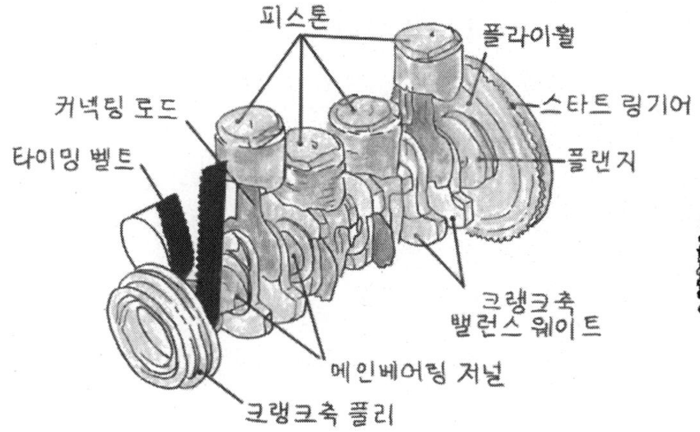

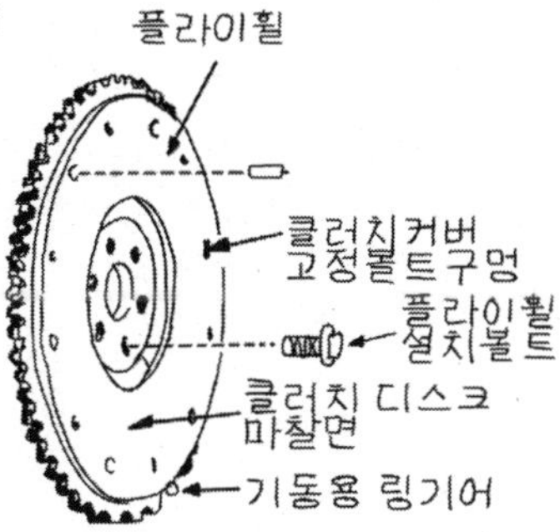

[플라이 휠의 장착위치 및 구조]

Handy hint

■ 뉴턴의 운동 제1법칙(관성의 법칙)

① 관성 : 물체가 현재의 운동 상태를 계속 유지하려는 성질. 무거운 물체일수록 관성이 크다.

② 관성의 법칙 : 물체에 작용하는 알짜의 힘이 '0'이면 정지한 물체는 정지 상태를 유지하고, 운동 중인 물체는 등속 직선 운동을 계속한다는 법칙이다.

■ 뉴턴의 운동 제2법칙(가속도 법칙)

① 힘, 질량, 가속도의 관계

② 가속도의 법칙 : 물체의 가속도(α)는 작용한 힘의 크기(F)에 비례하고, 질량(m)에 반비례한다.

$$F = m\alpha$$

■ 뉴턴의 운동 제3법칙(작용 반작용의 법칙)

① 작용과 반작용의 법칙 : 두 물체 A, B가 상호 작용할 때 A가 B에 작용하는 힘 F_{AB}와 B가 A에 작용하는 힘 F_{BA}는 크기가 같고 방향이 반대이다. ($F_{AB} = -F_{BA}$)

② 작용과 반작용의 조건 : 두 힘의 크기가 같고 방향이 반대이며, 동일 작용선상에 있어야 한다.

③ 작용과 반작용과 두 힘의 평형

플라이 휠의 무게는 회전속도와 실린더 수에 관계있고 실린더 수가 많을수록 플라이휠의 무게는 가볍다.

플라이 휠의 바깥 둘레에는 기관을 시동할 때 기동 전동기(starting motor)의 회전력을 받는 링 기어가 가열 끼워맞춤(shrinkage fit)이나 볼트로 고정되어 있다.

10. 밸브 및 밸브 개폐기구(Valve and Valve train)

4행정기관은 동력행정에 필요한 혼합기를 연소실 안으로 흡입하고 또 연소 가스를 외부로 배출하기 위해 1개의 실린더에 흡기 및 배기밸브가 설치되어 있다.

흡기밸브(intake valve)는 실린더 안으로 혼합가스 또는 공기를 유입하는 작용을 하며, 배기밸브(exhaust valve)는 실린더 안의 연소가스를 외부로 배출하는 작용을 하며, 이를 개폐하는 장치를 밸브 개폐기구라 한다.

10-1. 흡 · 배기밸브의 구조

현재 자동차 기관에 사용하고 있는 밸브는 포핏 밸브(poppet valve)이다. 밸브는 밸브 헤드(valve head), 마진(margin), 밸브 페이스(valve face), 밸브 스템(valve stem) 및 스템 엔드(stem end)의 5부분으로 되어 있다. 또 흡입효율을 향상시키기 위하여 배기밸브 지름보다 흡입밸브 지름을 크게 한다.

밸브는 고속으로 운전 시 큰 충격과 전부하 시에는 800~900[℃] 정도의 고온에 노출되므로 밸브의 구비조건은 다음과 같은 조건이 필요하다.

① 비중이 적고 경량일 것
② 강도가 크고 충격에 강할 것
③ 열전도가 좋고 열팽창이 적을 것
④ 내열성 및 내마모성이 좋을 것

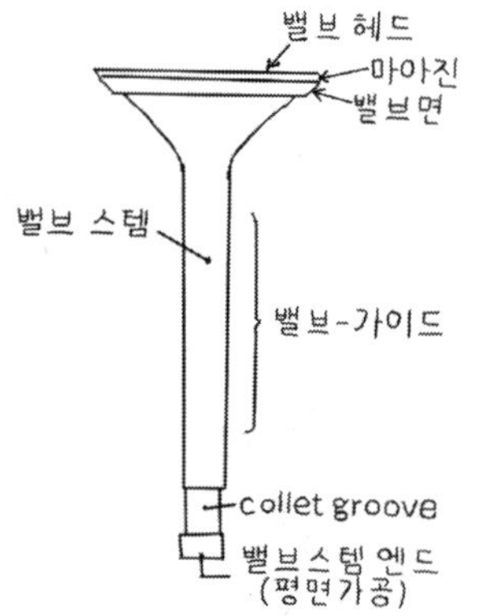

(a) 흡기밸브

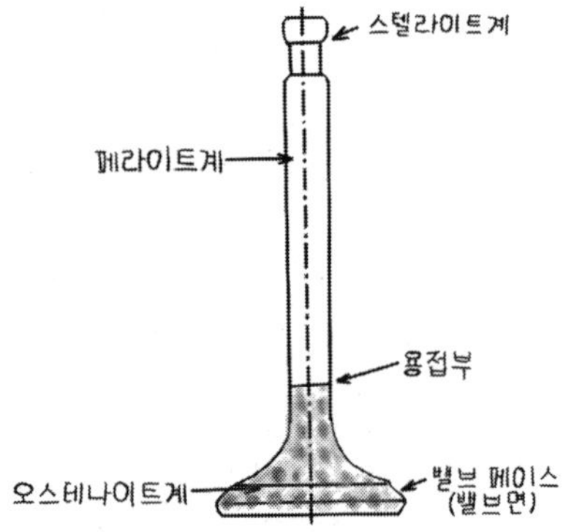

(b) 배기밸브

(1) 밸브 헤드(valve head)

밸브 헤드의 구조는 가벼운 구조이고, 내구성이 있고 열전도가 좋으며 흡·배기 효율이 우수한 형상으로 되어 있어야 한다. 밸브면은 운전 중 충격적으로 접촉되므로 내마모성이 요구되며 특히 배기밸브는 고온에 노출되므로 내열성도 요구된다.

밸브 헤드의 지름은 될 수 있는 대로 크게 하는 쪽이 흡·배기 효율이 좋고 체적 효율은 증가하지만, 실린더 지름에 의해서 제한된다. 일반적으로 실린더 지름(D)와 밸브 지름(d)의 관계는 d=(0.35~0.5)D 정도이다.

$$\therefore \text{ 밸브 평균지름}(\ d) = D\sqrt{\frac{S}{V}} \text{ [mm]}$$

여기서, D : 실린더 지름[mm]　S : 피스톤 평균속도[m/sec]

V : 밸브 포트를 통과하는 가스의 속도[m/sec]

밸브 헤드가 갖추어야 할 조건은 다음과 같다.

① 큰 하중에 견디어 내고 변형을 일으키지 않을 것

② 흡·배기 가스의 통과에 대해 저항이 작은 통로를 형성할 수 있을 것

③ 관성이 커지지 않도록 무게가 작아야 한다.

④ 열전도가 잘 되는 단면일 것

(2) 밸브 마진(valve margin) : 밸브 수명을 결정

밸브 마진 두께가 얇으면 고온과 밸브 작동 시 충격으로 밸브 시트(valve seat)에 접촉할 때 마진이 위로 구부려져 완전하게 밀착되지 않는다. 가솔린 기관의 흡기밸브는 마진 두께가 0.5[mm] 이하가 되면 밸브 헤드가 가열되어 변형되거나 소손되기 쉽게 때문에 신품과 교환한다. 배기밸브의 마진 두께는 0.8[mm] 이하가 되면 교환하고 디젤 기관의 흡입 및 배기밸브의 마진 두께는 1[mm] 이하가 되면 교환한다.

(3) 밸브 면(valve face)

밸브 페이스는 밸브 시트와 밀착하여 기밀 작용을 하므로 밸브 페이스가 불량하면 기관의 압축압력이 저하되어 기관의 출력이 저하된다. 밸브 페이스는 기관 작동 중 고온에서 밸브 시트와 같이 충격을 받으며 접촉할 때 밸브 헤드의 열을 시트에 전달한다. 이 때문에 밸브 페이스가 쉽게 마멸되고, 밀착이 나빠지므로 소손의 원인이 된다. 밸브 페이스 각도는 60°, 45°, 30°가 있으나 일반적으로 45°를 쓴다.

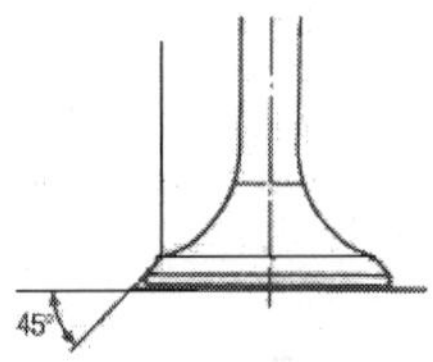

[밸브 면각]

(4) 밸브 스템(valve stem)

밸브 스템은 밸브 가이드(guide)에 조립되어 밸브가 상하운동을 하게 된다. 이때 밸브 헤드의 열은 가이드를 통해서 방출된다.

밸브 스템은 밸브 가이드의 안쪽에서 고속으로 접촉하므로 내마모성이 요구된다. 밸브 스템의 지름(ds)은 ds=(0.2~0.28)d 정도이며, 실제 사용 예를 보면 8~9[mm] 정도가 가장 많다.

밸브 스템은 내식성, 내마모성을 향상시키기 위하여 크롬 도금이나 질화 등으로 표면처리하는 경우도 있다. 또 스템 엔드도 표면경화가 되어있다. 밸브 스템의 구비조건은 다음과 같다.

① 관성력이 증대되지 않도록 가벼워야 한다.

② 열전달 면적을 크게 하기 위하여 지름을 크게 한다.

③ 스템과 헤드의 연결부는 응력집중을 방지하도록 곡률반경이 커야 한다.

④ 밸브 스템의 윤활이 불충분하기 때문에 마멸을 고려하여 경도가 커야 한다.

10-2. 나트륨 냉각식 밸브(sodium cooled valve : 중공형 냉각밸브)

밸브 헤드가 냉각이 잘 되도록 밸브 스템을 중공(中空)으로 하여 그 속에 열전도성이 좋은 금속 나트륨을 속이 빈 부분의 체적이 40~60[%] 정도 넣어 봉입한 것이다. 이 밸브는 기관 작동 중 나트륨이 액화되어 밸브 운동에 따라 아래위로 유동하면서 헤드의 열을 스템을 통하여 방출한다.

금속 나트륨의 융점은 96.5[℃] 정도이며, 비점은 882.9[℃] 정도이다. 나트륨 밸브는 내부에 있는 나트륨과 물이 혼합되면 폭발하기 쉬우므로 취급에 주의해야 한다. 이 나트륨 밸브를 사용하면 밸브 헤드 부분의 온도가 100[℃] 정도 낮아진다. 나트륨 밸브는 고급 승용차와 항공기 기관에 사용된다.

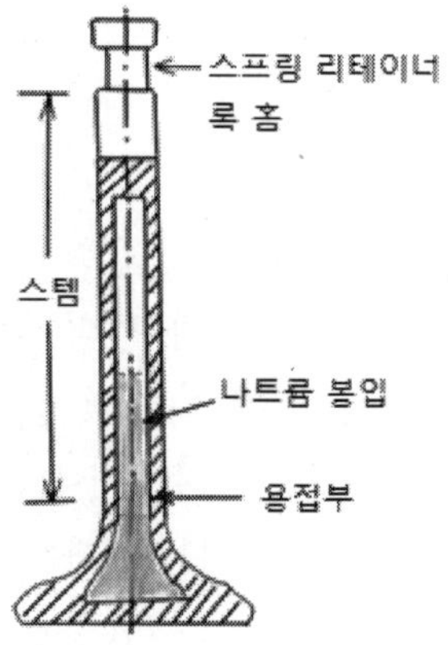

[나트륨 밸브]

10-3. 밸브의 재질

페라이트(ferrite)계나 오스테나이트(austenite)계의 내열강이 사용되고 업셋 단조(upset forging)로 만든다. 오스테나이트계는 내열성과 내식성은 우수하나 경도가 낮아 내마멸성이 작고, 페라이트계는 내식성과 매마멸성이 우수하나 내열성은 오스테나이트계보다 못하다. 따라서 밸브 헤드는 오스테나이트계로 하고 밸브 스템은 페라이트계로 하여 전기용접하기도 한다.

밸브 스템은 밸브 스틱을 방지하기 위해 크롬 도금이나 질화처리를 하여 윤활성능, 내식성, 내마멸성 등을 향상시킨다. 또 밸브 스템 끝에 내마멸성이 큰 스텔라이트(stellite) 등을 융착하기도 한다.

Handy hint

- 오스테나이트계 : Cr(7.5~13%), Ni(13~22%), W(1~3%) 포함한 합금강
- 스텔라이트계 : Co(40~55%), Cr(15~33%), W(10~18%) 등의 합금강으로 은백색 광택, 단조하지 못한다.
- 질화처리 : Al, Cr, Mo 등을 합금강(질화강)의 표면에 질소(N)를 침투하면 경도가 증대되어 내마멸성, 내식성이 우수해지고 내열성도 향상되어 500[℃]에서도 경도를 유지한다. 가벼운 질화처리를 연질화 처리라 한다.
- 작동 중 밸브의 온도 : 기관 작동 중 최고 흡기밸브는 450~500[℃], 배기밸브는 800~900[℃]

10-4. 밸브 헤드의 종류

밸브 헤드의 모양을 정할 때는 흡기밸브는 흡입저항을 적게 하고, 배기밸브는 냉각이 잘 되고 내구력이 큰 것에 중점을 두어야 한다. 밸브 헤드의 종류는 다음과 같다.

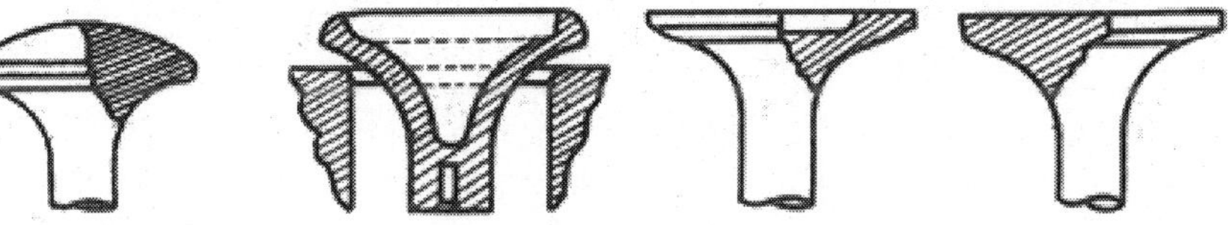

(a) 버섯형 (b) 튤립형 (c) 플랫형 (d) 개량 튤립형

(1) 버섯형(mushroom head type)

버섯형 밸브는 밸브 헤드의 머리 부분을 구면(球面)으로 하고 아래쪽을 타원형으로 한 밸브이다. 중심부의 강도를 크게 할 수 있으나 무거워지고 열을 받는 면적이 커지는 결점이 있다.

(2) 튤립형(tulip head type)

튤립형 밸브는 튤립과 같이 나팔 모양으로 벌어진 밸브이다. 견고하고 가벼우면서도 유동저항이 적고 유연성이 있어 밸브 시트의 변형에 대응할 수 있기 때문에 고출력 기관이나 경주용 기관 등에 쓰인다. 하지만 열을 받는 면적이 큰 것이 결점이다.

(3) 플랫형(flat head type)

플랫형 밸브는 버섯형과 튤립형의 중간 형식의 밸브이다. 밸브 헤드가 평평하고, 수열 면적이 적고 아래쪽은 밸브 헤드 부분과 밸브 스템 부분을 큰 원호로 연결하여 가스의 흐름이 잘 되게 하고 강도를 크게 한 것이다. 제작도 쉽기 때문에 현재 흡·배기밸브로 가장 많이 사용된다.

(4) 개량 튤립형(semi-tulip head type)

개량 튤립형 밸브는 튤립형과 플랫형의 중간 형식이며, 튤립형의 결점을 보완(수열 면적을 적게 한 것)한 밸브로 제작도 용이하기 때문에 흡기밸브로 비교적 많이 쓰이고 있다.

10-5. 밸브 시트와 밸브 스템 가이드

(1) 밸브 시트(valve seat)

밸브 시트는 밸브 면(face)과 밀착하여 연소실의 압력이 새는 것을 방지하는 부분이며, 완전한 기밀(氣密)을 유지하고, 더구나 고온가스에 노출되면서 밸브와 충돌을 해도 손상되지 않을 정도의 경도가 필요하다.

실린더 헤드나 실린더 블록이 주철제일 때는 밸브 시트를 그냥 만들 수 있으나, 알루미늄 등의 경합금제일 때는 시트만을 주철이나 내열강으로 만들어 끼워야 한다.

밸브가 시트에 접촉할 때는 매우 큰 충격을 받아 밸브 시트가 점차 마모된다. 이 현상을 밸브 시트 리세션(valve seat recession)이라 한다. 유연(有鉛) 가솔린을 쓰는 경우에는 연소할 때 생긴 납 화합물이 밸브의 접촉면에 부착하여 충격을 완화

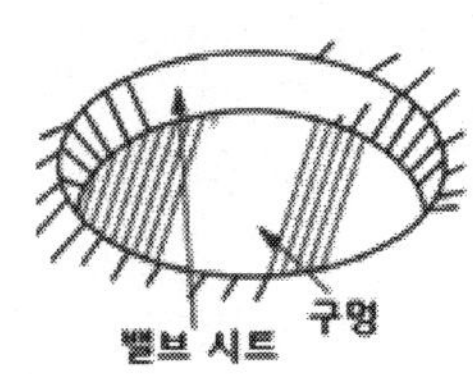

[밸브 시트]

하므로 밸브 시트의 마모를 방지하는 작용을 한다.

그러나 무연(無鉛) 가솔린을 쓰는 경우 이 방지 작용이 없기 때문에 알루미늄 헤드는 물론, 주철제 헤드에도 소결(燒結) 합금 등으로 만든 시트 링을 끼워 시트 부분의 마모를 방지한다.

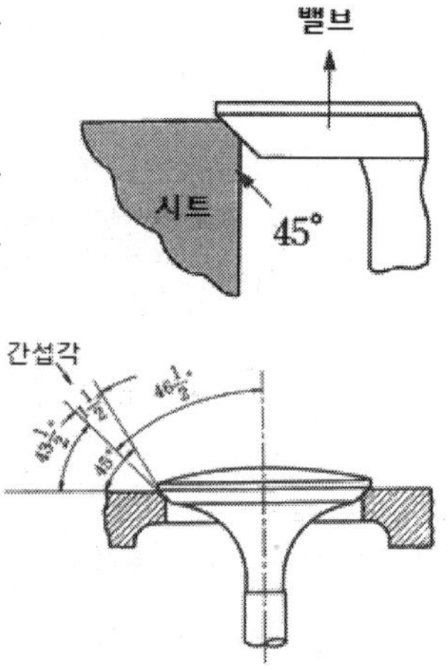

[밸브 시트 각도]

밸브 시트의 각도는 밸브 면(face)과 같으며, 일반적으로 45°의 원추형으로 하나 30°로 한 것도 있다. 또 어떤 것은 작동 중의 열팽창을 고려하여 밸브 면과 밸브 시트 사이에 간섭각[1/4~1°] 정도의 차이를 두는 경우도 있다. 이 차이는 밸브 면에 두는 것과 작동 중 밸브 면의 마진 부분보다 그 아래 부분이 더 팽창하기 때문이다. 그리고 밸브와 밸브 시트가 닿는 면의 너비는 넓을수록 냉각효과가 크고, 좁을수록 밀착이 잘 되며 가스가 새지 않으나, 시트 쪽으로 파고 들어가기 때문에 밸브 면의 너비를 밸브 시트 너비보다 넓게 한다. 일반적으로 밸브 시트의 너비는 1.5~2.0[mm] 정도가 적당하다.

(2) 밸브 스템 가이드(valve stem guide)

밸브 스템 가이드는 보통 주철제이며, 실린더 헤드나 실린더 블록에 압입해서 밸브의 밀착이 잘 되도록 안내하는 역할을 한다.

그리고 배기 쪽에서는 카본(carbon)에 의한 밸브 고착(valve stick)을 방지하기 위한 여유(relief)로, 보어(bore)를 조금 깎아내는 경우가 많은데, 이것을 카운터 보어(counter bore)라 한다.

밸브 스템 가이드와 밸브 스템의 틈새를 통해 기관 오일이 연소실로 지나치게 침입하는 것을 방지하기 위해, 밸브 스템에 고무제 오일 시일(oil seal)을 끼우기도 한다.

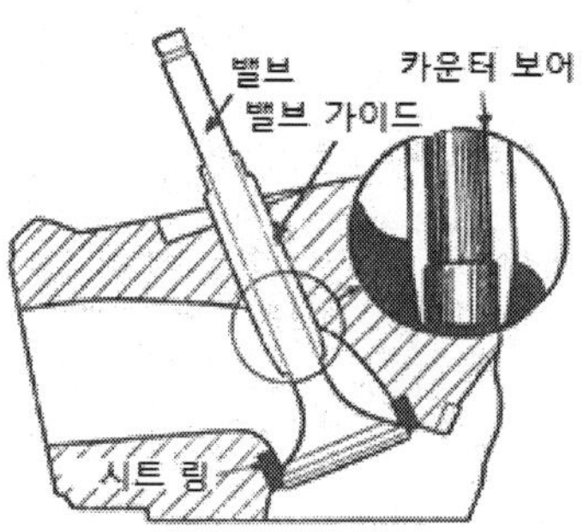

[카운터 보어]

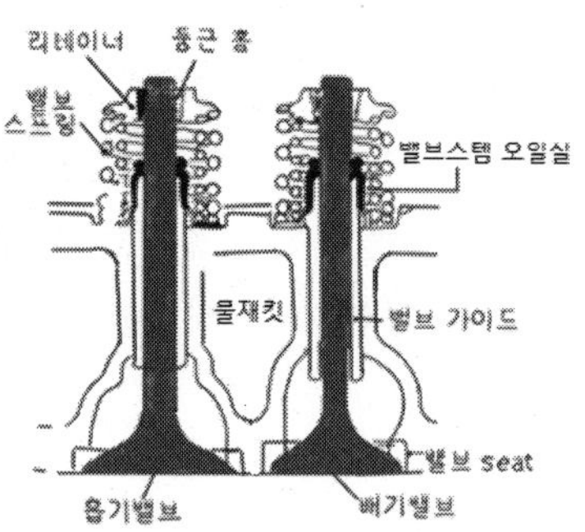

[밸브 스템 가이드 및 오일 실]

10-6. 밸브 스프링(valve spring)

밸브 스프링은 밸브가 닫혀있는 동안 밸브시트에 밀착시켜 실린더 안의 기밀을 유지하고, 밸브가 운동할 때 밸브 기구가 캠에서 이탈하지 않도록 하는 역할을 한다. 이 스프링은 스프링강을 원형으로 감은 코일 스프링을 쓴다.

상부는 밸브 스프링 리테이너 록 홈(valve spring retainer lock groove)에 의해 밸브 스프링을 지지하는 구조로 되어있다. 이 밸브 스프링은 기관 출력과 직접적인 관계가 있으므로 다음과 같은 사항이 요구된다.

① 밸브가 밸브 시트에 밀착하여 가스가 새지 않을 정도의 장력(張力)이 있어야 한다.

밸브 스프링의 재료는 탄성력이 풍부한 니켈강이나 실리콘 크롬강을 사용하며, 장력이 너무 강하면 밸브를 여는 데 큰 힘이 필요하므로, 출력의 손실이 될 뿐만 아니라, 밸브와 기타 부품이 빨리 마모된다.

이와 반대로 장력이 너무 약하면 밸브의 밀착이 불충분하여 흡기밸브는 압축이 부족하여 기관의 출력이 저하되고, 배기밸브는 연소가스가 새어나가 소손이 생기고 또 밸브 서징을 일으키기 쉽다.

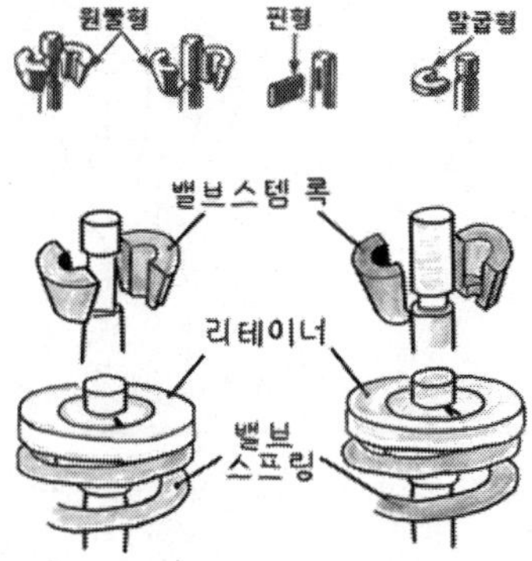

[밸브스프링과 록 홈]

② 밸브나 밸브기구가 캠에 의해 운동할 때의 관성력(慣性力)에 이겨서 밸브가 캠의 모양대로 움직여야 한다.

③ 최고 회전속도로 장시간 운전해도 충분히 견딜 수 있는 내피로성, 내구성(耐久性)을 갖추어야 한다.

④ 스프링 특유의 서징(surging)을 일으키지 않아야 한다.

(1) 밸브 스프링 서징(Surging) 현상

밸브 스프링 서징 현상이란 캠에 의한 강제진동과 스프링 자체의 고유진동이 공진하여 캠의 작동과는 관계없이 밸브가 개폐되는 현상을 말한다.

이 서징 현상이 일어나면 밸브의 개폐가 바르게 되지 않고, 스프링의 국부에 예상 외로 큰 압축력이나 변형이 생겨 부러지는 경우가 있다.

(2) 서징 현상 방지법

서징 현상 방지법은 ① 2중 스프링, 부등피치 스프링, 원뿔형 스프링을 사용하고, ② 정해진 양정 내에서 충분한 스프링 정수를 얻도록 하고, ③ 스프링의 고유 진동수를 높이고, ④ 스프링에 감쇠장치를 설치하고, ⑤ 캠 프로파일(cam profile)을 합리적으로 설계하는 것 등이 있다.

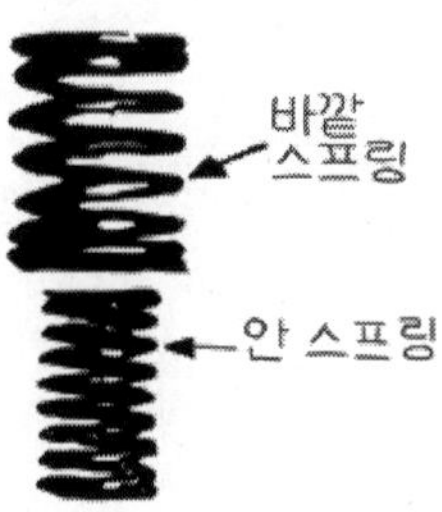

(a) 이중 스프링

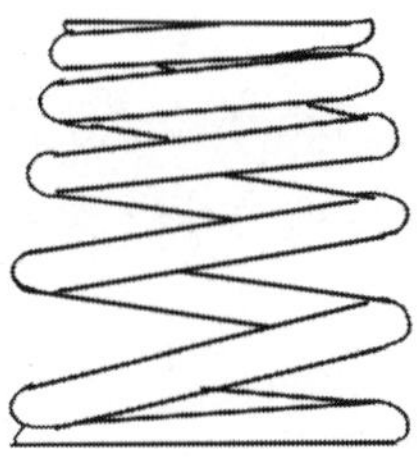
(b) 원뿔형 스프링

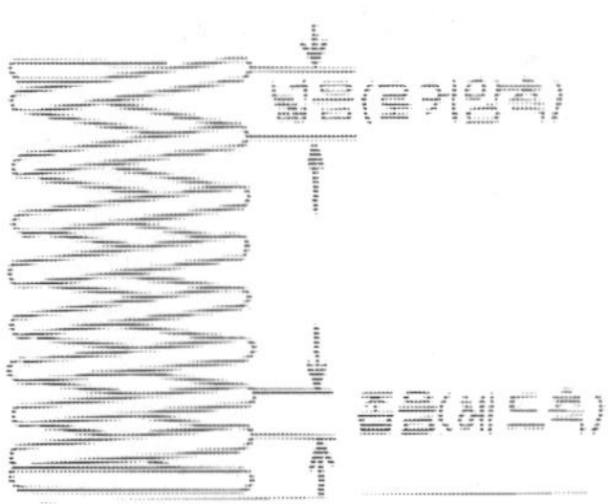

(c) 부등피치 스프링

(3) 밸브 스프링 점검

① 장력 : 장력의 감소가 규정값의 15[%] 이내일 것

② 직각도 : 자유 높이 100[mm]당 3[mm] 이내일 것

③ 자유높이 : 높이의 감소가 규정값의 3[%] 이내일 것

④ 스프링 접촉면은 2/3 이상 수평일 것

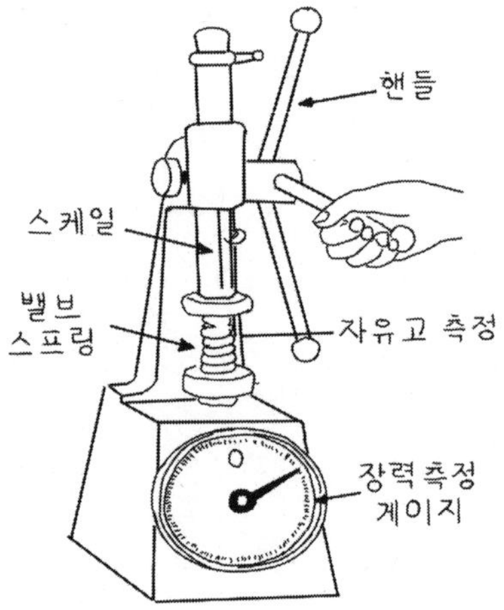

[장력 및 자유고 측정]

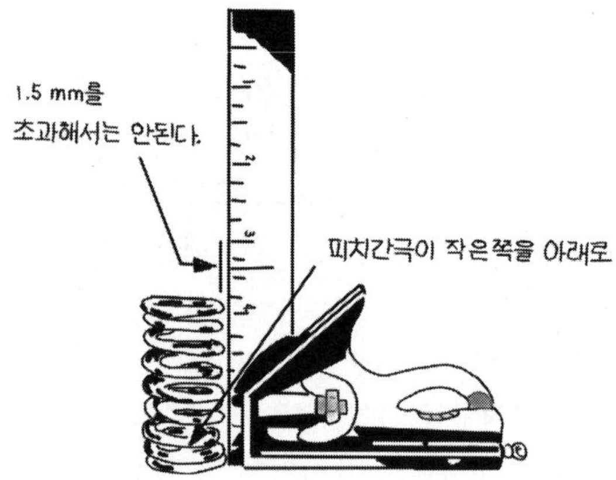

[직각도 측정]

10-7. 밸브 회전 장치를 두는 목적

밸브는 작동할 때 스프링의 신축작용으로 조금씩 회전하게 되어 있으나, 특별히 회전 장치(릴리스 형식/포지티브 형식)를 두는 기관도 있다. 이러한 회전 장치의 목적은 다음과 같다.

① 밸브 회전에 의하여 밸브 소손의 원인이 되는 카본을 제거한다.

② 밸브 스템과 가이드 사이에 카본이 쌓여 발생하는 밸브 고착을 방지한다.

③ 일정하지 못한 밸브 스프링 장력에 의하여 생기는 편마멸을 방지한다.

④ 밸브 회전에 의하여 밸브 헤드의 온도를 일정하게 한다.

11. 밸브 개폐기구(Valve train)

흡기밸브(intake valve)는 실린더 안으로 혼합가스 또는 공기를 유입하는 작용을 하고, 배기밸브(exhaust valve)는 실린더 안의 연소가스를 외부로 배출하는 작용을 하며, 이를 개폐하는 장치를 밸브 개폐기구라 한다.

(1) 캠축과 캠(camshaft and cam)

캠축은 회전운동을 직선 왕복으로 바꾸는 축으로, 일반적으로 크랭크축과 평행하게 설치되어 있다. 또한 크랭크축에서 동력을 받아 캠을 구동하고 밸브 수와 같은 수의 캠이 배열된 축이다. 캠축은 저널과 캠으로 구성되고 캠은 편심륜으로 되어 있다. 캠의 각도는 밸브 개폐시기와 엔진 회전수에 따라서 정해진다.

캠축의 베어링은 OHV형 기관에서는 원통형 부시(Bush)로서 셀에 배빗 메탈(Babbit metal)의 재료를 사용하며, OHC형 기관에서는 알루미늄 합금제 서포트(Support)로 지지하므로 베어링재는 사용하지 않는다.

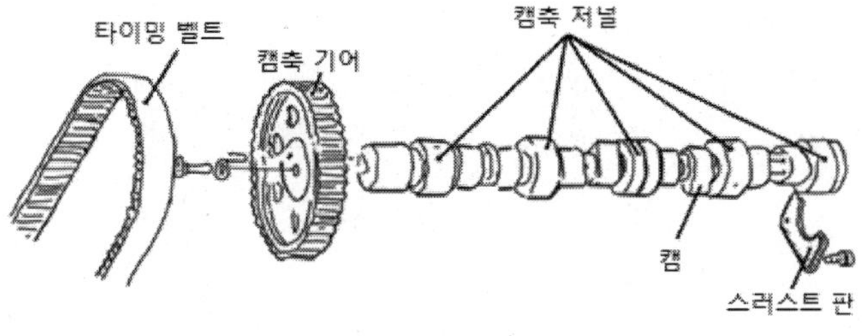

(a) 경합금제 실린더 헤드의 캠축

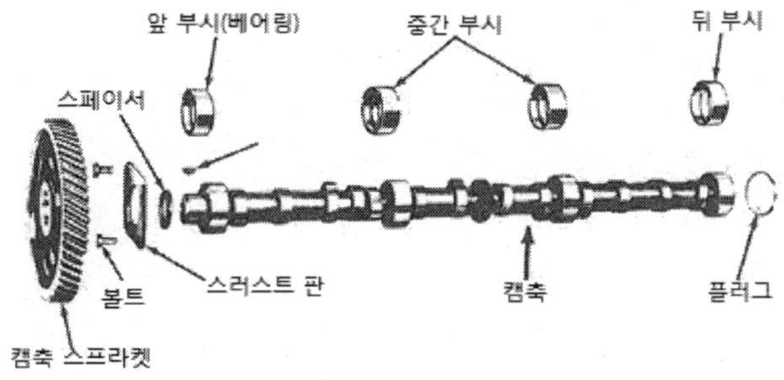

(b) 주철제 실린더 헤드의 캠축

캠 표면의 곡선은 약간만 변화해도 각 밸브의 개폐 시기나 리프트(lift)가 달라져서 기관의 성능에 큰 영향을 준다. 따라서 장시간 사용해도 캠 표면의 마모나 캠축이 휘는 것을 될 수 있는 대로 적게 하기 위해 내마모성이 큰 주철을 쓰고 캠 표면만을 열처리하여 경화한 것을 사용한다.

또 저탄소강을 침탄한 것이나 중탄소강을 사용하여 캠 면만을 화염 또는 고주파 담금질을 하여 사용하는 것도 있다.

Handy hint

▮표면경화 : 기계의 축 및 기어 등은 충격에도 견딜 수 있는 강도와 인성이 있는 재료로 만들기 위하여 담금질이나 표면경화 열처리를 한다. 강의 표면경화에는 침탄법, 시안화법, 질화법, 화염경화, 고주파 경화 등이 있다.

▮화염경화 : 탄소강이나 합금강에서 0.4[%] 탄소 전후의 재료를 필요한 부분에 산소-아세틸렌 화염으로 표면만을 가열하여 오스테나이트로 한 다음 물로 냉각하면 표면만이 오스테나이트로 되는데 이것을 화염경화라 한다.

(2) 캠(cam)

캠의 조건은 밸브가 열릴 때 밸브에 충격을 주지 않아야 하고, 밸브 열림 속도가 빠르고 열려 있는 시간이 길어야 하고, 닫힐 때에는 속도가 느려야 한다.

캠은 캠축과 일체로 주조 또는 단조되어 있으며 밸브가 열려 있는 기간이나 밸브의 리프트는 캠의 모양(접선 캠, 볼록 캠, 오목 캠)으로 결정되므로 기관의 종류에 따라 캠의 곡선을 선정한다.

어느 모양이나 밸브 리프트와 캠은 접촉하고 있기 때문에, 그 부분의 미끄럼마찰과 그로 인한 마모를 적게 하기 위해, 접촉면은 평면이 아니고 리프트의 밑면이나 캠면을 반드시 원호(圓弧)로 해야 한다.

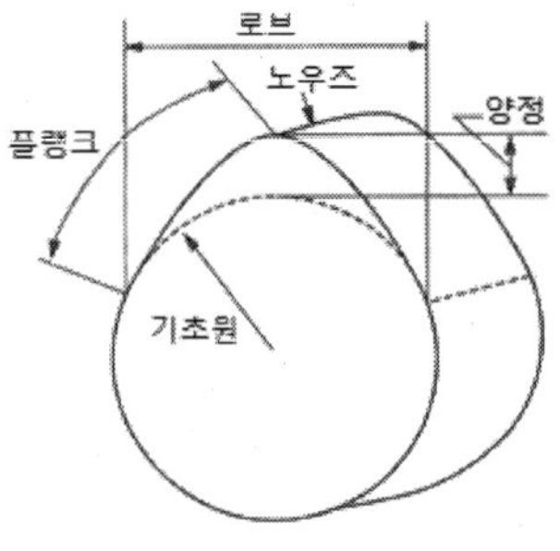

(a) 캠의 각부 명칭

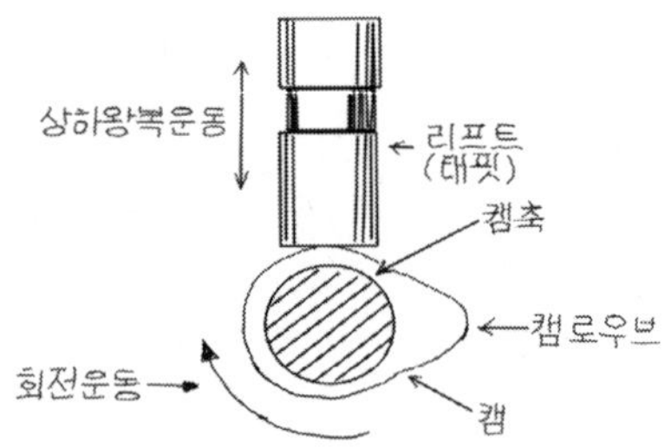

(b) 캠과 리프트

① 접선 캠(tangential cam)

접선 캠은 그림 (a)와 같은 모양이며(플랭크가 기초원에 대하여 접선), 제작은 가장 용이하나 밸브의 개폐가 급격하기 때문에 밸브가 닫힐 때 움직임이 캠을 따라가지 못한다.

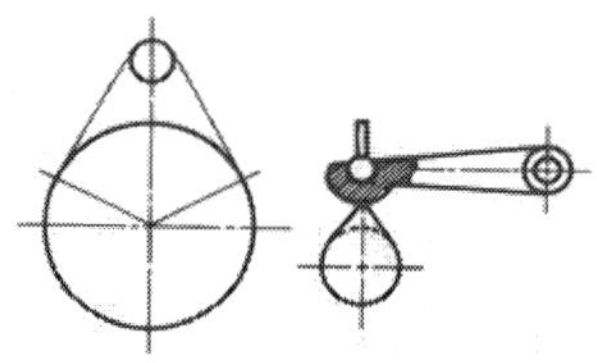
(a) 접선 캠

그 때문에 밸브 스프링의 장력이 강한 것을 사용해야 하며, 밸브 시트에 큰 충격을 주므로 고속 기관용으로는 적당하지 않고 저속 기관에 이용된다. 그리고 캠의 옆면은 직선이므로 밸브 리프트의 밑면이 원호로 되어 있다.

② 볼록 캠(convex cam : 원호 캠)

볼록 캠을 원호 캠이라고도 하며, 그림 (b)와 같이 플랭크가 원호로 되어 있기 때문에 제작은 쉽고 평면 리프트(태핏)와 조합하여 일반적으로 고속기관에 사용되고 있다. 이 캠은 등가속도 캠에 비하여 밸브의 개폐 시에 가속도가 크다. 최근에는 볼록 캠의 일종인 비례 캠(proportional cam)이 많이 사용되고 있다.

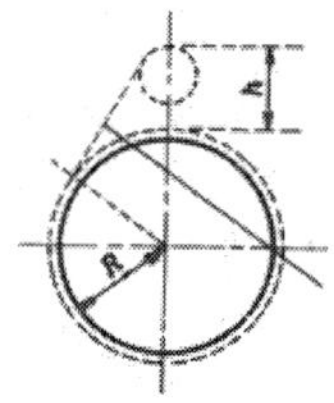
(b) 볼록 캠

③ 오목 캠(concave cam)

오목 캠은 그림 (c)와 같이 플랭크가 오목하게 된 것이며, 태핏은 롤러를 사용해야 하고 밸브의 가속도를 일정하게 할 수 있는 캠이다. 이것은 정가속도 캠(constant acceleration cam)이라고도 하며 육상용 대형기관에 사용하기도 하나 자동차용으로는 태핏의 모양이나 무게 면에서 적합하지 않다.

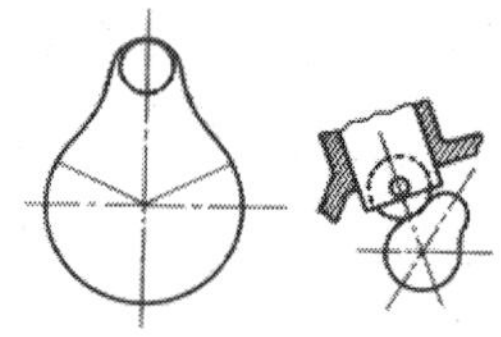
(c) 오목 캠

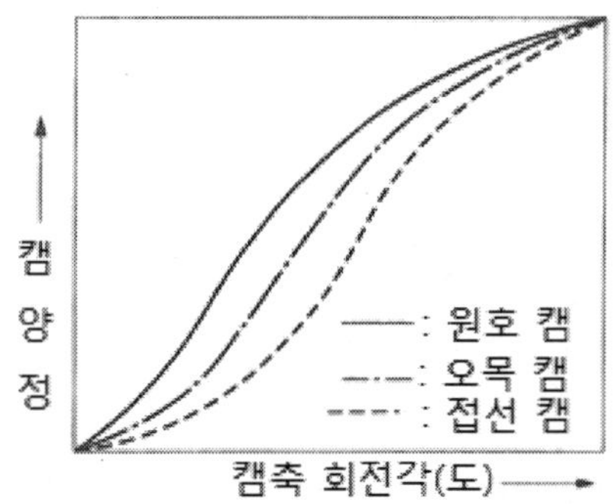

(a) 캠축 회전각과 캠 양정

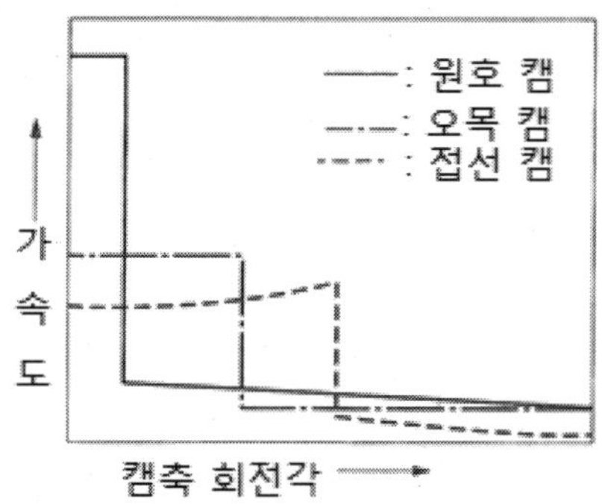

(b) 캠축 회전각과 가속도

볼록 캠은 위의 그림 (b)와 같이 양정의 곡선을 포함한 접촉 시간과 접촉 면적이 큰 장점이 있으나, 밸브 개폐 시의 가속도가 크기 때문에 고속 시에는 작동이 불안정하게 되기 쉽고, 또한 가속도가 불연속적으로 급격히 변화되므로 밸브 기구에 진동이 발생하기 쉽다. 따라서 밸브의 작동이 고속이며 캠 양정의 곡선대로 작동하지 않게 될 염려가 있다.

(3) 밸브 양정(valve lift)

밸브의 양정은 캠의 양정, 밸브 기구부의 레버비, 밸브간극에 의하여 좌우되지만 실제 사용하는 경우를 보면 양정(h)와 밸브지름(d)와의 관계는 흡기밸브에서 h=(0.21~0.26)d, 배기밸브에서 h=(0.25~0.3)d 정도로 되어 있다.

일반적으로 밸브 양정을 크게 하면 가스의 유통면적이 증가하여 체적 효율은 좋아 지지만 밸브의 가속도가 커진다. 실제 사용하는 예를 보면 밸브기구에 의하여 OHV(over head valve)에서 8~9[mm], OHC(over head camshaft)에서 9~10[mm]정도이다.

행정/내경비가 큰 기관에서는 실린더 체적에 대하서 밸브 지름이 적어지므로 h/d비를 크게 한다. 지름 d인 밸브가 h만큼 상승하였을 때 밸브 시트의 환산 간격 πdh는 밸브구멍의 넓이인 $\frac{\pi d^2}{4}$와 같으므로

$$\pi dh = \frac{\pi d^2}{4} \quad h = \frac{\frac{\pi d^2}{4}}{\pi d} = \frac{d}{4} \qquad \therefore h = \frac{d}{4}$$ (여기서, h는 밸브의 양정[mm])

11-1. 캠축의 구동 방식

4행정 사이클 엔진에서는 캠축과 크랭크축의 기어 비는 2:1이고, 회전 비는 1:2이다. 크랭크축 회전에 대하여 각 밸브 개폐시기와 점화시기를 정확하게 유지해야 한다. 캠축 구동 방식에는 벨트식, 체인식, 기어식 등이 있다.

(1) 벨트 구동방식(timing belt drive type)

타이밍 벨트는 미끄럼을 없애기 위해 접촉면에 치(이)형을 만든 글라스 파이버(glass fiber) 등으로 보강된 합성 고무제의 벨트로서 속도변화가 아주 적고, 고속 저속운전에 용이하다. 캠축 구동을 체인대신 벨트로 하며 탄성에 의한 진동소음이 적은 특징이 있지만 100,000[km] 주행 전 · 후 교환하여야 하고, 기름이 묻지 않도록 주의해야 한다. 이 벨트 구동방식의 특징은 다음과 같다.

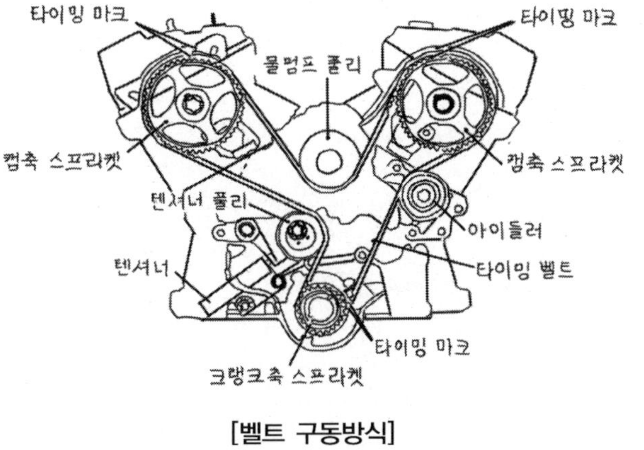

[벨트 구동방식]

① 경량이며 값이 저렴하다.

② 소음이 적고 윤활이 불필요하다.

③ 강도를 갖게 하기 위하여 적당한 폭이 필요하기 때문에 기관의 전장(overall length)이 길어야 한다.

※ **자동차엔진 타이밍 벨트의 상식**

(a) 가속 시 (b) 감속 시

[엔진 가속/감속 시 타이밍벨트의 긴장측과 이완측]

벨트가 회전 중에는 긴장(팽팽)측과 이완(느슨)측이 발생되게 마른이다. 왜냐하면 밸브를 눌러야 하는 부담이 있는 캠축은 당연히 안 돌아가려고 버틸 것이고 크랭크축에 연결된 타이밍벨트는 캠축을 돌려야 하기 때문에 일어나는 증상이다. 그래서 이완 측에 텐셔너를 부착하는 것이다.

엔진의 회전이 급속히 저하될 때 캠축은 회전관성에 의해 계속적으로 회전을 하려는 힘이 생기고 크랭크축은 급감속으로 인한 반력이 발생되어 긴장측과 이완측이 바뀌게 된다. 이때 캠축은 멈칫하는 충격을 받는데 만약 타이밍벨트에 유격이 생기면 멈칫 순간이 길어지게 된다. 이것이 타이밍벨트 장력에 의한 엔진 부조다.

(2) 체인 구동방식(timing chain drive type)

일반적인 체인은 소음이 크나, 체인의 내면이 기어 이와 같이 가공하여 만든 사일런트 체인(silent chain : 투스트 체인)을 사용하여 고속에서도 소음을 내지 않고, 동력전달 효율이 높고, 반영구적이다. 체인의 늘어남을 자동 조정하는 유압 및 스프링 방식의 체인 텐셔너(tensioner : 체인 장력조절기)와 체인 진동을 방지하는 체인 가이드(guide)를 체인의 처짐이 가장 많이 일어날 수 있는 중간 위치에 각각 설치한다.

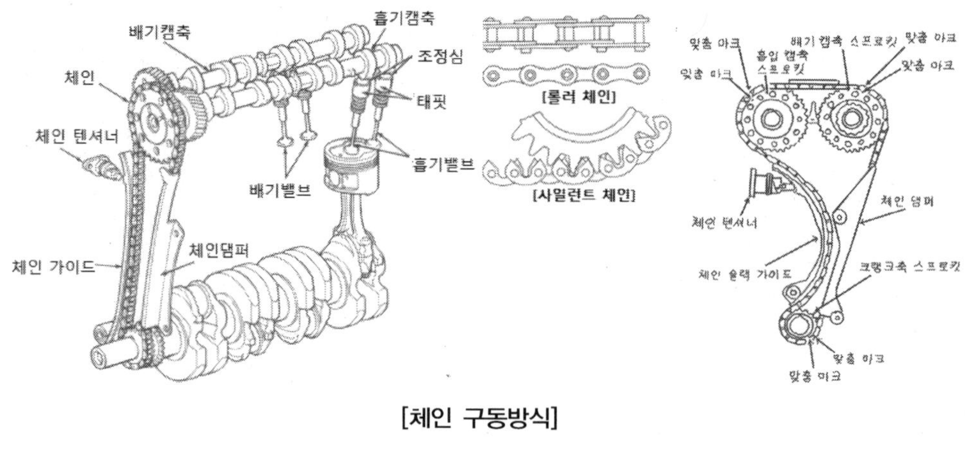

[체인 구동방식]

(3) 기어식 구동 방식(timing gear drive type)

크랭크축의 앞쪽 끝에 부착된 기어와 타이밍 기어와의 맞물림에 의해 구동된다. OHV(over head valve)형 기관은 캠축과 크랭크축의 축간거리가 짧은 기관에 사용되고 있지만 최근에는 거의 사용하지 않는다.

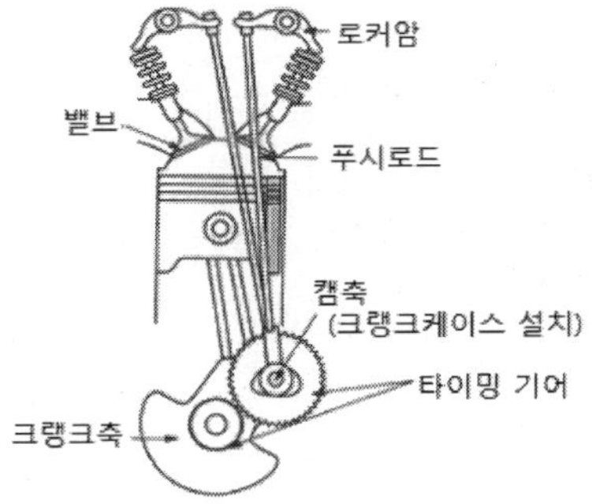

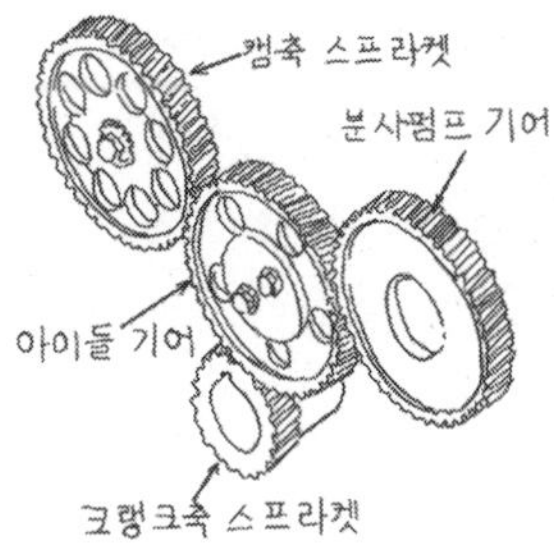

[기어 구동 방식]

또한 캠축 기어는 소음 감소를 위하여 합성수지(베이클라이트/페놀수지)로 만들어져 있으며 타이밍 기어에는 밸브 개폐시기를 맞추는 타이밍 마크가 표시되어 있다. 기어 구동식의 특징은 다음과 같다.

① 합성수지 기어이기 때문에 불규칙적인 충격을 흡수할 수 있으며, 윤활유의 급유가 적어도 된다.
② 합성수지 기어이기 때문에 소음은 적지만 강도가 적고 마모되기 쉽다.
③ 동력전달 효율이 좋고 타이밍이 정확하다.

11-2. 밸브 개폐기구

밸브 개폐기구는 흡기와 배기밸브를 피스톤 행정에 따라 신속, 정확하게 개폐하기 위한 장치이며, 캠축, 밸브 리프터(태핏), 푸시로드, 로커암 축 어셈블리 등으로 구성되어 있다. 현재 주로 사용되고 있는 *I* 헤드형 밸브 개폐기구에 대해 설명하고자 한다. *I* 헤드형 밸브기구는 OHV, OHC, DOHC 등으로 구분이 된다.

(1) OHV식(over head valve type)

OHV식은 그림 (a)와 같은 구조로 되어 있으며, 크랭크축의 회전력은 타이밍 체인 또는 기어로 캠축에 의해 밸브 리프트, 푸시로드를 왕복운동으로 바꾸어 준다. 푸시로드는 로커 암의 한쪽 끝을 위로 올리면 다른 한쪽 끝은 밸브를 눌러 밸브를 열어 준다. 다시 캠축이 회전하면 밸브 스프링에 의해 밸브가 닫힌다. 이 형식은 흡기와 배기의 흐름 저항이 적고, 밸브의 크기와 리프트를 충분히 잡을 수 있으므로 흡배기 효율이 좋고 또 연소실을 간단한 모양으로 만들 수 있으므로 고압축비를 낼 수 있고 노킹이 일어나지 않는다.

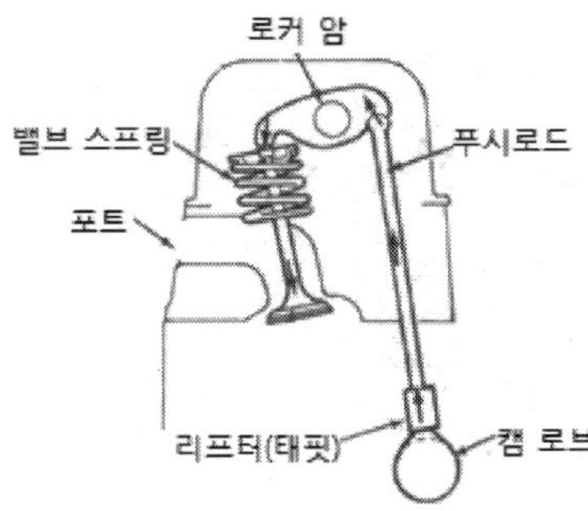

(a) OHV식

(2) OHC식(over head camshaft type)

OHC식은 그림 (b)과 같은 구조로 되어 있으면 캠축을 실린더 헤드 위에 설치한 형식으로 실린더 헤드 구조가 복잡하다. 그러나 밸브기구의 왕복운동부분의 관성력이 적으므로 밸브의 가속도를 크게 할 수 있다. 따라서 고속에서도 안정된 밸브 개폐를 할 수 있으므로 고속 성능을 향상하고 또 저속에서 고속까지 신속하게 회전을 높일 수 있다. 이 방식은 캠축에 의해 직접 밸브를 개폐하는 직접구동 방식과 로커 암 또는 스윙 암(swing arm), 스포트 암을 통해 구동하는 간접구동 방식이 있다.

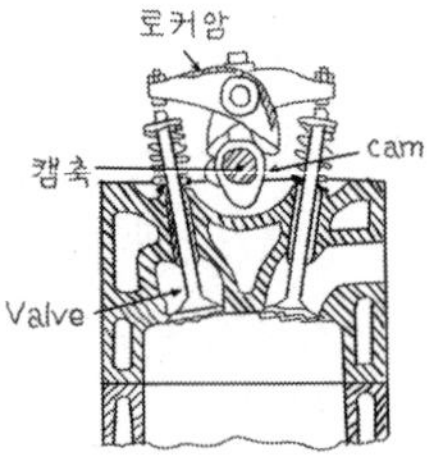

(b) OHC식

직접구동 방식은 태핏 간극(tappet clearance)을 리프트 패드(lifter pad) 또는 심(shim)의 두께를 가감하여 조정하지만 간접구동 방식은 로커 암의 조정나사(adjust screw)로 조정하기 때문에 정비 측면에서 직접구동 방식보다 유리하다.

OHC식에는 1개의 캠축으로 흡·배기밸브를 개폐하는 SOHC(single over head camshaft)식과 흡·배기밸브를 각각의 캠축으로 개폐하는 DOHC(double over head camshaft)식이 있다.

DOHC식은 1개의 실린더에 3개 또는 4개의 밸브가 장착되어 흡입효율이 향상되어 기관 출력을 향상시킬 수 있다.

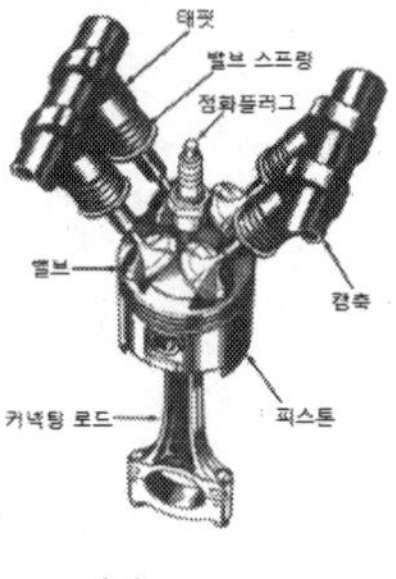

(c) DOHC

밸브 구동장치의 형식		특징
DOHC (twin cam)	12밸브 DOHC	하나의 실린더에 흡기밸브 2개, 흡기밸브보다 지름이 큰 배기밸브 1개가 장착되어 있는 DOHC방식
	16밸브 DOHC	하나의 실린더에 흡기밸브 2개, 흡기밸브보다 지름이 적은 배기밸브가 2개가 장착되어 있는 DOHC방식

DOHC 기관은 부품 수가 많아 구조가 복잡하고 가격도 비싸며, 저속에서 기관 회전력(torque)이 떨어지는 단점도 있으나, SOHC 기관에 비해 다음과 같은 장점이 있기 때문에 승용차를 중심으로 점차 보급이 확대되고 있다.

① 흡입효율 향상

흡기밸브가 1개일 때보다 2개일 때 그만큼 흡입통로가 커지기 때문에 공기의 흡입저항이 감소하여 실질적인 흡입효율을 향상시킬 수 있다.

$$\text{흡입효율}(\%) = \frac{\text{실제 흡입 공기량}}{\text{이론 흡입 공기량(배기량)}} \times 100(\%)$$

② 허용 최고 회전수 향상

기관의 최고 회전수를 높인다는 것은 단위 시간내 공기의 흡입 횟수를 많게 하고 또 밸브 구동계 구성 부품의 관성질량을 작게 하며, 고유진동수를 크게 하여야 한다.

③ 연소 효율 향상

DOHC 기관은 지붕형 연소실로 되어 있기 때문에 연소실 표면적(S)/연소실 체적(V) 비가 작고, 또 점화플러그가 연소실 중앙에 설치되어 있기 때문에 이상적인 연소가 가능하다.

열효율을 향상시키기 위해서는 연소가스를 냉각시키는 면적(연소실 표면적 : S)을 최소로 하는 것이 좋으며 연소실 표면적과 연소실의 체적비를 S/V로 표시하여 이 값이 작을수록 고성능 기관이라 한다.

④ 응답성 향상

급감속, 급가속 등 기관의 작동상태가 급격히 변하더라도 그 응답성이 양호하다. OHC식은 OHV식의 밸브 리프터나 푸시로드 등의 부품이 생략되어도 관성 중량을 작게 할 수 있기 때문에 고속회전 시 밸브 개폐가 확실하여 고속성능을 향상시킬 수 있다. 그러나 캠축과 크랭크축의 거리가 떨어져 있기 때문에 캠축을 구동시키는 기구가 복잡하다.

11-2-1. 밸브 리프터(valve lift)

밸브 리프터는 밸브 태핏(tappet)이라고도 하며 캠축 위쪽(OHV)의 실린더케이스 또는 실린더 헤드에 마련된(OHC) 리프터 구멍으로 지지한다. 그 밑면은 캠의 모양이 볼록면 캠일 때는 평면이고, 접선 캠일 때는 볼록면이며, 오목면 캠에서는 롤러로 되어 있으며, 자동차용 기관은 리프트의 밑면이 평면으로 된 것을 가장 많이 쓰고 있다.

리프터 모양은 OHV식에는 일반적으로 원통형이며 푸시로드를 받는 오목한 시트가 있다. 또 OHC식에서는 밸브 리프트와 푸시로드가 없다.

리프터는 합금주철이나 탄소강으로 만들고, 옆면과 밑면 그리고 푸시로드가 닿는 면은 급랭하여 경화하고, 탄소강은 화염이나 고주파 담금질을 한다.

리프터 밑면은 계속해서 캠과 접촉하므로 그 부분의 편마모를 방지하기 볼록 캠을 그림 (c)와 같이 리프터 중심과 캠 중심을 편심(offset)으로 하여, 리프터를 회전시켜 캠과의 접촉 부분을 끊임없이 바꾸게 되어 있다.

(a) 원통형

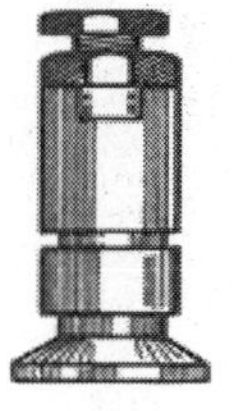

(b) 플랜지형

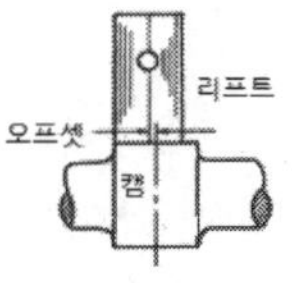

(c) 설치상태

11-2-2. 푸시로드(push rod)와 로커 암

OHV식의 푸시로드는 중공(中空)으로 되어 있는 긴 강제 막대이다. 푸시로드의 상단은 밸브 로커 암(rocker arm)과 접촉하고 하단은 밸브 리프터와 접하여 캠에 의해 밸브 리프트와 함께 밀어 올려서 밸브 로커 암의 한쪽 끝을 밀어 준다.

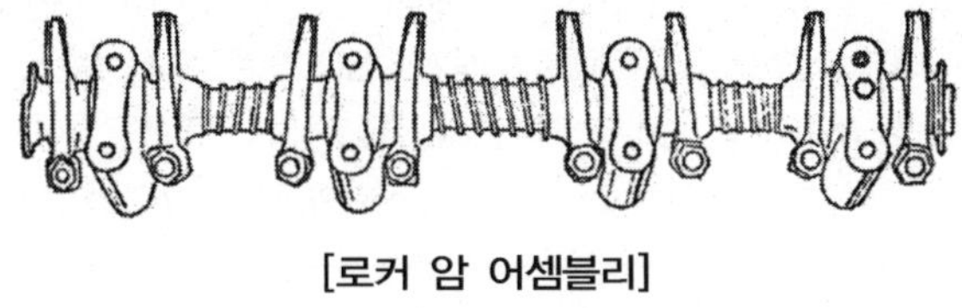

[로커 암 어셈블리]

밸브 로커 암은 실린더 헤드에 부착된 로커 암축에 그 가운데 부분이 지지되어 한쪽 끝을 푸시로드로 밀어 올리면 다른 쪽 끝은 밸브 스템 엔드를 눌러서 밸브를 여는 작동을 한다. 그리고 밸브 로커 암의 베어링어로는 인청동 부시가 끼워져 있다.

로커 암이 푸시로드와 접하는 부분에는 밸브 간극 조정나사가 있다. 로커 암은 강한 충격을 받으므로 단조강이나 주강으로 만들고, 밸브 스템 엔드와 조정나사의 푸시로드에 접하는 부분은 표면경화 처리가 되어 있다.

로커 암의 지지 중심은 밸브 쪽을 캠축보다 1.2~1.6배 정도 길게 하고 위쪽에는 리브(lib)를 두어 강성을 크게 하고 있다.

11-3. 밸브 간극(valve clearance)

밸브 기구의 각 부품은 온도가 상승함에 따라 팽창하므로 밸브가 팽창하여 밸브 페이스와 밸브 시트가 밀착되지 않고 가스가 새는 경우가 있다. 이것을 방지하기 위하여 그림 (a)와 같이 밸브 간극을 두어 기관이 정상 작동 온도로 되었을 때 적절한 틈새를 유지하게 한 것이다.

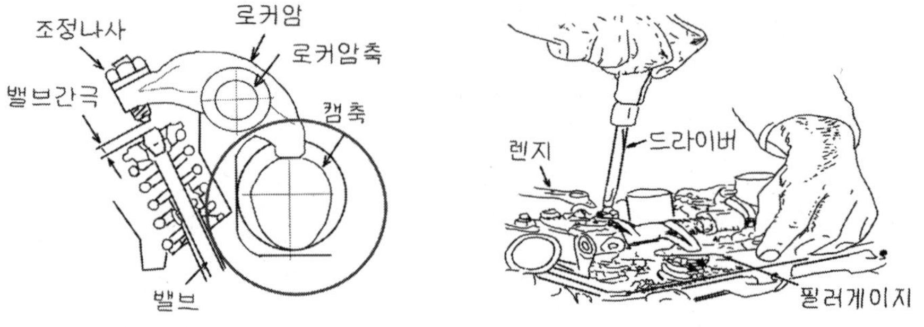

(a) 밸브 간극 (b) 밸브 간극 조정방법

밸브 간극은 그림 (a)와 같이 밸브 스템 엔드와 로커 암 사이의 간극을 나타내며, 그림 (b)와 같이 조정 나사로 조정할 수 있게 되어 있다. 이 밸브 간극은 기관의 형식, 밸브의 재료, 캠의 모양 등에 따라 다르다. 일반적으로 흡기밸브간극은 0.17~0.23mm, 배기밸브간극은 0.27~0.33mm 정도 둔다.

밸브 간극이 클 때 나타나는 현상	밸브 간극이 작을 때 나타나는 현상
① 정상온도에서 밸브가 완전하게 열리지 않음(늦게 열리고 일찍 닫힌다.)	① 정상온도에서 밸브가 확실하게 닫히지 않음 (일찍 열리고 늦게 닫혀 밸브 열림 기간이 길어진다.)
② 소음 발생	② 역화 및 실화, 후화 등 이상연소 발생
③ 기관 출력저하	③ 기관출력 저하
④ 스템 엔드부 찌그러짐	•역화 : 에어클리너 쪽으로 연소불꽃이 향하는 현상 •후화 : 배기 소음기 쪽에서 연소되어 폭발음이 발생하는 현상으로 급 감속 또는 급가속시에도 발생된다. •실화 : 연소실에서 폭발음이 발생되지 않거나 약한 현상
⑤ 흡기밸브 간극이 크면 흡입량이 부족하고, 배기밸브 간극이 크면 배기 불충분으로 기관이 과열됨	

11-4. 유압식 밸브 리프터

밸브 간극은 앞에 설명한 바와 같이 밸브가 열팽창하는 것을 대비하여 밸브의 개폐시기를 정확히 유지하기 위해 둔 것이며, 기관의 온도 변화에 따라 밸브 간극도 변한다. 특히 공랭식 기관에서는 그 변화가 심하다. 또 소음이나 취급이 복잡해지는 원인이기도 한데, 이것을 배제하기 위해 고안된 것이 유압식 밸브 리프터이다. 이 밸브 리프터는 밸브 태핏(Tappet)이라고도 한다. 유압식 밸브 리프터는 오일의 비압축성과 윤활장치의 순환 압력을 이용하여 작동되고, 기관의 작동온도 변화에 관계없이 밸브 간극을 항상 '0'으로 유지하므로 제로 래시 밸브 리프터(zero lash valve lifter) 또는 오토 래시 어저스터(auto lash adjuster)라고도 한다. 이 리프터를 사용하면 밸브 간극에서 나는 소음이 없어지고, 밸브 간극을 조정할 필요가 없고, 밸브 기구에 충격이 없으므로 마모가 적고, 연료소비율 감소, 기관 성능 향상 등의 좋은 점이 있다.

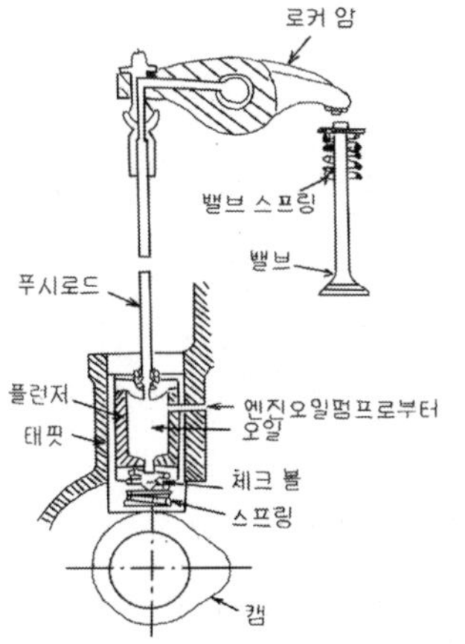

(a) OHV엔진의 유압밸브 리프터

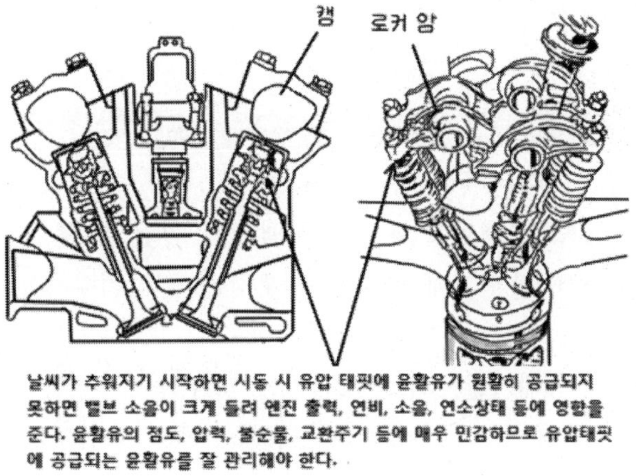

(b) 유압밸브 리프터의 주의

그림 (a)과 같이 리프터 보디의 내부에 밸브 리프터 스프링, 첵 볼 리테이너, 첵 볼 스프링, 첵 볼 플런저 및 푸시로드 시트의 순으로 결합되어 있고, 이 부품들이 풀리지 않도록 스냅 링으로 고정되어 있다. 밸브 보디와 플런저는 일반적으로 표면경화강의 냉간 단조한 것이며, 정밀하게 가공되어 있다.

유압식 밸브 리프터는 기관오일을 가득 부어 넣은 다음에 결합하여, 기관이 작동할 때 리프터 옆면의 구멍으로 기관의 유압이 가해지도록 되어 있다.

(1) 작동

① 밸브가 닫혀 있을 때

기관의 윤활장치에서 보내온 오일이 리프트 보디에 있는 오일구멍과 플런저의 오일구멍을 거쳐 플런저 안을 채우고 다시 오일구멍을 지나 플런저 밑 부분의 공간(고압실)을 채우면 이 압력이 플런저를 위로 밀어 푸시로드와 로커암이 닿게 된다. 따라서 밸브 간극이 '0'이 된다.

(a) 밸브가 닫혀 있을 때

② 밸브가 열릴 때

캠의 회전에 따라 리프터가 위로 오르면 플런저 아래쪽 방이 상승되며 첵 볼이 닫힌다. 첵 볼이 닫히면 리프터 보디와 플런저가 일체가 되어 기계식 리프터와 마찬가지로 푸시로드를 밀어올리게 된다. 이때 밸브 간극이 없으므로 전혀 소음이 발생되지 않는다.

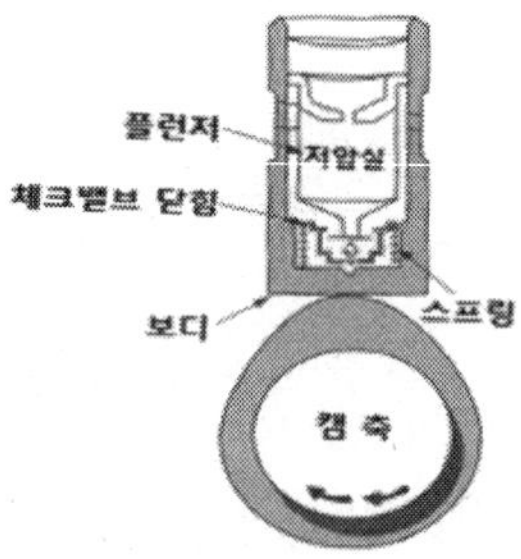

(b) 밸브가 열려 있을 때

③ 밸브가 닫힐 때

캠이 리프터를 지나면 밸브는 밸브 스프링 힘으로 닫히고 리프터는 밀린다. 이에 따라 플런저 아래쪽 방의 유압이 저하되어 첵 볼이 열린다. 기관 윤활장치의 오일이 다시 플런저를 거처 들어와 새어나간 오일을 보충한다. 이와 같이 하여 플런저가 다시 오르면 밸브 간극이 '0'이 된다.

Handy hint

▌리크다운 현상

유압식 밸브 리프트에서 밸브가 열릴 때 플런저와 보디 사이에서 오일 누출로 인해 완전히 플런저가 상승하지 못하는 현상이다.

▌흡·배기밸브의 밸브간극을 측정하여 새로운 태핏의 두께를 구하는 식

새 태핏 두께 = 분리된 태핏 두께 + (측정된 밸브간극 - 밸브 규정간극)
(오차 범위는 ±0.03mm)

(2) HLA(Hydraulic Lash Adjuster : 자동조절 밸브) 특징

① 밸브 개폐시기가 정확하고 소음이 없다.
② 밸브 간극을 점검 및 조정할 필요 없다.
③ 오일이 충격을 흡수하므로 밸브기구의 내구성이 향상된다.
④ 오일회로에 고장이 나면 작동이 불량하고, 구조가 복잡하다.

(3) HLA 소음 제거법

① 엔진 워밍업 전 엔진 오일량 정상 유무를 확인한다.
② 엔진을 워밍업시킨다.
③ 워밍업된 상태에서 밸브 소음 발생 시 에어빼기 작업을 한다.
④ 에어빼기 작업방법은 3000rpm으로 10분간 유지 후 공회전상태로 5분 이상 유지시켜 밸브 소음 유무를 확인한다.
⑤ 에어빼기 작업을 한 후 소음이 발생되면 HLA를 교환한다.

11-5. 밸브 개폐시기

기관은 혼합기 또는 공기를 흡입하고 배기가스를 배출하는 일종의 펌프작용을 하기 때문에 가급적이면 많은 양의 혼합기를 낮은 흡입저항으로 흡입하고 배기가스를 원활히 배출함으로써 출력을 향상시킬 수 있다. 그림 (a)은 4행정 사이클기관의 밸브 개폐시기선도이며 그림 (b)은 기관 회전수에 따른 체적 효율 변화를 보여 주고 있다.

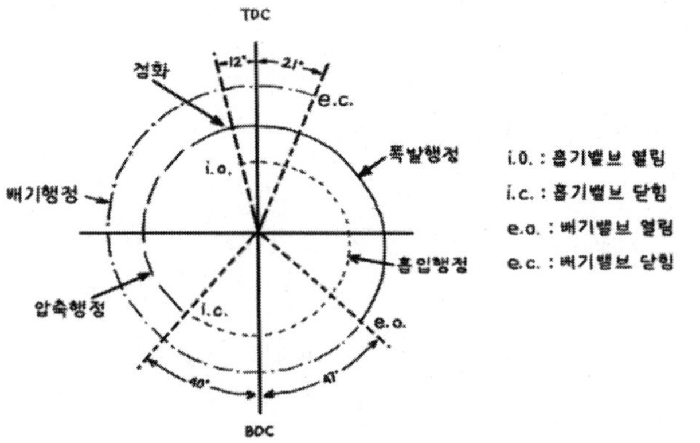

(a) 밸브 개폐 선도

흡기밸브는 상사점 전에서 약간 빨리 열어서 흡기행전이 시작될 때 유효유동면적을 크게 하여 체적 효율을 향상시킨다. 또한 실린더 안의 압력이 흡기다기관 압력과 거의 같아지는 상사점 후에 흡기밸브를 닫아서 흡기기간을 길게 한다. 밸브 개폐시기 선도에서 흡기밸브가 열려있는 기간을 크랭크축 회전각도로 표시하면 12°+90°+90°+40°=232°이다.

한편 배기밸브는 동력행정 말기의 하사점 전에서 열리는데, 이는 유효 팽창비와 팽창일은 감소되지만 피스톤이 하사점에서 상사점으로 올라갈 때 펌프일이 감소되어 보상된다. 배기밸브는 상사점 후에 닫힌다. 이때 배기밸브가 열려있는 기간은 크랭크축 회전각도로 47°+90°+90°+21°=248°이다.

이렇게 흡기밸브와 배기밸브를 약간 빨리 열고 늦게 닫으면 배기행정의 말기, 흡입행정의 초기에 피스톤이 상사점 부근에 있을 때 흡기밸브와 배기밸브가 동시에 열려 있다. 이를 밸브오버랩(valve overlap : 12°+21°=33°)이라 하는데 고속기관과 고급기관에서는 특히 이 기간을 길게 잡는다. 밸브 오버랩이 길면 고속회전 시에 맥동효과와 관성효과를 효과적으로 이용할 수 있어 결과적으로 체적 효율이 향상된다.

그러나 밸브 오버랩이 너무 길면 공전 시와 저속 시에 배기가스가 역류하여 역화현상을 일으키고 흡기다기관을 오염시킬 수 있다. 또한 전부하 시에는 일부 미연소가스가 바로 연소실을 통과하여 연비도 좋지 않게 된다. 특히 공전 시에는 연소실의 잔류가스량이 증가하여 기관 부조현상이 일어나기 쉽다.

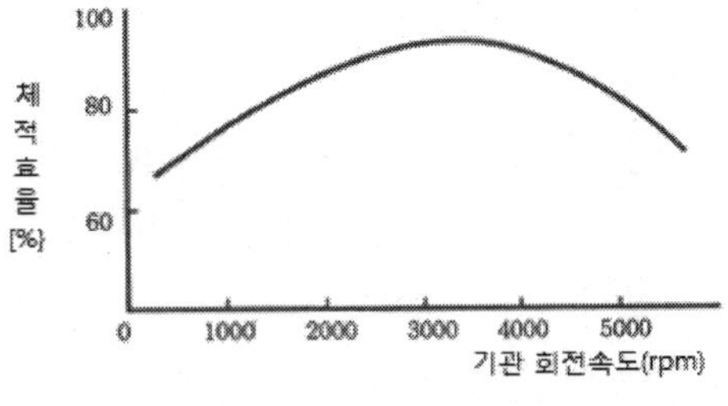

(b) 기관 회전속도에 따른 체적 효율

위 그림 (b)은 기관 중속에서 체적 효율이 가장 높은 것을 보여주며 이것은 기관의 최대 회전력이 중속에서 발생되는 것과 거의 일치한다.

11-6. 가변 밸브 타이밍(Variable Valve Timing : VVT)

고성능 기관이라 하면 DOHC에 터보(turbo)가 장착된 것이 상식이지만, 여기서 언급하고자 하는 가변밸브기구도 고성능기관 범주에 들어간다. 이 장치는 기관의 운전상태에 따라서 밸브 개폐시기를 변화시켜 흡기효율과 배기효율을 향상시키고 출력향상을 도모하기 위한 장치이다. 그러면 보통 기관의 밸브 개폐시기에 대하여 가변 밸브 타이밍기구는 어떻게 구성되어 있으며 어떤 이유로 출력이 향상되는지 살펴보기로 한다.

일반 기관의 밸브의 밸브 개폐시기 선도를 보면 흡기밸브는 상사점 전에 열리기 시작하여 하사점 후에 닫힌다. 또한 배기밸브는 하사점 전에 열리기 시작하여 상사점 후에 닫힌다. 이는 연소가스가 혼합기의 질량으로 이동시간이 걸리기 때문에 충분한 가스교환이 불가능하기 때문이다. 흡기밸브가 열리기 시작하여 완전히 열리기까지는 시간이 걸림과 동시에 흡기구멍에 있는 혼합기의 일순간에 이동하는 것이 아니라 관성에 의해 움직이는 데 시간이 걸리기 때문이다.

따라서 혼합기를 충분히 흡입하기 위해서는 배기행정이 끝나는 상사점 전에 약간 빨리 열고 압축행정이 시작한 후인 하사점 후에 약간 늦게 닫아야 한다. 배기밸브는 연소행정 시의 압력을 이용하여 배기가스를 빨리 배출하기 위해 연소행정이 끝나는 하사점 전에 약간 빨리 열어준다. 또한 관성을 이용하여 가능하면 배기가스를 완전히 배출하여 다음의 흡기행정을 준비한다.

흡기밸브는 상사점 전부터 열리며 배기밸브는 상사점 후까지 계속 열려있기 때문에 양쪽의 밸브가 동시에 열려있는 이 시기에는 연소가스가 배출되는 힘에 의해 혼합기를 빨리 당기는 효과도 있다. 이 흡·배기밸브가 동시에 열려있는 밸브 오버랩을 적절히 설정함으로써 혼합기의 흡입효율을 높일 수 있다. 그 효과는 고속 시에 혼합기의 유속이 빠르면 빠를수록 크고 역으로 공회전 시에 유속이 늦으면 늦을수록 작아진다.

고출력기관에서는 고속회전 시 높은 출력을 얻은 목적으로 밸브 오버랩을 크게 하고 있으나, 저속회전 시에는 연소실에 남은 잔류배기가스가 흡기밸브를 통하여 역류되어 연소가 불안정하게 된다. 즉 혼합기에 연소가스가 유입되어 저속회전이 불안정하게 되는 것이다.

4밸브 기관에서는 오버랩이 크면 공회전이 불안정하기 때문에 오버랩 시간을 짧게 하는 기관도 많이 있다. 또한 밸브 오버랩을 0(zero)으로 하여 배기밸브가 닫힌 후에 흡기밸브가 열리는 기관도 있다. 이처럼 기관의 회전속도가 저속일 때와 고속일 때의 각각의 최적 밸브 개폐시기가 다르다는 것을 알 수 있다. 즉 이상적인 밸브 개폐시기는 흡기밸브는 기관이 저속 시에는 늦게 열고 고속 시에는 빨리 여는 것이다. 따라서 밸브 개폐시기를 가변으로 하면 저속과 고속의 성능을 양립시키는 것이 가능하다.

저속과 고속에서 기관성능을 양립시키는 것이 가능한 가변밸브 타이밍시스템에서는 캠의 모양은 그대로 두고 캠축과 크랭크축의 위상을 변화시켜 밸브 개폐시기를 변화시킨다. 이 방법은 크랭크축으로부터 회전을 전달하는 캠풀리 부근의 축에 대해 경사지게 홈이 나있는 헬리컬 기어를 이용하여 캠축의 위치를 다소 변화시켜 밸브 개폐시기를 변화시킨다.

ECU는 센서로부터 기관회전수와 흡입공기량을 감지하여 헬리컬 기어를 작동시키는 오일제어밸브를 제어하여 밸브 개폐시기를 변화시킨다.

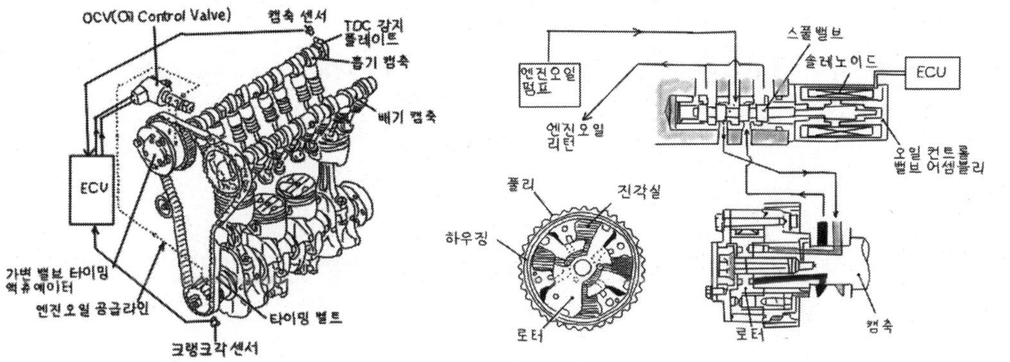

(a) 가변 밸브 타이밍 시스템

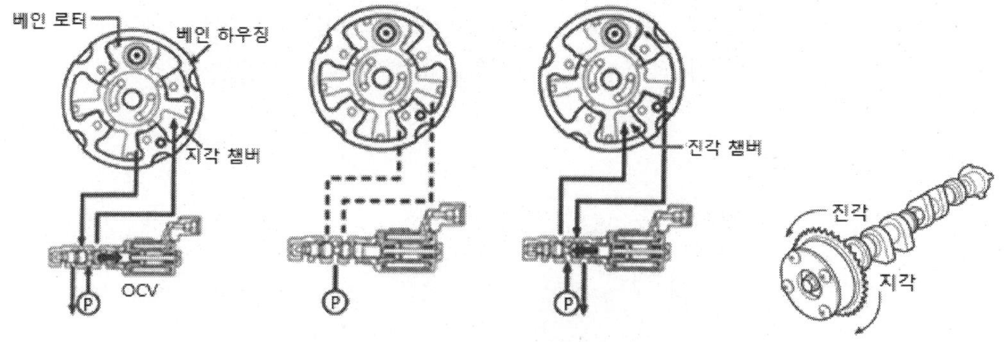

가변 밸브타이밍을 VVT(variable valve timing)로 부르며 흡기 캠의 위상을 크랭크축 각도로 60° 변화시킬 수 있다. 기관회전수, 흡기관 부압, 냉각수 온도, 스로틀 개도를 감지하여 밸브 개폐시기를 변화시키고 있다. 공전 시에는 밸브 오버랩을 '0'으로 하여 기관회전수의 안정을 도모하며 연속적으로 흡기 캠의 위상을 변화시켜 고속영역에서 흡기밸브의 닫힘시기를 늦추고 있다. 중간영역에서는 밸브 오버랩을 크게 함과 동시에 EGR에 의한 펌프손실을 저감시켜 연비성능을 향상시키도록 설정하고 있다.

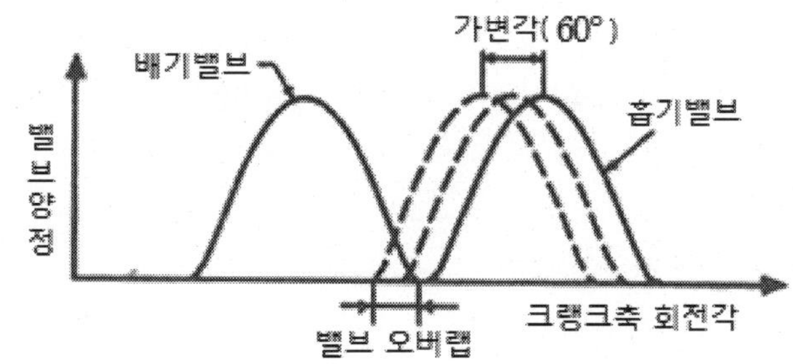

(b) 가변 밸브타이밍의 효과

Chapter 5 윤활장치(Lubricating system)

윤활장치의 윤활목적은 기관의 작동을 원활하게 하고, 그 작동이 기관의 수명을 다할 때까지 오래 유지하기 위해 운동 마찰부분에 기관 오일을 공급하는 것이다.

기관에는 실린더와 피스톤처럼 접동(摺動)을 하는 부분이나 크랭크축 및 캠축과 같이 회전운동을 하는 부분이 있으며, 이러한 운동 마찰부분은 금속끼리 직접 접촉하면 마찰열이 발생하고 마찰면이 거칠어져 빨리 마모하거나 눌어붙는 등의 고장이 발생하여 기관이 운전할 수 없게 된다. 이를 방지하기 위해 금속의 마찰면에 오일을 주입하면 그 사이에 유막(oil film : 油膜)이 형성되어 고체 마찰이 오일의 유체 마찰로 바뀐다. 따라서 마찰 저항이 적어져 마모가 적고 마찰열 온도 상승을 방지하여 기계효율을 향상시키게 된다.

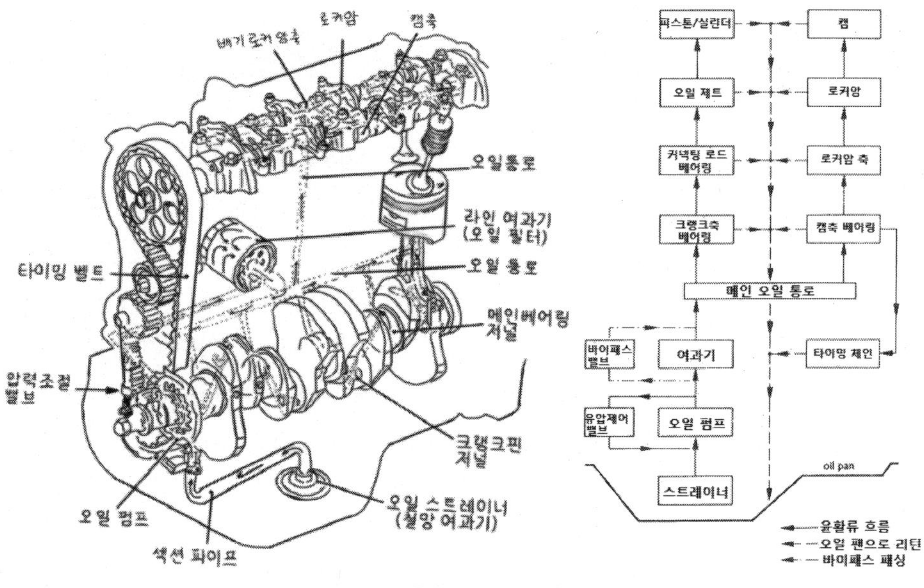

그림 4.1 윤활장치의 윤활계통

1. 윤활 현상

그림 4.2는 2개의 접동면(A, B)에 윤활유를 주입했을 때 윤활작용을 하는 단면을 나타낸 것이다. 이때 A, B 사이에 형성된 유막에는 유체역학적인 압력이 발생하여 하중(P)을 지지하고, 그것이 평형을 이룬 상태에서는 유막의 두께 ho가 유지된다. 그리고 이 유막의 두께는 윤활유의 점도와 미끄럼 속도(V)에 비례하고 하중(P)에 반비례한다. 따라서 하중이 커질수록 유막은 얇아지며, 실제의 접동면은 아무리 가공이 잘 되어있어도 현미경으로 보았을 때 극히 적은 거칠기(roughness)가 있다. 이 거칠기에 따라 극히 작은 돌기(突起)가 있기 때문에 거칠기의 산(山) 높이와 유막의 두께가 거의 같게 되면 유막이 파괴되어

고체 접촉을 하게 된다.

이와 같이 실제의 윤활 접동면에는 설령 유막이 형성되어도 그 유막의 두께와 거칠기의 상태에 따라 고체 접촉이 있는 경우가 많다. 이 고체 접촉이 차지하는 비율에 따라 ① 유체윤활 ② 혼합윤활 ③ 경계윤활로 나눈다.

유체윤활은 완전윤활 또는 점성윤활이라 하며, 충분한 유막이 형성되어 고체 접촉이 없으므로 정상 상태로 있는 한 마모는 발생되지 않는다. 따라서 마모를 방지하기 위한 윤활은 이 이상적인 상태를 추구하는 것이 중요하다.

혼합윤활은 형성된 유막 두께가 접동면의 거칠기보다 얇으므로 고체접촉이 많이 차지하는 경우이며, 마모나 소착(燒着)이 생길 수 있는 임계적인 윤활상태이다.

경계윤활은 유체윤활과 혼합윤활의 중간 상태이며 현실에 흔히 있을 수 있는 상태이다.

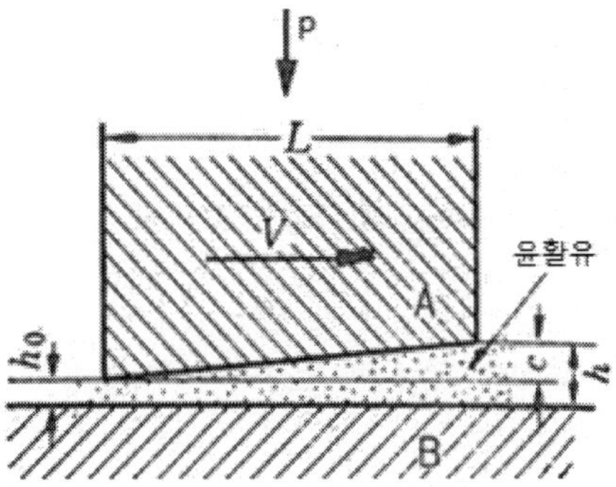

그림 4.2 윤활된 접동면

2. 기관 윤활유의 기능

① 마찰감소 및 마모방지

감마작용이라고도 하며, 기관의 접촉 운동부에 유막을 형성하여 마찰 운동부분 및 베어링부를 윤활하여 표면 마찰을 방지하여 마모를 감소시킨다.

② 충격완화 및 소음방지

윤활유는 기관의 모든 운동부에서 발생하는 충격을 흡수하며, 발생하는 마찰음 등의 소음을 감소시키는 작용을 한다.

③ 냉각작용

기관 각부의 관계 운동 및 마찰력에 의하여 발생한 열을 흡수하여 방열작용을 한다. 이것을 냉각작용이라 하며, 냉각작용이 이루어지지 않으면 윤활유가 국부적으로 고온이 되어 소손된다.

④ 밀봉작용

실린더와 피스톤 사이의 접동부에 유막을 형성하여 가스가 누설되지 않도록 기밀을 유지하는 밀봉작용을 한다. 피스톤 링에 윤활하여 링 홈에서 피스톤 링과 피스톤, 실린더 벽면과의 관계 운동을 원활하게 한다.

⑤ 세척작용

공기 중의 먼지, 카본(carbon)의 입자, 기타 불순물이 윤활부에 있으면 마모가 심하다. 따라서 윤활유는 기관 안을 윤활하며 순환할 때 불순물을 그 유동 과정에서 흡수하여 윤활부를 깨끗하게 한다.

⑥ 방청작용

기관 내부 및 운동부를 포함한 금속 부분의 산화 및 부식 등을 방지하여 금속부를 보존하는 방청작용을 한다.

3. 기관 윤활유의 구비조건

① 점도 (viscosity)가 적당할 것

점도는 윤활유에서 가장 중요한 성질로서 액체를 유동시킬 때 발생하는 액체의 내부저항 또는 마찰을 말한다. 쉽게 말해 끈적끈적한 정도이다.

어느 경우의 윤활에서든지 윤활유의 윤활을 유지하려면 온도와 압력에 알맞은 한계 점도를 유지해야 한다.

한계 점도는 두 가지가 있는데 하나는 실린더 최고 온도에서 필요한 최저점도이고, 다른 하나는 한랭시 펌프작용의 가능 최고 점도이다.

② 점도지수가 클 것

오일의 점도는 온도가 상승하면 점도는 낮아지고, 온도가 낮아지면 점도가 높아지는 성질이 있는데 이 변화의 정도를 수치로 표시한 것이 점도지수이다. 점도지수가 높은 오일일수록 점도변화가 작다. 즉, 점도지수가 높으면 좋은 윤활유이다.

③ 인화점 및 발화점이 높을 것

기관의 작동 중에 열을 받고 또한 마찰열이 발생하기 때문에 인화점과 발화점이 낮으면 윤활유의 증발 손실이 커서 윤활유 소비량이 증가하는 원인이 된다.

④ 응고점이 낮을 것

응고점은 윤활유를 냉각시킨 경우에 윤활유가 응고하여 유동성을 잃기 시작할 때의 온도를 말하며, 이것보다 2.5[℃] 높은 온도를 유동점이라 한다. 점도가 높은 윤활유는 응고점이 높고, 같은 점도의 경우에도 원유의 종류에 따라 다르나 응고점이 낮으면 유동점도 낮기 때문에 저온에서 유동성이 좋아진다.

⑤ 기포 발생 및 카본 생성에 대한 저항력이 클 것

윤활유가 실린더 안에서 연소하면 카본(carbon)을 생성한다. 이 카본 생성은 실린더 안 또는 오일 계통의 슬러지(sludge)를 만드는 주요 원인이 되며, 이 카본이 링 홈에 들어가면 링의 소착(seizure)을 일으킨다.

또 블로바이 가스, 압축 압력저하, 오일의 과잉 소비, 실린더 벽 등의 손상을 일으킨다. 카본은 점화플러그를 오손하고, 연소실 안에 퇴적되어 조기점화나 노킹을 일으키며 기관이 과열되는 원인이므로 기관 출력을 감소시킨다.

⑥ 강인한 오일의 막을 형성할 것, 즉 유성이 좋을 것

유막 형성이 좋아야만 금속 간의 직접 접촉을 피하고, 유막에 의해 운동부분을 지지하여 원활한 작용을 할 수 있다. 유막 형성이 파괴되면 금속 상호간에 고체마찰이 생겨 마모가 증가되고, 소결이 일어나기 쉽다.

⑦ 비중이 적당할 것

윤활유의 비중은 정제한 원유의 종류, 증류 온도에 따라 다르며, 일반적으로 윤활유의 비중은 0.86~0.91 정도이다.

⑧ 열과 산에 대하여 안정성이 있을 것

윤활유는 고온에서 사용하므로 가열되면 다량의 공기와 접촉하기 때문에 공기 중의 산소와 결합하여 산화되는 경향과 그 밖의 산성 물질에 의하여 산화되어 슬러지 등을 형성하는 일이 없어야 한다. 윤활유의 산화 및 연소에 의하여 생긴 산화 생성물은 베어링을 침식하여 부식시키고 또한 윤활유의 순환을 원활하게 하지 못하므로 열과 산에 대하여 충분한 안정성이 있어야 한다.

4. 윤활유의 첨가제

① 산화 방지제(oxidation inhibitor)

기관 윤활유는 고온에서 사용되며, 연소 생성물인 각종의 활성산화물인 먼지, 물, 금속 등과 항상 접촉하기 때문에 산화가 쉽게 일어난다. 이 산화(酸化)를 억제하기 위하여 산화 방지제를 0.5~2.0[%] 정도 첨가한다.

② 점도지수 향상제(viscosity index improver)

기관 윤활유는 점도와 점도지수에 따라 선정하고 있으나, 점도나 점도지수를 높은 윤활유를 만들기 어렵기 때문에 점도지수 향상제를 0.5~10[%] 첨가하여 점도나 점도지수를 향상시킨다. 기관 윤활유의 점도지수는 120~140이다.

③ 청정 분산제

윤활유의 응고점은 결정 온도가 아니며, 윤활유 안에 포함되어 있는 납이 높은 융점에서부터 차례로 스펀지 모양의 구조로 결정되어 그 속에 미응고된 것을 포함하여 유동하지 않게 하는 온도이다. 응고점 강하제는 납의 결정이 스펀지 구조로 형성되는 것을 방지하며, 저온에서도 유동성을 유지할 수 있도록 한다. 그러나 응고점 강하제는 저온 시 점도를 개량하지는 못한다. 유동점 강하제(pour depressant)를 첨가하는 양은 0.1~0.2[%] 정도이다.

④ 부식 방지제(corrosion inhibitor)

오일이 산화할 때 생기는 과산화물은 강한 금속 부식성이 있다. 부식 방지제로서는 유기 유황 화합물을 많이 사용하고, 이것을 베어링 합금의 표면에 얇은 부식을 방지하는 피막을 만들어 부식 방지제를 0.4~2.0[%] 정도 첨가한다.

⑤ 기포 방지제(antifoam agent : 소포제)

엔진 윤활유에 기포가 발생하면 윤활유 손실이 증가하고 펌프작용을 방해하며 윤활유 공급을 중단시키는 일이 있기 때문에 기포 방지제를 0.0002~0.07[%] 정도 첨가한다.

⑥ 유성 향상제(oilness carrier)

윤활유 유성을 향상시키기 위하여 유황 화합물, 염소 화합물, 인 화합물 등의 유성 향상제를 0.1~1.0[%] 정도 첨가한다.

⑦ 형광염료(fluorescence dye)

파라핀계(paraffin series)의 기관 윤활기의 성능이 매우 좋기 때문에 나프텐계(naphthenes series)나 기타의 제품을 파라핀계의 기관 윤활유와 같은 색으로 연색하는 데 사용되며, 형광 염료를 0.25[%] 정도 첨가한다.

5. 윤활유의 분류

엔진 윤활유에는 광물성 윤활유와 식물성 윤활유가 있다. 광물성 윤활유는 석유계통의 것이며, 식물성 윤활유는 캐스터 오일(castor oil)을 사용한다. 일반적으로 차량에 사용하는 윤활유는 석유계통의 광물성 윤활유를 사용하며, 경기용 자동차는 캐스터 오일을 사용한다.

5-1. SAE(society of automotive engineers) 번호로 분류

SAE 번호는 점도를 표시한다. 즉, SAE 번호가 클수록 점도가 높은 오일이다. 여름철에는 점도가 높은 오일을, 겨울철에는 점도가 낮은 오일을 사용한다. SAE분류의 엔진오일은 10W-30 등의 기호로 표기하는데, 여기서 'W'는 겨울(Winter)을 의미하며 숫자가 '0'에 가까울수록 추운 날씨에도 점도를 잘 유지한다는 뜻이다. 뒤의 숫자는 엔진 내부에서 버텨낼 수 있는 온도를 나타내는 것으로, 시내 주행을 많이 한다면 30을, 엔진 온도가 높은 디젤 차량이나 고속주행이 많은 편이라면 40을 사용하는 것이 엔진 보호에 도움이 된다.

윤활유의 분류	분류 기준	분류 방식	
미국자동차기술협회(SAE)	점도에 의한 분류	10W-30(대한민국)	
미국석유협회(API)	사용 조건에 의한 분류	가솔린	디젤
		ML, MM, MS	DG, DM, DS
SAE 신분류	SAE, API, ASTM(미국재료시험협회) 공동 분류	가솔린	디젤
		SA, SB, SC	CA, CB, CC

5-2. API(american petroleum institute) 분류

(1) 가솔린 자동차

① ML(경부하) : Motor Light
② MM(중부하) : Motor Moderate
③ MS(고부하) : Motor Severe

(2) 디젤 자동차

① DG(경부하) : Diesel General
② DM(중부하) : Diesel Moderate
③ DS(고부하) : Diesel Severe

6. 기관의 마찰과 마모

(1) 마찰의 종류

마찰이란 접촉하는 두 개의 물체가 상대운동을 할 때 작용하는 저항력이며 그 기본 형태는 건조마찰, 경계마찰, 유체마찰로 크게 나눌 수 있다.

건조마찰은 고체마찰이라고 할 수 있으며 깨끗한 고체 표면끼리의 마찰이다. 여기서 건조면이란 고체 표면에 부착해 있는 산화막이나 오물의 막을 제거한 표면을 말하며, 일반적으로 대기 속에서 가능한 한 깨끗하게 한 고체 표면이라고 해석하는 경우가 많다.

경계마찰은 고체 표면에 단(單)분자층부터 수천 [Å](옹스트롬, Angstrom 10^{-8}cm)까지 이르는 액체 및 기체막이 부착된 상태의 마찰이다(경계 윤활). 이때 고체 표면의 마찰이나 마모를 충분히 저하시킬 수는 없으나 건조마찰에 비해 상당히 좋은 것이다.

유체마찰은 고체 표면 간의 상대운동에 의한 유체막이 형성되어, 두 면이 분리하여 그 유체 막으로 하중을 지지하는 상태의 마찰을 말한다(유체윤활). 이때 고체 마찰은 전혀 없으므로 마찰이나 마모에 대해 가장 이상적인 것이다.

(2) 마찰 작용

건조마찰은 직접적으로 하중을 전달하는 미시(微視)적인 실제 접촉부분의 전단저항에 의한 것이 주가 되며, 이때의 마찰은 쿨롱(Coulomb)의 법칙에 따른다. 즉, 마찰력 Fd는 마찰속도나 외견상의 접촉면적에 관계없이 수직하중 P에만 비례하며 다음 식으로 나타낸다.

$$Fd = \mu \times P$$

여기서, μ는 건조마찰 계수, P는 수직하중이다.

고체 표면에 윤활제의 흡착성이 강한 분자가 흡착될 때는 마찰이 현저히 저하되며, 이 경계마찰에도 쿨롱의 법칙이 적용되며 다음 식으로 나타낸다.

$$Fb = \mu \times P$$

여기서, μ : 경계마찰 계수이다.

유체마찰(Ff)은 접동면 사이에 충분히 두꺼운 유체막이 게재하므로 이때의 유체막의 전단력이다.

따라서 그 마찰력은 뉴턴의 점성의 법칙에 따른다. 유체마찰은 다음 식으로 나타낸다.

$$Ff = \kappa \times \eta \times v \times \frac{A}{h_o}$$

여기서, κ : 상수

η : 윤활유의 점도

v : 마찰속도

A : 마찰면적

h_o : 유막두께이다.

위에 설명한 마찰의 형태는 모두 이상화된 개념이며 전체 접동면이 균일한 마찰상태로 되는 것은 아니다. 기관의 윤활된 접동면에는 위의 기본 형태가 혼합되어 있는 소위 혼합마찰 상태로 된다(그림 4.3)

따라서 전체의 마찰력(F)= $Fd + Fb + Ff$으로 나타낸다. 즉 윤활상태에 따라 고체, 경계, 유체마찰에서 하중을 분담하는 비율은 달라진다.

보기에 따라 유체마찰로 생각되는 경우에도 고체 및 경계마찰이 포함되면 마찰이나 마모에 영향이 미치게 되며, 반대로 경계마찰에도 유체마찰이 상당히 포함되는 경우가 있다.

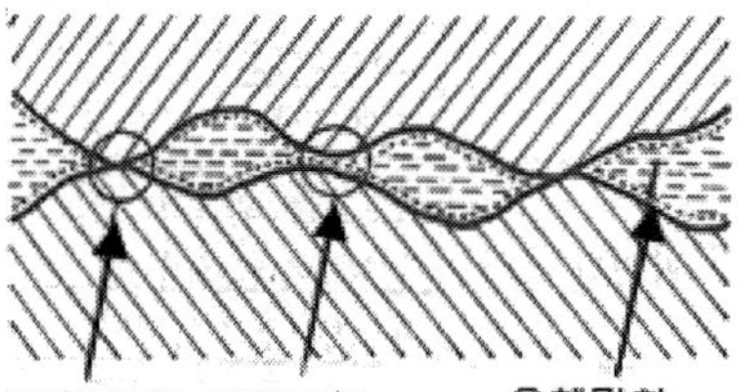

그림 4.3 혼합마찰의 종류

(3) 기관의 마찰

기관의 마찰은 일반적으로 마찰 손실이라 하며 기계 효율을 좌우한다. 이 마찰 손실은 도시마력에서 제동마력을 뺀 값으로 나타내고, 기관의 각 부분의 기계적인 손실과 부속장치의 구동손실 및 펌프손실로 구성된다.

기관의 회전운동 및 왕복운동을 하는 접동부분의 마찰은 기계손실 및 부속장치의 구동손실의 일부에 포함되며, 이 기계손실은 크랭크축, 미스톤 및 밸브 개폐기구로 나눌 수 있다.

그림 4.4는 기관오일의 점도와 마찰손실 토크의 관계를 나타낸 것이며 점도의 영향이 크다.

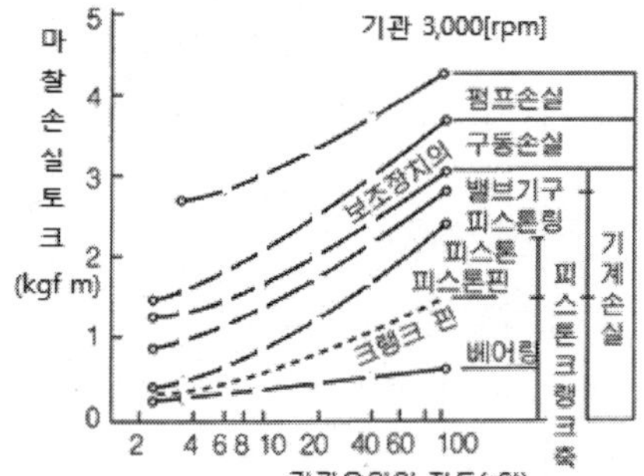

그림 4.4 기관의 마찰손실 특성

멀티 그레이드(multi grade : 여러 기관에서 사용할 수 있는 오일) 기관 오일을 사용한 경우에 마찰저항에 의한 폴리머(polymer)가 전단을 받아 점도가 저하되므로 기유(基油)점도의 영향을 받는다. 그림 4.4에서 기관 오일 점도가 증가함에 따라 마찰손실 토크가 커지는 접동부분은 유체마찰이고, 반대로 감소하는 부분은 경계마찰이라 할 수 있다. 앞에서 설명한 바와 같이 유체 윤활하의 마찰력은 유막의 전단력이고, 경계 윤활하의 마찰력은 실접촉부분의 전단력이므로 마찰손실에 영향을 주는 요인은 유체마찰에서 기관

오일의 점도, 접동속도, 접동면적 및 유막 두께(틈새)이고, 경계마찰에서는 하중 및 경계마찰 계수이다.

(4) 마모의 종류

마모란 마찰 또는 충돌의 반복이고 고체 표면이 손상되거나 물체가 서서히 탈락해가는 현상을 말하며, 기관의 마모 부위에는 크랭크축과 베어링 마모/실린더와 피스톤 링 마모/밸브 개폐기구 마모 등이 있다. 마모에는 응착마모, 연삭마모, 부식마모, 피로마모가 있다.

① 응착 마모(adhesive wear)

응착마모는 마찰의 응착 이론에 의거한 마모이며, 스커핑(scufing), 스코링(scoring), 소착(燒着 : seizure) 등이 포함된다. 스커핑은 유막이 파손되어 마모되는 현상이고, 스코링은 이물질에 의해 마모되는 현상이고, 소착은 윤활유 공급이 부족하거나 규정 간극보다 적을 때 마찰열에 의해 금속 일부가 녹아서 상대편 표면에 눌러 붙는 현상을 말한다.

② 연삭 마모(abrasive wear)

연삭마모는 두 면의 경도 차이와 이물질이 끼어 있는 경우의 마모다. 이 마모가 가장 심하다. 스크래칭(scratching), 부식(erosion)이 포함된다.

③ 부식 마모(corrosive wear)

부식마모는 공기나 윤활유 등의 함유된 수분, 산소가스, 탄산가스 또는 산이나 화학적인 부식 성분 등에 의해 화학적 작용에 의한 부식이다. 롤러 베어링의 내외측 결합부분에 생기는 fretting corrosion(미동 마모)도 이 마모의 일종이다.

④ 피로 마모(fatigue wear)

피로마모는 접촉면에 반복해서 작용하는 힘 때문에 생기는 마모이며, 얼룩마모라고도 한다. 큰 접촉응력을 받는 구름 베어링이나 캠, 기어 등의 구름 접촉면에 발생한다.

(5) 기관의 마모

① 베어링의 마모

기관의 베어링에는 메인 베어링과 크랭크 핀 베어링 등이 있으며, 평 베어링을 사용한다. 평 베어링의 마모형태는 마모(wear), 소착, 피로 박리(剝離), 부식 마모 등이 있다.

㉮ 마모

평 베어링은 이상적으로 완전한 유체윤활이 가능하며 축과 베어링의 직접접촉은 거의 없으므로 그 마모량이 극히 적은 것이 보통이다. 그러나 자동차용 기관에서는 모든 경우에서 이상적인 윤활상태가 반영구적으로 지속될 수 없어 점진적으로 마모되며, 축과 베어링 계통의 내용 수명은 일반적으로 300,000[km] 이상이다.

㉯ 소착

소착의 원인은 예를 들면 기계 가공 시에 칩(chip)이나 주물사 등 이물질이 기관 안에 남아 있다가 운전 시에 베어링 속으로 끼어 들어가면 눌어붙게 되는 것이다. 따라서 소착은 제작상의 부주의나 사용 상태의 잘못 등을 들 수 있다.

사용 상태의 잘못으로 발생하는 소착은 오일 팬 안의 오일 부족, 오일 점도 선택이 잘못되었거나 오일 교환 불량 등을 들 수 있다. 그림 4.5은 소착된 예를 나타낸 것이다.

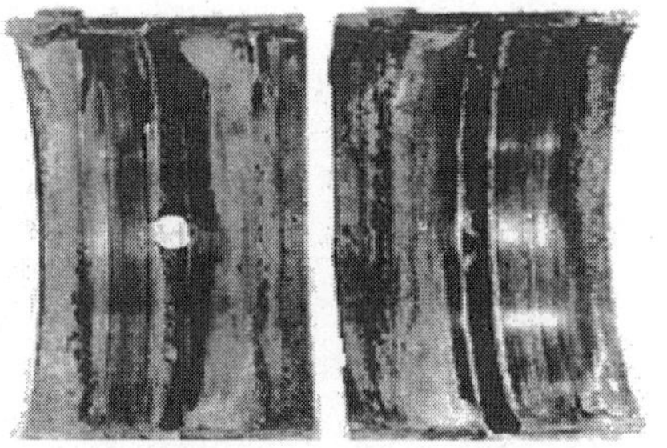

그림 4.5 소착된 베어링(구리/납합금)

㉰ 피로 박리

베어링에 반복해서 변동하는 하중을 가하면 베어링 면이 벗겨진다. 이것은 베어링 표면에 반복 마찰력과 반복 마찰열(열응력)을 받아 생기는 피로 현상이다.

처음에는 축 방향으로 극히 적은 부분적인 균열이 생기고, 다음에는 이것을 잇는 원둘레 방향의 균열로 발전하여 마침내 거북이등 모양의 균열이 생기면서 낱낱의 작은 조각이 그 주변에 탈락하게 된다. 이 피로 박리는 베어링 합금의 피로 강도에 좌우되므로 다른 윤활 조건이 아무리 좋아도 어느 면압(面壓)이 어느 반복횟수 이상 작용하면 파괴된다.

한때 많이 사용했던 화이트 메탈은 기관 부하의 증가로 기관 오일 온도가 높아져 내피로성이 부족하므로 최근에는 구리 납합금 베어링이나 알루미늄 베어링을 주로 쓰고 있다. 그림 4.6, 4.7은 베어링의 피로 박리의 예를 든 것이다.

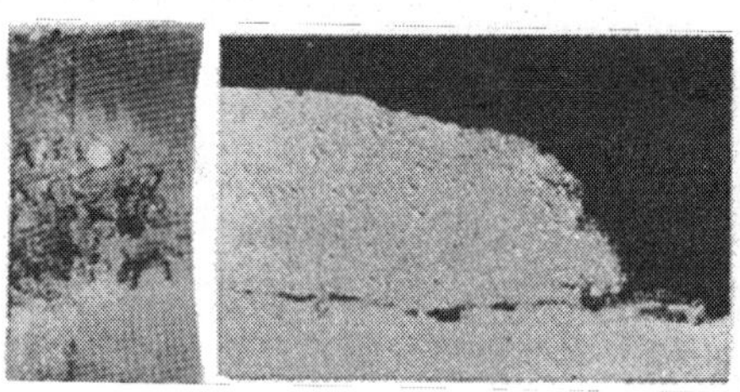

그림 4.6 피로박리(화이트메탈)

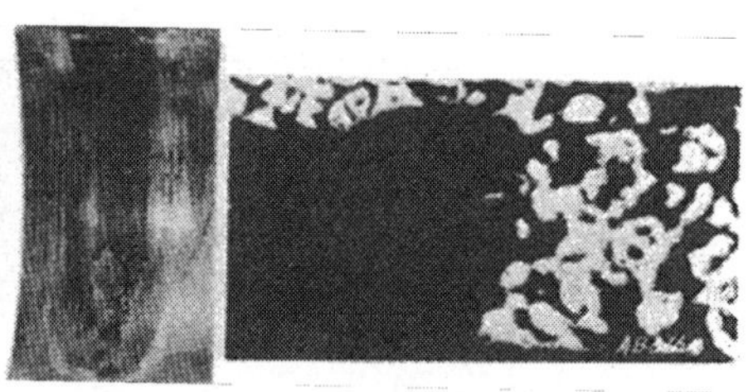

그림 4.7 구리/납합금 베어링 피로박리

㉱ 부식마모

부식마모는 구리·납합금 베어링은 윤활유 속에 생긴 무기산(無機酸), 유기산, 과산화물에 의한 부식작용 때문에 발생한다. 종래의 가솔린 기관에서는 거의 문제가 되지 않았으나 근년에는 기관 오일의 온도가 높아져 오일이 열화(劣化)하기 쉽고, 베어링 오버레이(overlay) 안의 주석이 구리·납합금으로 이동하여 마모가 쉽게 발생하게 되었다.

그리고 구리·납 합금 속에 함유된 납이 윤활유에 의해 선택적으로 부식되는 경우에도 부식마모가 촉진된다. 그림 4.8은 구리·납 합금 베어링의 부식마모의 예이다. 오버레이 안의 주석의 이동을 억제하기 위해 오버레이와 구리·납층 사이에 수 μm의 니켈 도금을 하거나 인듐(indium)을 오버레이 안에 확산시킨다. 그림 4.9는 이러한 베어링에 주석의 이동을 억제하는 효과를 나타낸 것이다.

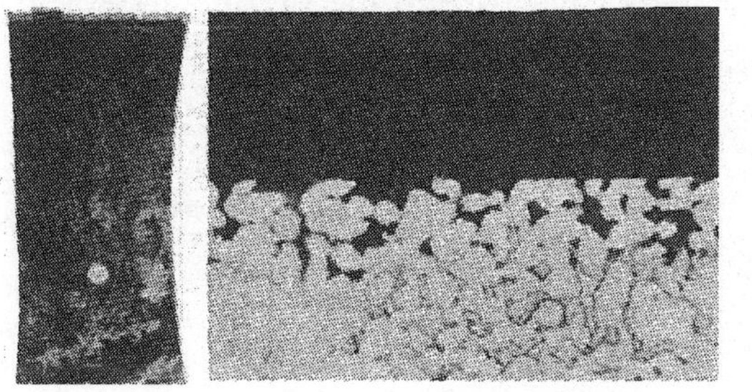

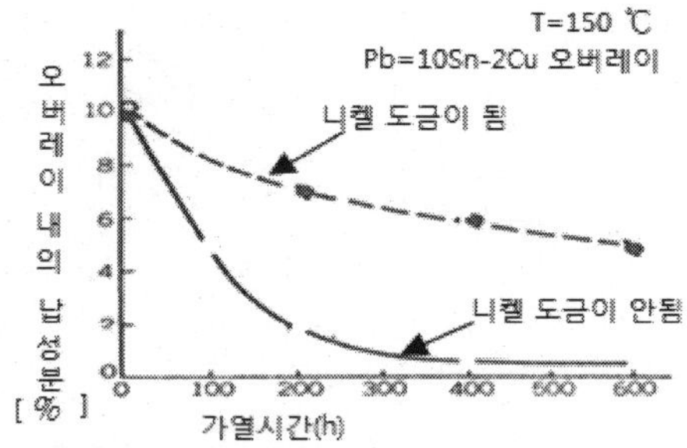

그림 4.8 부식마모(구리/납합금)　　　그림 4.9 니켈도금이 오버레이 안의 납의 확산 이동을 억제하는 효과

② 실린더와 피스톤 링의 마모

실린더와 피스톤 링의 마모 형태에는 흡기 계통으로 들어오는 노상의 먼지나 오일에 함유된 이물질 등에 의한 연삭마모(abrasive wear)와, 연소할 때 생긴 물질이나 물에 의한 부식마모 또는 피스톤 머리 부분의 진동으로 인한 피스톤과 실린더 사이에 충돌로 발생한 국부적인 소착(seizure)이나 피스톤 링의 스커핑(scuffing) 등이 있다.

흡입 공기 속의 먼지는 피스톤 링의 마모량을 거의 직선적으로 증가시키면, 그 먼지는 피스톤 링 홈으로 끼어 들어가서 피스톤 링의 상하면(특히 아래면)을 이상 마모하게 하여 심한 경우에는 피스톤 링이 절손되기도 한다(그림 4.10~12). 실린더 마모 분포는 그림 4.13와 같다. 이것은 이상(異常)마모를 나타내며 부식마모와 먼지로 인한 연삭마모의 경우이다.

제1압축 링의 상사점 부근의 마모량이 가장 크며 이것은 나팔꽃 모양의 마모분포를 나타내고 있다.

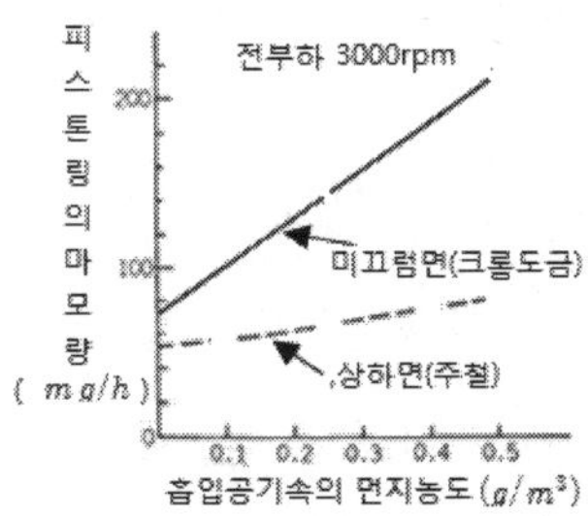

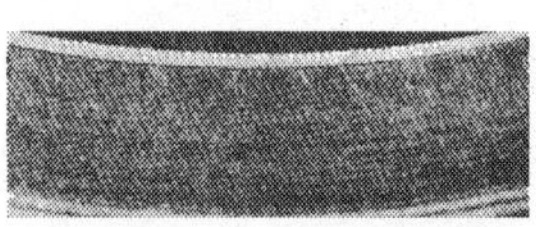

그림 4.10 먼지에 의한 링마모　　　그림 4.11 링 연삭마모

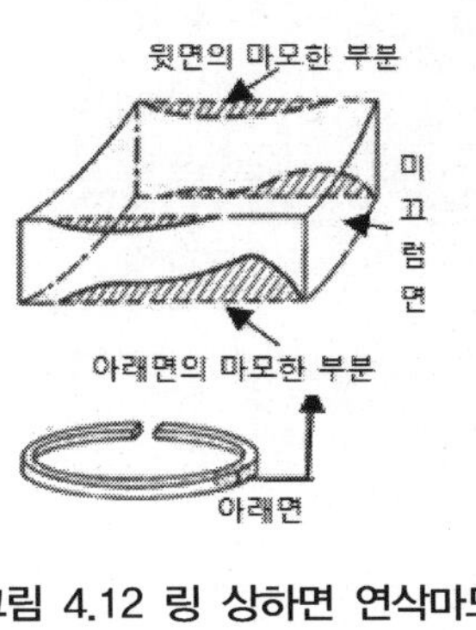

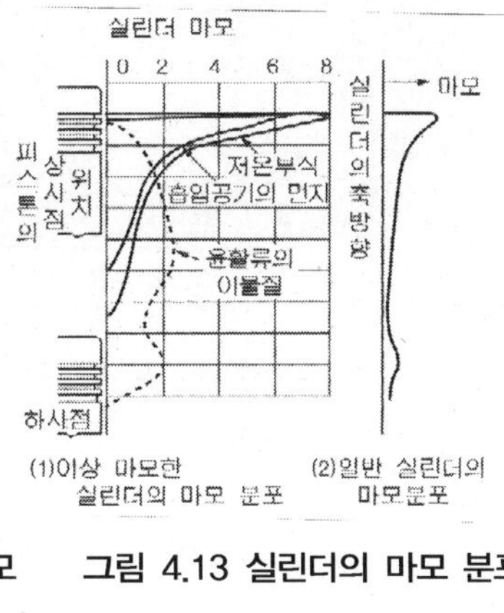

그림 4.12 링 상하면 연삭마모　　　그림 4.13 실린더의 마모 분포

이상마모의 원인이 부식마모인지 또는 먼지로 인한 연삭 마모인지 구분하는 방법은 실린더의 마모면을 관찰하면 알 수 있으며 그 예를 들면 그림 4.14와 같다.

그리고 노킹은 실린더와 피스톤 링의 마모를 급증시킨다. 실린더와 피스톤 링에서 가장 어려운 문제가 되는 것을 스커핑이다. 그림 4.15은 그 예를 든 것이며, 이 경우에는 실린더의 표면 거칠기가 너무 적기(매끈하기) 때문에 유막을 유지하기 어렵게 되어 유막이 끊기는 것이 원인이다.

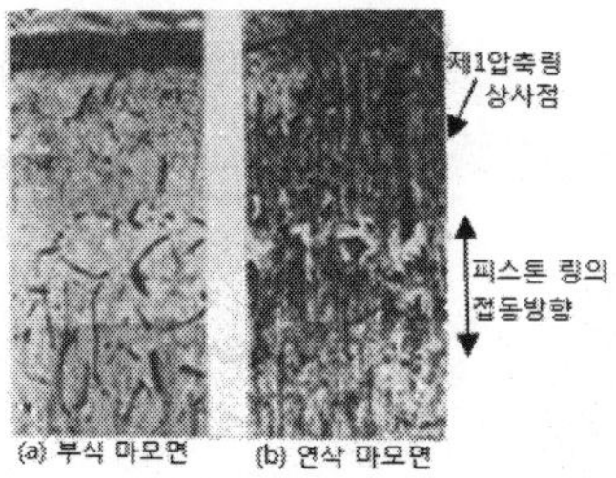

그림 4.14 실린더 마모면

그림 4.15 피스톤 링의 스커핑

그 밖의 피스톤 링의 스커핑의 원인으로는 실린더 표면의 상태나 호닝 가공의 크로스해치(cross hatch) 각도가 부적당한 경우나 또는 피스톤과 실린더의 변형, 피스톤 틈새의 국부적인 축소, 윤활부족, 윤활유의 열화 오손으로 인한 피스톤 링의 소착 등이 있다.

③ 밸브 개폐 기구의 마모

밸브 개폐기구의 부품으로는 캠, 태핏, 밸브 가이드, 밸브 시트 등이 있으며 밸브 시트를 제외한 다른 부분은 오일로 윤활을 하지만 기관 베어링과 같은 양호한 유체 윤활을 기대할 수 없는 부분이며, 표면 거칠기, 접촉상태 및 피로 등의 영향을 크게 받는 혼합 또는 경계 윤활 상태라고 할 수 있다.

㉮ 캠 및 태핏의 접촉

캠과 태핏의 접촉은 구름-미끄럼 접촉이며 그 접촉면에 생기는 마모는 먼저 캠과 태핏의 어느 한쪽에 발생하여 그 다음에 양면에 마모가 전개된다. 그 마모 형태는 피팅(pitting), 스커핑(scuffing), 이상 마모 총 3가지로 분류할 수 있다(그림 4.16).

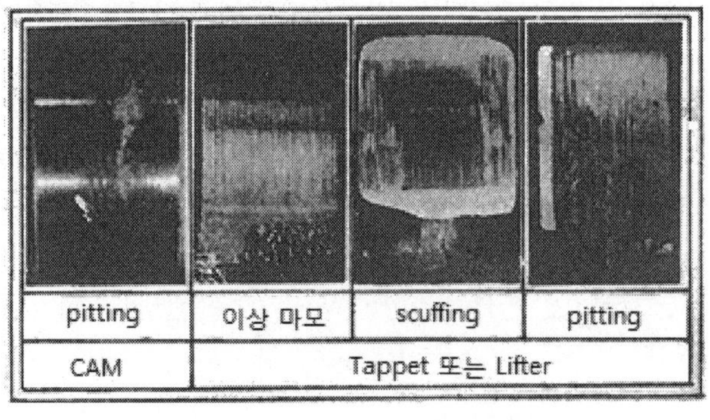

그림 4.16 캠과 태핏의 마모 예

피팅은 재료의 피로에 기인하며, 접촉면에 작용하는 접촉 응력이 중요하다.

스커핑은 마찰로 인한 표면 온도가 중요하므로 캠과 태핏의 재료 및 접촉 조건 등에 따라 마모의 발생 형태가 다르다. 일반적으로 강철 재료는 스커핑이 생기고, 칠드 주물은 피팅이 발생하기 쉽다(그림 4.17).

㉯ 밸브 스템(valve stem)과 밸브 가이드(valve guide)의 마모

밸브 스템과 밸브 가이드는 연소 가스에 노출되고 또 강제 윤활이 불가능한 왕복 접동 부분이며, 그 마모에는 밸브 가이드와 이상 마모 및 밸브 고착(valve stick)이 있다.

밸브 가이드의 마모는 가혹한 조건 하에서 재료의 내마모성이 부족한 것이 원인이며, 따라서 고온에 견디고 자기 윤활성이 좋은 재료나 표면 처리의 선택이 필요하다.

밸브 고착은 카본(carbon) 등이 끼거나 밸브 가이드의 냉각 부족 또는 윤활유 부족 등으로 인한 소착(seizure)이다. 윤활유 부족은 밸브 스템의 오일 실에 의해 오일이 너무 차단되는 것이 원인이다.

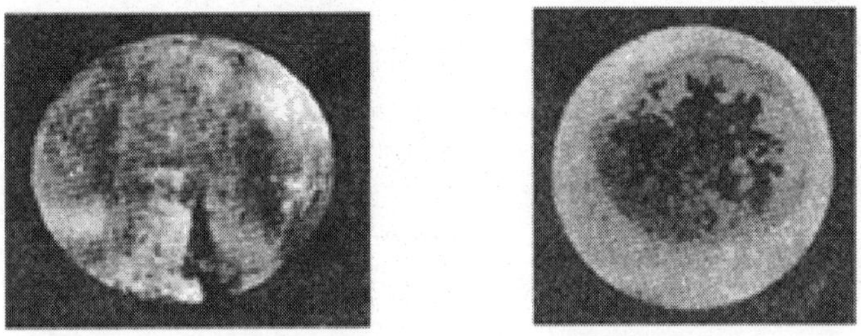

(a) 태핏에 발생한 스커핑(강철) (b) 태핏에 발생한 피칭(칠드주철)

그림 4.17 태핏에 발생한 스커핑과 피팅

7. 윤활유 공급방식

엔진 윤활유 공급방식에는 여러 가지 방법이 있으며 4사이클 기관에서는 비산식, 압송식, 비산 압송식이 있다. 그러나 최근에는 기관의 고속화와 출력이 커짐에 따라 기관오일을 오일 팬에 넣어 두고 여기서 오일 펌프로 기관의 각 윤활부분에 오일을 강제적으로 압송하는 방식인 압송식을 사용하고 있다.

2사이클 기관에서는 가솔린과 기관 오일을 15~25:1의 비율로 미리 혼합하여 크랭크케이스 안에 흡입할 때와 실린더의 소기를 할 때 마찰 부분을 윤활하는 혼합식과 분리 윤활 공급방식이 있으나 일반적으로 분리 윤활방식을 사용하며, 각 방식을 간단히 설명하면 아래 표와 같다.

사이클 별	윤활 방식	특징
2사이클 기관	분리 윤활식	크랭크축과 캠축 베어링 등의 주요부에는 오일펌프로 공급하고, 실린더 벽, 피스톤 핀의 급유는 크랭크축의 원심력에 의해 급유하는 방식이다.
4사이클 기관	비산 압력식 (비산 압송식)	비산식과 압송식을 조합한 형식으로 4행정 4사이클 기관에 사용되고 있다. 크랭크축과 캠축 베어링 및 밸브 기구는 오일펌프에 의해서 윤활되고, 실린더 벽과 피스톤 핀, 피스톤 링 등의 사이에는 비산식에 의해 윤활되는 방식이다. 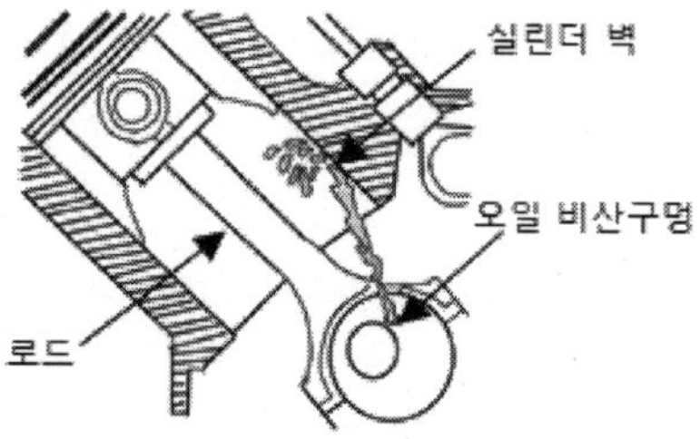 [비산식]

8. 윤활장치의 구성요소 및 기능

(1) 오일 팬(oil pan)

오일 팬은 윤활유를 저장하는 용기이며 또 외부로 열을 발산하여 오일의 온도를 낮추는 역할도 한다. 그림 4.18과 같이 강판을 프레스로 가공한 것이며, 가스켓을 대고 실린더 블록에 볼트로 결합되어 있다.

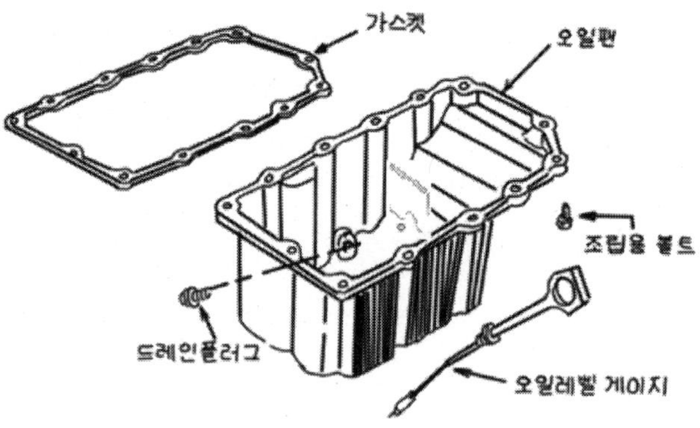

그림 4.18 오일 팬의 구조

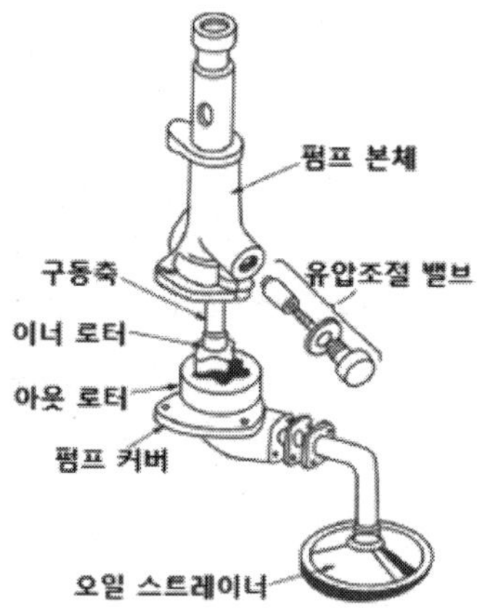

그림 4.19 오일 스트레이너

오일섬프(oil sump)는 오일 팬의 일부분에 깊게 만들어져 있는 부분이며 급정차, 급커버, 언덕길 주행 시 충분한 오일이 밑바닥에 고여 있도록 하여 오일 스트레이너가 공기 중에 노출되어 윤활작용이 불량해지는 것을 방지한다.

배플 플레이트(baffle plate : 격리판)는 급제동, 급출발 시 오일이 유동(사이드 셰이크 진동)으로 인해 오일이 한쪽으로 쏠리는 것을 방지하는 칸막이다.

드레인 플러그(drain plug)는 오일 팬 아래쪽에 설치되어 엔진오일을 교환할 때 오일을 배출시키기 위한 볼트이다.

오일 스트레이너(oil strainer)는 오일펌프 흡입 측 여과기이며, 오일 팬 섬프 내의 오일을 펌프로 유도해 주는 것이며, 오일 속에 포함된 비교적 큰 이물질을 여과하는 철망여과기이다(그림 4.19).

(2) 오일펌프(oil pump)

가솔린 기관은 크랭크축에 의해, 디젤 기관은 발전기에 축에 의해 구동되며, 오일 팬 안에 있는 기관오일을 빨아올려 각 운동부에 압송하는 펌프이다. 종류에는 기어식, 로터리식, 베인식, 플런저식이 있으며 4사이클 기관에서는 기어식과 로터리식이 주로 사용되고 2사이클 기관에서는 플런저식을 하용하고, 베인식은 디젤 기관에 일부 쓰이고 있다.

원심펌프의 원리는 유체를 회전시킬 때 원심력에 의해 중심부분 압력은 낮아지고 외주는 압력이 높아진다(그림 4.20). 원심펌프는 이와 같은 원리를 이용한 것이다. 왕복식 펌프는 플런저 & 피스톤이 왕복운동을 하면 체적변화가 생긴다. 이 변화를 이용하여 펌핑작용을 한다.

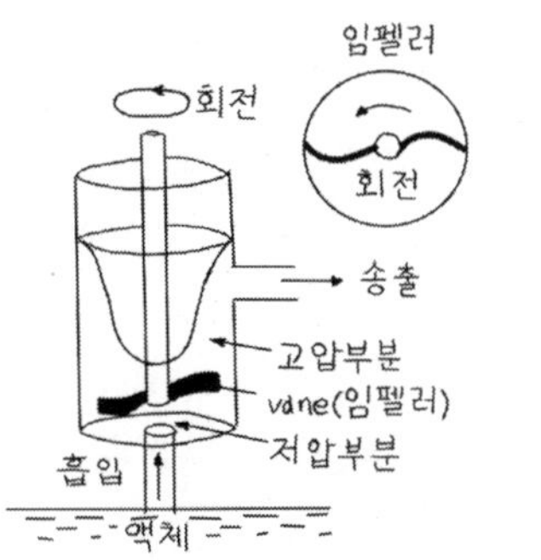

그림 4.20 원심펌프의 원리

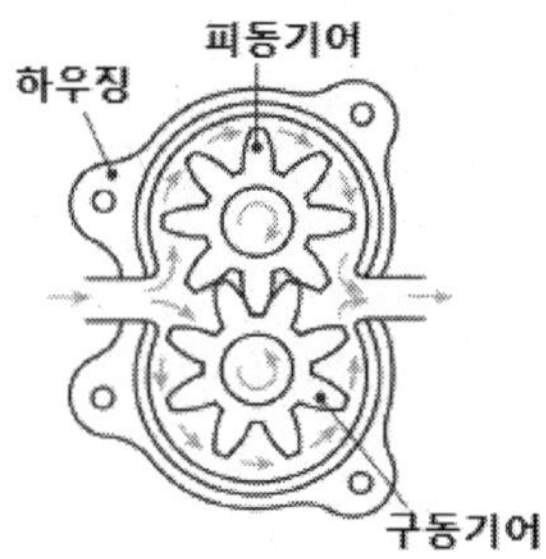

그림 4.21 외접기어 펌프

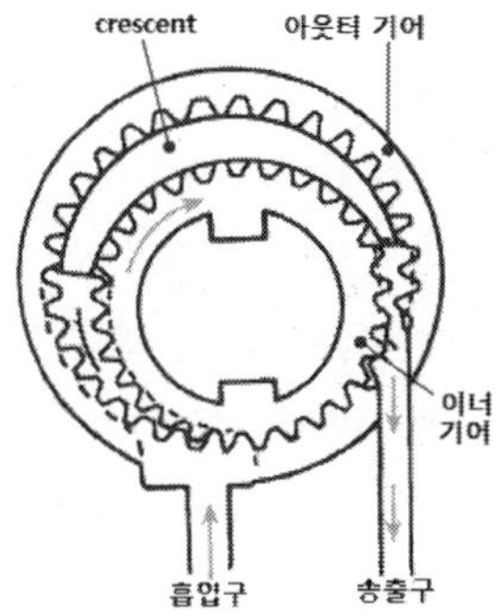

그림 4.22 내접기어 펌프

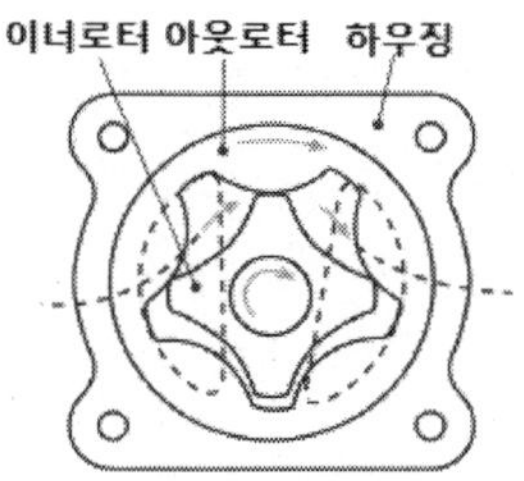

그림 4.23 로터리 펌프

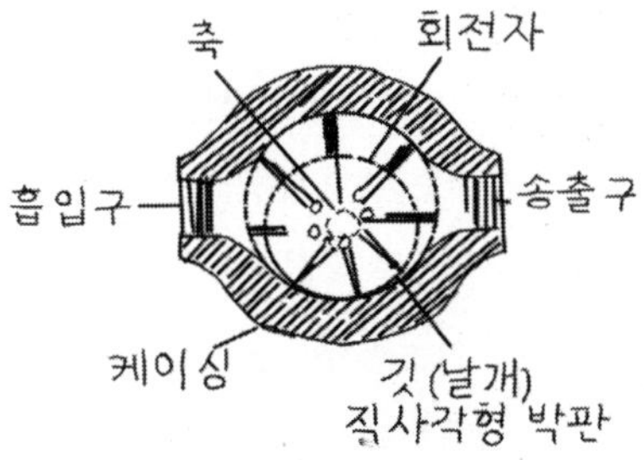

그림 4.24 베인 펌프

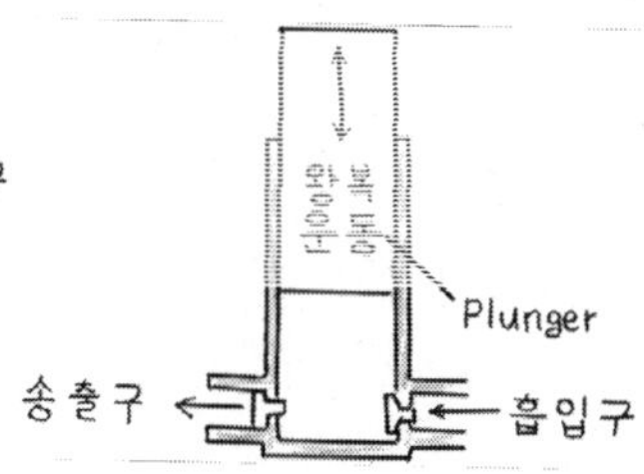

그림 4.25 플런저 펌프

① 외접기어 펌프

외접(外接)기어 펌프는 그림 4.21과 같이 2개의 기어는 흡입구와 배출구 외에는 거의 틈새가 없이 펌프 케이스에 둘러싸인 구조로 되어 있으며, 기어가 회전함에 따라 기어와 케이스 사이에 들어있는 오일이 배출구로 운반되어 기어가 물리면 이(齒)홈에서 배출구로 나간다. 이 펌프는 구조가 간단하고 작용이 확실하므로 오래 전부터 널리 쓰이고 있다. 외접기어 펌프의 1회전에 대한 이론 배출량(Vth)은 다음 식으로 나타낸다.

$$Vth = \frac{\pi b}{2} \cdot (D^2 - A^2 - \frac{1}{3}\pi^2 m^2 \cos^2 \alpha n)$$

여기서, Vth : 이론 배출량(cm^3/rev)

b : 기어의 두께(cm)

D : 기어의 바깥지름(cm)

A : 기어의 중심거리(cm)

m : 모듈

αn : 기어의 공구 압력각

펌프는 그 운전 조건에 따라 일정한 체적 효율을 갖고 있으며, 실제의 펌프 배출량(Q)은 다음 식으로 나타낸다.

$$Q = Vth \cdot \eta v \cdot N/1000(\ell/\min)$$

여기서, Vth : 이론 배출량

ηv : 체적 효율

N : 펌프 회전수(rpm)

이 체적 효율은 기어와 케이스 틈새, 배출 압력, 오일의 점도 등에 따라 달라지며, 일반적으로 60~95[%]의 범위이다.

윤활용 오일펌프는 캐비테이션(cavitation : 공동현상)에 대해 특히 고려해야 한다. 캐비테이션 현상이란 펌프의 흡입부분의 압력이 오일의 포화 증기압까지 내려가서 오일이 비등하여 기포가 발생하는 현상이다.

이 캐비테이션이 발생하면 소음, 진동, 배출 압력의 불규칙한 변동, 배출량의 저하, 유막의 불안정 등의 고장이 발생한다. 따라서 기관의 실용 회전 범위 안에서 캐비테이션을 방지해야 한다. 그리고 캐비테이션은 펌프의 흡입계통의 모양에 따라서도 큰 영향을 받으므로 오일 통로는 될 수 있는 대로 넓게 하여 통로 저항을 적게 하고 또 흡입관 안의 유속은 3.5[m/s] 이하로 되게 설정하는 것이 좋다.

② 내접기어 펌프

내접(內接)기어 펌프는 그림 4.22.와 같이 내접으로 물린 기어 펌프이며 그 작동 원리는 외접기어 펌프와 같다. 이 펌프는 용량이 같은 다른 펌프에 비하여 얇게 할 수 있고, 구동 방법이 간단하며 크랭크축에 의해 직접 구동할 수 있으므로 구동장치의 부품이 필요치 않다는 등의 방법이 있다.

그러나 고속으로 운전하기 때문에 소비 마력이 증가하는 단점도 있다. 최근의 경향으로는 소형이고 가벼운 점을 중시하여 많이 사용하고 있다.

내접기어 펌프의 1회전에 대한 이론 배출량은 다음 식으로 나타낸다.

$$Vth = [2Z + (1-i)(1 - \frac{1}{12}\pi^2 \cos^2 \alpha n)]\pi b m^2$$

여기서, Z : 작은 기어의 잇수

i : 기어비(Z/Z')

내접기어 펌프는 이가 낮은 기어를 많이 사용하는데 그 이유는 내접기어의 경우 이의 간섭(임벌류트 간섭 : 트로코이드 간섭)이 발생하기 때문에 낮은 이로 하면 이의 간섭이 발생하는 일이 적어서이다. 이가 낮은 기어의 이론 배출량은 다음 식으로 나타낸다.

$$Vth = 1.6Z + (1-i)(0.64 - \frac{1}{12}\pi^2 \cos^2 \alpha n)\pi b m^2$$

체적 효율은 외접기어 펌프와 마찬가지로 운전 조건에 따라 변화하고, 그 값도 거의 같다. 외접기어 펌프나 로터리 펌프는 기관 회전의 1/2 정도로 회전하는 것이 보통이며, 펌프의 최고 회전수는 3000[rpm] 정도이다.

그러나 내접기어 펌프는 크랭크축에 의해 직접 구동되는 경우가 많고 펌프의 최고 회전수는 6000[rpm] 부근에서 운전되므로 캐비테이션에 특히 주의해야 하고, 흡입구 및 배출구는 될 수 있는 대로 넓게 하여 저항이 적은 모양으로 하는 것이 효과적이다.

③ 로터리 펌프(rotary pump)

로터리 펌프는 트로코이드 펌프(trochoid pump)라고도 하며 그림 4.23과 같이 트로코이드 곡선에 의해 형성된 안 로터(inner rotor)와 바깥 로터(outer rotor)로 구성되어 있다.

안 로터 잇수는 바깥 로터의 잇수보다 1개가 적으며, 자동차용 오일펌프는 잇수가 4개와 5개로 결합된 것이 가장 많다.

안 로터가 회전하면 안 로터 돌출면이 바깥 로터의 오목면으로 차례로 끼어 들어가므로 양 로터 사이에 생긴 공간의 체적이 변한다. 오일은 이 공간체적이 증가하는 곳에서 흡입되어 공간의 틈바구니에 끼어서 반대쪽으로 옮겨가 체적이 감소함에 따라 배출구로 밀려 나간다. 이 펌프는 기어펌프와 같은 장점이 있고, 소형화할 수 있어 현재 가장 많이 쓰이고 있다. 로터리 펌프의 이론 배출량은 다음 식으로 나타낸다.

$$Vth = \frac{\pi}{4}(D^2 - d^2)b$$

여기서, D : 안 로터의 이끝원 지름(cm)
d : 안 로터의 이뿌리원 지름(cm)
b : 로터의 두께(cm)

(3) 유압 조절기(oil pressure regulator)

유압 조절밸브는 오일펌프에서 압송된 오일을 일정한 압력으로 조정하는 안전밸브(relief valve) 또는 바이패스 밸브(bypass valne)라 한다. 그림 4.26는 유압조절의 기본 구조와 작동을 나타낸 것이며, 조절밸브, 밸브 스프링, 조정 플러그(나사) 등으로 구성되어 있다.

설치 위치는 오일펌프 유로에 단독으로 설치된 것과, 오일펌프 커버에 설치하여 펌프와 일체로 되거나 오일 여과기 캡에 설치된 것도 있다. 작동은 유압이 높으면 첵볼이 스프링을 눌려 오일이 오일 팬으로 복귀하여 압력이 낮아지고 이후 압력이 낮아지면 스프링이 첵볼을 밀어 입구를 막으면 유압이 상승되는 구조로 되어 있다. 압력조절 플러그를 조이거나 늦추어 밸브 스프링 세기를 조정하여 규정압력으로 조절한다. 규정압력은 가솔린은 2~3[kgf/㎠]이고, 디젤은 3~4[kgf/㎠]이다.

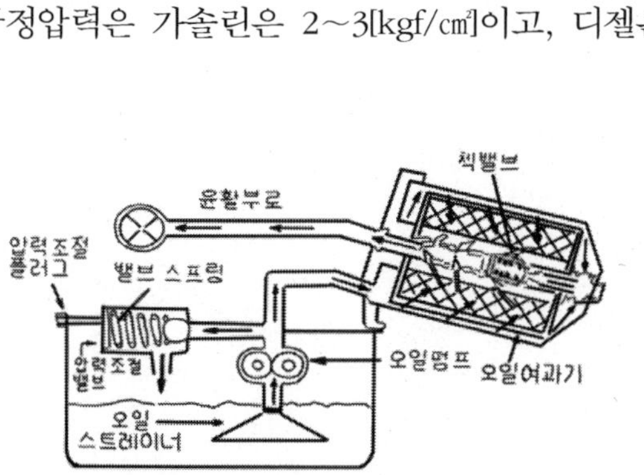

그림 4.26 유압 조절밸브의 구조

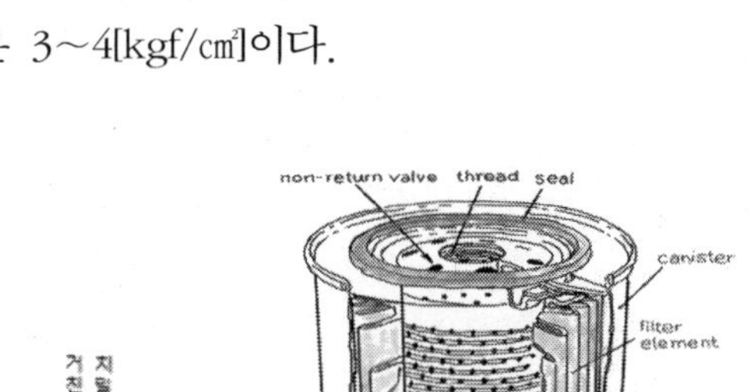

그림 4.27 오일 여과기 구조

유압이 높은 원인과 낮은 원인은 다음과 같다.

유압이 높은 원인	① 오일점도가 높을 시 ② 베어링 등 오일간극이 과소일 경우 ③ 릴리프(유압조절) 밸브 스프링 장력이 과다할 경우 ④ 오일필터(라인 여과기)가 막힐 경우
유압이 낮은 원인	① 오일점도가 낮을 경우 ② 베어링 등 오일간극이 과대일 경우 ③ 오일누출 및 오일량 부족 시 ④ 유압조절밸브 스프링 장력이 과소일 경우 ⑤ 펌프 흡입측 여과기(스트레이너)가 막힐 경우 ⑥ 오일이 연소가스로 희석(dilution : 묽게 되어 타는 현상)된 경우

(4) 오일 여과기(oil filter)

오일 여과기는 각 섭동부분과 회전부분에서 발생되는 금속 분말과 연소에 의해 발생하는 카본 등을 여과해서 윤활유를 항상 깨끗한 상태로 유지한다. 오일에 발생하는 이물질은 다음과 같은 것이 있다.

① 흡입공기와 함께 실린더 내로 유입되어 오일에 섞인 이물질
② 오일의 열화(劣化) 및 노화(老化)로 생긴 산화물
③ 엔진의 섭동부분이 마모하여 발생 금속 분말(쇳가루)
④ 연료 및 윤활유의 불안전 연소로 생긴 카본(Carbon) 등을 들 수 있으며, 그 일반적인 조성은 카본이 80~90%이고, 나머지는 쇳가루(금속분말)와 먼지 등이다.

(5) 유면 표시기(oil level gauge)

엔진오일은 매일 점검하며 시동 전 또는 시동을 끄고 5~20분 정도 경과한 후에 엔진오일의 양을 점검한다. 엔진오일 양 또는 오염 정도를 점검할 때 지면은 수평이어야 하며 눈금을 읽어 F(Full or MAX)와 L(Low or MIN)의 중간에 있을 때 정상이다. 가혹한 조건으로 운전되는 자동차와 보충 시에는 F에 가까워야 한다. 오일 양이 많으면 실린더 벽에 뿌려져 오일이 연소하고, 오일 양이 부족하면 오일 공급량 부족으로 윤활이 불완전하게 된다. 교환 시기는 10,000km 전후로 한다.

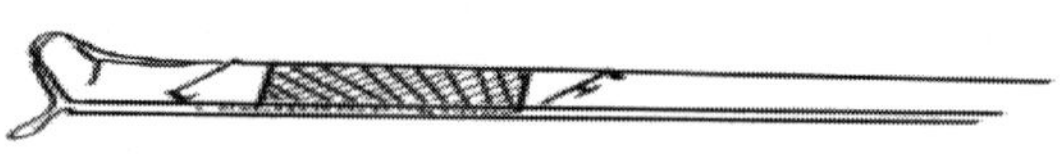

[유면 표시기]

> **Handy hint**
>
> ▌오일 색깔에 의한 원인 판별법
>
> ① 검정색 : 심하게 오염된 상태이다(교환시기가 지났을 때).
>
> ② 우유색 : 냉각수가 유입된 상태이다.
>
> ③ 붉은색 : 가솔린이 유입된 상태이다(가솔린 착색이 붉은 색일 때).
>
> ④ 회색 : 연소가스 생성물이 혼합된 상태이다(가솔린 내의 4에틸 납).
>
> ▌엔진오일 소모되는 주원인
>
> 기관오일이 소모되는 주원인은 연소와 누설 때문이다. 연소는 실린더 헤드 가스켓 마모, 피스톤링 마멸과 실린더헤드 밸브 가이드 실이 마모되어 윤활유가 연소실에 유입되었기 때문이다. 그 외는 엔진 열에 의한 증발로 외부 방출 등이다.

(6) 오일 냉각기(oil cooler)

엔진오일은 온도가 상승하면 점도가 낮아지고, 저온에서는 점도가 높아져 윤활부분에 충분한 오일이 공급되지 못한다. 이를 위하여 오일은 항상 알맞은 온도로 일정하게 유지시켜 주는 장치가 오일 냉각기이다. 대형 차량일 경우는 라디에이터 앞쪽에 설치되고(그림 4.28), 소형 차량은 오일 여과기 앞쪽에 설치되어 엔진 냉각수로 냉각이 된다(그림 4.29).

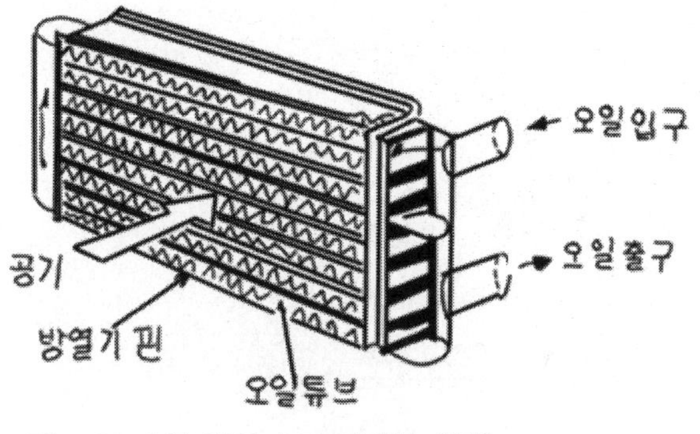

그림 4.28 오일 냉각기 구조(대형 차량)

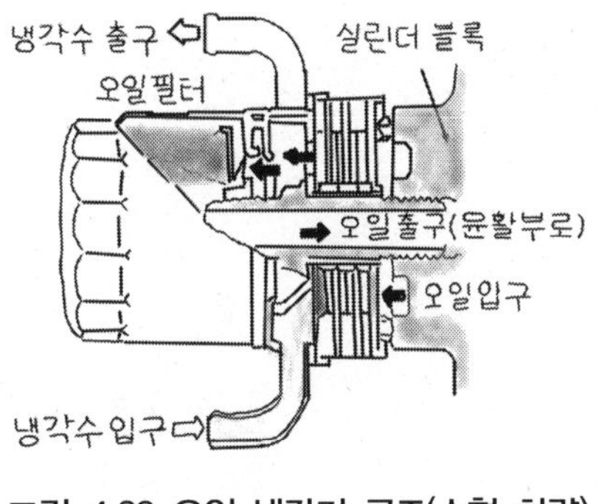

그림 4.29 오일 냉각기 구조(소형 차량)

9. 기관 오일 여과방식

오일의 유로는 기관 본체의 오일이 순환하는 통로(oil gallery)와 오일 파이프(석션 파이프)로 연결되어 있다. 그리고 오일의 순환 경로는 오일을 여과하는 오일 여과기의 설치방법에 따라 달라지며 그 방식에는 전류식(全流式), 분류식(分流式) 및 이 두 방식을 합한 복합식이 있으나 보통 전류식을 사용한다.

(1) 전류식(full-flow filter)

전류식은 그림 4.30과 같이 오일펌프에서 나온 오일의 모두가 여과기를 거쳐서 여과된 후 윤활 부분으로 공급되는 방식이다. 이 방식은 항상 여과된 오일을 윤활 부분으로 공급할 수 있는 장점이 있으나 엘리먼트가 막히면 급유가 부족해지기 쉽다. 이러한 경우를 대비하여 바이패스 밸브가 설치된다.

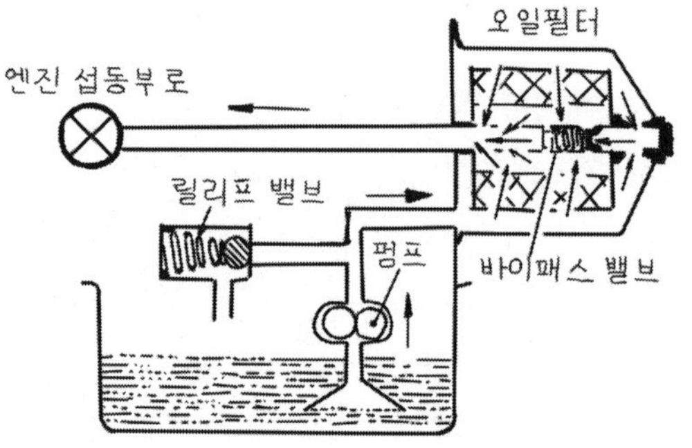

그림 4.30 전류식 여과방식

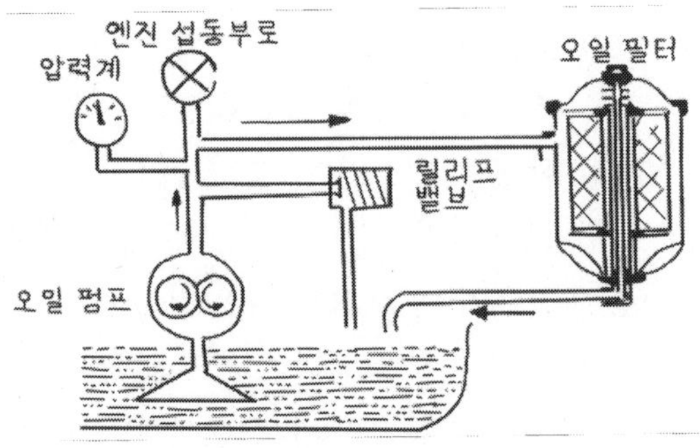

그림 4.31 분류식 여과방식

(2) 분류식(by-pass filter)

분류식은 그림 4.31과 같이 오일펌프에서 나온 오일의 일부만을 여과하여 오일 팬으로 보내고 나머지는 여과되지 않은 상태로 윤활 부분으로 공급하는 방식이다.

(3) 샨트식(shunt flow filter : 복합식)

샨트식은 그림 4.32와 같이 오일펌프에서 나온 오일의 일부만 여과하게 하는 방식이다. 이 방식은 여과된 오일이 오일 팬으로 되돌아가지 않고 나머지 여과되지 않는 오일과 윤활 부분에서 합쳐져서 윤활부에 공급된다.

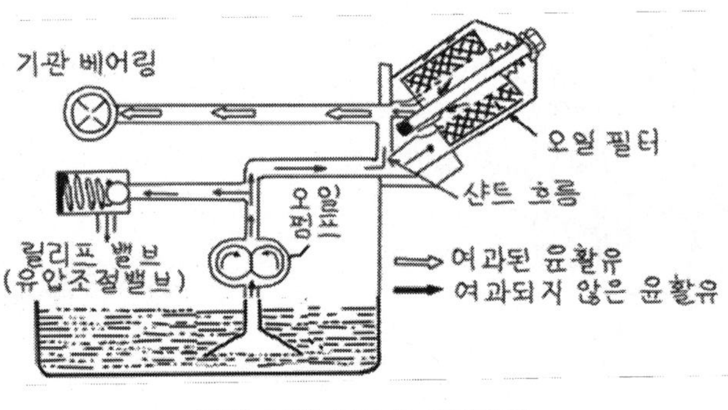

그림 4.32 샨트식 여과방식

10. 유압계(Oil Pressure Gauge)

유압계는 엔진오일 공급계통의 오일 압력을 운전석에서 알 수 있도록 된 장치로서 유압 경고등식, 바이메탈식, 밸런싱 코일식, 부어든 튜브식이 있다.

(1) 유압 경고등식

엔진이 가동 중 엔진오일이 순환되지 않으면 계기판에 점등되는 것으로 오일 압력이 유닛에 의해 작동되며 오일 압력 유닛은 오일 순환 통로(실린더 블록)에 설치되어 오일이 순환되면 소등되고 순환 압력이 낮으면 점등되어 운전자에게 경고하여 준다.

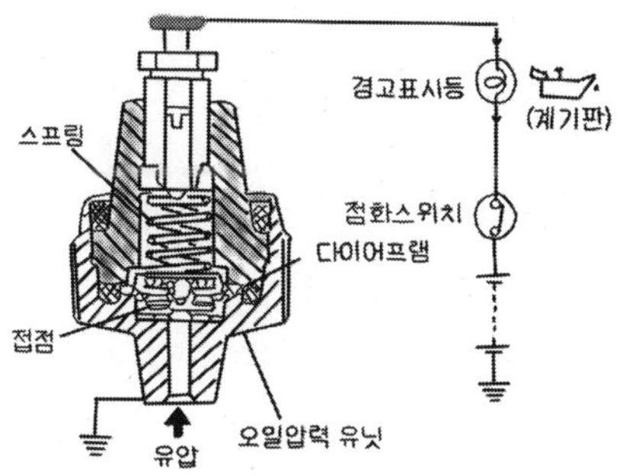

[유압 경고등식]

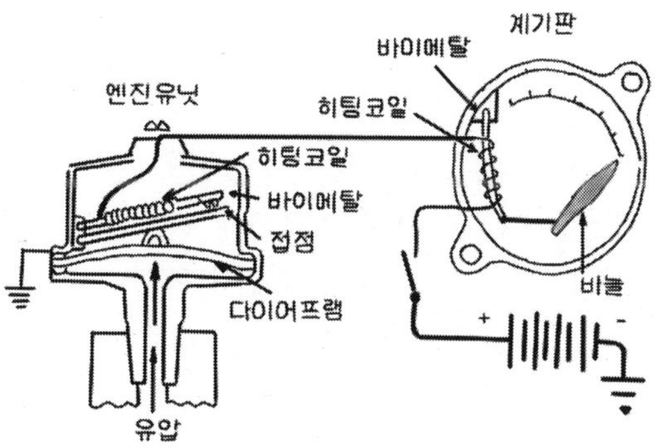

[바이메탈식 경고등]

(2) 바이메탈식

바이메탈이란 열팽창 계수가 크게 다른 두 개의 금속재료를 접합한 것으로 접합부에 열선으로 감고 오일 유닛의 유압에 의해 전류의 흐르는 양에 따라 유압이 계기에 표시되게 되어 있다.

(3) 밸런싱 코일식(평형 코일식)

오일 유닛의 유압에 의해 막의 변형에 따라 계기에 흐르는 전류의 크기를 가변저항에 저항증감으로 밸런싱 코일의 자석변화로 계기판에 표시되게 한다.

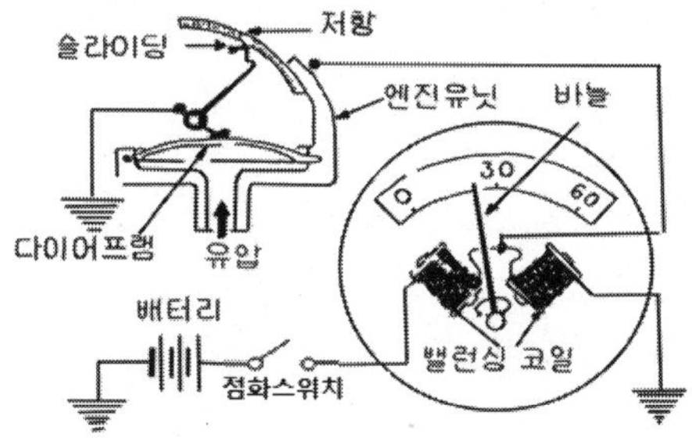

[밸런싱 코일식 유압 경고등]

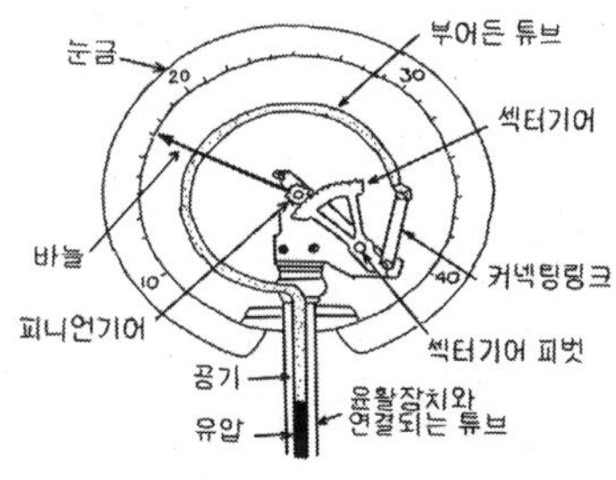

[부어든 튜브식 유압 경고등]

(4) 부어든 튜브식

부어든 튜브와 오일 통로에 파이프를 연결하여 유압이 올라가면 튜브 내에 공기가 압축되어 팽창하며 튜브 끝에 설치되어 있는 기어가 바늘을 움직여 나타낸다.

Chapter 5 냉각장치(Cooling System)

냉각장치는 기관을 냉각하여 과열을 방지하고 또 적당한 온도로 유지하는 장치이다. 실린더 안의 연소가스 온도는 2000[℃] 이상에 이르는데, 이 열의 상당한 양이 실린더, 실린더 헤드, 피스톤, 밸브 등에 전도된다. 이러한 부분의 온도가 과도하게 높아지면 부품 재료의 강도가 저하되어 고장이 생기거나 수명이 단축되고, 연소상태도 나빠져 노킹이나 조기점화가 발생하며 그 결과 기관의 출력이 저하된다. 또 냉각이 불완전한 상태에서는 실린더 벽의 유막이 끊기는 등의 윤활기능의 저하와 오일의 변질 등으로 이상마모, 눌어붙는 등 고장의 원인이 된다.

반대로 지나치게 냉각되면 연소에서 발생한 열량 가운데 냉각으로 손실되는 열량이 크기 때문에 기관의 열효율이 낮아지고 연료 소비량이 증가하는 등의 문제가 생기므로, 기관의 온도를 알맞게 유지하는(75~80[℃]) 것이 냉각장치의 기능이다.

기관의 냉각방식에는 외부 공기로 기관을 직접 냉각하는 공랭식과, 냉각수를 기관 내부로 순환시켜 냉각하는 수냉식이 있다.

냉각 방식	특징	단점
공냉식	① 구조가 간단하고, 중량이 가볍다. ② 취급이 용이하다. ③ 냉각수 보충, 누출, 동결의 염려가 없다. ④ 실린더 헤드에 방열핀이 설치되어 있다. ⑤ 정상온도 도달시간이 짧다.	① 냉각이 균일하지 못하다. ② 기관온도가 쉽게 변화한다. ③ 소음이 심하다.
수냉식	① 열을 잘 흡수하여 냉각성능이 우수하다. ② 구입이 용이하다. ③ 냉각수는 연수(빗물, 증류수, 수돗물)를 사용한다.	① 물 찌꺼기(Scale)가 생기기 쉽다. ② 가압 후 냉각수의 비등점을 올려야 한다. ③ 부식방지제를 사용해야 한다. ④ 냉각수의 빙점을 내려야 한다.

1. 수냉식 냉각장치

수냉식 냉각장치는 냉각수를 사용하여 기관을 냉각하는 형식이다. 수냉식은 물의 순환 방식에 따라 자연 순환식과 강제 순환식이 있는데, 자연 순환식은 냉각에 신뢰성이 없어 전혀 사용하지 않고 수냉식 기관의 대부분이 강제 순환식을 쓰고 있다.

강제 순환식은 실린더 블록과 실린더 헤드에 마련된 물 재킷(water jacket) 안에 냉각수를 순환시켜 냉각 작용을 하도록 한 것이며, 그 주요부는 물 펌프(water pump), 수온 조절기(thermostat), 라디에이터

(radiator), 냉각 팬(cooling fan) 등으로 구성되어 있다.

냉각수 순환 회로는 그림과 같이 물 펌프를 돌려서 냉각수를 실린더 블록과 실린더 헤드의 물 재킷으로 보낸 다음, 가열된 냉각수를 라디에이터로 보내서 방열하여 다시 물 펌프로 순환시킨다. 라디에이터에는 냉각 팬이 부착되어 외부 공기를 라디에이터를 통해 강제적으로 흡입하여 방열효과를 좋게 한다.

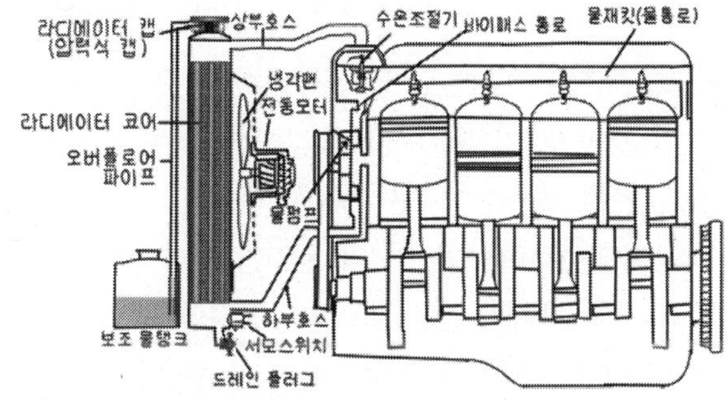

[밀봉 압력순환식의 냉각장치 구조]

그리고 물 재킷과 라디에이터 사이에는 수온 조절기가 설치되어 온도에 따라 냉각수의 순환경로를 바꾸어 온도를 조절한다.

(1) 물 펌프(water pump)

물 펌프는 냉각수를 순환시키는 장치이며, 원심 펌프(centrifugal pump)를 사용한다. 이 펌프는 밀폐된 용기에 물을 가득 채우고 그 속에서 날개를 회전시키면 용기 안 주위의 압력이 높아지고, 중심부의 압력은 낮아진다. 용기의 주위와 중심부에 파이프를 설치하여 연결하면 중심부의 파이프에서는 물이 흡입되고, 주위의 파이프에서는 물이 밀려나가면서 순환된다.

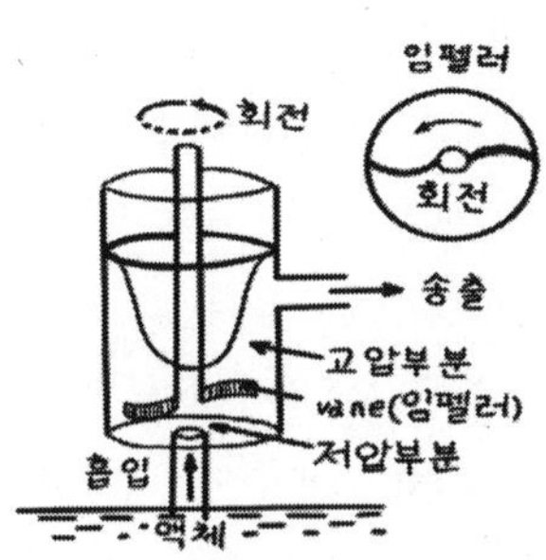

[원심 펌프의 작용 원리]

즉 임펠러(impeller)의 회전으로 원심력을 이용해서 물을 바깥둘레로 뿜어내서 펌핑작용을 하는 것이다. 물 펌프는 펌프 보디, 임펠러, 펌프 축, 베어링, 매커니컬 실(seal) 등으로 구성되어 있다. 펌프축은 볼베어링 또는 부싱(bushing)으로 된 베어링이 조립되어 펌프 보디에지지 되어 있으며, 펌프실 안에 펌프 실과 날개가 조립되어 있고, 펌프 보디 외부에는 플랜지와 함께 벨트 풀리가 설치되어 있다.

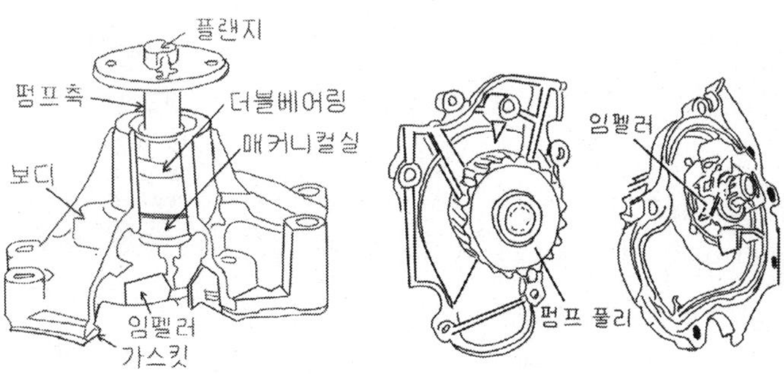

[물 펌프의 형상]

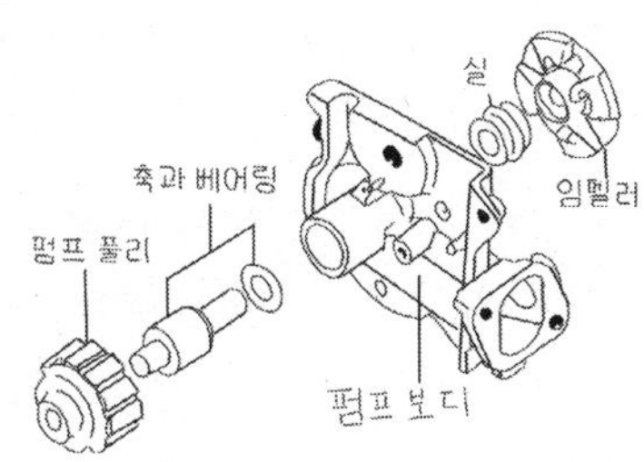

[물 펌프의 분해도]

베어링(bearing)은 미리 그리스(grease)를 밀봉하고 분해할 수 없게 된 베어링 유닛식이 많이 사용되고 있다. 임펠러는 베인(vane)이라고도 하며 6개 정도의 날개가 방사형 또는 와류형으로 달려 있으며 펌프축에 핀(fin)으로 고정되어 있다. 펌프 보디와 펌프축 사이에는 물이 새는 것을 방지하기 위해 시일(seal)장치가 되어 있으며, 시일 고무, 스러스트와셔, 스프링 등이 결합되어 있다.

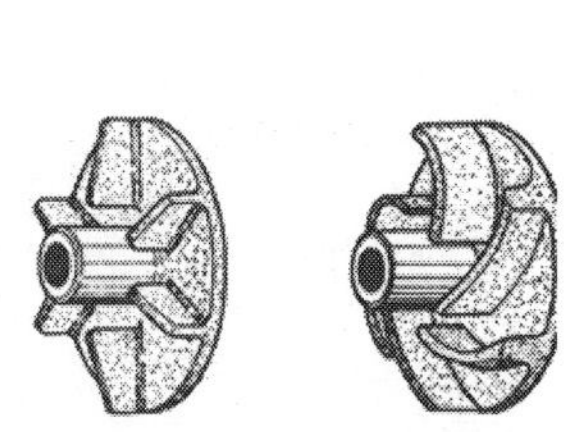

(a) 방사형 (b) 와류형

※ 원심 펌프는 소형이나 송수량이 많고 출구를 오므려도 압력이 상승하지 않으므로 온도 조절이 용이하다. 또 고장이 생겨 펌프가 회전하지 않아도 물이 자유로이 날개 사이로 흐르기 때문에 불완전하지만 자연순환이 되어 냉각하므로 그 즉시 과열되지 않는 장점이 있다.

물 펌프는 능력 송수량(ℓ/min·rpm)으로 표시하며, 배기량이 큰 기관일수록 송수량이 큰 펌프를 사용한다. 펌프의 효율은 냉각수의 온도가 상승하면 효율이 저하되고, 냉각수의 압력이 상승되면 효율도 상승된다. 대기압 하에서 펌프 회전이 일정할 때 냉각수의 순환은 온도가 70~100[℃]에서 시험한 결과, 냉각수 온도 60[℃]일 때와 82[℃]일 때의 송수량은 82[℃]일 때 15[%] 정도 송수량이 저하된다. 그러나 냉각수를 가압할수록 펌프 효율은 상승한다.

(2) 수온 조절기(thermostat : 정온기)

수온 조절기는 기관 내부의 냉각수 온도의 변화에 따라 밸브가 자동적으로 개폐하여 라디에이터로 흐르는 유량(流量)을 조절함으로써 냉각수의 적정온도를 유지하는 일종의 밸브장치이다.

수온 조절기의 밸브가 열리는 온도는 80[℃] 안팎(76.5~85 [℃])이다. 수온 조절기의 설치 위치는 기관의 냉각수 입구나 출구 어느 쪽이어도 되나, 라디에이터로 가는 출구에 설치한 것이 많다. 그 이유는 물 펌프의 캐비테이션[cavitation : 임펠러 표면에 생기는 공동(空洞) 현상]의 방지와 수온 조절기의 점검 및 교환작업 등을 고려한 것이다. 그리고 입구에 설치하면 기관 안의 냉각수 온도를 거의 일정하게 유지하는 장점이 있다.

수온 조절기에는 펠릿형(pellet type)과 벨로즈형(bellows type)이 있으며, 펠릿형은 벨로즈형에 비해 수압의 영향을 덜 받기 때문에 온도를 정확히 제어할 수 있는 펠릿형을 많이 쓰고 있다.

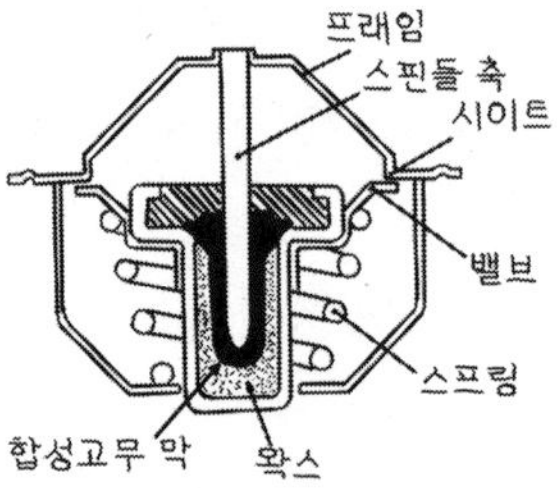

(a) 펠릿형

펠릿형은 그림 (a)와 같이 케이스에 설치한 스핀들과 펠릿에 설치한 밸브 및 스프링을 결합한 것으로, 펠릿 안에는 왁스(wax)와 함께 고무가 봉입되어 있다. 이 왁스의 팽창 및 수축을 이용하여 밸브를 개폐하기 때문에 이것을 왁스 펠릿형이라고도 한다.

(b) 벨로즈형

벨로즈형은 그림 (b)와 같이 얇은 황동판을 프레스로 성형하여 만든 벨로즈 속에 에텔이나 알코올과 같은 휘발성이 높은 액체를 밀봉하여 그 팽창과 수축에 따라 밸브가 개폐한다.

펠릿형 수온 조절기는 냉각수 온도가 낮을 때는 그림 (c)와 같이 밸브가 닫혀 있다. 냉각수가 규정온도까지 높아지면 펠릿 안의 왁스가 팽창하여 고무 부분을 압축함으로써 그 중심부에 있는 스핀들을 밀어 올리려고 하나, 스핀들은 케이스에 고정되어 있으므로 펠릿이 그림 (d)와 같이 밀려 내려가서 밸브가 열린다. 펠릿형은 85[℃]에서 열리기 시작하여 102[℃]에서 완전히 열린다.

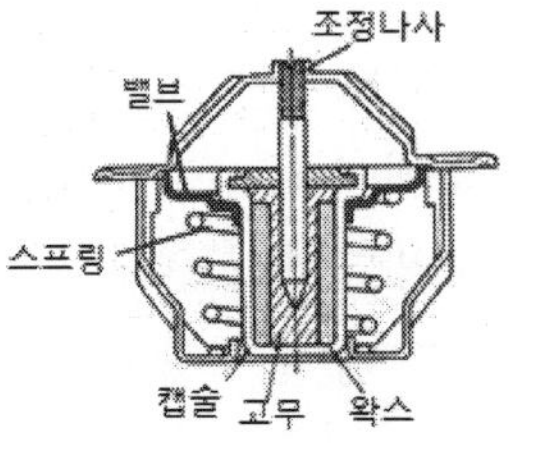

(c) 냉각수 온도가 낮을 때

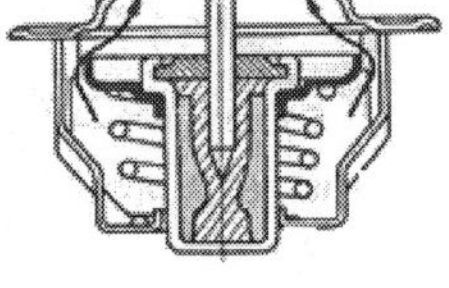
(d) 냉각수 온도가 높을 때

반대로 냉각수의 온도가 낮아지면 팽창했던 왁스가 수축되고 고무의 압축이 제거되어 펠릿은 스프링에 의해 원위치로 돌아가면서 밸브는 닫힌다.

벨로즈의 작동도 이와 같으나 이때는 에텔의 팽창으로 벨로즈가 늘어나서 밸브가 열리게 된다. 벨로즈형은 65[℃]에서 열리기 시작하여 85[℃]가 되면 완전히 열린다.

(3) 라디에이터(radiator : 방열기)

라디에이터는 기관에서 가열된 냉각수를 냉각하는 장치이며, 큰 방열(放熱) 면적을 가지고 있고, 대량의 물을 받아들이는 일종의 탱크이다. 그림과 같이 위 탱크(upper tank), 라디에이터 코어(core) 및 아래 탱크(lower tank)로 구성되어 있으며, 위 탱크에는 라디에이터 캡, 오버플로 파이프, 입구 호스가, 아래 탱크에는 출구 호스와 드레인 플러그(drain plug)가 부착되어 있다.

라디에이터는 냉각수의 흐르는 방향에 따라, 냉각수가 위에서 아래로 흐르는 다운 플로 형식(down flow type)과, 코어의 좌우에 탱크가 있어 냉각수가 수평방향으로 흐르는 크로스 플로형식(cross flow type)이 있다.

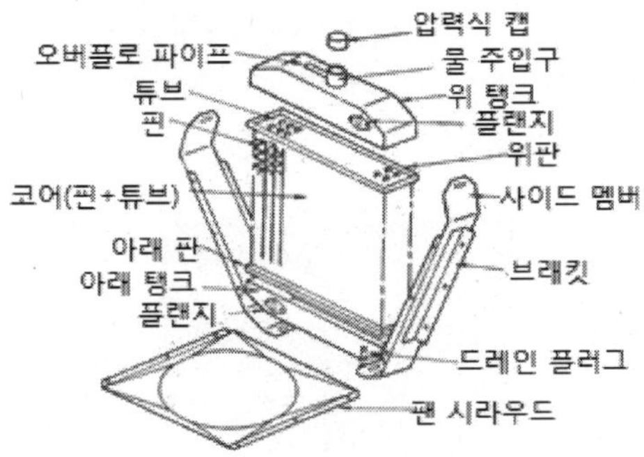

[다운 플로형 라디에이터 구조]

냉각 방법은 냉각수가 라디에이터 코어에 흐를 때, 자동차의 속도나 냉각 팬에 의해 유입하는 외기(外氣)로 냉각한다. 냉각 효과는 라디에이터 자체와 냉각 팬 및 물 펌프에 따라 달라지며, 라디에이터에 요구되는 조건은 다음과 같다.

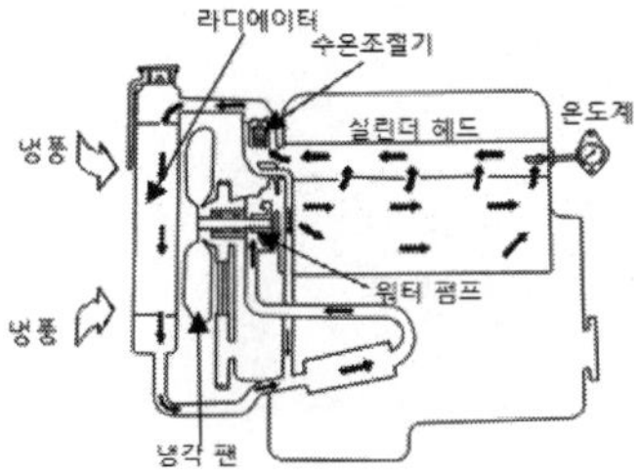

[냉각 방법]

① 단위 면적의 방열량이 커야 한다. ② 가볍고 작으며, 강도가 커야 한다.
③ 냉각수 흐름 저항이 적어야 한다. ④ 공기의 흐름 저항이 적어야 한다.

라디에이터 상부와 하부의 온도 차이는 5~10℃ 정도이며, 라디에이터 코어(radiator core)는 가열된 냉각수가 위 탱크로부터 아래 탱크로 흐르는 튜브(두께 0.13~0.15[mm])와 공기가 통하는 핀(fin) 부분(두께 0.05~0.06[mm])으로 되어 있으며, 될 수 있는 대로 방열 면적을 크게 하고, 방열성이 좋은 얇은 황동제나 알루미늄제를 성형 재단하여 납땜한 것이다. 알루미늄제 라디에이터 코어는 황동제보다 강성이나 내압성이 좋다. 라디에이터 코어를 구조상으로 분류하면 다음과 같은 것이 있다.

① 공기관(空氣管)식 : 관 속으로 공기가 흐르고, 관의 주위로 물이 흐르는 그림 (a)와 같은 것으로서 수관(水管)식은 관 속으로 물이 흐르고 관의 주위에 공기가 흐른다.

② 단식(單式) : 수관(water tube)만으로 된 것이다(그림 (d)). 복식은 수관과 수관 사이에 방열 핀(fin)이 결합된 것이다(그림 (e)).

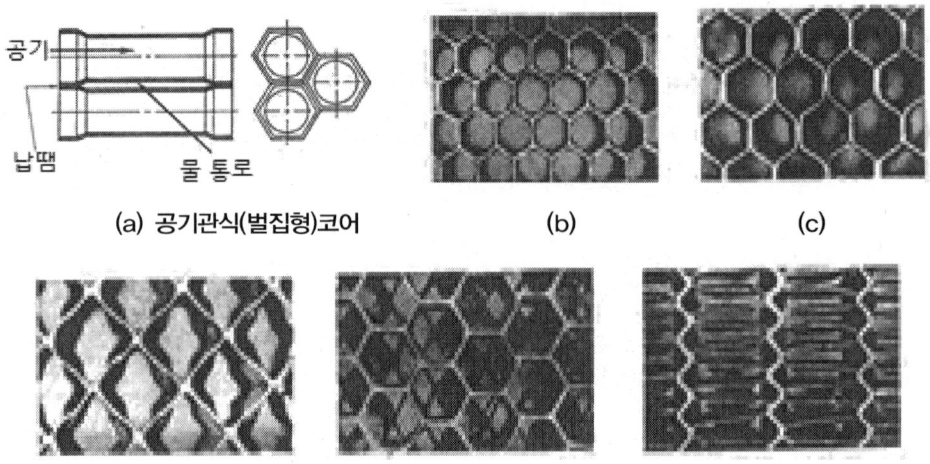

(a) 공기관식(벌집형)코어 (b) (c)

(d) (e) (f)

③ 해리슨(harison)형 : 해리슨은 미국의 라디에이터 메이커의 이름으로, 그림 (g)와 같이 편편한 상자 모양의 수관을 파형으로 만든 것이다. 리본 셀룰러형(ribbon cellular type)이라고도 한다.

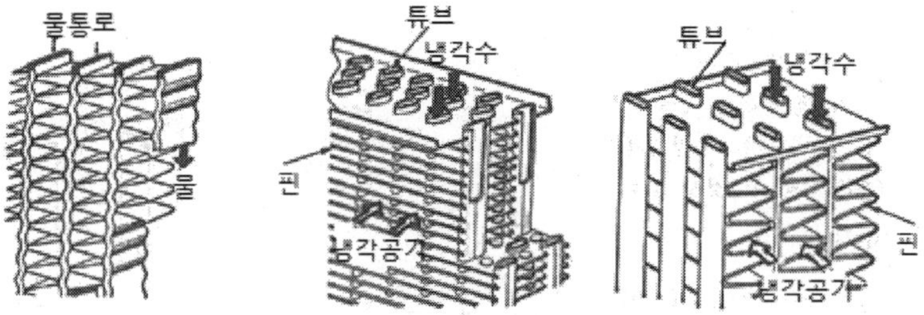

(g) 리본 셀룰러형 (h) 플레이트 핀형 (i) 코루게이트 핀형

④ 플레이트 핀 튜브형 코어(plate fin type core) : 그림 (h)와 같이 튜브를 수직으로 배열한 다음, 평면판으로 된 핀을 일정한 간격으로 부착하여 납땜한 것이다. 핀에는 튜브를 관통시키는 구멍이 파지고, 또 핀을 보강하고 열전달이 잘 되도록 리브 등이 가공되어 있다. 튜브의 가공은 얇은 황동판을 튜브 성형기에 의해 연속적으로 성형 접합(lock seam)하는 납 코팅을 한다.

⑤ 코루게이트 핀 튜브형 코어(corrugated fin tube type core) : 그림 (i)와 같이 핀을 물결 모양으로 성형하고, 많은 루버(louver)가 가공되어 있다. 튜브의 배열은 직렬로 되어 있으며 플레이트 핀 튜브형에 비해 방열량이 크고 가벼워 이 형식을 많이 사용하고 있다.

(4) 라디에이터 캡(radiator cap : 압력식 캡)

방열기 내부가 만일 외부와 통한다면 물의 온도는 100[℃] 이상으로 올라가지 않으므로, 외기(外氣)와의 온도 차는 항상(100[℃]-외기온도)로 한다. 이 온도 차를 크게 하여 냉각효과를 좋게 하기 위해, 물의 온도를 100[℃] 이상으로 하는 방법을 쓰고 있다.

이 가압식(加壓式) 냉각법을 쓸 때, 냉각수의 비등점은 높아진다. 이 가압식 냉각법에는 압력식 캡을 사용하여 냉각수를 가압한다.

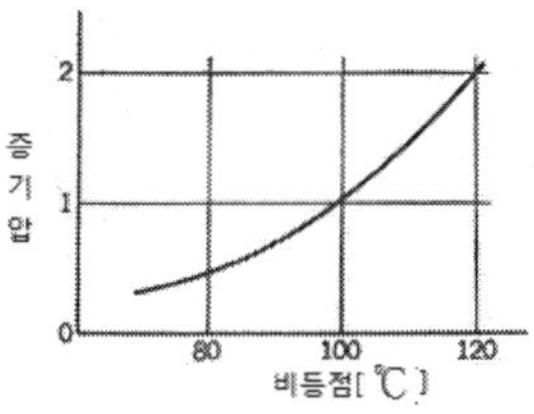

[물의 비등점과 증기압]

압력식 캡으로 방열기 내부를 밀폐하여, 온도가 높아지면 물이 팽창하여 수면 위의 공기를 압축하기 때문에 압력이 가해져, 냉각수가 100[℃] 이상이 되어도 비등하지 않고 외부 공기와 온도 차가 커진다.

그러므로 냉각효율이 클 뿐만 아니라 같은 냉각효과를 얻는데 방열기의 면적이 적어도 되므로 무게도 가볍게 할 수 있고, 또 차체의 진동으로 인하여 물이 새는 것도 막는 장점이 있다. 따라서 현재의 자동차용 기관에는 전부가 이 방법을 쓰고 있다.

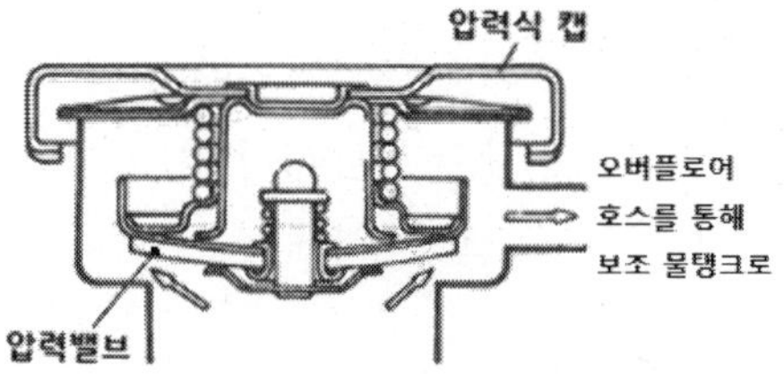

[압력이 높을 때]

가압식 방열기 캡에는 압력밸브(pressure valve)와 부압밸브(vacuum valve)가 설치되어 있다. 압력밸브는 기관의 운전 중에 냉각 계통 안에 생긴 압력을 유지하고, 냉각수가 110~120[℃] 정도가 되어 냉각수 회로 전체의 압력이 0.75~1.05[kgf/㎠]에 도달했을 때 압력밸브가 열려 보조 물탱크에 일시 저장된다.

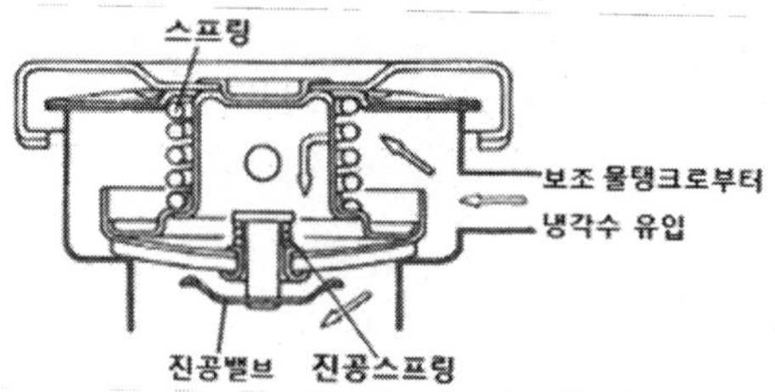

[압력이 낮을 때]

또한 부압밸브는 기관의 온도가 내려가서 방열기 안의 압력이 -0.07[kgf/㎠]까지 떨어졌을 때 즉시 이 밸브가 열려서 외부 공기를 끌어들여 방열기 안의 부압을 해소하는 작동을 한다. 보조 물탱크가 달린 경우에는 보조 물탱크에 들어 있는 냉각수가 부압밸브를 거쳐 방열기로 들어가서 부압을 해소한다. 이와 같이 부압밸브는 대기압에 의해 방열기가 파손되는 것을 방지하기 위해 마련된 것이다.

본래 방열기 재료는 황동을 사용했으나 최근에는 알루미늄제를 쓰게 되었다. 이 알루미늄제 방열기는 황동제에 비해 강성(剛性)이나 내압성(耐壓性)이 좋고 특히 가벼운 것이 장점이다.

열전도성이나 강도면에서 재료 자체는 황동이 우수하나 알루미늄은 판의 두께를 두껍게 하여 전체적인 강도를 크게 하고, 무게는 1/2~2/3로 하고 있다.

방열기에 보조 물탱크가 달린 것은 방열기에 들어있는 냉각수의 체적 팽창을 보조 물탱크에 흡수하기 위한 것이며, 오버플로 파이프로 흘러 버리는 냉각수의 손실을 막고, 장기간 냉각수의 보충을 하지 않아도 된다. 보조 물탱크 작동을 보면 냉각수의 온도가 상승하면 냉각수의 체적 팽창하여, 그 팽창한 분량만큼 방열기에서 보조 물탱크로 흘러 나가서 그곳에 일시 저장된다. 다음에 냉각수 온도가 내려가면 냉각수는 수축하므로 이번에는 보조 물탱크에서 방열기 쪽으로 사이펀(siphon) 작용에 의해 흡입되어 되돌아간다.

따라서 오버 플로가 되어도 증기만이 외부로 방출되어 냉각수의 손실이 없다. 이 방식에서 보조 물탱크의 위치가 방열기보다 높을 때는 보조 물탱크에 기밀 캡을 부착하고, 방열기에는 가압식 캡을 부착하나 보조 물탱크의 위치가 낮을 때는 방열기 쪽에 기밀 캡을 부착한다.

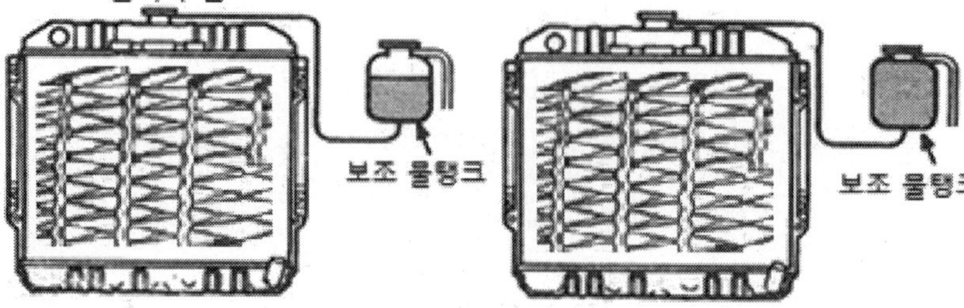

[보조 물탱크 작동]

(5) 냉각 팬(cooling fan)

일반적으로 디젤 기관에서 냉각 팬은 물 펌프 축과 일체로 되어 회전하고 가솔린 기관에서는 방열기 뒤쪽에 부착하여 강제 통풍시켜 방열기 냉각효과를 충분히 얻게 하고 또 고속 시에는 배기 다기관 등의 과열을 방지하는 역할도 한다.

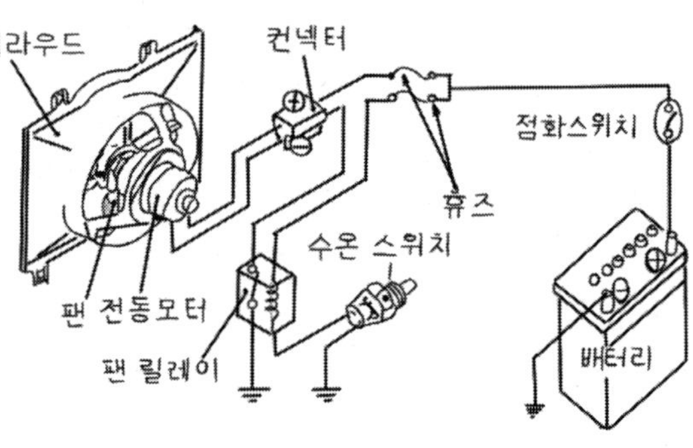

[냉각 팬 작동 회로도]

냉각 팬은 보통 4~6개의 날개가 달린 팬을 사용하며, 강철판이나 알루미늄 합금 또는 합성수지 등으로 만들었다. 냉각 팬의 송풍량은 날개의 수나 비틀림 각도(20~30°), 팬의 지름(약 30[cm]), 회전속도에 따라 다르나, 일정한 송풍량을 유지하기 위해서는 회전속도를 높이는 것보다는 팬의 지름을 크게 하는 것이 동력의 손실이 적다. 그리고 팬과 방열기의 거리를 접근시키면 냉각 효과가 크다.

종류로는 유체 커플링 방식, 팬 클러치 방식, 전동 팬 방식 등이 있다. 전동 팬의 특징은 다음과 같다.

① 라디에이터의 설치가 자유롭다.
② 난방이 빨라진다.
③ 엔진 공회전이나 시내 주행 때도 충분한 냉각효과를 얻는다.
④ 가격이 비싸다.
⑤ 소비전력(35～130[W])과 소음이 크다.

전동 팬 방식은 모터를 이용하여 냉각 팬을 구동시키며, 축전지 전원으로 작동한다. 작동은 수온(서모) 스위치로 냉각수 온도를 감지하여 냉각수 온도가 85～95[℃]에 도달하면 모터가 회전하여 냉각 팬을 동작시켜서 대기의 공기를 유입한다. 또한 냉각수 온도가 75～85[℃] 이하가 되면 모터가 정지하여 냉각 팬 회전을 정지시킨다. 전동 팬은 라디에이터 밑에 있는 서모 스위치 작동으로 구동되나, 최근에는 냉각수 온도센서(WTS)로부터 냉각수 온도를 검출하여 ECU에서 직접 냉각 팬을 구동하는 방식을 택하

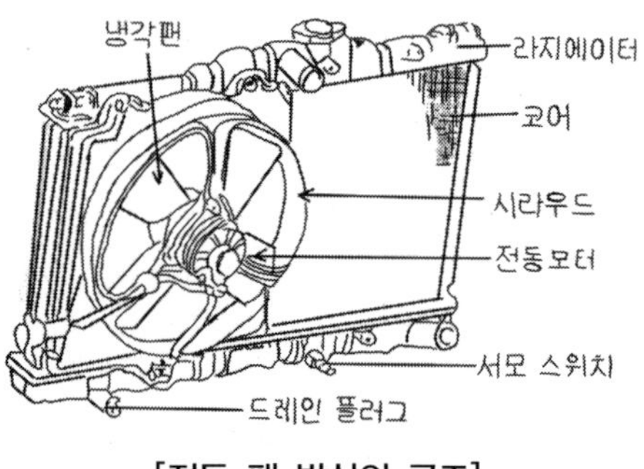

[전동 팬 방식의 구조]

고 있다.

(6) 팬 벨트(fan belt or drive belt)

팬 벨트는 크랭크축, 발전기, 물 펌프 풀리와 연결구동하며 내구성 향상을 위해 섬유질과 고무로 짠 이음새가 없는 V형을 사용한다. V벨트 접촉면 각도는 40°이다. 최근에는 V벨트 대신 홈 붙이 벨트와 풀리를 사용한다.

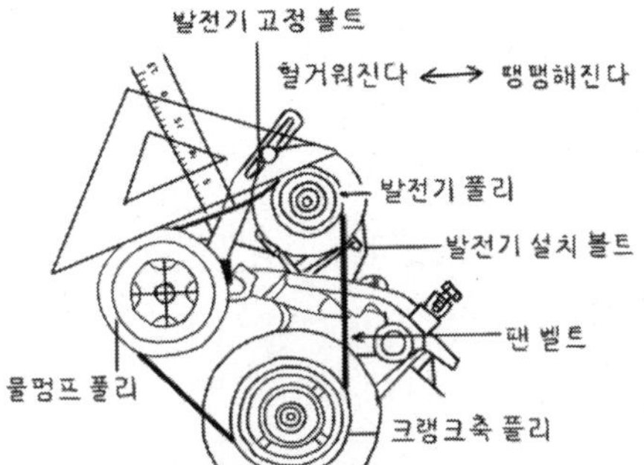

[팬 벨트와 풀리]

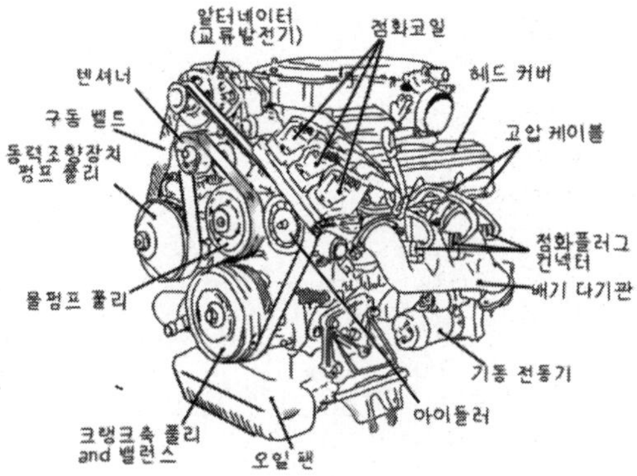

[one 벨트와 풀리]

팬 벨트의 장력 점검은 발전기 풀리와 물 펌프 풀리 사이에서 하며, 10[kgf]의 힘으로 눌렀을 때 13~20[mm](홈 붙이 벨트의 장력은 6~10[mm]) 정도로 헐거우면 양호하다. 그리고 장력 조정은 발전기 브래킷 고정 볼트를 풀고 발전기를 이동시키면 된다.

2. 기관 냉각수 순환방식

냉각수 바이패스(bypass) 회로는 짧은 시간에 냉각수 온도를 높이는 것이 목적이며, 방열기로 냉각수가 흐르는 것을 멈추게 하거나 가열된 물을 물 펌프 흡입구로 보낸다. 기관이 시동한 직후 얼마동안, 즉 냉각수 온도가 수온 조절기가 작동하는 온도에 이르기까지는 냉각수는 방열기로 흐르지 않고 바이패스 회로를 통해 기관 안을 순환한다. 순환방식에는 자연 순환식, 강제 순환식, 압력 순환식, 밀봉압력 순환식이 있다. 냉각수를 순환시키는 방법에 따라 입구제어 방식과 출구제어 방식으로 나눈다.

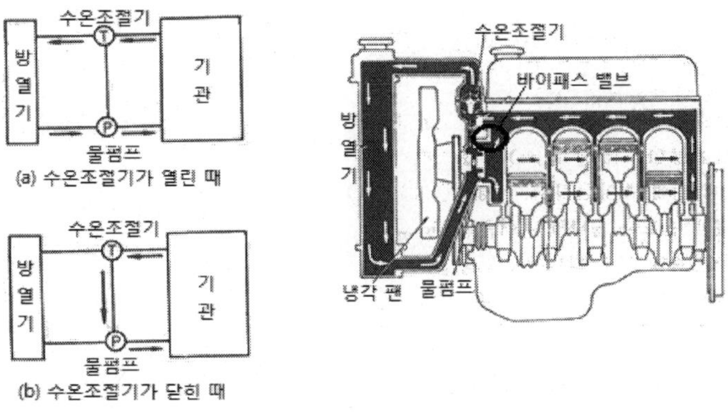

[수온 조절기에 의한 냉각수 제어]

(1) 출구제어 방식(in-line bypass type)

실린더 헤드의 냉각수 출구에 수온 조절기(thermostat)을 설치하여 냉각수의 순환을 제어하는 방식이다. 이 방식의 특징은 다음과 같다.

① 수온 조절기 부하가 커 수명이 짧으나 구조를 단순하게 할 수 있다.
② 냉각수 온도변화 폭이 크고, 과냉 현상이 발생된다.
③ 실린더 내의 바이패스 통로를 설치해야 한다.
④ 수온센서 출력변동이 적다.

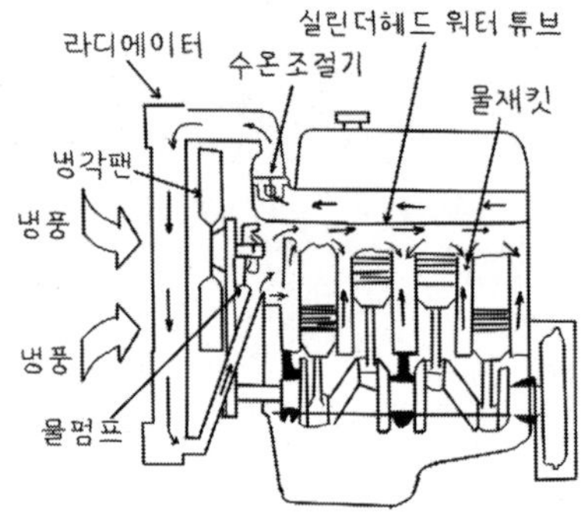

[출구제어 방식]

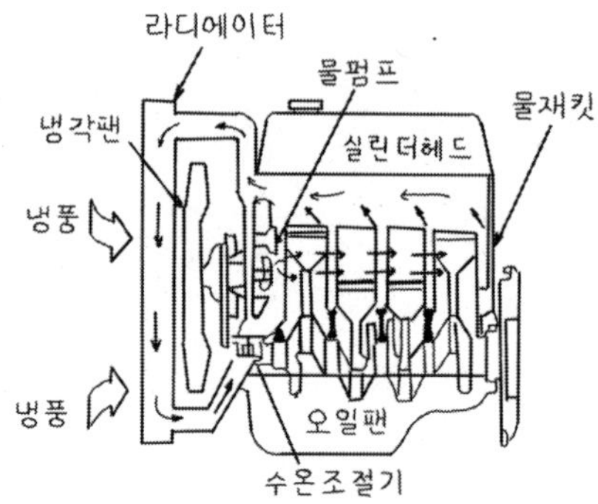

[입구제어 방식]

(2) 입구제어 방식(bottom bypass type)

물 펌프 전에 수온 조절기(thermostat)을 설치하여 실린더 블록에 유입되는 냉각수를 제어하는 방식이다. 이 방식의 특징은 다음과 같다.

① 수온 조절기가 민감하게 오버 슈트(over shoot)가 적다.
② 수온 조절기가 열렸을 때 바이패스 회로를 닫기 때문에 냉각효과가 좋다.
③ 수온 조절기의 이상 작동이 적기 때문에 기관 내부의 온도가 안정되고 한랭 시에 히터 성능의 안정에 효과가 있다.
④ 기관이 정지했을 때 냉각수 보온성능이 좋다.

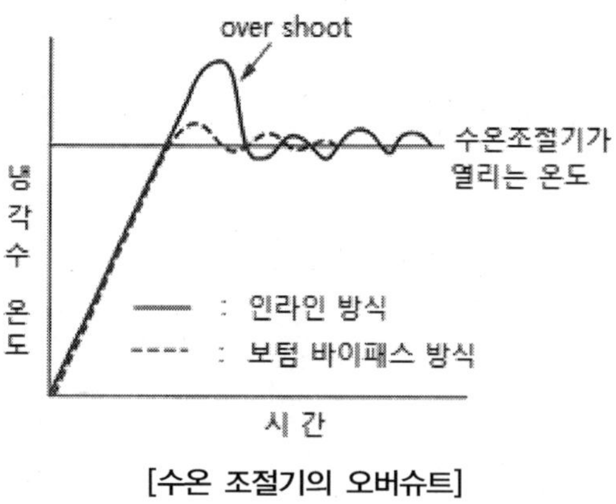

[수온 조절기의 오버슈트]

Handy hint

■ 라디에이터 코어의 막힘률

$$코어\ 막힘률 = \frac{신품용량 - 구품용량}{신품용량} \times 100(\%)$$

라디에이터 코어 막힘률은 20[%] 이상 되어서는 안 된다.

■ 라디에이터 핀의 청소는 압축공기를 이용하여 엔진 쪽에서 밖으로 향하여 분다.

■ 수냉식 엔진의 과열원인

① 팬 벨트 장력이 느슨 또는 파손되었을 때

② 냉각 팬이 파손되었을 때

③ 라디에이터 코어가 20[%] 이상 막혔거나 파손 되었을 때

④ 수온 조절기가 열리는 온도가 너무 높을 때 또는 닫힌 채로 고장이 났을 때

⑤ 물 재킷 내의 스케일이 많이 쌓여 있을 때

3. 냉각수와 부동액

(1) 냉각수(cooling water)

냉각 용액으로 물을 사용하는 이유는 물은 열을 잘 흡수하고, 구입이 용이하기 때문이다. 물은 100[℃]에서 비등하고 빙점이 0[℃]이지만, 물때가 발생되고 금속을 부식시키는 단점이 있다.

물을 사용할 때의 단점은 기관 냉각장치 고장의 원인이 되므로 다음 사항을 보완되어야 한다.

① 부동액을 사용하여 냉각수 빙점을 내려야 한다.

② 가압 장치를 사용하여 비등점을 올려야 한다.

③ 물의 수질에 따라 여러 종류의 방지제를 첨가해야 한다.

물때는 물의 접촉 장소에 일어나며, 특히 온도가 높은 실린더 블록이나 실린더 헤드 및 온도의 변화가 심한 라디에이터에 누적되기 쉽다. 물때는 여러 가지 색깔로 나타나며, 열전도를 나쁘게 하고 누적이 많으면 물의 순환을 방해하므로 냉각 효과를 저하시킨다.

또 녹은 냉각 장치의 금속 부분에 발생하고, 녹을 제거하지 않으면 더욱 심해지므로 냉각수 순환 계통에 큰 문제를 일으킨다. 따라서 냉각수는 깨끗한 연수를 사용하고 수질은 순도가 양호한 증류수, 수돗물, 빗물 등이 좋다. 그러나 천연수는 일반적으로 광물성의 산을 포함한 것이 많거나 지방에 따라 염분이 포함되어 있기 때문에 금속을 산화시켜 부식을 촉진시킨다. 경수는 물때를 발생하기 쉬우므로 사용할 때는 냉각 장치를 깨끗이 세척하고, 부식 방지제를 사용하여야 한다. 경수를 연수로 만들 때는 끓은점에 따라 침전물을 제거하는 방법과 탄산소다 등의 약품으로 칼슘이나 마그네슘을 침점시켜 제거하는 방법이 있다. 또 이온 교환 수지를 사용하여 칼슘 이온으로 바꾸는 방법도 있다.

그리고 냉각수에 공기가 혼입되면 물때가 발생하기 쉽다. 이 때문에 물 펌프의 송수능력을 저하시킨다. 공기 중의 산소는 냉각장치 안에 녹을 발생시키므로 부식이 빨리 일어난다. 그러므로 냉각 장치

안에 공기가 유입되지 않도록 해야 한다.

(2) 냉각액(cooling solution)

롱 라이프 쿨런트(long life coolant, L,L,C)는 에틸렌 글리콜(ethylene glycol)에 특수한 방청제와 부식 방지제 및 산화 방지제를 첨가하여 장시간 사용할 수 있는 냉각액으로, 냉각 계통 각 부분의 금속 부식을 방지하고 겨울철의 동결과 여름철의 과열을 방지하는 성능이 있다. 롱 라이프 쿨런트를 사용하는 경우에는 부동액을 쓸 필요가 없다.

(3) 부동액(antifreezer solution)

부동액은 냉각수의 동결 또는 스케일을 방지하기 위해 냉각수와 혼합하여 사용하는 액체로서 종류는 에틸렌글리콜, 메탄올(알콜계), 글리세린 등이 있다. 현재는 에틸렌글리콜을 주로 사용한다.

에틸렌글리콜($C_2H_4OH_2$)의 특징은 다음과 같다.

① 비등점이 197.2[℃], 응고점이 -50[℃]이다.
② 도료(페인트)를 침식하지 않는다.
③ 냄새가 없고, 비휘발성이며 불연성이다.
④ 금속 부식성이 있으나 팽창계수가 크다.
⑤ 엔진에 누출되면 침전물이 생긴다.

글리세린($C_3H_5OH_3$)은 무색이며, 끈기가 있는 액체로서 공기를 흡수하는 성질과 단맛이 있고 비중이 높기 때문에 물과 혼합할 때 잘 섞어야 한다. 알코올은 무색이며, 향기가 있는 액체로서 물과 혼합이 잘 되나 끓은 점이 낮다.

부동액 혼합비율은 그 지방 최저온도보다 5~10[℃] 더 낮은 기준으로 사용하며, 보통 전수량(全水量)에 대해 30[%] 정도의 부동액을 넣는다. 부동액 농도는 비중계로 측정하고 구비조건은 다음과 같다.

① 비등점이 물보다 높아야 하며 빙점(응고점)은 물보다 낮을 것
② 물과 혼합이 잘 될 것
③ 휘발성이 없고, 순환이 잘 될 것
④ 내부식성이 크고, 팽창계수가 적을 것
⑤ 침전물이 없을 것

참고로 부동액 동결 온도와 혼합 비율은 아래 표와 같다.

동결온도[℃]	-5	-10	-15	-20	-25	-30
물[%]	87	79	72	67	61	57
부동액[%]	13	21	28	33	39	43

4. 냉각수 온도계

온도계는 엔진 내부의 냉각수의 온도를 알기 위한 것으로 일명 수온계(water temperature gauge)라고 한다. 온도계는 코일 서미스터식, 바이메탈식, 바이메탈 저항식, 경고등식 등이 있다.

(1) 코일 서미스터식(coil thermister type) 수온계

코일 서미스터식은 2개의 코일과 가동철편 및 지침으로 되어 있고, 송신부는 서미스터를 사용하고 있다. 서미스터(NTC)는 온도에 따라서 저항값이 변화하는 성질을 이용한 반도체로 실린더 헤드의 냉각수 통로에 설치되어 있다. 온도가 낮으면 서미스터 저항값이 높아 수신부의 코일 L_1에 흐르는 전류가 커서 가동철편은 코일 L_1쪽으로 회전하여 지침을 C쪽으로 움직이고, 온도가 올라가면 서미스터 저항값이 낮아져 수신부 유닛 내에 흐르는 전류는 L_2쪽으로 많이 흘러 가동철편은 L_2쪽으로 회전하여 지침은 H쪽으로 움직인다. 두 코일에 흐르는 전류가 같을 때에는 두 코일에 생기는 자장도 같으므로 지침은 중간에 머무르게 된다.

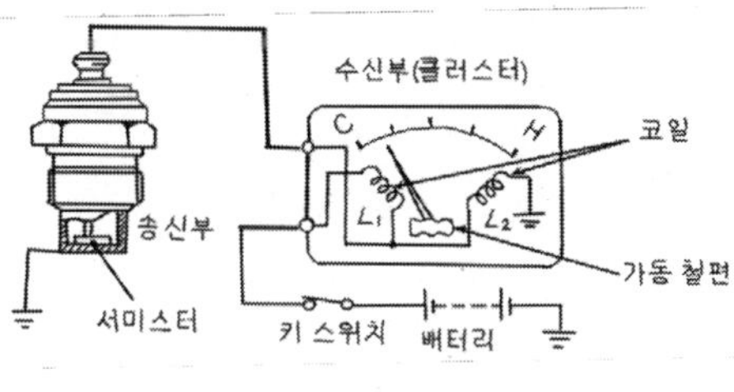

[코일 서미스터식 수온계]

(2) 바이메탈식(bimetal type) 수온계

냉각수 온도가 낮으면 송신부 접점은 강하게 닫히게 된다. 접점을 열기 위해서는 열선의 통전 시간도 길어야 하므로 수신부 바이메탈도 그에 따라 열을 받으므로 크게 구부러져 지침은 저온(C)쪽으로 움직인다. 냉각수 온도가 높아지면 송신부의 접점이 닫히는 압력은 약해지고 열선의 통전시간도 짧아지므로 수신부 바이메탈의 구부러짐도 그만큼 적어지기 때문에 고온(H)쪽을 가리킨다.

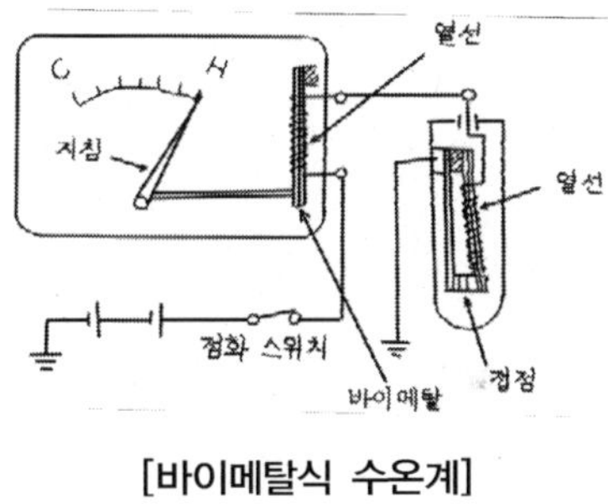

[바이메탈식 수온계]

(3) 바이메탈 저항식 수온계

바이메탈 저항식은 송신부에는 수온에 따라 저항값이 변화하는 서미스터로 하고, 수신부는 바이메탈을 사용한 방식이다. 온도가 높아지면 저항값이 작아져 전류의 흐름이 커진다. 이 전류는 직렬로 접속된 열선에 흘러 바이메탈을 가열하여 전류량에 비례한 것만큼 굽어 지침을 움직여 수온을 나타낸다. 이 방식은 전류량에 의하여 지시값이 변동되므로 전원전압이 변동하면 지시값의 오차가 생긴다. 이 오차를 방지하기 위하여 전압조정기 내에 열선에 의한 바이메탈을 설치하여 이 오차를 방지하고 있다.

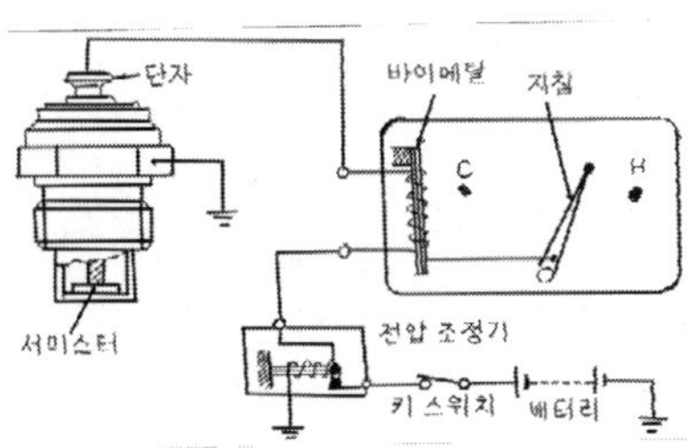

[바이메탈 저항식 수온계]

전원전압이 높아지면 전압조정기 내의 바이메탈의 가열시간이 빨라져 접점을 열면서 통전시간을 짧게 하므로 높은 전압에 의한 지침의 오차는 생기지 않는다. 또 전원전압이 낮아지면 전압조정기 내의 바이메탈의 가열 시간이 길어지고 그 결과 수신부의 바이메탈의 통전 시간도 늘어나므로 낮은 전원전압에 의한 오차도 생기지 않게 된다.

Chapter 7 가솔린 연료분사 장치

1. 전자제어 가솔린 분사장치의 개요

기관의 연료장치는 종래의 기화기 형식과는 전혀 다른 전자제어 연료분사 형식으로 각종 센서로부터 신호에 의해, 즉 운전 상태에 따라 연료 분사량이 ECU에 의해 자동 제어됨으로서 연비향상, 유해 배출가스 저감, 기관효율 및 주행성능이 향상되었다.

자동차 배기가스 정화를 위하여 일반적으로 촉매장치를 사용하고 있으며 촉매컨버터의 반응효과를 최대로 하기 위해서는 엔진의 모든 운전조건에 대한 공연비의 신속, 정확한 제어가 요구된다. 그리고 연비향상과 엔진 성능향상을 위해서는 엔진 성능을 최적으로 제어해야 하는데 기계적 장치로는 한계가 있다.

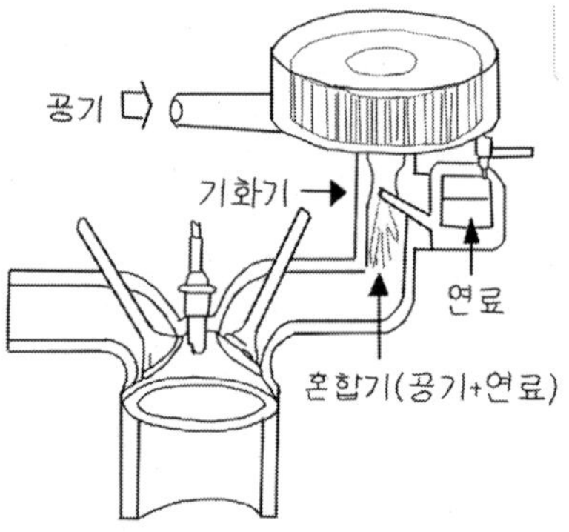

[기화기 방식]

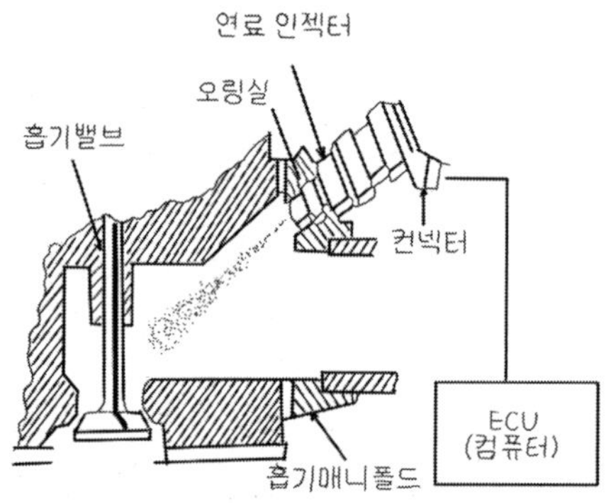

[전자제어 방식]

따라서 이와 같은 문제들을 해결하기 위하여 전자제어 가솔린분사(EGI : Electronic Gasoline Injection) 장치가 개발되었다. 전자제어 가솔린 분사장치는 공기유량계(Air Flow Sensor : AFS)를 이용하여 흡입되는 공기량을 ECU에 입력시키면 ECU는 AFS를 기준으로 하여 기본 분사량을 계산하며, 기타 센서를 이용하여 엔진의 상태나 작동조건에 적절한 연료량을 보정한 후 인젝터 솔레노이드 코일을 시간제어하여 연료를 분사시킨다. 전자제어 가솔린 분사장치의 이점은 다음과 같다.

① 엔진의 전 부하조건과 전 회전수 범위에 대하여 엔진이 요구하는 조건에 맞게 연료를 정확히 공급할 수 있다.
② 공기와 연료가 흡기밸브 직전에서 혼합되므로 혼합기의 균등한 온도를 유지할 수 있어 기화기 장치와 같이 흡기의 가열이 필요치 않다.
③ MPI 분사방식의 경우 흡기관은 공기만 이동시키므로 공기와 연료의 분리현상이나 응축의 문제를 줄일 수 있다.
④ 엔진의 요구조건에 대한 공연비제어가 정확하므로 유해 배출가스의 배출이 적다.
⑤ 연료의 분배가 균등하여 연비가 향상된다.

⑥ 저온 시동성이 향상된다.

⑦ 가속 시 응답성이 향상되며 운전성이 양호하다.

⑧ 베이퍼록(Vapor Lock), 퍼컬레이션(Percolation), 아이싱(Icing), 월 웨이팅(Wall Wetting) 현상이 없다. 전자제어 가솔린 분사장치의 단점은 전자 부품의 사용으로 구조가 복잡하고 값이 비싸다. 또한 흡입계통의 공기 누설이 엔진에 큰 영향을 준다.

2. 전자제어 시스템이란

센서(sensor)란 '여러 상태의 물리량(온도/압력/변위/각속도/회전수/가속도/유량) 등을 측정하여 전기량으로 변환하여 마이크로컴퓨터에 입력하는 것'이고, 제어(control)란 '어떤 목적에 맞는 작동을 하도록 필요한 조작을 가하는 것'으로 정의할 수 있다.

여기서 대상으로 되어있는 것은 일반적으로 플랜트(plant)라 하고, 필요한 조작을 가하는 것을 제어기(controller)라 한다. 또한 이러한 목적을 수행하기 위한 부품들이나, 구성원들의 집합체를 시스템(system)이라 한다. 따라서 제어시스템은 원하는 응답을 제공하는 장치를 구성하기 위하여 시스템 구성 요소를 상호 연결하는 것으로 다른 시스템의 동작을 제어하는 데 사용된다.

예를 들어 자동차를 운전할 때 운전하는 것은 제어에 해당되고, 자동차는 플랜트, 자동차를 운전하는 사람은 제어기가 된다. 그리고 이와 같은 요소들의 조합을 제어시스템이라 할 수 있다. 마찬가지로 우리 생활 주변의 대부분은 제어를 받는 플랜트와 제어를 하는 제어기로 생각할 수 있다. 또한 제어기 역할을 사람이 수행하는 경우는 수동제어(manual control)가 되고, 제어장치에 의하여 자동적으로 제어기를 구동시키는 경우는 자동제어(automatic control)가 된다. 이러한 제어시스템의 공통된 특성은 나름대로의 목적을 가지고 있으며, 입력과 출력을 가지고 있다는 점이다. 예시로 자동차는 정해진 목적까지 안전하게 이동하는 것이, 냉난방 제어시스템은 실내의 온도와 습도를 쾌적하게 유지하는 것이 목적이 될 수 있을 것이다. 그리고 제어시스템이 목적을 이루기 위해서는 시스템에 적당한 입력을 주어야 하는데, 이 시스템의 입력을 동작 신호, 즉 센서라 한다. 출력은 시스템의 상태를 반영하는 것으로 일반적으로 관측이 가능한 양을 의미하며, 제어변수라고도 한다. 위의 예에서 자동차는 하나의 시스템이며, 자동차에 영향을 주는 입력 요소는 핸들의 조작, 제동장치 및 가속페달의 조작, 변속기 조작 등이며, 자동차의 속도, 위치 등은 시스템의 상태를 반영하는 출력으로 생각할 수 있다. 또한 인체도 하나의 시스템으로 본다면, 눈, 코, 입, 귀 등의 감각기관으로 들어오는 정보들은 입력, 신체 각 부분의 활동은 출력으로 볼 수 있다. 따라서 제어시스템은 기본적으로 입력, 제어 요소, 출력의 3가지로 구성되며 이를 블록선도로 표시하면 다음과 같다.

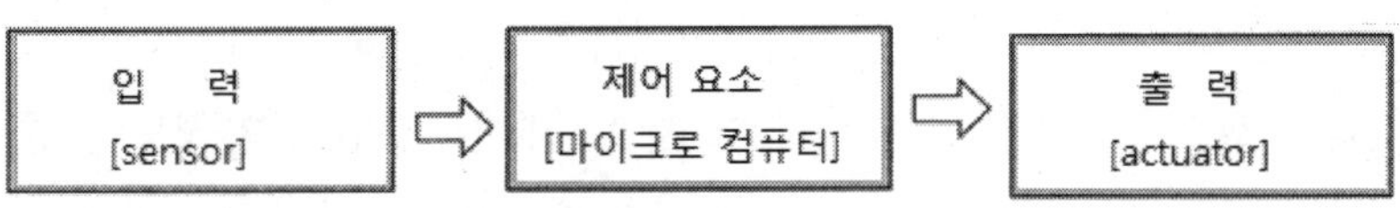

[제어시스템의 기본 구성요소]

3. 전자제어 시스템의 분류

(1) 오픈루프 제어(open loop control)

오픈루프 제어는 기준입력과 비교하지도 않고, 출력을 측정하지 않는다. 따라서 오차가 발생할 수 있고 발생한 오차를 교정할 수 없으며, 시스템의 정확도(accuracy)는 눈금 교정(calibration)에 의존하게 된다.

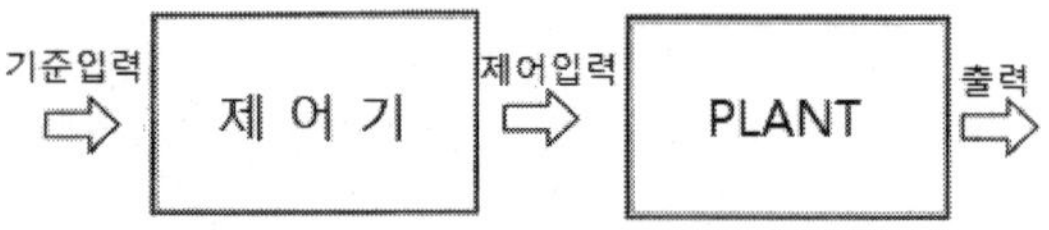

[오픈루프 제어의 구성요소]

안정도(stability)는 고려하지 않는다. 또한 외란(disturbance)이 존재하면 원하는 목적을 달성할 수 없는 단점이 있다. 그러나 오픈루프 제어는 시스템 구성이 간단하며 유지 및 보수가 쉽고 가격이 저렴하므로 실제로 많은 경우에 사용되고 있다. 즉, 입력과 출력의 관계가 이미 알려져 있고 외란이 존재하지 않을 경우에 주로 사용된다. 이러한 시스템을 사용하는 하나의 예로 교통신호제어를 들 수 있다. 일반적으로 교통신호는 교통량(출력)에 상관없이 정해진 시간 간격으로 여러 신호가 번갈아 가면서 켜지게 된다.

오픈루프 제어의 구성요소는 기준입력이 제어장치에 인가되면 제어장치의 출력은 제어대상(plant)에 동작신호로 작동하고 제어대상으로부터 제어량을 원하는 대로 동작시킨다.

(2) 클로스루프 제어(closed loop control)

클로스루프 제어는 시스템 출력의 목표값이 기준입력과 값이 일치하는가를 항상 비교하여, 그 차이에 비례하는 동작신호를 제어시스템에 되돌려 오차를 수정하도록 하는 폐쇄된 궤환경로를 가지고 있는 시스템이다. 즉 출력을 입력과 비교하기 위해서 폐 루프를 구성하므로 클로스루프 제어라고 하며, 되먹임 제어 또는 피드백 제어시스템(feedback control system)이라고도 한다.

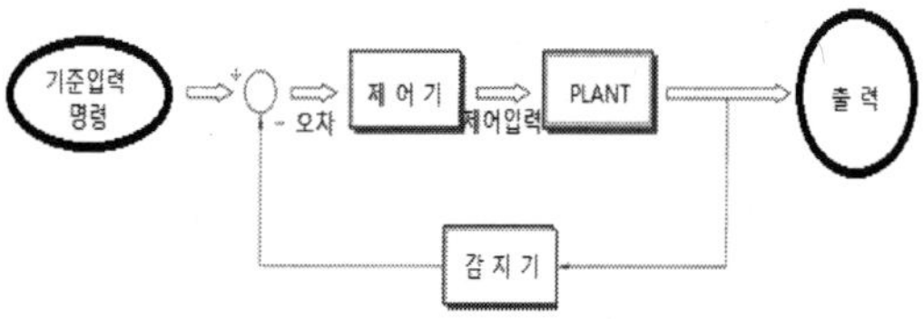

[클로스루프 제어의 구성요소]

오픈루프 제어시스템은 특성상 부하가 존재하지 않고, 시스템의 입력 및 출력 특성을 알 수 있는 곳에 주로 사용된다. 실제로 우리 주변의 대부분의 시스템은 그 특성을 정확히 알 수 있는 경우는 많지 않고, 더욱이 예측할 수 없는 부하가 존재하는 경우도 많다. 따라서 결과를 알지 못하는 특성 때문에 클로스루프 제어시스템으로 구성된다.

전동기의 속도를 일정하게 유지시키는 시스템을 생각해 보자. 이때 시스템의 입력은 전동기에 가해주는 전압이고, 출력은 전동기의 속도가 되고, 시스템의 목적은 속도를 일정하게 유지하는 것이 된다.

속도를 일정하게 유지하기 위해서는 전동기에 일정한 전압을 가해주면 된다. 그러나 전동기 축에 예측할 수 없는 부하가 가해지는 경우 클로스루프 제어시스템은 더 이상 전동기의 속도를 일정하게 유지하기 힘들 것이다. 그러나 전동기의 속도를 측정하고 그 결과를 입력으로 보내어 속도변화에 따라 전압을 가감시키면, 부하가 존재해도 전동기의 속도를 일정하게 유지시킬 수 있다. 이와 같이 클로스루프 시스템은 궤환신호를 사용함으로써 시스템의 응답이 부하나 시스템 변수에 따라 정확하고, 신뢰성과 적응력 있는 제어를 할 수 있는 장점을 가지고 있다. 클로스루프 제어시스템은 안정도가 중요한 문제가 된다.

일반적으로 클로스루프 제어시스템은 부품 수는 오픈루프 제어시스템보다 많으므로 값이 비싸고, 소요동력도 큰 단점이 있다.

(3) 적응 제어시스템(adaptive control system)

적응은 환경이나 구조의 예측할 수 없는 변화에 대하여 스스로 조정하고 수정하는 능력을 말한다. 적응능력을 가지고 있는 제어시스템은 스스로 플랜트(plant) 변수들의 변화를 찾아내고, 또한 최적의 성능을 유지하기 위하여 제어기 변수들을 스스로 수정할 수 있는 기능이 있으며, 이런 기능이 있는 시스템을 적응 제어시스템이라 한다.

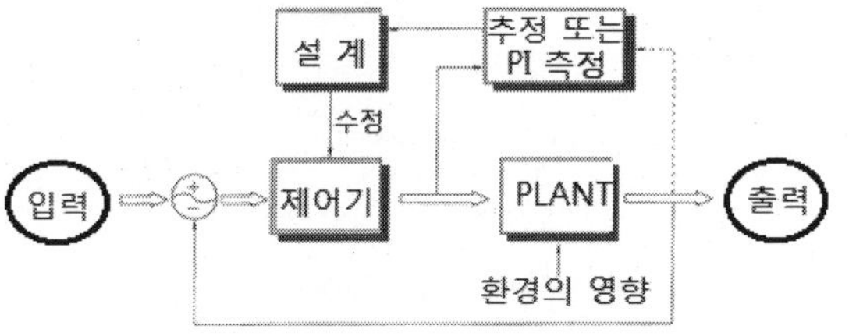

[적응 제어시스템의 블록선도]

이 명칭이 사용되기 시작한 것은 1950년 후반으로 생물의 환경변화에 대한 적응성을 표준으로 하면서부터다. 클로스루프 제어시스템은 출력을 입력에 피드백함으로써 출력을 외부의 변화에 영향을 받지 않고 항상 목표치에 따르도록 하는 것이지만, 외부환경의 변화가 큰 경우에는 제어대상이나 제어특성이 변화하여 클로스루프 제어만으로는 불충분하게 된다. 즉, 시간이 지남에 따라 부품 마모 등의 변수와 환경의 변화 등으로 인하여 제어시스템의 동특성은 일정하지가 않게 된다. 다시 말하면, 일반적으로 사용되고 있는 피드백 제어시스템은 작은 동특성의 변화에 대한 영향을 줄여주지만 시스템 매개변수나 환경의 변화가 클 때는 적응능력을 가지고 있어야 만족스러운 시스템이 될 수 있다. 적응제어기(adaptive controller)는 일반적으로 플랜트의 동특성의 추정, 플랜트 추정에 기초한 의사결정, 의사결정에 기초한 수정 또는 동작 등의 3가지 기능으로 구성된다. 이 시스템에서는 연속적으로 플랜트가 추정되고 성능지수(PI : performance index)가 측정된다. 측정된 성능지수는 최적값과 비교되고, 작동신호를 어떻게 수정할 것인가에 대한 결정이 내려진다. 플랜트에 대한 추정은 시스템 안에서 행해지므로 제어 매개변수에 대한 조정은 클로스루프 동작이 된다. 이러한 적응제어 시스템은 환경변화를 수용할 수 있을 뿐만 아니라, 어느 정도의 공학 설계오차나 불확실성을 수용할 수 있고, 또한 약간의 부품 파손도 보상할 수 있어서 전체 시스템의 신뢰성을 증가시켜 주는 장점을 가지고 있다.

(4) 학습 제어시스템(learning control system)

제어시스템이 학습능력을 가지고 있는 것으로 기본적인 사고방식은 인간의 학습기능을 제어시스템에 도입하려는 것이다. 즉, 인간과 마찬가지로 경험에 의하여 행동을 변화시키는 제어시스템에 부여하는 것을 학습 제어시스템이라고 한다.

인간은 어떤 조건하에서 스스로 경험한 사실이나 외부로부터 배운 사실을 기억해 두었다가 동일한 조건에 접했을 때 어떻게 행동할 것인가를 그 기억된 경험을 기초로 판단하고 행동한다.

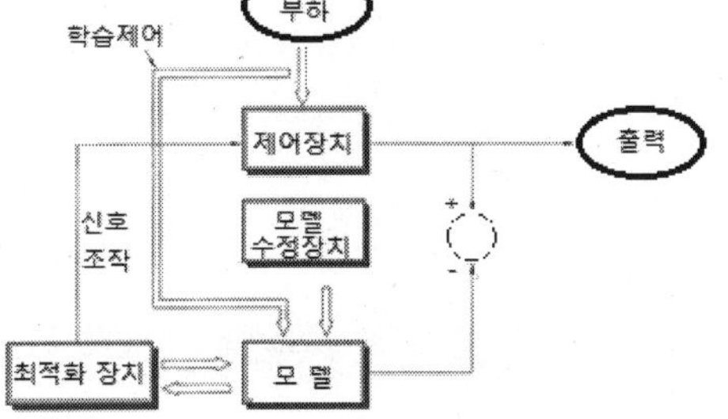

[학습 제어시스템 블록도]

자동차 운전방법의 학습은 좋은 예이다. 이와 같은 학습기능을 제어시스템의 동특성이나 외부 신호의 성질을 충분히 알지 못하는 환경 속에 있더라도 제어조작에 필요한 정보를 경험에 의하여 얻을 수 있다.

학습제어 시스템에서는 학습의 효과를 향상시키기 위하여 교육을 실시하지 않으면 안 된다. 교육은 대체로 교육모델을 설치하고 모델을 수정함으로써 과거의 경험을 정리·기억하는 형식으로 이루어진다.

(5) 제어기(controller)의 구조

제어기는 plant의 출력값을 기준입력(목표값)과 비교하여 편차를 결정하고, 편차를 없애주거나 아주 작은 값으로 줄일 수 있는 제어신호를 만들어내는 것이고, 이 제어신호를 만들어내는 방법을 제어동작(control action)이라고 한다.

제어기 종류에는 ON, OFF 제어시스템, 비례 제어동작, 적분 제어동작, 비례적분 제어동작, 비례미분 제어동작, 비례적분미분 제어동작 등이 있다.

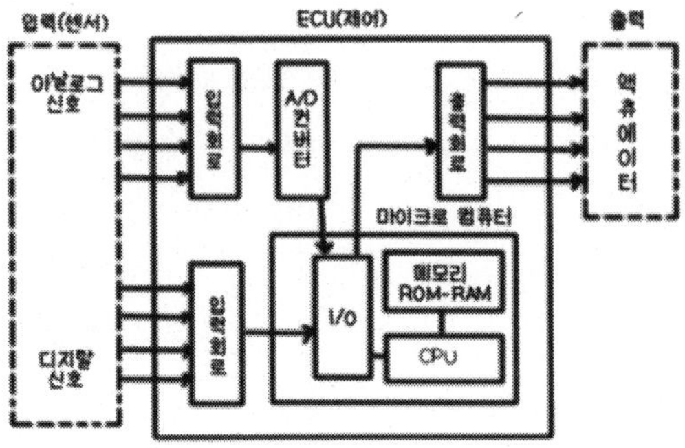

[제어장치의 주요 구성]

A/D 컨버터는 아날로그(analogue) 신호를 디지털(digital) 신호로 전환하는 장치로서 자동차에서 대표적인 디지털 신호는 스위치류(가속페달 스위치 제외), 칼만 와류식 공기유량센서, 발광과 포토다이오드, 홀 소자를 이용한 홀 센서 등이 있고, 그 외는 아날로그 신호이다.

RAM(random access memory : 일시 기억장치)은 레지스터라고도 하며, 임의의 기억 저장 장치에 기억되어 있는 데이터를 읽거나 기억시킬 수 있다. 그러나 RAM은 전원이 차단되면 기억된 데이터가 소멸되므로 처리 도중에 나타나는 일시적인 데이터 기억 장치에 사용된다.

ROM(read only memory : 영구 기억장치)은 읽어내기 전문 기억 장치이며, 한번 기억시키면 내용을 변경시킬 수 없다. 또 전원이 차단되어도 기억이 소멸되지 않으므로 프로그램 또는 정비지침서 등 고정 데이터의 저장에 사용된다.

CPU(central processing unit)는 중앙처리장치이며, 데이터의 산술 연산이나 논리 연산을 처리하는 연산 부분, 기억을 일시 저장해 놓는 장소인 일시 기억 부분, 프로그램 명령, 해독 등을 하는 제어 부분으로 구성되어 있다.

Handy hint

- 아날로그신호 : 시간에 의해 연속적으로 변화하는 신호
- 디지털 신호 : 시간에 대해 간헐적으로 변화하는 신호

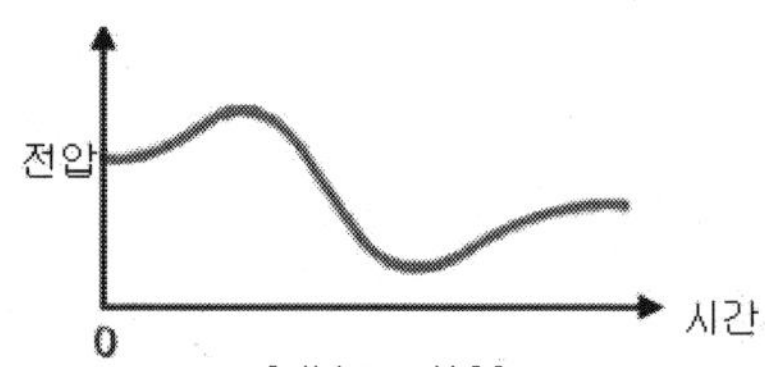

[아날로그 신호]

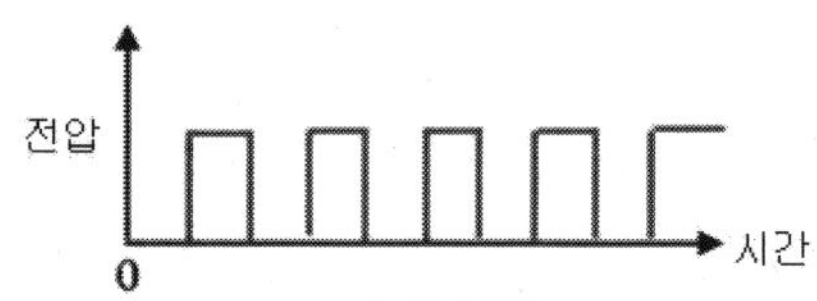

[디지털 신호]

Handy hint

▌자동차 스위치 회로에 이용되는 디지털 신호 방식

① 풀업 방식의 스위치 작동 검출

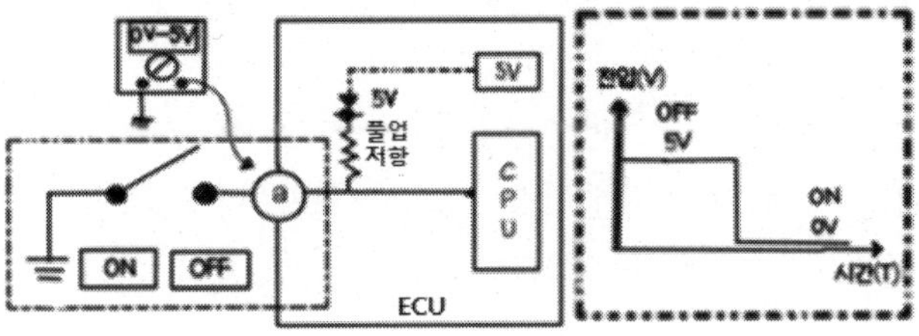

② 풀다운 방식의 스위치 작동 검출

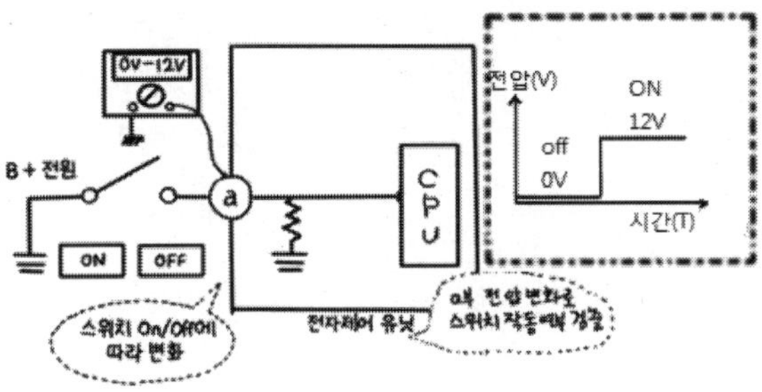

③ 스트로브 방식의 스위치 작동 검출

점화스위치 off 상태에서도 작동을 감지할 필요가 있는 도어 스위치 등의 회로에 사용

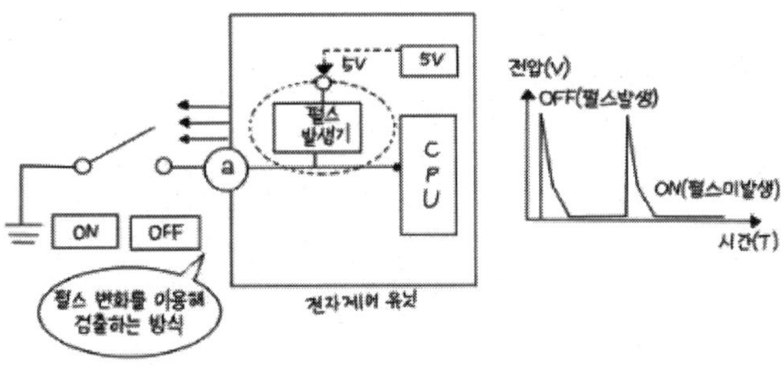

▌MOS형 스위치 회로와 TTL형 스위치 회로

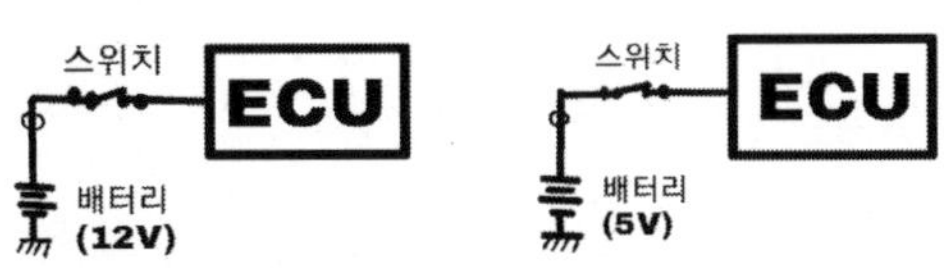

[MOS형 스위치 회로] **[TTL형 스위치 회로]**

MOS형 스위치 회로는 입력 전압이 3~15V 입력되고, TTL형 스위치 회로는 입력전압이 5V로 고정되어 있는 Digital Logic이다.

4. 가솔린 연료분사장치의 분류

(1) K-jetronic

jetronic은 분사(injection)와 전자(electronic)의 합성어로 전자제어 분사장치를 말한다. K-jetronic은 기계식 연속 분사방식(continuous injection : CI 시스템)으로 보쉬(bosch)사가 실용화했으나 국내에서는 적용된 바 없다.

실린더에 흡입되는 공기량을 계량하는 에어 플로미터와 연결되어 있는 레버가 센서 플레이트의 변위량에 따라서 작동되어 연료 컨트롤 플런저의 행정을 변화시킴으로서 연료 계량 슬릿의 단면적이 변화되어 혼합비를 제어한다. 흡입공기량은 기계적 변위에 비례한다.

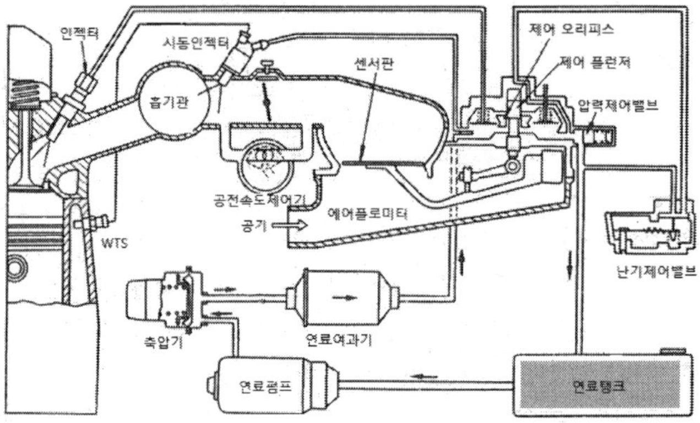

[K-jetronic의 기본 시스템]

(2) D-jetronic

연속분사방식인 K-jetronic와 달리 D-jetronic은 간헐분사 방식으로 되어 있고, 흡입공기량의 검출 방식은 흡기다기관의 절대압력과 기관 회전수로부터 흡입공기량을 간접적으로 계량하는 속도 밀도(speed density) 방식으로 흡기다기관의 절대 압력이 1사이클에 대하여 흡입되는 공기량이 거의 비례하는 원리를 이용하여 MAP 센서(압력 센서)에서 전기 저항의 변화로 흡입 공기량을 검출한다.

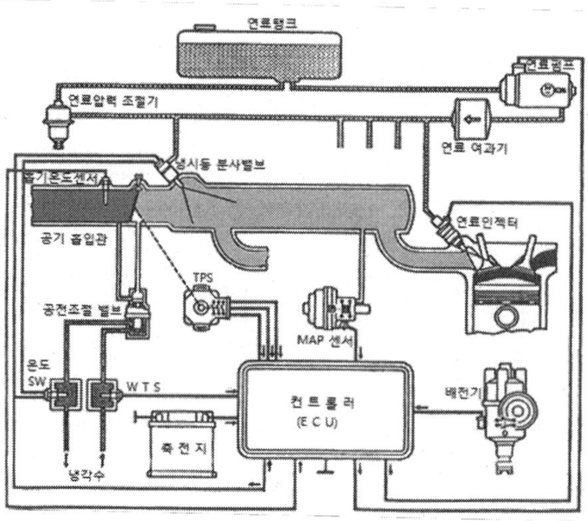

[D-jetronic의 기본 시스템]

(3) L-jetronic

L-jetronic은 D-jetronic과 같이 간헐분사 방식이며, 흡입 공기량을 전자적으로 검출하는 질량 유량(mass flow : 직접계측) 방식으로, 공기유량 센서, 기관 rpm 센서에 의해 기관의 작동상태를 검출하여 ECU에 입력되면 이 신호를 바탕으로 연료의 기본 분사량이 결정되고 기타 센서에 의해 증량 보정된다. 또한 배출가스 규제 대책으로 산소 센서를 이용하여 공연비 피드백 제어 방식이 채택되고 있다.

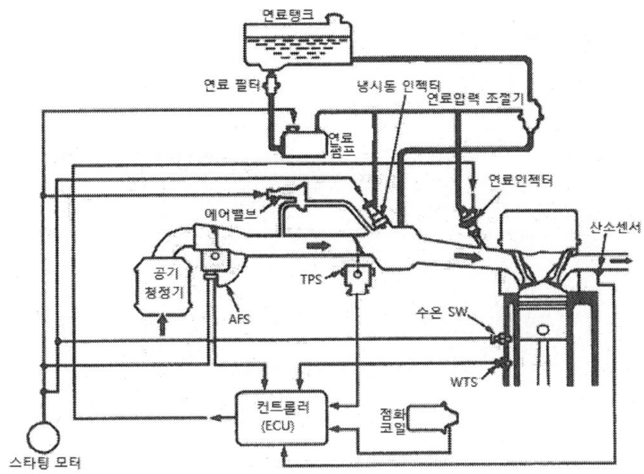

[L-jetronic의 기본 시스템]

Handy hint

▮ 기본 분사량 제어를 위한 입력센서
공기유량센서(흡입공기유량)/크랭크각 센서(기관 회전수)

▮ 순차분사(동기분사)를 위한 입력센서
캠위치 센서/크랭크각 센서 등

▮ 점화시기를 제어하기 위한 입력센서
크랭크각 센서 / 노크 센서 / 대기압 센서 / 냉각수 온도센서 / 흡입공기 온도센서 / 공기 유량 센서 / 스로틀밸브 위치 센서 등

전자제어 가솔린 분사장치는 앞에서 언급한 바와 같이 엔진컴퓨터(ECU)에 입력되는 각종 입력센서와 연료분사, 점화시기, 공회전속도, 배출가스 등을 제어하기 위해 출력되는 액추에이터(actuator)로 분류된다.

다음은 전자제어 가솔린 연료분사장치의 입·출력다이어그램을 나타낸 것이다.

입력
공기유량 센서(AFS)
크랭크 각 센서(CKPS)
캠 위치 센서(CMPS) (1번 실린더 압축상사점 센서)
공회전 스위치
에어컨 릴레이
동력조향장치 유압펌프 스위치
전조등 릴레이
인히비터 스위치
냉각수온도 센서(WTS)
흡기공기온도 센서(ATS)
스로틀밸브 위치 센서(TPS)
대기압 센서(BPS)
노크 센서(Knock sensor)
산소 센서(O_2 sensor)
축전지(Battery) 전압

⇨

제어
ECU (컴퓨터)

⇨

Actuator(출력)
연료 분사량 제어 점화시기 제어
연료 분사시기 제어
공회전 속도 제어(ISA)
P 또는 N에서 엔진 시동 가능 제어, P와 N 이외는 크랭킹도 안 된다.
연료펌프 제어 (key on 10초 후 펌프정지)
배출가스 제어
웨이크 업 제어 (축전지 과방전 방지)
페일 세이프 모드 제어 (백 업 제어)
노킹 제어 (노킹 발생 시 점화시기 지각시킴)
피드백 제어
자기진단 및 경고등 출력 (CAN 통신, KWP-2000)

[전자제어 가솔린 분사장치의 입·출력 다이어그램]

5. 분사위치에 따른 분류

5-1. SPI(single point injection) 방식

SPI 방식은 TBI(throttle body injection)이라고도 하며, 스로틀밸브 위의 한 중심점에 위치한 인젝터(1~2개)를 통하여 ECU가 간헐적으로 연료를 분사하여 흡기다기관을 통하여 실린더로 유입되는 방식이다. SPI 방식의 기관의 문제점은 다음과 같다.

① 흡기다기관 길이 차이로 인해 각 실린더로 공급되는 혼합가스 공급의 불균형

② 흡기다기관에서의 연료의 응축(Wall Wetting)

③ 연료입자와 공기의 질량 차로 공기가 연료보다 먼저 연소실에 유입되어 응답성(responsibility)의 저하

이러한 점 때문에 자동차가 급가속할 때 '부웅'하는 음향효과를 내지만 결코 좋은 엔진이 될 수 없다.

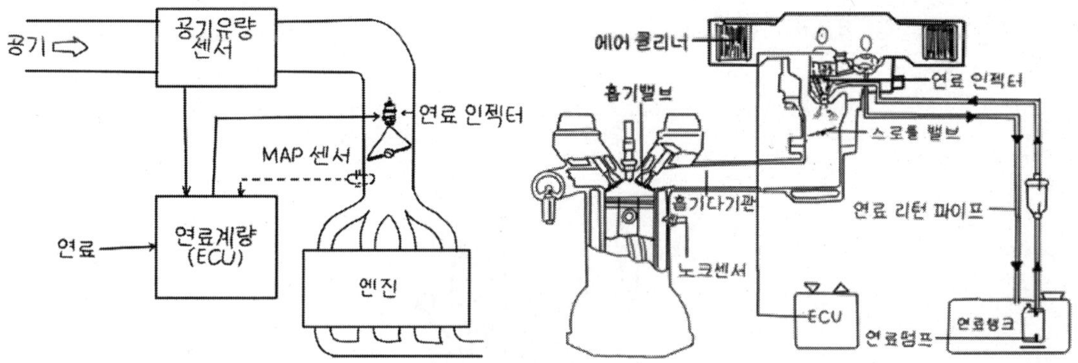

[SPI 분사방식]

5-2. MPI(Multi Point Injection) 방식

MPI 방식은 실린더 흡기다기관에 인젝터를 각각 1개씩 설치하여 연료를 분사하는 방식이다. 연료는 배기행정 끝 무렵에 분사되며, 이미 분사된 연료는 흡입 밸브 부근에서 흡입 밸브가 열릴 때까지 기다리는 동안 기화되어 흡입 밸브가 열리면 실린더로 공기와 함께 들어간다.

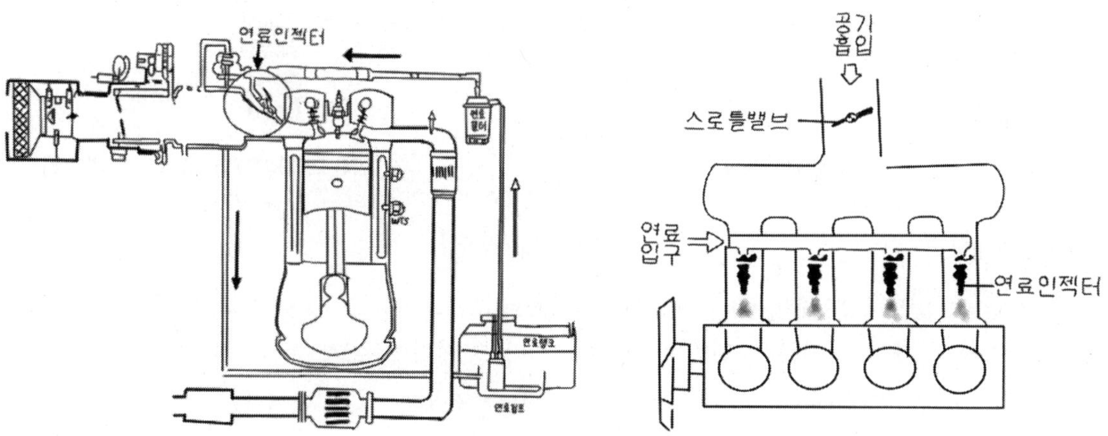

[MPI 연료분사 방식의 계통도]

MPI 방식의 특징은 아래와 같다.

① 연료를 흡기밸브 직전에서 분사하므로 SPI 방식에서 나타나는 연료의 응축현상이 발생되지 않음

② 흡기다기관 설계가 자유로움

③ 엔진이 조용하고 저속 및 고속에서 회전력 영역의 변화가 가능함

5-3. 가솔린 직접분사(GDI : Gasoline Direct Injection) 방식

직접분사 방식은 디젤 엔진과 같이 실린더 내에 가솔린을 직접 분사하는 것으로 약 35~40:1의 초 희박 공연비로도 연소가 가능하다.

연료의 공급압력은 일반적인 전자제어 연료분사 방식이 3~6[kgf/㎠]인데 비해 약 50~100[kgf/㎠]로 매우 높으며, 실린더 내의 유동을 제어하는 직립형 흡입 밸브, 연소를 제어하는 만곡형 피스톤(bowl type piston), 고압 연료펌프, 스월 인젝터(swirl injector) 등이 사용된다.

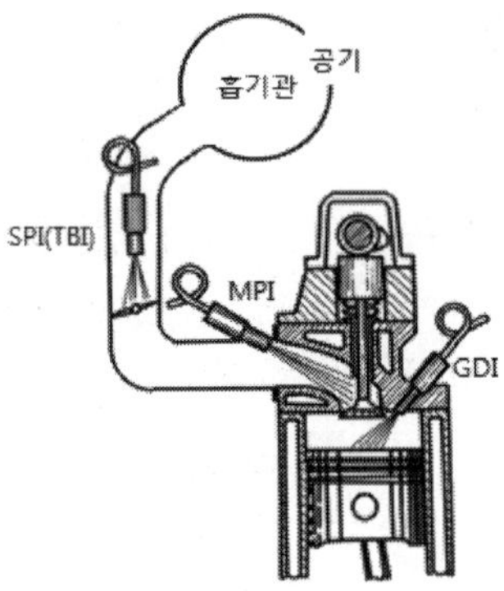

[GDI 분사방식]

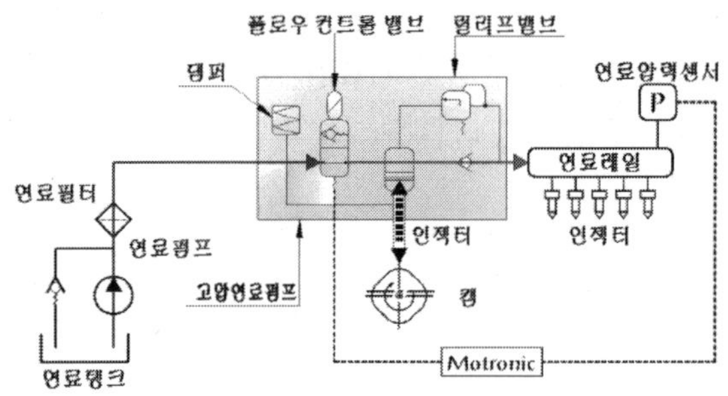

[GDI 연료계통 회로]

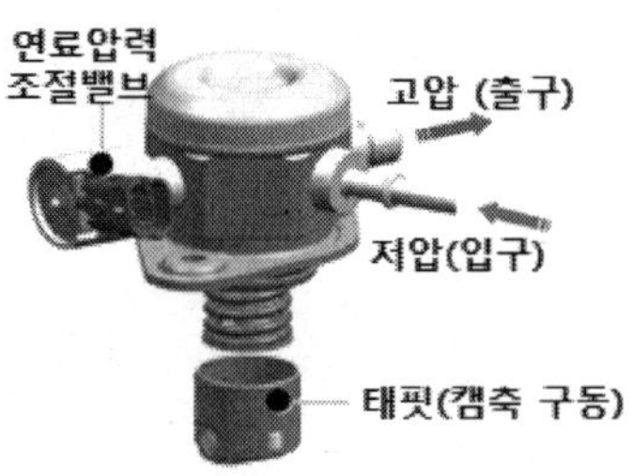

[GDI 고압펌프/연료압력 조절밸브]

(1) GDI 엔진에서 엔진속도와 부하에 따른 공연비 제어

① 저속 저출력 영역 : 초 희박 공연비제어 : 층상급기모드 $\lambda = 2.7 \sim 3.4$(40:1~50:1)

② 엔진 부하가 증가하면 이론 공연비(14.7:1)와 희박 공연비(24:1)제어

③ 고속, 고출력 시 최대 출력 공연비(13:1)제어 : 균질 혼합기 모드($\lambda < 1$)

(2) GDI 엔진 연료분사 시기

① 고부하 시에는 흡입행정 시 분사하여 공기를 냉각시켜 체적 효율 향상/압축비 증대/출력 향상 된다. 액상 연료를 실린더 안에 직접 분사하기 때문에 연료가 모두 연소실 안에서 기화하게 된다. 따라서 내부 냉각효과가 양호하기 때문에 충진률을 개선시킬 수 있다.

② 저부하 시에는 압축행정 말에 분사하여 층상 혼합기를 형성한다.

③ 층상급기모드를 통해 EGR 비율을 많이 높일 수 있다. 층상급기 모드에서는 스로틀밸브를 완전히 열기 때문에 교축손실이 거의 없다. 따라서 효율은 높아지고 출력은 증가하고 연료소비율은 낮출 수 있다.

(3) GDI 엔진의 저연비 영역(초 희박 연소)

압축행정 말에 연료를 분사함으로써 만곡형 피스톤과 직립 흡기 포트와 텀블(tumble) 유동에 의해 분무확산을 억제한다. 또한 점화플러그 주변에 농후한 혼합기를 형성하여 층상 혼합을 수행하고 초희박 혼합기가 형성되더라도 쉽게 착화되고 안정된 연소가 진행된다.

또한 흡기다기관 플랩 및 플랩용 센서는 균질혼합기 모드에서는 완전히 열려, 충진률이 최대가 되게 한다. 층상급기모드에서는 2개의 흡기통로 중 하나를 닫아 흡기 유입속도를 연소실에 강한 와류가 형성되게 한다. 이 와류는 연소실에 혼합기 구름의 형성을 촉진, 강화시킨다.

(4) GDI 엔진의 단점

① 제작 및 제어와 관련된 장치의 비용이 높다.

② 층상급기 모드에서는 초 희박한 혼합기를 사용하기 때문에 질소산화물(NO_X) 배출이 증가한다. 그러나 3원 촉매기로만 생성된 질소산화물을 모두 환원시킬 수 없기 때문에 질소산화물 촉매기(흡착 시 저항값 변화의 원리)가 반드시 필요하다. 배기가스 온도센서가 배기가스 온도를 측정하여 질소산화물 촉매기 재생 가능한 온도 범위 250~500[℃] 범위이다. 그러므로 배기가스 온도가 이 경계범위 내로 유지될 경우에만 층상급기모드로 절환할 수 있다. 또한 저유황연료를 사용해야 한다.

③ 연료분사 압력이 높고(50~120[bar]), 고압 스웰 인젝터 작동전압(80[V])이 높다.

6. 분사시기에 따른 분류

(1) 동기분사(synchronized or sequential injection : 순차분사)

기관이 평소에 흡입공기량, 기관 회전수를 기본으로 하여 각종 센서의 입력신호에 의해 ECU가 분사량을 결정하여 분사하는 것을 말한다. 동기분사는 점화순서에 따라 각 실린더의 배기행정 말에 맞추어 연료를 분사하는 방식이다.

(2) 그룹분사(group injection)

그룹분사는 흡입행정이 서로 이웃하고 있는 실린더를 그룹별로 묶어서 연료를 분사하는 방식이다. 일반적으로 6실린더 엔진에 적용하며 2실린더씩 묶어서 분사하면 3그룹 분사, 3실린더씩 묶어서 분사하면 2그룹 분사방식이 된다.

(3) 동시분사(simultaneous injection : 비동기 분사)

동기분사에 의해 작동하던 기관이 가속 페달을 급하게 밟아 스로틀밸브의 열림 정도가 일정 수준 이상이 되면 ECU가 인젝터를 통해 분사량을 급격히 증대시켜 분사하는 것을 말한다. 동시분사는 전 실린더에 대하여 크랭크축이 1회전마다 1회씩 동시에 분사하는 방식이다. 즉 1사이클에는 2회 분사한다. 동시분사 조건은 다음과 같다.

연료분사시간 = (기본분사시간 × 보정계수) +무효분사시간

- 속도-밀도방식의 기본분사시간 계산식$(ma) = \rho \times Vc \times \eta v$

여기서, ρ : 공기밀도(공기온도가 낮으면 밀도가 크고, 공기온도가 높으면 밀도가 작아진다).

Vc : 실린더 체적, ηv : 체적 효율

■ 질량-유량방식의 기본분사시간 계산식$(Tp') = \dfrac{Q/N}{K_1(A/F)_T}$

여기서, Tp' : 공기유량센서 신호로부터 산출되는 기본분사시간[ms]

Q : 단위 시간당의 공기량[m^3/s]

N : 기관 회전속도[rpm]

K_1 : 인젝터 치수, 분사방식, 실린더 수에 의하여 결정되는 치수

$(A/F)_T$: 목표 공연비

■ 보정연료 분사시간$(Tc) = g(F_{ET}, F_{AD}, F_O, F_L, F_H)$

여기서, F_{ET} : 기관 온도에 관계되는 보정계수, F_{AD} : 가감속할 때의 보정계수

F_O : 산소 센서에 의한 이론 공연비의 피드백 보정계수

F_L : 학습제어에 의한 보정계수, F_H : 고부하, 고속 회전에서의 보정계수

■ 무효 분사시간 보정 : 연료 분사시간을 결정할 때는 축전지 전압이 낮을 경우 인젝터 니들밸브 가동 지연시간, 인젝터 플런저 관성질량, 솔레노이드 코일 저항 증가 등에 의해 분사시간에 영향을 받으므로 연료를 분사할 때 보정을 필요로 한다.

① 엔진 크랭킹 시(시동 시)

기관 시동 시에는 회전수가 낮고 부하가 없는 상태이며, 일반적으로 고온 재시동 시를 제외하면 냉각수 온도가 낮은 상태이다. 공연비는 약간 농후한 상태로 고정된다. 산소 센서 피드백 제어는 하지 않는다.

$$\text{시동할 때 분사시간}(Ti) = (T_{THW} \times f_{at}) + Tv$$

여기서, T_{THW} : 냉각수 온도에 따라 결정되는 시동할 때의 분사시간

f_{at} : 흡입공기온도 차이에 의해 발생되는 공연비의 차이를 보정하기 위한 흡기온도 보정계수

Tv : 인젝터 무효분사 시간

② 시동 직후 공회전 안정을 위해서

기관이 시동되고 냉각수 온도가 정상 상태(80[℃])에 도달할 때까지의 운전기간이다. 이 기간은 기관 시동 시 냉각수의 온도에 따라 결정되며, 냉각수의 온도가 낮으면 기관의 워밍업 기간은 길어진다. 공연비는 12:1~15:1 정도에서 고정되며, 산소 센서 피드백 제어는 하지 않는다.

$$\text{시동 후 동기분사 시간}(Ti) = (Tp \times Fc) + Tv$$

여기서, Tp : 기본분사시간이며, 흡입공기량을 계측하는 방법과 공기유량센서의 종류에 따라 다름

Fc : 분사 보정계수이며, 가감속, 공연비 피드백 제어, 기관 가동상태 등에 따라서 연료량을 보정하기 위한 것이다.

③ 엔진 냉간 시(WTS)

냉각된 상태에서는 연료를 무화 상태로 분사하였더라도 연료들끼리 서로 엉켜 알갱이가 커지므로 완전 연소를 시킬 수 없을 뿐만 아니라 냉간 시동이 불가능하게 된다. 따라서 냉간(80[℃] 이하 냉시동 시에는 연료량을 증가시켜 원활한 시동이 될 수 있도록 ECU가 분사량을 증량시킨다.

④ 흡입 공기가 차가울 시(ATS)

실린더로 흡입되는 공기의 온도에 따라서 공기의 밀도차이가 발생하므로 공연비도 달라진다. 이러한 현상을 방지하기 위하여 흡기온도 센서는 흡기온도에 따라 검출된 신호를 ECU로 입력하면, ECU는 이 신호를 기초로 하여 가솔린 분사량을 조절한다. 즉, 흡기온도 20[℃ : 증량비 1.0]을 기준으로 하여 그 이하의 온도에서는 분사량을 늘리고 그 이상에서는 분사량을 줄여서 증량비를 제어한다.

$$증량비 = \frac{기본분사량 + 보정분사량}{기본분사량}$$

⑤ 축전지 전압이 낮을 시

연료분사시간을 결정할 때 인젝터 밸브의 열리고 닫힐 때 작동지연 시간을 고려하여 무효분사시간을 포함하며, 이때 무효분사시간은 축전지 전압에 의하여 영향을 받으므로 연료 분사 시 보정을 필요로 한다. 배터리 전압이 높을 경우는 무효분사시간이 짧으므로 분사량이 증가한다. 즉 인젝터 솔레노이드에 흐르는 전류증가로 흡입력 증가로 작동지연시간이 단축된다. 배터리 전압이 낮은 경우는 무효분사시간이 길어져 분사량이 감소한다.

⑥ 급가속 시(TPS)

크랭크각에 동기하지 않는 급가속 시의 임시적인 분사를 말하며, 동기분사로 급가속 시기를 맞추기 어려운 상황에서 공연비 희박을 보정하는 것이다. 급가속 판단은 일반적으로 스로틀밸브의 개도에 의하여 이루어지며, 일정의 시간간격(예 : 10~20ms)의 스로틀 개도의 변화량에 의하여 결정된다. 스로틀개도 변화량이 클수록 흡입공기 질량의 변화속도가 급하게 되고, 보정 연료량은 증가한다.

⑦ 고부하(TPS) 또는 고속 시(CAS)

고부하 고속회전 시에는 큰 출력토크를 요구하게 된다. 따라서 공연비에 대한 출력토크 특성이 최대(peak)를 나타내는 영역은 이론 공연비(14.7:1)보다 약간 농후한 상태이므로 목표 공연비 설정은 이론 공연비보다 약간 농후한 상태가 되도록 한다. 피드백 제어는 중지하고 오픈루프 제어(open loop control)를 한다.

(4) 연료 차단(fuel cut)

연료의 절감과 HC 과다 발생 및 촉매의 과열을 방지하기 위해 연료분사를 일시 차단하고자 할 경우는 기관 브레이크 작동 시, 기관 파손을 방지를 목적으로 일정회전속도(red zone : 8000[rpm]) 이상일 때, 급감속 시, 관성운전 시 등이다.

연료 한 컷 시의 회전속도는 부하의 유무, 기관 냉각수 온도 변화에 따라 미세조정이 가능하도록 한다. 복귀 회전속도는 타 주행을 계속하고 있는 사이에 연료분사를 개시하는 회전속도로, 연료차단 회전속도보다 낮은 속도로 설정된다. 기관 냉각수 온도가 낮을수록 연료차단 속도는 빨라지고, 연료차단 중에 스로틀밸브가 열리는 경우 즉시 분사를 개시한다.

7. 전자제어 가솔린 기관의 연료공급 장치

가솔린 연료공급 장치는 기관의 모든 작동조건에 따라 요구되는 양의 가솔린을 분사시켜 주기 위한 것이며 연료탱크, 연료펌프, 연료여과기, 연료분배 파이프, 연료압력조절기, 인젝터로 구성되어 있다.

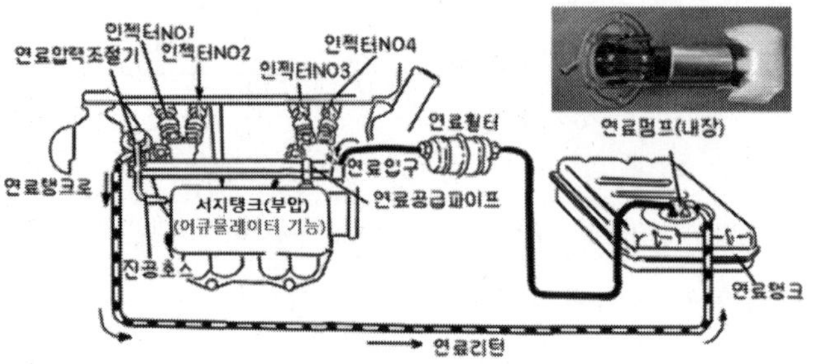

[가솔린 엔진의 연료계통]

7-1. 연료 탱크(Fuel tank)

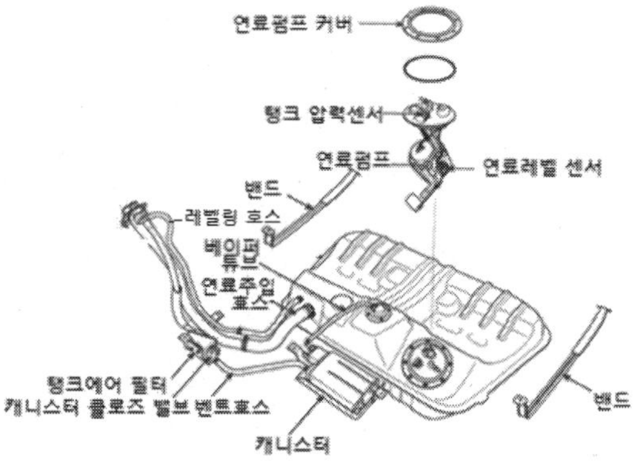

[K7 연료탱크]

연료 탱크는 연료를 저장하는 용기이며, 그 용량은 자동차의 용도나 구조에 따라 다르나 대략 1일 사용분(30~70[ℓ])을 기준으로 결정한다. 연료 탱크는 얇은 강판 또는 복합소재의 플라스틱으로 된 모듈형(module type) 연료 탱크가 적용되는 추세이다.

탱크 본체에는 연료를 넣는 주입구, 오염 배출을 하는 드레인 플러그(drain plug), 연료의 양을 알리는 연료계의 송신부 등이 부착되어 있고, 탱크 내부에는 주행 시에 연료가 출렁거리는 것을 방지하고 탱크의 강도를 높이기 위해 몇 개의 칸막이(separator)가 용접되어 있다. 또한 내부에는 녹슬지 않도록 도금이 되어 있고, 탱크에는 레벨링 호스와 2웨이 밸브가 부착되어 있다. 레벨링 호스는 탱크 안의 환기장치를 말하며, 연료의 액면이 변동하여 탱크 안이 부압으로 되었을 때, 연료가 공급되지 않거나, 바깥 온도의 상승으로 탱크안의 압력이 높았을 때 연료가 새는 것을 방지한다.

연료 파이프는 연료 탱크에서 기관까지 각 장치를 연결하는 파이프로, 일반적으로 구리 또는 플라스틱 파이프를 사용한다. 파이프의 안지름은 5~8[mm] 정도이고 파이프의 연결 부분은 연료가 새지 않도록 이음을 사용하여 연결되어 있다. 또한 부품의 간섭이나 진동이 심한 부분에는 플랙시블 호스(flexible hose)로 연결하는 것이 좋다.

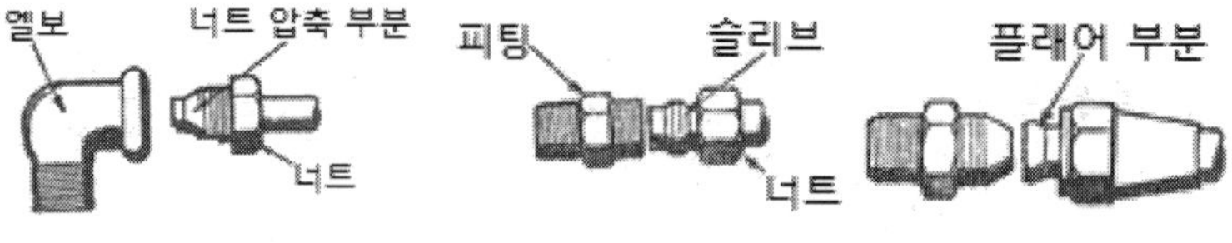

(a) 너트 압축형 (b) 슬리브형 (c) 플래어형

[연료파이프 이음]

7-2. 연료 여과기(Fuel filter)

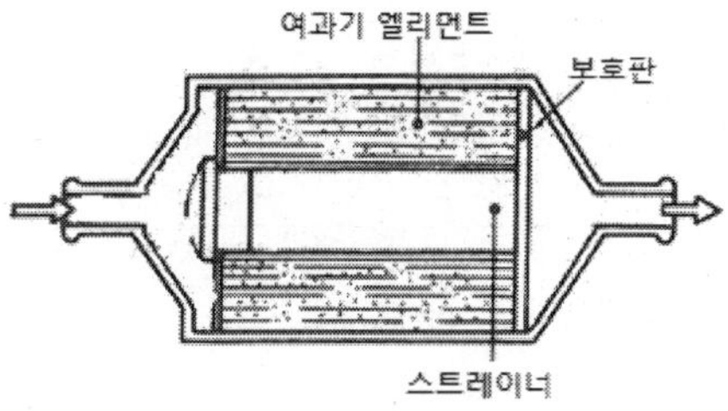

[연료 여과기]

연료 여과기는 연료 속에 들어 있는 수분이나 먼지 등의 불순물을 분리하는 장치이다. 연료 여과기 내부에는 여과망인 엘리먼트가 들어있고 연료 여과망이 파손되는 것을 방지하기 위해 한쪽 면에는 보호판이 설치되어있으며, 스트레이너는 여과엘리먼트의 조각이 유압되지 못하도록 하는 역할을 한다. 연료 여과기 교환 시기는 대략 20,000[km] 전후 주행마다 실시하고 특징은 다음과 같다.

① 여과 성능을 높이기 위해 엘리먼트의 여과기 눈은 10[μm]이다.
② 연료압력이 높기 때문에 내압성이 크다.
③ 여과 면적이 크다.
④ 여과기 자체가 크다.

7-3. 연료 펌프(Fuel Pump)

연료 펌프는 연료 탱크 내에 설치되는 인탱크 방식(in-tank type)으로서 습식 직류(DC)모터를 사용한다. 이 연료 펌프는 베이퍼록(vapor lock) 현상을 방지하고 연료 펌프 소음을 억제하는 효과가 있다. 연료 펌프 전원은 배터리 전원이 직접 공급되고, 시동 시와 시동 후에는 ECU에 의해서 역(-)제어 구동시킨다.

펌프의 토출 유량은 분사장치의 형식이나 종류에 따라 다르지만 일반적으로 90~165[cc/h]이고 소비 전압은 12~14[V] 소비전류는 4~5[A] 정도이다.

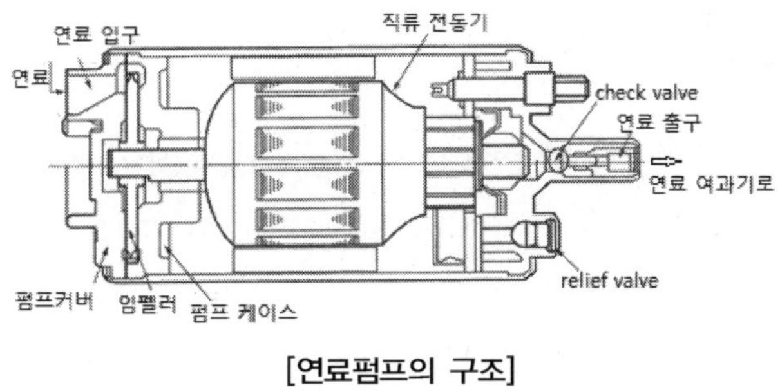

[연료펌프의 구조]

또 릴리프 밸브(안전밸브)는 연료 펌프 내 압력이 너무 높을 때 이 밸브가 작동하여 압력 상승에 의한 연료 펌프 파손 및 연료 누설을 방지하고, 체크 밸브는 연료 펌프에서 연료 압송이 정지될 때 체크 밸브가 닫혀 연료 파이프 내에 잔압을 유지시켜 고온 시 베이퍼록을 방지하고 재시동성을 향상시킨다.

각 밸브	역할	비고
체크 밸브 (check valve)	① 역류방지 밸브 ② 잔압유지 ③ 베이퍼록 방지 ④ 재시동성 향상	고장 시 연료압력이 낮아져 시동지연 현상이 발생되고 시동 후에는 엔진에 미치는 영향이 없다.
릴리프 밸브 (relief valve)	① 연료압력 조절 ② 연료펌프 파손 방지 ③ 연료라인 파손 방지	작동압력은 4.5~6.5[kgf/㎠]이다.

※ 연료펌프는 점화 스위치가 ON에 있더라도 엔진 가동이 정지된 상태(흡입 공기량이 감지되지 않는 상태)에서는 작동되지 않는다.

7-4. 연료분배 파이프(Fuel Delivery Pipe/Rail : 연료공급파이프)

모든 인젝터에 같은 양의 연료를 공급하기 위하여 연료의 여유 분량을 저장하고 압력을 일정하게 유지하는 역할을 한다. 즉, accumulator(축압기 : 맥동 흡수) 역할을 한다.

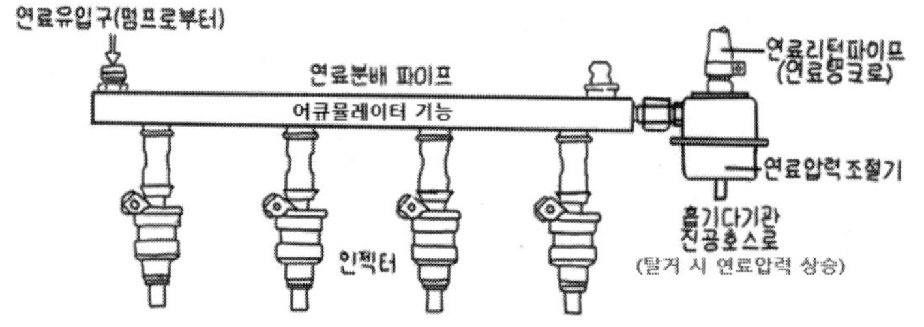

[연료분배 파이프 Ass′y]

7-5. 연료압력조절기(Fuel Pressure Regulator : 진공식 연료압력조절)

연료압력조절기는 흡기다기관 안의 압력 변화에 대응하여 연료 분사량을 일정하게 유지하기 위해 인젝터에 걸리는 연료의 압력을 흡기다기관 안의 압력보다 높게 조절한다. 즉, 연료의 공급압력과 흡기다기관의 부압과의 압력 차를 이용하여 인젝터에 항상 일정한 연료압(2~3[kgf/㎠])을 유지시키는 장치이다.

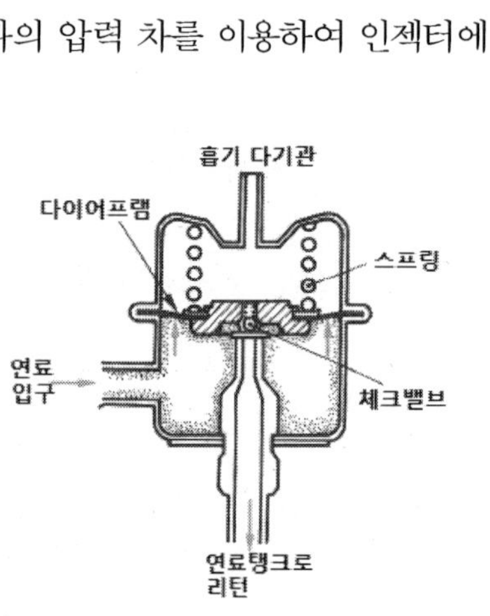

[연료압력조절기의 구조]

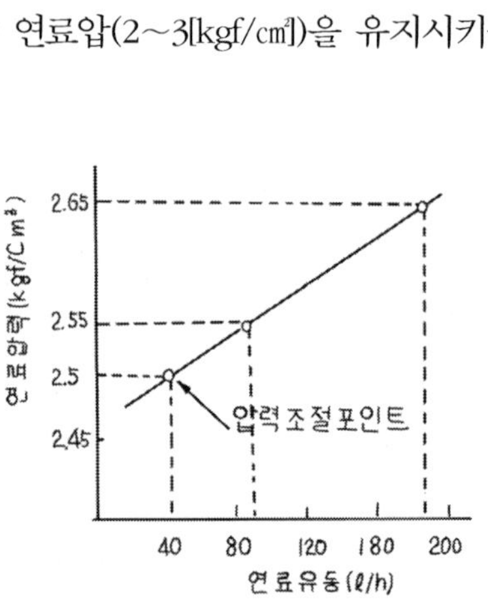

[연료압력조절기의 특성곡선]

스프링 체임버(spring chamber)는 진공호스로 서지탱크(surge tank)와 연결되어 항상 흡기다기관의 부압이 작용하여 연료의 압력이 규정 압력을 초과 시 다이어프램(diaphragm)이 밀려 올라가 여분의 연료는 리턴 파이프(return pipe)를 통해 연료탱크로 리턴하여 연료압력을 항상 일정하게 유지하여 준다. 공회전 시에는 흡기다기관 내의 진공압력이 높아 체크 볼이 많이 열려 연료 리턴양이 많아지고 고속 시에는 흡기다기관 내의 진공압력이 낮아 적은 양의 연료가 리턴된다.

7-6. 인젝터(Injector)

인젝터는 ECU에 의해 솔레노이드(solenoid)가 작동하여 니들 밸브(needle valve)를 열어 연료를 분사하는 일종의 분사밸브이다.

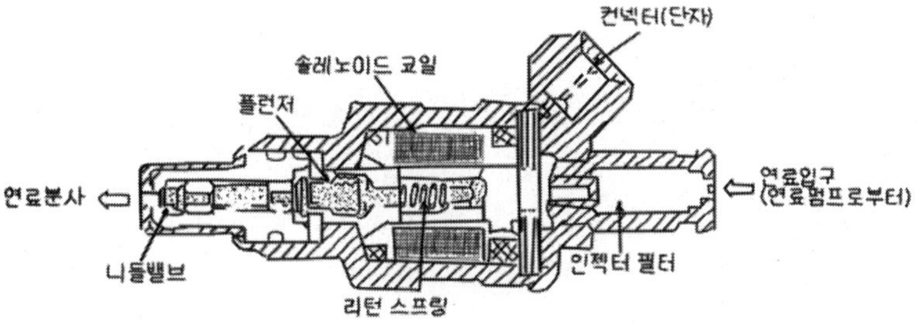

[인젝터의 구조]

인젝터는 연료분배 파이프와 연결되어 있으며 인젝터 작동 시 플런저(plunger)와 같이 니들 밸브가 당겨져 분사밸브를 열어준다. 또한, MPI 분사방식은 흡기다기관 각 실린더의 흡기밸브 앞인 흡기다기관에 장착되어 있다.

분사량은 분사밸브의 면적, 연료의 압력이 일정하기 때문에 니들 밸브의 개방시간, 즉 솔레노이드 코일에 흐르는 전류의 통전시간에 의해 (-)제어되며, 엔진의 온도 및 각종 센서로부터의 정보에 의해 ECU가 결정한다.

인젝터의 작동회로는 그림과 같으며 배터리 전원으로 컨트롤 릴레이 또는 메인 릴레이 ECU 분사신호가 발생하면 TR의 B에서 E로 전류가 흘러 TR은 스위치 ON이 되어 TR의 C와 E 사이에 전류가 흘러 솔레노이드 코일이 접지되어 인젝터가 작동한다.

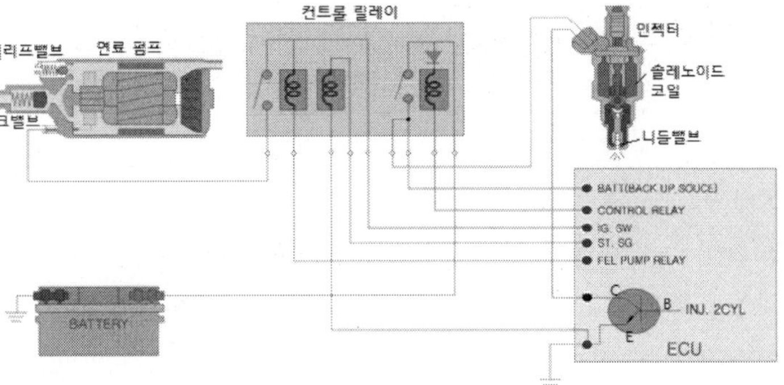

[인젝터 구동회로]

(1) 인젝터의 분사시간 계산식

인젝터는 ECU로부터 분사량에 대한 분사신호를 받으면 솔레노이드 코일에 전류가 흘러 니들 밸브가 열리면 분사가 진행된다. 인젝터의 분사시간 계산식은 (기본 분사시간 × 보정계수) + 무효분사시간 이다.

그러나 니들 밸브의 기계적 관성문제(자체질량 및 리턴 스프링 장력), 솔레노이드 코일의 인덕턴스, 배터리 전압 등으로 정확히 구동 신호와 같은 동작을 하지 못한다. 즉, 니들 밸브가 최대로 열릴 때까지는 어느 정도 시간의 지연이 요구되며 이 시간을 무효분사시간이라 한다.

무효분사시간 = 밸브 열림 시간 - 밸브 닫힘 시간으로 표시되고, ECU는 무효분사 시간만큼 분사시간을 (+) 보정한다.

(2) 인젝터 출력파형

그림 (a)은 인젝터 전압 구동형식 인젝터의 (-)단자에서의 출력파형을 나타낸 것이다.

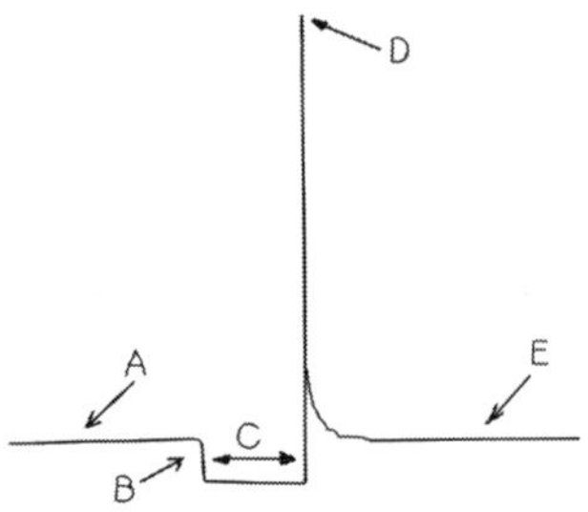

그림 (a) 인젝터 출력파형

① A 부분 : 인젝터에 공급되는 전원전압을 나타낸다.

② B 부분 : ECU의 인젝터 구동 파워트랜지스터가 ON 상태로 변하는 것으로 플런저가 니들 밸브를 열어 연료분사가 시작되는 것을 나타낸다.

③ C 부분 : 인젝터 연료분사 시간(공전 시 약 2~3[ms])을 나타낸다.

④ D 부분 : 인젝터에 공급된 전류가 급격히 차단되어 역기전력(서지전압 : 약 70[V])이 발생하는 것을 나타낸다.

⑤ E 부분 : ECU 내의 인젝터 구동 파워트랜지스터가 OFF되고 연료의 분사가 중지되는 것을 나타낸다. 서지전압이란 인젝터는 트랜지스터가 OFF되는 순간 솔레노이드 코일에 흐르는 전류가 급격히 차단되기 때문에 큰 역기전력이 발생하는 전압을 말한다.

(3) PWM 인젝터 출력파형

그림 (b)은 PWM(pulse width modulation) 인젝터(전류 구동 방식)의 출력 파형을 나타낸 것이다.

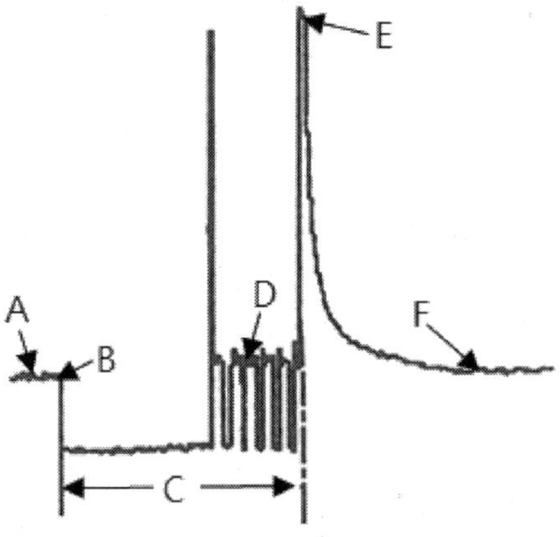

그림 (b) 인젝터 출력파형

① A 부분은 인젝터에 공급되는 전원 전압을 나타낸다.

② B 부분은 ECU 안의 인젝터 구동 트랜지스터(TR)가 ON 상태로 되어 인젝터 플런저를 스토퍼로 당기면서 연료 분사를 시작하는 것을 나타낸다.

③ C 부분은 연료 분사시간이다.

④ D 부분은 인젝터 솔레노이드 코일에 흐르는 전류를 제한하는 것이다. 즉 열림 초기에는 큰 전류를 흘러 인젝터의 동적 특성을 향상시키고, 인젝터의 니들밸브가 열린 다음에는 열림 상태를 유지하기 위한 최소한의 전류를 제한하는 것이다.

⑤ E 부분은 인젝터에 흐르는 전류가 급격히 차단되어 솔레노이드 코일에서 발생되는 역기전력의 크기를 나타내고 있다.

⑥ F 부분은 전원 전압의 복귀를 나타낸다.

(4) 인젝터 저항점검 방법

인젝터 저항은 ±0.3[Ω] 이상 차이나면 안 된다는 점을 꼭 명심해야 한다. 실험해본 결과 1[Ω]의 저항 하나만 걸려도 부조가 느껴졌다. 또한 미소 저항보다는 미소 전압측정이 유리하다. 어스(-) 쪽의 접촉이 불량하다면 1[Ω]의 크기를 저항으로 알기가 어렵다는 것을 알아둘 필요가 있다.

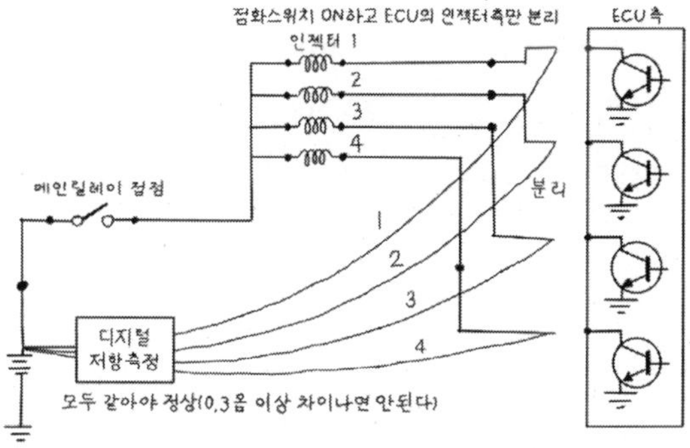

[올바른 저항 측정법]

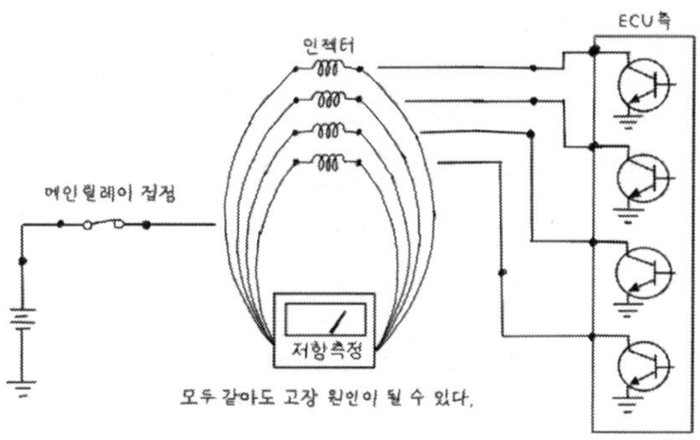

[잘못된 저항 측정법]

(5) 어스(-) 쪽이 불량한 파형

아래 그림에서 보듯이 파형 밑의 수평선 부위가 반듯하지 않고 계단 모양으로 기울어진다. 이유는 인젝터 (-)쪽과 ECU 사이에 불과 1[Ω]의 저항으로 양단 간의 미소 전압이 걸리기 때문에 계단 모양을 보이는 것이다. 이 접속 불량으로 전류가 조금이라도 적게 흐르므로 렌쯔의 법칙에 의거하여 써지 전압이 아주 조금 정상보다 낮아졌다.

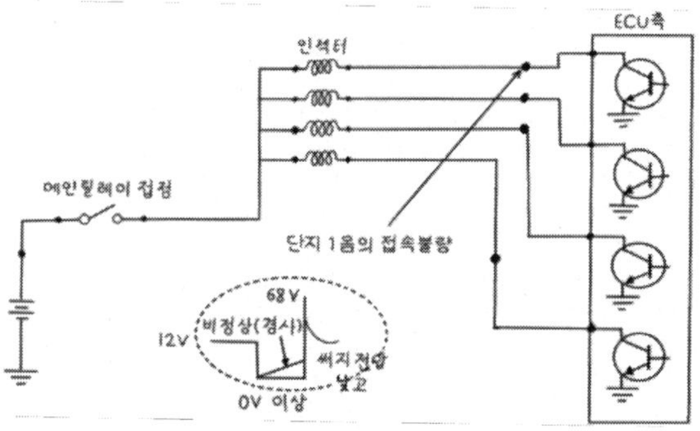

[어스(−)측 불량 파형]

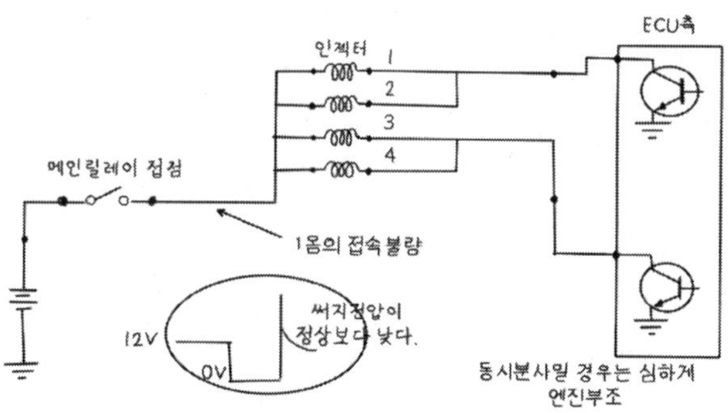

[본선(+) 쪽의 접속 불량 파형]

(6) 본선(+) 쪽에 접속 불량 파형

인젝터 본선 쪽을 점검하기 위해 배터리 (+)와 인젝터 (+)까지의 전압을 측정해보면 매우 정상적인 접속임에도 불구하고 0.8[V] 정도는 감안하자. 이유는 어스와 어스 사이와 본선과 본선 사이를 지칭하는 배선의 끝과 끝의 전위차는 약 1.2[V]까지는 어쩔 수 없는 것으로 생각할 수밖에 없다. 본선 쪽이 접속불량이면 써지전압이 모두 낮고 분사시간에도 영향을 미친다. 따라서 인젝터 점검 방법은 작동음, 저항측정, 분사시간 측정 등이 있다.

8. 연료계(Fuel gauge)

연료계는 연료탱크 내의 연료량을 나타내는 것으로 코일 서미스터식, 서모스탯 바이메탈식, 바이메탈 저항식 등이 있다.

(1) 코일 서미스터식(coil thermister type)

코일 서미스터 형식은 연료 탱크 안에 연료가 적으면 플로트의 뜨임이 적고, 접촉암의 저항이 많은 쪽으로 움직이므로 코일 L_1의 자장(磁場)이 상대적으로 커지고 지침은 E쪽에서 머무른다. 연료량이 많으면 플로트는 뜨고, 접촉암은 저항이 작은 쪽으로 움직임으로 코일 L_2의 자장이 커지고 지침은 F쪽으로 이동된다.

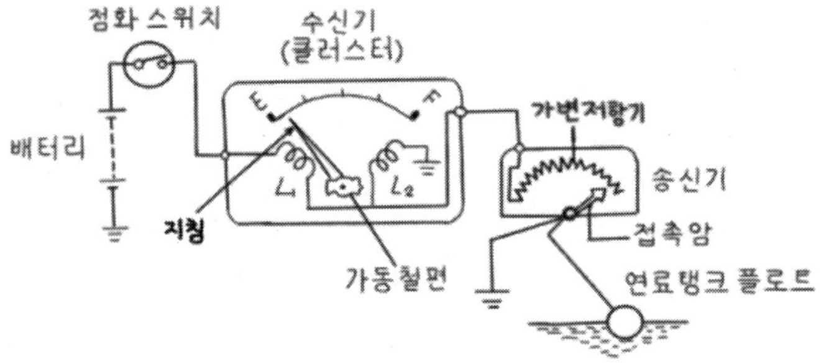

[코일 서미스터식 연료계]

(2) 서모스탯 바이메탈식(thermostat bimetal type)

서모스탯 바이메탈식은 연료가 적을 경우는 플로트가 내려가 있기 때문에 송신부의 접점 압력이 약하다. 따라서 열선에 흐르는 전류의 통전 시간이 짧아지므로 수신부의 지침은 E쪽을 가리킨다. 연료가 많을 경우는 플로트가 올라와 접점의 압력이 증가하여 열선에 흐르는 전류의 통전 시간이 길어져 바이메탈의 힘에 따라 지침은 F쪽을 가리키게 된다.

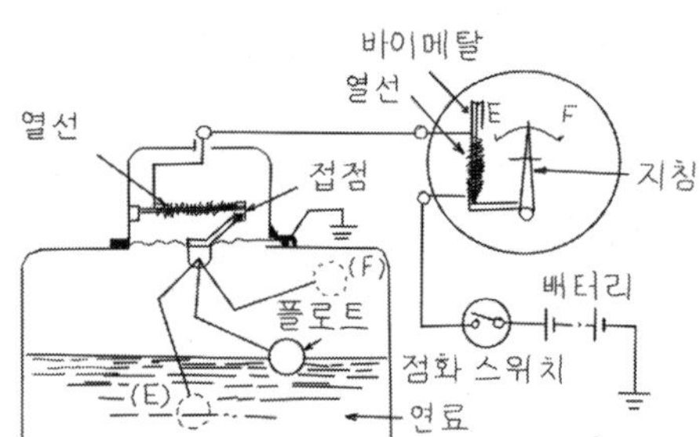

[서모스탯 바이메탈식 연료계]

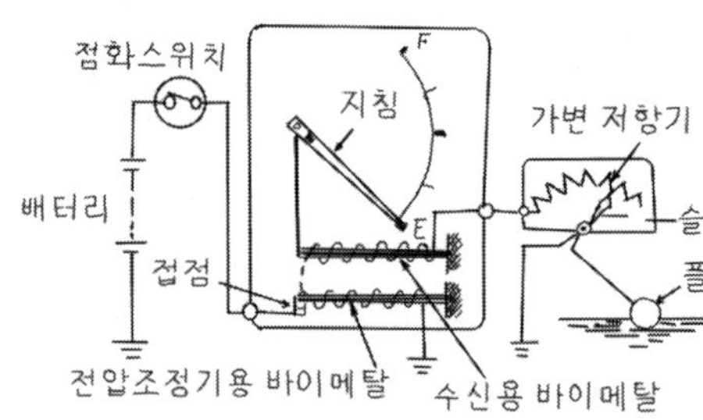

[바이메탈 저항식 연료계]

(3) 바이메탈 저항식 연료계

바이메탈 저항식의 수신부는 바이메탈로 되어 있고 송신부는 가변저항기로 되어 있으며 수신부와 점화스위치 사이에는 전압조정기용 바이메탈이 설치되어 있으므로 전원전압 변동으로 인한 지침의 오차를 방지한다. 이 연료계는 플로트의 위치에 따라 저항값이 정해지며 이에 따라 전류의 양도 결정된다.

9. 연료 잔량경고등

연료 잔량경고등은 연료 탱크 내에 연료량이 일정량 이하가 되면 경고등이 점등되어 연료량이 적다는 것을 운전자에게 알리는 역할을 한다. 일반적으로 연료가 연료탱크 내의 5~10리터 정도 남아있으면 경고등을 점등시킨다. 이 연료 잔량경고등의 종류에는 서미스터식과 플로트식이 있다.

(1) 서미스터식 연료 잔량경고등

서미스터식 연료 잔량경고등식은 연료계와 병렬로 회로가 형성되었으며 연료가 규정량 이하가 되면 서미스터가 작동하여 경고등이 점등된다. 서미스터가 연료 속에 잠겨 있을 때에는 저항이 커서 점등되지 않으며 서미스터가 노출되면 기화열에 의하여 저항값이 작아져서 경고등이 점등되어 연료가 적음을 경고하게 된다.

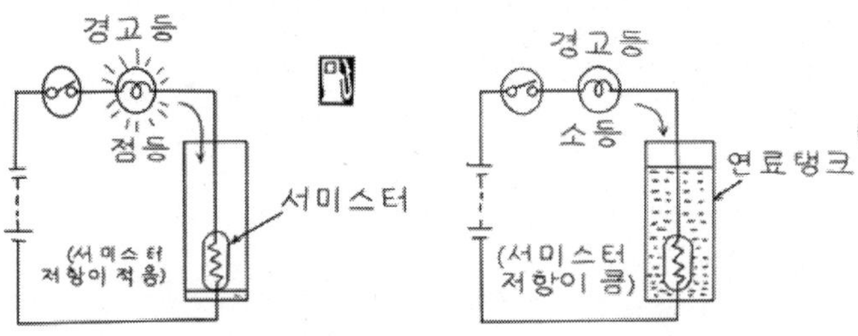

[서미스터식]

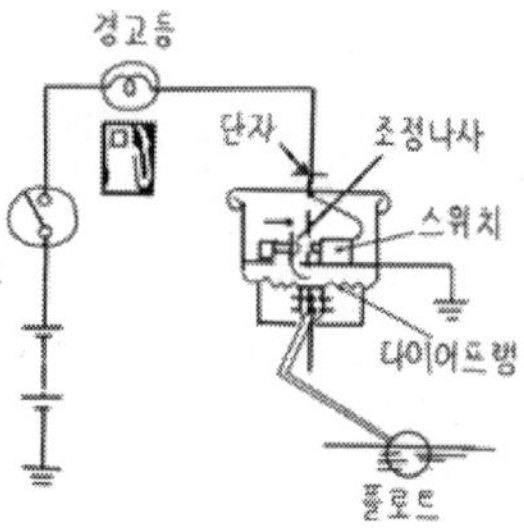

[플로트식]

(2) 플로트식 연료 잔량경고등

플로트식 연료 잔량경고등은 연료 탱크 안의 연료량이 일정량 이하가 되면 스위치 접점이 닫혀 회로가 형성되고 경고등이 점등되어 연료량이 적다는 것을 알린다.

Chapter 8 흡·배기 장치

기관이 작동하기 위해서는 실린더 안에 혼합기 또는 공기를 흡입하고, 또 혼합기가 연소한 후 연소가스를 배출하게 되는데 이 일을 하는 것이 흡 · 배기장치이다.

흡기장치(intake system)는 흡입하는 공기 속에 들어있는 먼지 등을 제거하는 공기 청정기, 흡입 공기량을 검출하는 공기유량센서, 공명기 역할을 하는 레조네이터(resonator), 공기량을 제어하는 스로틀보디(throttle body), 어큐뮬레이터(accumulator : 공기 맥동저감) 역할을 하는 서지탱크, 각 실린더에 혼합기나 공기를 분배하는 흡기다기관(manifold) 등으로 구성되어 있다.

배기장치(exhaust system)는 각 실린더 연소 가스를 모으는 배기 다기관과 배기가스 정화장치인 삼원촉매, 산소 센서, 배기 파이프, 소음기 등으로 구성되어 있다.

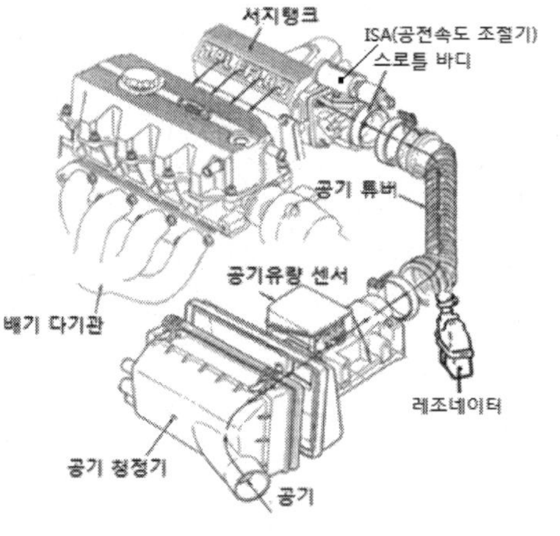

[흡기 계통]

1. 흡기장치(Intake System)의 구성요소

흡기장치는 공기 청정기, 스로틀 바디, 실린더 헤드의 흡기 구멍 및 흡기밸브 등으로 구성되어 있는데, 여기에는 다음과 같은 기능이 요구된다.

① 전 회전영역에 걸쳐서 흡입효율이 좋을 것
② 공기 또는 공기+연료와의 혼합이 좋을 것[양호한 무화(霧和)]
③ 균일한 분배성
④ 응답성이 우수할 것
⑤ 안정된 운전성을 얻을 것
⑥ 흡기 효율을 높이기 위하여 저항이 적을 것
⑦ 혼합기에 와류[스웰, 텀블, 스퀴시]를 주어 연소속도를 빠르게 할 것

1-1. 공기 청정기(air cleaner)

공기 청정기는 기관이 흡입하는 공기 속에 들어 있는 먼지를 제거하고, 또 흡기계통에서 발생하는 흡기 소음을 없애는 역할을 한다.

자동차가 달리는 노상에 부유(浮遊)하는 먼지(dust)는 산화규소(SiO_2), 산화알루미늄(Al_2O_3) 및 산화철(Fe_2O_3) 등이 주성분이며 도시에서는 카본도 포함되어 있다. 먼지의 농도는 도로의 상황이나 기상조건에 따라 다르나, 대체로 포장도로에서는 0.0003~0.0005[g/㎥]이고, 비포장도로는 0.006~0.015[g/㎥], 먼지가 많은 도로는 0.5~0.7[g/㎥], 건설공사 현장 등은 0,5~1.0[g/㎥]에 달한다. 예를 들어 승용차로 먼지가 많은 도로를 40[km/h]로 10시간 주행했을 때는 약 14~18[g](5~7[cc])의 먼지를 흡입하게 되는데, 이는 기관에 대해 지나친 양이다.

그리고 공기 청정기를 장착하지 않은 차량과 장착한 차량의 실린더 마모량을 비교한 실험 결과에 의하면, 장착하지 않은 차량이 장착한 차량보다 약 9배에 가까운 마모량을 나타냈다. 이와 같이 공기 청정기는 먼지를 여과해서 깨끗한 공기를 기관에 공급하여 기관의 수명을 연장하는 데 중요한 역할을 한다.

1-1-1. 공기 청정기의 종류와 특성

(1) 건식 공기 청정기(dry type air cleaner)

건식 공기 청정기는 여과지(紙)나 여과포(布)로 된 여과 엘리먼트(filter element)를 사용하여 여과하는 형식이다. 이때 엘리먼트는 여과 면적을 최대한으로 수용하고 통기(通氣) 저항의 증가를 방지하기 위해 접어서 방사상(放射狀)으로 가공한 것을 사용한다. 이 종이 엘리먼트는 다른 엘리먼트에 비해 다음과 같은 장점이 있기 때문에 승용차를 비롯하여 트럭, 버스, 건설장비에 가장 널리 쓰이고 있다.

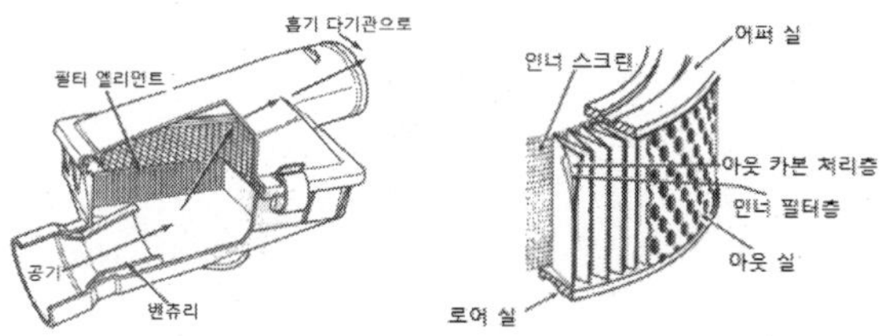

[건식 공기 청정기 형상]

① 작은 입자의 먼지나 오물을 여과할 수 있다.
② 기관 회전속도의 변동에도 안정된 공기 청정 효율을 얻을 수 있다.
③ 구조가 간단하고 가벼우며 저렴하다.
④ 설치 또는 분해 조립이 간단하다.
⑤ 장시간 사용할 수 있으며, 청소를 간단히 할 수 있어 가장 많이 사용되고 있다.

(2) 습식 공기 청정기(wet type air cleaner)

습식 공기 청정기는 흡입 공기를 오일로 적셔진 엘리먼트(폴리에스텔 폼에 오일이나 특수 접착제를 흡착)를 통과시켜 여과하는 형식이다. 그 구조나 용도 등은 기본적으로 건식과 같으나, 건식보다는 구조가 복잡하고, 습기에 의한 막힘이 없고, 여과망을 세척하거나 오일을 교환하면 계속 사용할 수 있다.

(3) 유조식 공기 청정기(oil bath type air cleaner)

공기 청정기 케이스에 들어 있는 오일의 유면에 흡입공기가 관성 충돌하여 먼지를 분리하고 동시에 공기의 흐름에 의해 유면이 출렁거리는데, 이때 생긴 기름방울이 여과망을 적셔 공기가 여과망을 통과할 때 다시 먼지를 여과한다. 여과 효율은 다소 낮은 것이 결점이나 특히 먼지가 많은 지역에 적합하다.

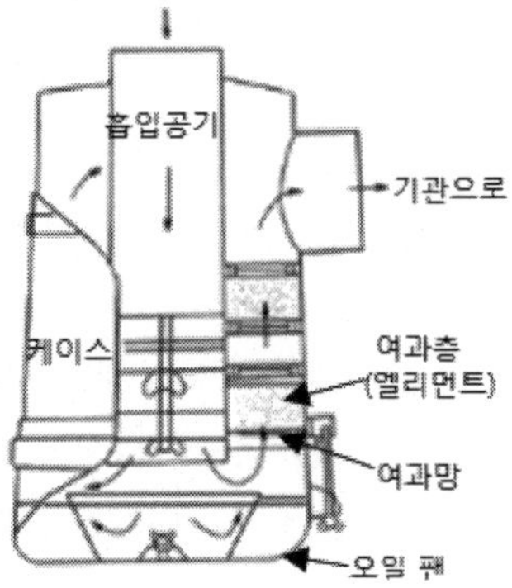

[유조식 공기 청정기]

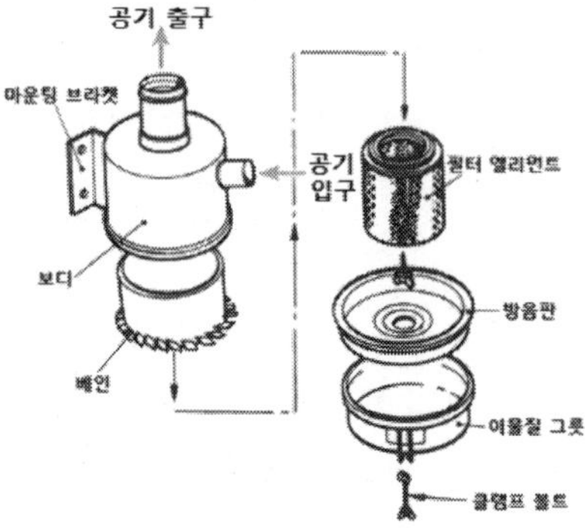

[원심 분리식 공기 청정기]

(4) 원심 분리식 공기 청정기(cyclone type air cleaner)

흡입공기의 원심력 관성을 이용하여 먼지를 분리하는 형식이며, US 사이클론식, 통형 사이클론식, 멀티클론(multiclone) 형식 등이 있다. 사이클론은 현재의 차량용 공기 청정기로 사용하기에는 여과하는 먼지 입자(粒子)의 크기에 한계가 있으므로 다른 공기 청정기의 예청정기(pre-cleaner)로 사용하고 있다.

(5) 복합식 공기 청정기(combination type air cleaner)

복합식은 건식이나 습식 등 주공기 청정기(main air cleaner)와 사이클론식 공기 청정기를 결합한 형식이다.

1-1-2. 공기 청정기의 성능

(1) 통기 저항

건식이나 습식 공기 청정기의 통기(통기) 저항은 그림 (a)와 같이 기관의 출력과 연료 소비에 영향을 미치고, 또 공기 청정기의 수명에도 관계되므로 저항이 적어야 한다.

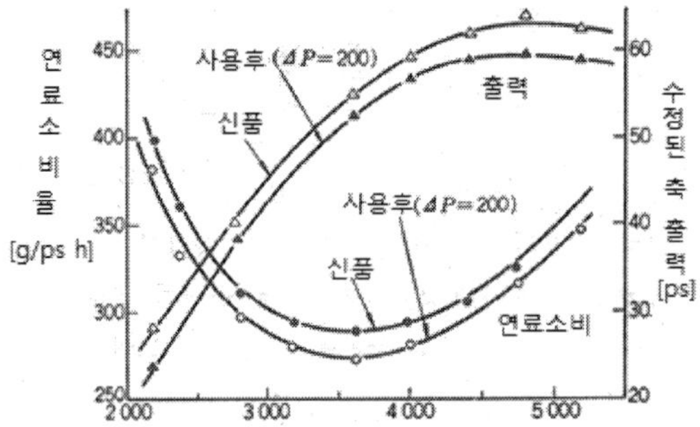

(a) 엘리먼트의 저항 증가와 연료소비 및 출력

그림 (b)는 승용차용 공기 청정기의 건식 및 습식 엘리먼트의 유속(流速)과 저항선도를 나타낸 것이다. 그림에서 공기 청정기를 차에 조립한 때의 통기 저항은 엘리먼트만의 저항의 약 5~10배이며, 엘리먼트 자체의 저항은 얼마 안 된다. 그러나 공기 청정기의 수명은 엘리먼트의 폐색성에 의한 통기 저항의 증가량으로 결정되므로, 엘리먼트의 초기저항 특성이 중요하며 통기 저항이 적게 엘리먼트를 설계해야 한다.

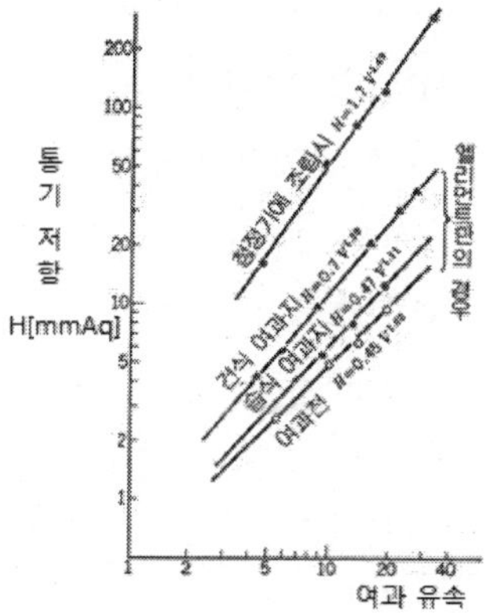

(b) 통기 저항(승용차)

(2) 여과 효율

여과 효율은 여과 기구에서 관성 충돌, 접촉, 확산의 3요소로 나눌 수 있다. 공기 청정기의 엘리먼트와 같이 포어(pore : 氣孔) 사이즈가 40~100[μ]인 것은 관성 충돌에 의한 포착이 효과적이다. 이때의 여과 정밀도는 5~20[μ] 정도이다. 그러나 실제는 먼지의 응집작용 등도 있어, 전기 간의 여과 효율은 포어 사이즈가 40[μ]인 여과재는 99.9[%]이고, 100[μ]인 여과재는 99[%]이다. 따라서 여과 효과는 엘리먼트의 두께의 영향도 받으나 포어 사이즈에 의해 결정된다.

(3) 소음 성능

기관의 흡기 소음을 감소하는 방법은 공기 청정기의 공진(共振) 주파수를 낮추는 것이다. 공진 주파수는 다음 식으로 나타내며, 공기의 흡입 단면적을 적게 하고, 길이를 길게 하고, 케이스 용적을 크게 하는 것이 좋다. 그러나 흡입 파이프의 단면적과 파이프 길이 등으로 소음을 낮추는 방법은 공기 청정기의 저항이 커지는 요인이 되므로 그 균형을 취해야 한다.

$$\text{공진 주파수}(fr) \fallingdotseq \frac{C}{2\pi}\sqrt{\frac{A}{LV}}$$

여기서, C : 음속[m/s]

A : 흡입 파이프의 단면적[㎡]

L : 흡입파이프의 길이[m]

V : 케이스의 용적[㎥]

1-2. 흡입공기량 측정시스템

유량(流量)은 단위시간당 흐르는 공기의 양으로 정의되며, 공기의 양이 체적인 경우에는 체적유량, 질량인 경우에는 질량유량이 된다. 따라서 유량의 단위는 체적유량의 경우 [ℓ/s] 또는 [m^3/s]이고, 질량유량인 경우 [kg/s]이다. 기관 제어시스템에서 흡입 공기의 유량은 기관의 성능, 운전성, 연비 등에 직접적인 영향을 미치는 요소이다.

흡입공기량은 기본 분사량 계산에 이용되며, 흡입 공기 유량 측정 센서는 계측 방식에 따라 기계식(K-jetronic), 전자식(D-jetronic, L-jetronic) 그리고 직접계측(L-jetronic)과 간접계측(D-jetronic)으로 크게 분류된다. 직접계측은 센서 종류에 따라 칼만 와류식 · 열선식 · 열막식 에어플로우 센서, 간접 계측방식인 MAP센서 등이 있다.

기관 제어에서 흡입공기를 측정하는 공기량은 질량유량이며, 측정 범위는 대략 10~1000[kg/h] 정도이다. 유량의 측정 방법은 간접계측과 직접계측 방식으로 나눌 수 있다.

간접계측 방식은 속도밀도방식(speed density type)을 택하고 이 방식은 흡기 매니폴드 안의 압력과 기관 회전수로부터 유량을 간접적으로 계측하는 방식으로, MAP센서에서 사용하는 흡입공기량 계측방법이다. 즉 기관 회전수와 흡기관 안의 압력을 알면 흡입공기의 질량유량을 알 수 있다.

직접계측 방식은 유량계를 이용하여 질량유량을 직접계측하는 방법이며, 매스플로어방식(mass flow type)이라고도 한다. 흡입공기를 체적유량을 측정하는 칼만 와류식(karman vortex type)이 있고, 질량유량을 측정하는 방법은 열선식(hot wire type), 열막식(hot film type)이 있다.

1-2-1. 흡입공기량 센서의 종류와 특성

흡입 다기관 압력의 변화 특성을 살펴보면, 흡기관은 실린더에 공기 또는 혼합기가 들어가는 통로이며 기관은 흡기관으로 공기를 끌어오는 일종의 펌프로 볼 수 있다. 기관이 작동하지 않을 때 공기는 흐르지 않으며 이때 흡기관 압력은 대기압과 같다. 기관이 작동할 때 흡기관의 스로틀밸브는 부분적으로 공기 흐름을 방해하는 요소가 된다. 이것은 흡기관 안의 압력을 감소시키고 대기압보다 낮게 함으로써 흡기관 안에 부분적인 진공이 존재하게 한다. 기관이 완전한 공기 펌프이고 스로틀밸브가 완전히 닫혀 있다면, 흡기관 안의 압력은 절대압력이 0인 완전진공이 될 것이다. 그러나 실제 기관은 완전한 공기 펌프가 아니고 또한 완전진공이 될 수 없으므로 흡기관 절대압력은 0보다 약간 높다. 또한 스로틀밸브가 완전히 열리면 흡기관 안의 압력은 대기압에 가까이 될 것이다.

흡기관 안의 압력은 몇 개의 실린더가 순차적으로 흡입하기 때문에 빠르게 오르내린다. 각 실린더는 흡입밸브가 열리고 피스톤이 상사점으로부터 아랫방향으로 내려갈 때 공기를 빨아들이며 이때 흡기관 안의 압력은 감소한다. 실린더의 공기 흡입은 흡입밸브가 닫힐 때 끝나며, 흡기관의 압력은 다른 실린더가 공기를 빨아들이기 전까지는 계속 증가한다. 이와 같은 과정을 반복적으로 진행되므로 흡기관 안의 압력은 각 실린더의 행정 사이에서 오르내린다. 각 실린더의 흡입동작은 크랭크축 2회당 1회씩 발생한다. 따라서 실린더에 의한 회전에서 흡기관 안의 압력변화는 그림과 같은 파형으로 나타날 것이다.

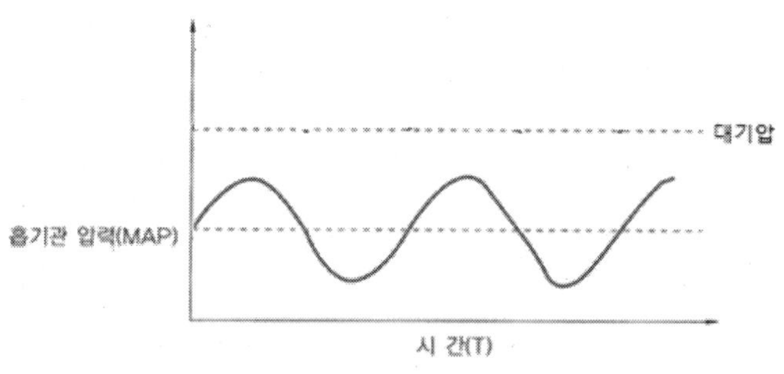

[스로틀밸브의 열림이 일정할 경우 흡기관 안의 압력변화]

실제 기관제어 시스템에서는 흡기관 안의 평균압력이 필요하며, 일정한 기관 회전수에서 생성되는 토크는 근사적으로 흡기관 압력의 평균값에 비례한다. 즉 순간적인 흡기관 압력의 빠른 변화는 기관제어에는 불필요하기 때문에 흡기관 압력 측정방법은 압력진동은 생략하고 평균값만을 측정한다.

$$Fp = \frac{Z \times rpm}{120}$$

여기서, Fp : 흡기매니폴드 안의 압력변화 주파수

Z : 실린더 수

rpm : 기관 회전수

(1) D-jetronic : MAP센서

흡기다기관(manifold) 압력변화에 따라 흡기 공기량을 간접적으로 검출하여 연료의 기본 분사량과 분사시간, 점화시기를 결정하는 데 사용된다. 기관이 작동하고 있을 때 흡기다기관 안의 압력은 기관 상태에 따라 변화된다. 스로틀밸브가 열려 기관 부하 및 회전수가 증가하면 흡기다기관 안의 절대압력은 증가하고 부압은 낮아지지만, 스로틀밸브가 닫혀 기관 부하 및 회전수가 감소하면 흡기다기관 안의 절대압력은 낮아지고 부압은 커진다.

스트레인 게이지 MAP센서는 흡기다기관 압력에 비례하는 전기신호는 그림 (a)에 보이는 구조처럼 휘스톤 브릿지라 불리는 회로에 저항을 연결함으로써 만들 수 있다. 한편, 전압 안정기는 브릿지 안에 일정한 직류 전압을 만들어 준다. 떨림판 위에 확산공정에 의해 만들어진 저항은 그림 (a)의 R_1, R_2, R_3, R_4로 나타낸다. 떨림판에 장력이 없을 때 네 개의 저항은 같으며 브릿지는 균형을 유지하고 A와 B 사이의 전압도 0이다. 흡기다기관 압력이 변하면 압력의 값에 비례하여 R_1, R_3가 증가하고 동시에 R_2, R_4가 일정한 양만큼 감소한다. 브릿지의 실제 전압값의 차이는 A와 B점 사이에 존재한다. 이때 사용되는 비교기는 그림 (b)처럼 흡기다기관 압력이 높을수록 출력전압도 높아짐을 알 수 있다.

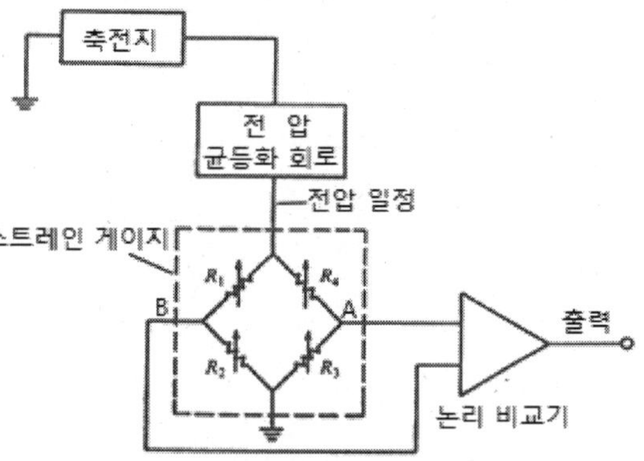

그림 (a) 회로

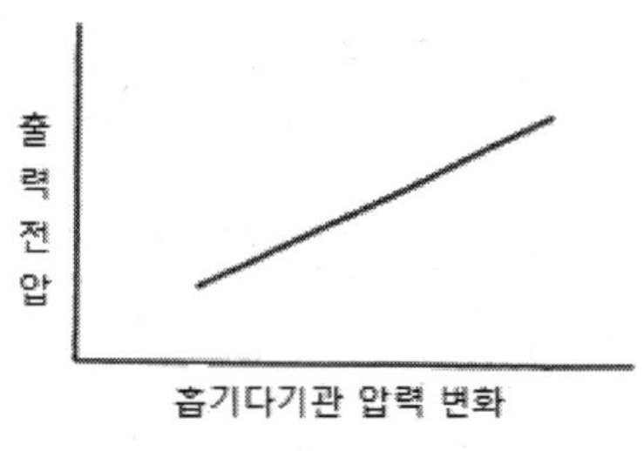

그림 (b) 출력 특성

일반적으로 압력측정센서로 사용되고 있는 것은 그림 (d)과 같이 반도체 피에조 저항형 압전소자를 사용하고 있다. 이 센서는 얇은 판의 실리콘 칩을 사용하고 있으며 이 칩의 가장자리의 두께는 약 250[mm] 이고 중앙의 두께는 약 25[mm] 정도이며, 이 부분이 압력을 검출하는 막이다. 칩의 아래 부분은 내열 유리판으로 밀봉되어 있으며 내부는 진공상태로 되어 있다. 이 저항체 변형에 대하여 다른 저항값을 가지며, 흡기관 압력에 비례하는 신호가 브릿지 회로를 통하여 나오게 된다. 즉 MAP센서는 압전효과를 이용하여 흡기관 안의 절대압력을 측정하여 흡입공기량을 계측하는 방식이다. 또 대기압 작용 공기구멍을 통하여 대기압을 측정하여 고도 변화(1720[m] : 공기 밀도가 낮아져 공기량이 적어짐)에 따를 산소희박보정 및 점화시기 제어 요소로 이용되기도 한다. 이것이 대기압 센서(barometric pressure sensor : BPS)이

다. 대기압 센서는 공기량 센서와 같이 장착되거나 기관 ECU 내부에 설치되기도 한다. 또 T-MAP센서는 흡기공기 온도 변화에 따른 연료분사 및 점화시기 보정에 이용된다.

$$\text{간접계측 공기유량}(ma) = \frac{rpm \times V \times \eta v \times P}{Ra \times Ta}$$

여기서, V : 실린더당 배기량

ηv : 기관의 체적 효율

P : 흡기매니폴드 안의 압력

Ra : 흡입공기의 기체상수

Ta : 흡입공기의 온도

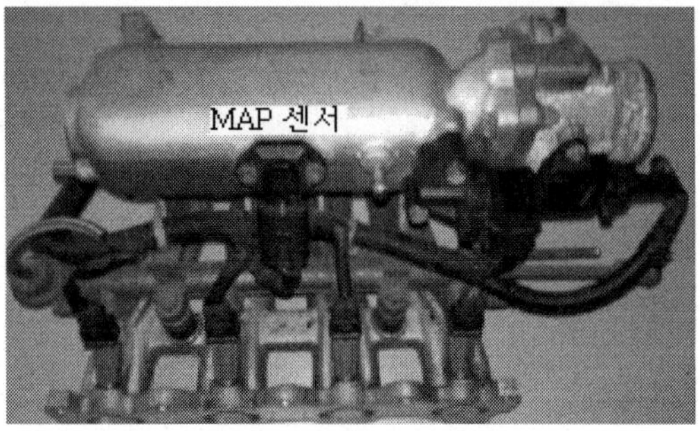

(c) MAP센서의 장착 위치

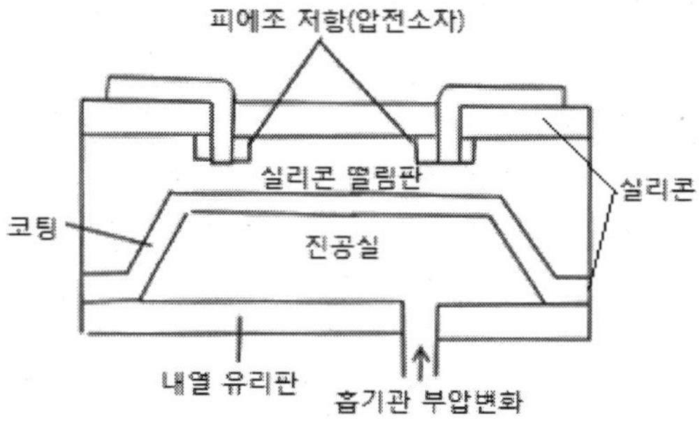

(d) MAP센서의 내부 구조

Handy hint

■ 압전소자(피에조 저항형)

압전소자는 티탄산, 바륨 등을 재료로 사용하며, 압력을 받으면 기전력이 발생하고 전압을 가하면 변형되는 반도체이다. 이것을 압전효과, 즉 피에조 효과라 한다. 압전소자는 차압센서, 노크 센서, 대기압 센서, MAP센서 등에서 사용된다.

(2) L-jetronic

① 칼만 와류식 공기유량 센서(karman vortex type air flow sensor)

칼만 와류식 공기유량 센서의 측정 원리는 균일하게 흐르는 유동장에 와류 발생체를 놓으면 칼만 와류라는 와류 열(vortex street)이 발생하는데, 이 칼만 와류의 발생 주파수와 유속과의 관계로부터 유량을 계측하는 것이다.

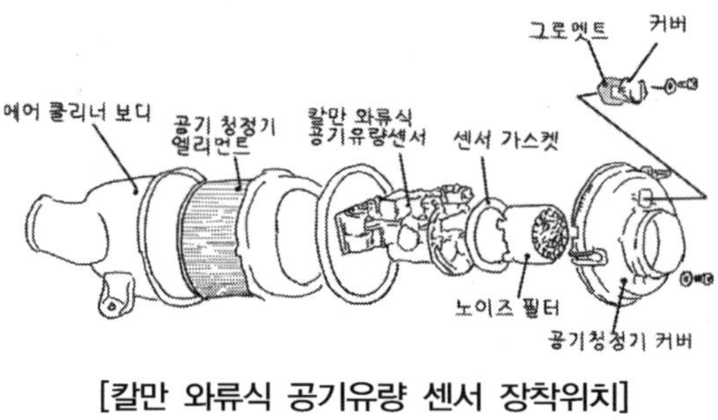

[칼만 와류식 공기유량 센서 장착위치]

칼만 와류의 발생 주파수를 측정하면 유속을 알 수 있고, 유속과 공기 통로의 유효 단면적의 곱으로부터 체적 유량을 구할 수 있다. 칼만 와류식 공기유량계는 칼만 와류의 발생 주파수를 검출하는 방법에 따라 거울 검출방식, 초음파 검출방식, 압력 검출방식이 있다.

검출방식으로 와류 발생체 양쪽의 압력변동을 얇은 금속체의 거울표면에 도입공을 통하여 유도하고 거울을 진동시킨다. 이 진동하는 거울에 한 쌍의 수광(포토 TR) 및 발광 소자(LED)를 근접시켜서 그 반사광을 신호로 하여 와류를 검출한다.

초음파 검출방식은 와류에 의한 공기의 밀도 변화를 이용하여 관로 안에 연속적으로 발신되는 일정한 초음파를 수신할 때, 밀도변화에 의해 수신신호가 와류의 수만큼 흩어지는 것으로 와류의 발생 주파수를 검출한다.

압력에 의한 검출방식은 칼만 와류 발생 시에 공기량에 따라 발생하는 압력진동을 압력센서로 감지하여 칼만 와류의 발생 주파수를 측정하는 것이다.

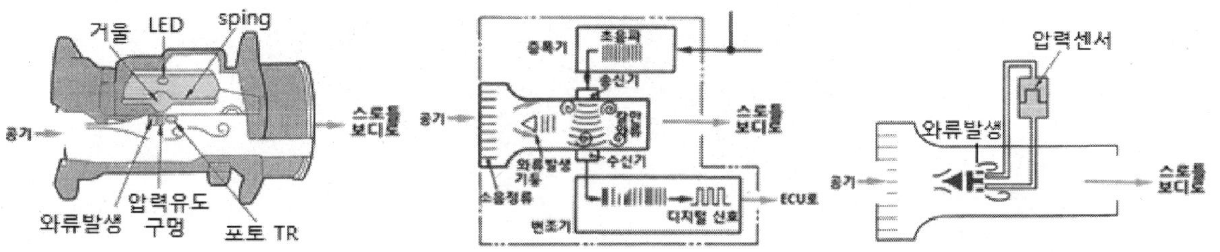

(a) 거울검출 방식　　(b) 초음파 검출방식　　(c) 압력검출 방식

칼만 와류식 공기유량 센서의 출력신호는 디지털 신호이기 때문에 ECU에서 처리하기 유리하다는 장점이 있다. 또한 출력신호는 흡입 공기량에 비례하는 주파수 신호를 나타낸다. 즉 공기량이 적은 경우 주파수가 낮고, 공기량이 증가하면 주파수가 높아지는 특성이 있다. 그러나 측정하는 유량은 체적유량이므로 질량유량으로 변환하기 위하여 흡입공기온도 및 대기압에 따른 보정이 필요하다. 기관 공회전 시에는 30~60[Hz]가 발생되고, 기관 2000[rpm] 시에는 70~130[Hz]가 발생된다.

[공기량이 적을 때]
(공회전 시 : 낮은 주파수)

[공기량이 많을 때]
(2000rpm 시 : 높은 주파수)

공기의 흐름 속에 기둥(와류 발생체)을 두면 칼만 와류 발생 주파수(f)와 유체의 유속과의 관계는 대체로 다음 식의 관계가 있다.

$$f = 0.2 \times \frac{v}{d}[Hz]$$

여기서, v: 유속, d: 와류발생 기둥의 직경

L-jetronic에서 질량유량은 다음과 같이 나타낼 수 있다.

$$질량유량(ma) = Va \times \rho$$

여기서, Va: 체적유량(흡입공기 속도×단면적), ρ: 공기밀도

공기의 밀도는 다음과 같다.

$$\rho = \frac{P}{Z \times Ra \times Ta}$$

여기서, P: 대기의 압력, Z: 압축성 계수, Ra: 공기의 기체상수, Ta: 흡입공기의 온도

② 열선식(hot wire type) 에어 플로어 센서

열선식 공기량 센서는 내부 직경 70[μm]의 백금열선으로 원통형의 계측관(measuring tube) 안에 정밀저항기, 온도센서 등이 설치되어 있다. 계측관 외부에는 하이브리드 회로, 출력 트랜지스터, 공전 전위 차계(idle potentio meter) 등이 설치되어 있다.

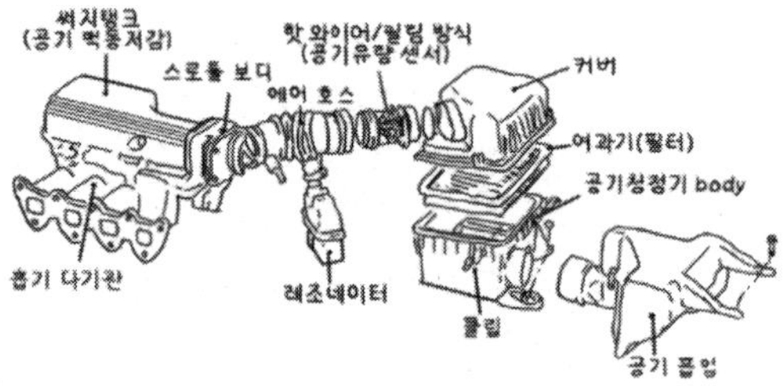

[핫 와이어/필림 방식의 공기유량 센서 장착위치]

하이브리드 회로는 몇 개의 브리지 저항을 포함하고 있으며 제어회로와 크린버닝(clean burning : burn off) 기능이 있다. 크린버닝 기능은 열선에 먼지 등의 이물질이 부착되어 생기는 발열량의 오차를 줄이기 위해 설치한 보조기능으로, 점화스위치의 ON 또는 OFF 시에 몇 초간 작동(ECU에서)하여 이물질을 태워준다.

콜드 와이어라 불리는 흡기온도 센서는 흡입 공기 온도가 변화하더라도 정확하게 계측하기 위하여 사용된다. 즉 같은 유량의 공기가 공급되더라도 공기가 차가울 때는 따뜻할 때보다 열선의 발열량이 커지게 되므로 전류가 많이 공급되어 오류가 발생할 수 있다. 따라서 공기의 흐름 중에 발열체를 놓으면 공기에 열을 빼앗기게 되므로 발열체는 냉각되고, 발열체 주변을 통과하는 공기량이 많으면 그만큼 빼앗기는 열량도 증가한다. 열선식 공기 유량계는 이와 같은 발열체와 공기와의 사이에서 일어나는 열전달 현상을 이용한 것이다.

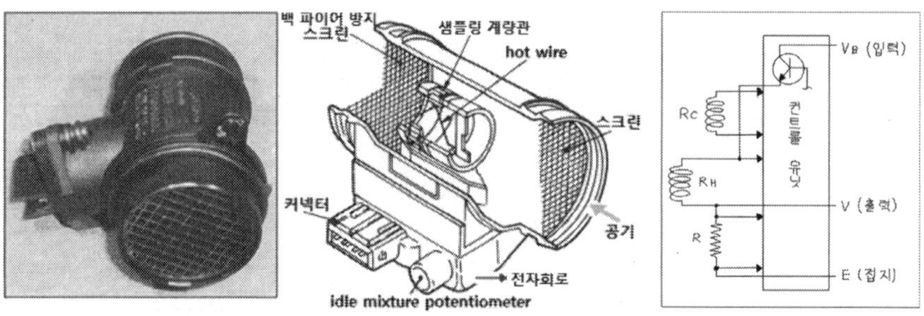

[백금 열선식 공기유량 센서의 구조 및 회로도]

열선식 에어 플로어 센서의 작동 원리는 다음과 같다. 다음 그림에서 저항 R1, R2, R3, R4는 마름모꼴로 귀퉁이가 서로 연결(휘스톤wheatstone 브릿지) 되어 있다. 이때 저항 R2와 R4는 온도에 의한 저항 값의 변화가 절대 없는 정밀 저항이다.

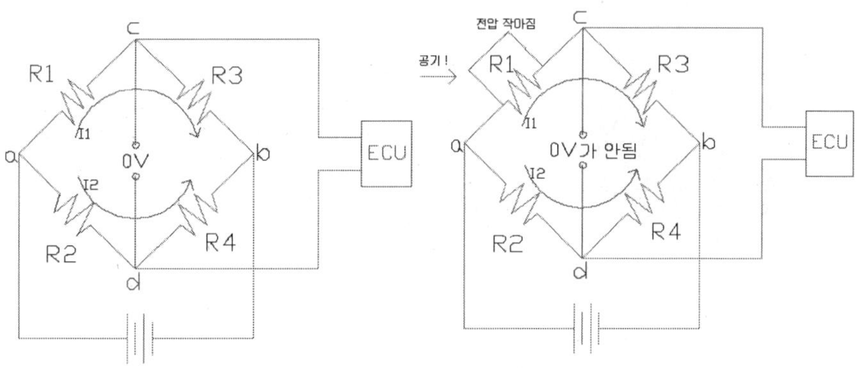

[휘스톤 브릿지 회로]

R1은 백금선의 저항이다. 백금선은 주어진 전압에 의해 빨갛게 달궈진다. 당연히 금속은 정특성이므로 온도가 올라갈수록 저항이 커진다. 이 커진 저항을 R1으로 표현한 것이다. 이때 두 꼭짓점의 전압이 0[V]가 되도록 R2와 R4를 정해 놓았다. 그리고 이 0[V]의 전압을 ECU가 감지한다. 만약 이 전압이 달라진다면 그건 유량에 의해 백금선의 저항이 달라졌다는 증거가 된다. 이때 엔진의 속도가 증가하여 백금선이 식으면 저항은 작아지고 전압도 작아진다.

유입 공기량에 따라서 백금선이 식는 것이 생명이다. 그렇다면 추운 겨울철에는 비록 공전 시라도 차가운 공기의 영향으로 백금선이 많이 식을 것이고, ECU는 많은 공기가 유입되는 것으로 알 텐데, 그걸 어떻게 극복할까? 그래서 만들어 놓은 게 R3 저항이다. 이 R3 저항은 공기온도를 감지하는 저항이다.

열선식의 출력전압은 질량유량의 함수이므로 공기밀도의 변화에 따른 보정이 필요 없다. 따라서 출력신호는 아날로그 신호이며 그림과 같이 나타난다.

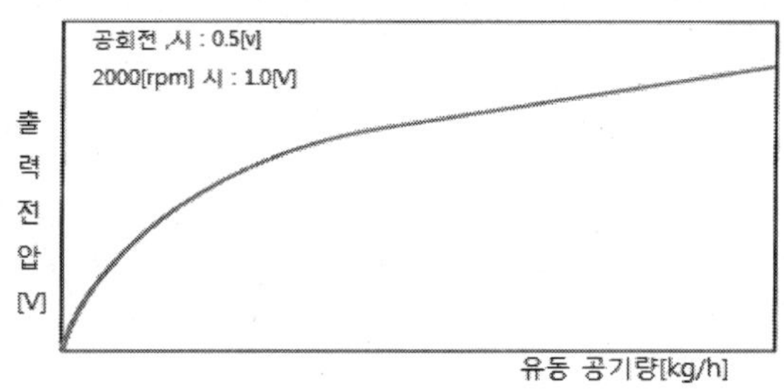

[열선/열막식 출력특성]

열선식 공기량 센서는 흡입 공기의 질량유량을 직접 정확하게 계측할 수 있으며, 응답성이 빠르고 고도의 변화나 흡입 공기의 변화에 대한 보정이 필요 없다는 장점이 있으나, 열선에 오염 물질이 부착되면 측정 오차가 발생할 수 있다는 단점이 있다.

③ 열막식(hot film type) 에어 플로어 센서

열막식 방식의 공기유량 센서는 핫 와이어식의 단점을 극복하기 위해 만들어졌다고 보면 된다. 원리는

핫 와이어 방식과 비슷하나 커넥터의 모양도 다르고 크린버닝의 기능이 없다는 특징이 있다.

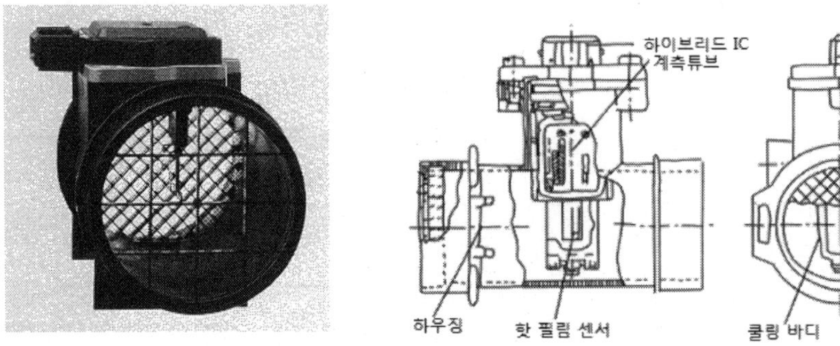

[열막식 에어 플로어 센서의 구조]

열막식 공기유량 센서는 0.2[mm] 두께의 얇은 열막(세라믹 기판에 백금선, 온도센서, 정밀 저항기를 층 저항으로 직접 시킨 막)과의 온도 차이를 일정하게 유지하도록 하이브리드 IC가 제어한다.

열막을 통과하는 공기 유량이 증가하면 열막이 냉각되어 저항값이 감소되므로 제어회로에서는 즉시 전류량을 증가시킨다. ECU는 이 전류의 증감을 감지하여 흡입 공기량을 감지한다. 특징은

① 공기의 질량을 정확히 계측할 수 있다.
② 공기 질량 계측 감지 부분이 응답성이 빠르다.
③ 대기 압력의 변화에 따른 오차가 없다.
④ 맥동 오차가 없다.
⑤ 흡입 공기 온도가 변해도 측정 상의 오차가 없다.

공기량 센서의 출력 특성 비교는 칼만 와류식 공기량 센서는 출력 신호가 흡입공기체적에 비례하는 주파수 신호이며, 디지털 신호를 발생한다. 열선/열막식 공기유량 센서는 공기 질량 4승근에 비례하는 아날로그 신호이다. 아래 그림은 기관에서 사용되는 흡입공기량 센서의 출력신호를 비교한 것이다.

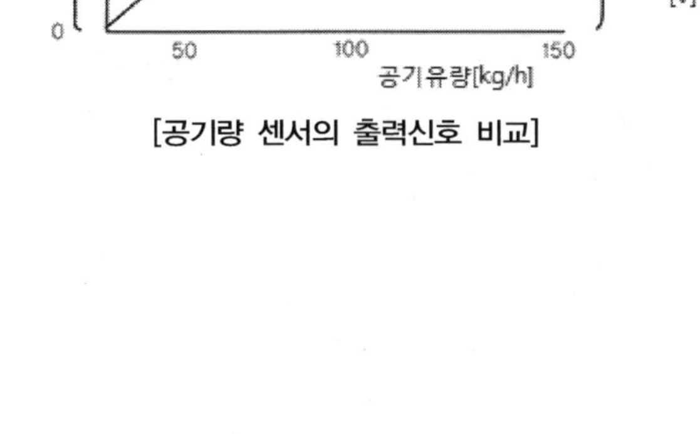

[공기량 센서의 출력신호 비교]

Handy hint

▌공기유량 센서들의 비교정리

종류	계측방식		출력형식		제어방식
			출력신호	물리량	
핫 필름식	전자식	직접계측	아날로그	흡기질량에 비례하는 전류	L-Jetronic
핫 와이어식	전자식	직접계측	아날로그		
칼만 와류식	전자식	직접계측	디지털	흡기체적에 비례하는 주파수	L-Jetronic
MAP Sensor	전자식	간접계측	아날로그	흡기관 절대압력에 비례하는 전압	D-Jetronic

▌공기유량 센서들의 장 · 단점

AFS의 종류	장점	단점
칼만 와류방식	센서 출력이 디지털이기에 ECU 내에서 처리가 용이하다.	유량급변에 대한 반응이 부적절하여 대용량에 맞지 않다.
MAP센서방식	① 설치위치가 자유롭다. ② 가격이 저렴하다.	응답성이 느리다.
열 방식 (열선/열막)	① 공기질량을 정확히 계측할 수 있다. ② 감지부분의 응답성이 빠르다. ③ 대기 압력의 변화에 따른 맥동 오차가 없다. ④ 흡입공기 온도가 변화해도 측정 상 오차가 없다.	백금 저항이기 때문에 고가이다.

1-2-2. 기타 주요 센서

(1) 대기압 센서(barometric pressure sensor : BPS)

산소 농도는 대기압 하에서 공기 중의 약 21[%]를 차지하며 산꼭대기로 올라갈수록 산소는 적어진다. ECU는 어떤 기체가 얼마만큼 들어오는지는 알 수 있지만, 산소가 적은 줄 모르고 그대로 연료를 분사하면 연료가 많이 들어간 것은 아니어도 산소가 상대적으로 적은 상태이므로 연료가 많이 들어간 상태, 즉 농후한 상태가 된다. 그러면 검은 연기가 나고 불완전 연소하게 된다. 따라서 고지(高地) 1,720[m] 이상에서는 대기압 보정(고지에서 산소희박 보정)이 필요하다. 결국 연료량을 적게 하고, 또 산소가 희박하므로 점화시기도 조금 빠르게 해주지 않을 수 없다.

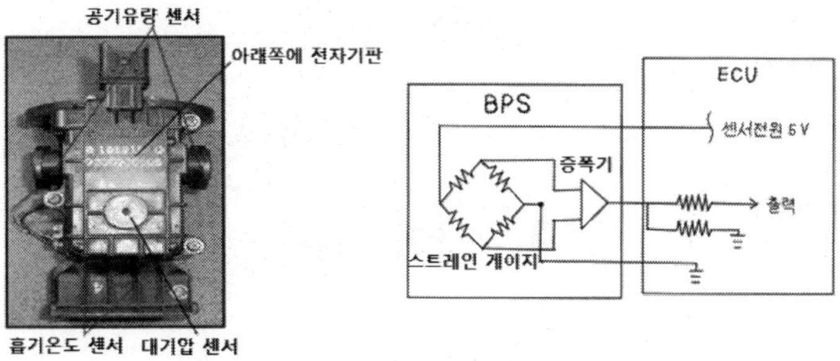

[대기압 센서 장착 위치 및 회로도]

(2) 흡입공기 온도센서(air temperature sensor : ATS)

체적유량계에서 흡기온도에 따라 변하는 공기 밀도 변화를 보정하여 정확한 연료량 계산을 한다는 기본 목적 외에 연소 시 화염 전파에도 영향이 있어 점화시기 보정에도 사용된다.

NTC[negative temperature coefficient : 소자가 서미스터(thermistor) 저항체로 온도가 높을수록 저항이 줄어드는 특성이 있음] 소자를 이용하여 엔진에 흡입되는 공기의 온도를 측정한다.

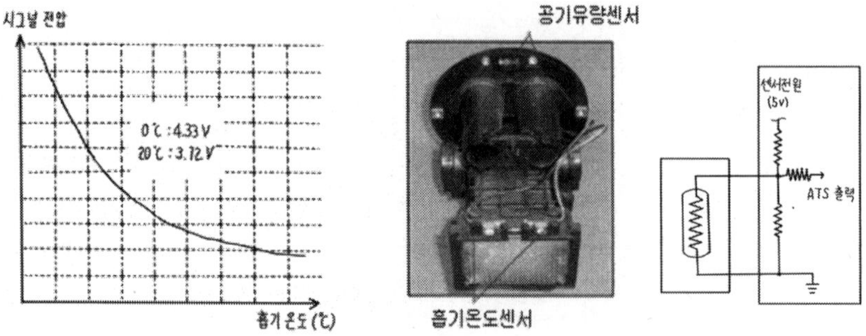

[흡기공기 온도센서의 출력특성 및 장착위치]

Handy hint
■ 지백(zee back) 효과 온도가 상승하면 저항값이 낮아지고 온도가 낮아지면 저항값이 올라가는, 즉 온도에 따라 저항값이 변화하는 효과이다. ■ 펠티어(peltier) 효과 전류가 흐르면 줄열 외에 발열 또는 흡열이 일어나는 효과이다.

(3) 냉각수 온도 센서(water temperature sensor : WTS)

연료 인젝터를 통해 기관에 분사되는 연료가 난기 상태일 경우는, 분사된 연료는 연소가 잘 이루어지며 냉각된 상태에서는 연료를 무화 상태로 분사하였더라도 연료들 간에 서로 엉켜 알갱이가 커지므로 완전 연소를 시킬 수가 없을 뿐만 아니라 냉간 시동이 불가능하게 된다. 따라서 냉간 시동 시에는 연료량을 증가시켜 원활한 시동이 될 수 있도록 엔진의 냉각 수온을 감지하여 냉각 수온의 변화를 전압으로 변화시켜 ECU로 입력시켜주면 ECU는 이 신호에 따라 연료량을 증감하는 보정 신호로 사용된다. 또한, 냉각수가 차가울 때 ECU는 점화시기도 진각시킨다.

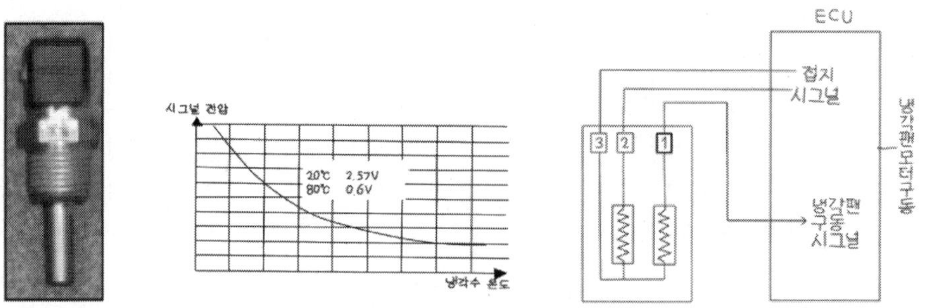

[냉각수 온도 센서의 특성]

기관의 웜 업(warm up) 상태를 평균적으로 잘 나타낼 수 있는 냉각수 흐름 부위(실린더 헤드 : 수온 조절기 바로 밑)에 설치되고, 부특성 더미스터(NTC) 소자를 이용하여 기관의 냉각수 온도를 검출한다. 두 개의 선이 연결되는데, 한 개는 시그널 선이며 나머지는 접지선으로, 접지선의 경우 다른 센서의 접지선과 공통으로 사용하는 경우가 많다. 최근에는 3개의 선으로 구성되어 ECU는 냉각팬을 구동시키는 동력으로 사용된다. 냉각수온 센서 시그널 값이 냉각수의 온도에 따라 어떻게 나오는가를 보여주는 것으로 온도가 증가할수록 완만하게 시그널 값(전압)이 감소하는 것을 알 수 있다.

$$\text{출력전압}(VT) = \frac{Rr \times V}{R + Rr}$$

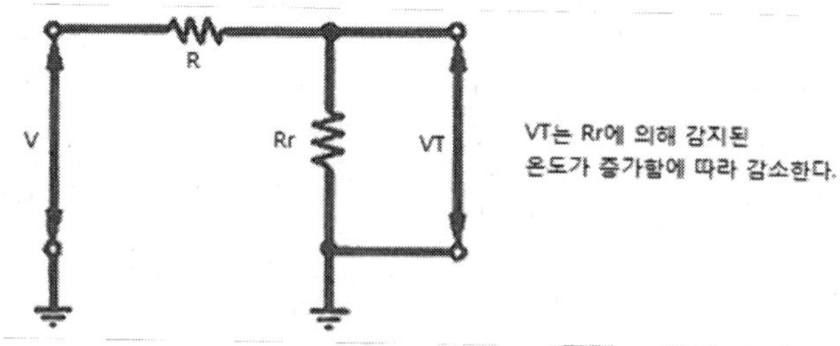

[수온 센서 회로]

(4) 노크 센서(knock sensor)

기관에서의 노크는 혼합기의 연소 시에 연소실 안의 말단가스(end gas)가 급격히 자연 착화하여 일어나며, 이때 연소실 안의 큰 압력 불평형에 의하여 발생된 압력파가 연소실 벽에 충격을 가하여 노크음을 발생하는 것이다.

점화플러그로부터 확산되는 화염은 기연 가스부의 팽창에 의하여 미연 가스부를 압출해가면서 진행하므로, 미연 가스부는 온도 및 압력이 상승하고 과산화물과 알데히드 등의 중간 생성물이 화염이 도달하기 전에 생성된다. 이때 온도와 압력의 조건이 연료의 연소 한계를 초과하면 자연착화에 이르게 된다. 따라서 노크 강도는 자연착화하는 미연 가스의 양에 따라 결정된다.

노크 발생의 가장 큰 원인은 화염 전파속도이다. 즉 정상적인 화염 전파속도가 빠르면 말단가스가 자연착화하기 전에 정상화염에 도착하여 연소가 이루어지므로 노크의 발생을 억제시킬 수 있다. 일반적으로 노크 발생을 억제시키는 방법은 옥탄가가 높은 연료를 사용하거나, 말단가스의 온도와 압력을 저하시키고 연소기간을 단축시키는 것이다. 이 중에서 점화시기는 기관의 노크 발생과 밀접한 관계가 있으며, 이 점화시기를 조절하여 노크 발생을 억제시키는 것이 현재 사용하고 있는 노크제어 시스템이다.

또한 기관의 최대 토크를 발생시키는 점화시기도 노크를 발생시키는 점화시기 부근에 있으므로, 점화시기를 설정할 때는 노크한계로부터 어느 정도 여유를 가지고 점화시기를 결정하여야 한다.

노크제어를 하지 않는 경우는 최대토크를 발생시키는 점화시기로부터 지각시킨 위치에서 점화시기가 설정되므로 그만큼 토크가 저하된다. 그러나 노크한계 가까이 점화시기를 진각시키면 그만큼 기관의 출력을 보다 유효하게 얻어낼 수 있는 장점이 있다.

노크 센서의 역할은 실린더 블록에 장착되어 노크에 의하여 발생하는 4~7[Hz]의 진동을 감지하는 센서이다.

노크 센서로부터의 신호는 매우 많은 주파수 성분을 포함하고 있으므로 필터회로에 의하여 노크신호를 다른 주파수와 분리하고, 그 신호의 최대치를 노크판정 기준치와 비교하여 노크가 발생하고 있는가를 검출한다. 이것은 기관 작동 시 여러 종류의 진동이 있으므로 다른 진동과의 오판정을 방지하기 위한 것이다.

ECU는 노크를 검출하였을 때는 점화시기를 지각시키고, 노킹이 없으면 서서히 진각을 시키는 피드백 제어의 형태를 취하게 된다.

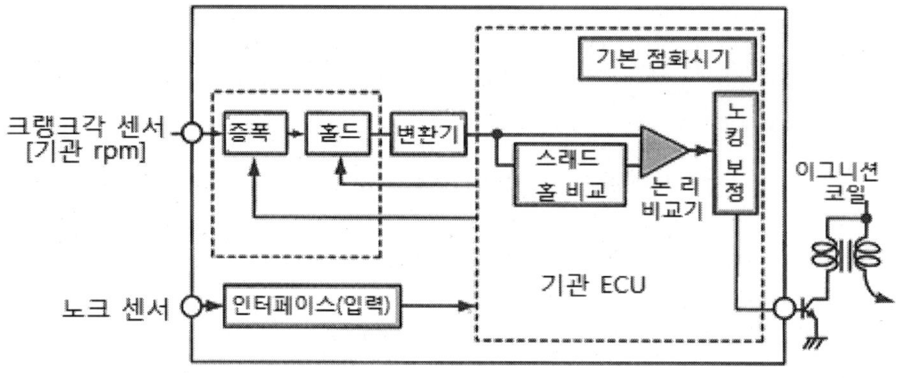

(a) 노크 센서의 출력신호 처리과정

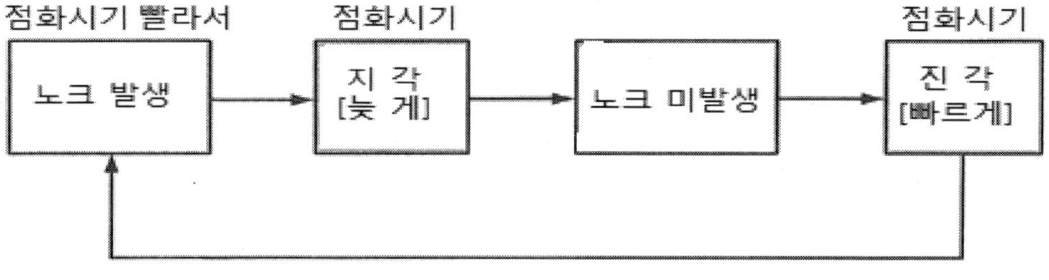

(b) 노크의 피드백제어 과정

아래 그림 (a)은 압전식 노크 센서의 구조이다. 이 압전식 센서는 힘(압력)이나 기계적 진동을 받으면 전압을 발생하는 압전 소자(piezo)를 이용한 센서로 공진형과 비공진형이 있다.

공진형 노크 센서는 본체와 진동자 사이에 압전소자를 끼워놓고 진동자의 진동이 압전소자에 가해져 진동을 전압으로 변화하는 것이다. 진동자는 노크진동과 거의 같은 공진 주파수를 가짐으로써 노킹 발생 시 전압을 발생시키는 특징이 있다.

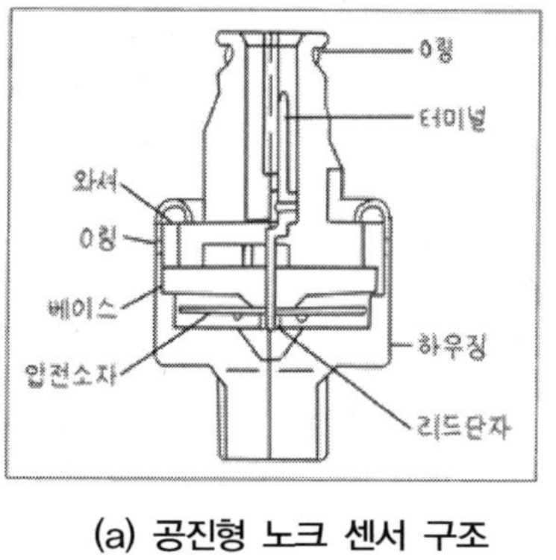

(a) 공진형 노크 센서 구조

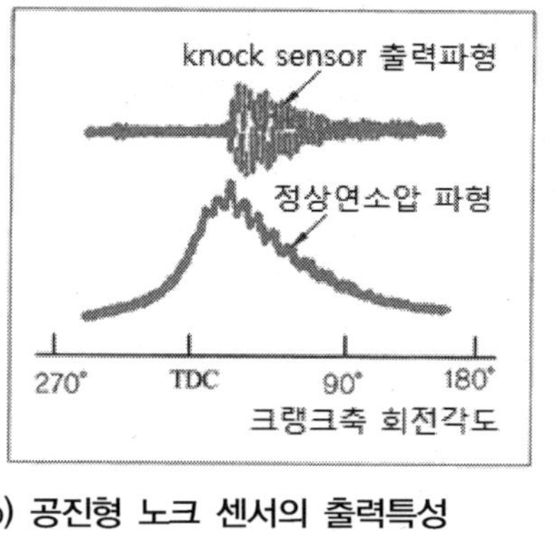

(b) 공진형 노크 센서의 출력특성

1-3. 스로틀 바디(Throttle body)

스로틀 바디는 흡입 공기량을 제어하는 부품으로, 스로틀밸브 개도를 검출하는 스로틀밸브 위치 센서(throttle valve position sensor : TPS)가 있다. 또한 공회전 위치를 검출하는 아이들 스위치(Idle sw)가 장착되어 있고, 스로틀 보디 하부에는 물 통로가 설치되어 엔진의 냉각수가 순환하므로 한냉 시에 빙결 현상을 방지하고, 공회전 속도 조절기(idle speed actuator : ISA)가 장착되어 있는 스로틀바디도 있다.

(1) 스로틀밸브 포지션 센서(throttle valve position sensor : TPS)

스로틀밸브 포지션 센서는 가속페달 포지션 센서(accel position sensor : APS)와 함께 운전자의 의지정보, 즉 가속 및 감속 정보를 ECU에 제공하는 센서이다. 이 센서는 운전자의 가속페달 밟은 량을 감지하는 센서로 가속페달과 일체 또는 케이블로 연결되어 있다. 특히 기관 운전성을 향상하고 배기가스를 줄이는 데 있어 매우 중요한 역할을 한다.

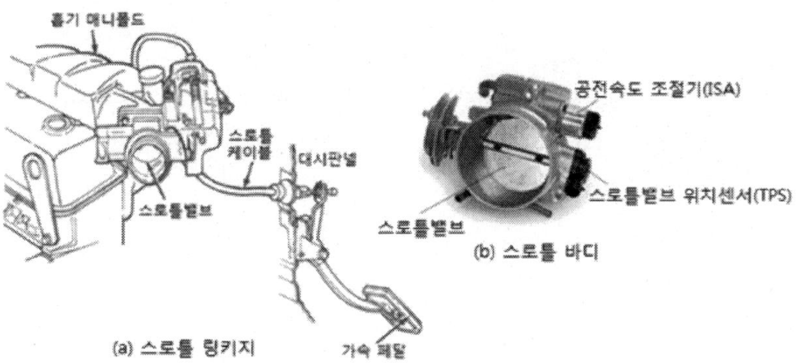

TPS와 APS의 작동원리는 와이퍼가 이동하면서 저항도 변하는 포텐쇼미터(potentiometer : 전위차계 가변저항 형식)이다. 이 가변저항 출력이 ECU에 들어가는 전압이 바뀌게 되어있는 것으로, 가속페달을 얼마나 많이 밟았는가를 판정하는 것 외에 얼마나 빨리 페달이 움직이고 있는가, 특히 가속페달을 밟았는가, 안 밟았는가를 감지해야 하기 때문에 매우 민감하게 감지하도록 되어 있다.

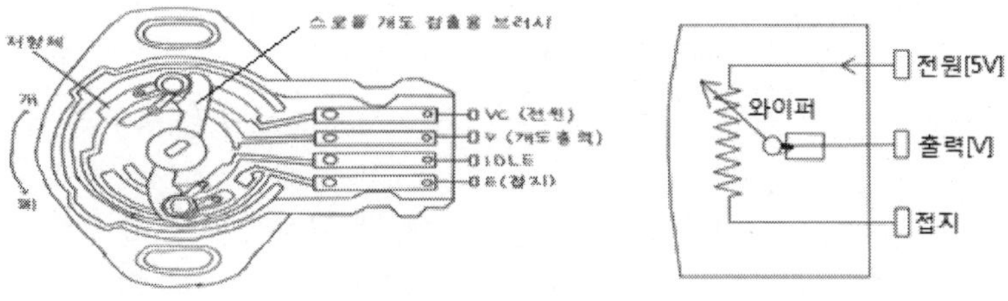

[TPS 내부 구조]

스로틀밸브가 완전 열리면 공급전압에 가까운 약 5[V]의 높은 전압이 나오고, 완전히 닫히면 0[V]에 가까운 낮은 전압이 나온다. 또한 가속페달을 밟았는가 안 밟았는가를 감지하는 것은 닫혀 있을 때의 TPS값을 알고 그 값 대비 차이(약 0.7[도] : 아이들 스위치가 내장된 TPS형식)가 없으면 닫혔다고 판정하기도 한다.

TPS의 신호와 ECU와의 관계는 이 TPS는 가속 페달을 얼마나 밟았는가 그리고 얼마나 빨리 밟았는가를 나타내는 센서로서, ECU에서 ① 공회전(가속페달을 밟지 않음)을 판정하여 공회전 컨트롤을 할 수 있도록 하며 ② 가속인지 감속인지를 감지하여 이때 필요한 가·감속 연료 보정을 하며 ③ 출력영역인가를 판정해 출력을 높일 수 있는 연료를 공급하거나 ④ 이러한 여러 내용을 다른 시스템(TCU, ABS, TCS 등)에 CAN통신을 통해 알려주게 된다.

(2) 전자스로틀 시스템(Electronic Throttle System)

전자스로틀 시스템이란 ETS(Electronic Throttle System) 또는 ETC(Electronic Throttle Control)라고 부르며 가속페달과 스로틀밸브를 케이블에 의해 구동시켰던 기존의 시스템과 달리 스로틀밸브를 ECU에 의해 액추에이터 모터를 제어하는 시스템이다. 즉 운전자의 가속의지는 가속페달센서(APS)의 신호와 운전조건 등에 따라 ECU가 스로틀밸브 모터를 직접 구동시켜 흡입공기량을 정밀하게 제어한다.

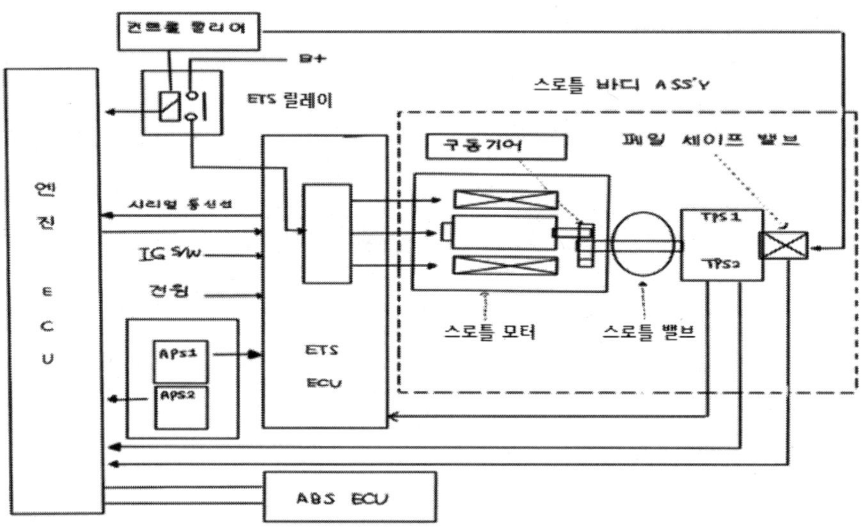

[ETS 제어도]

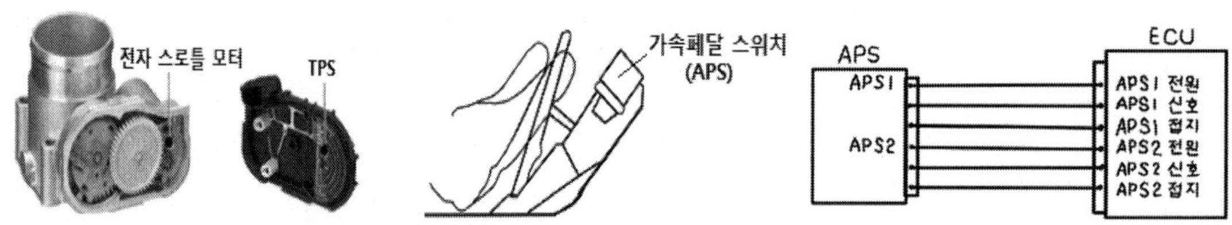

(a) 전자스로틀 body (b) APS 장착위치

APS는 가속페달 포지션 센서(Accelerator Position Sensor)라고도 부르며 가속페달 밟는 양을 감지하는 센서로 가속페달 모듈과 일체로 구성되어 있다. ECU는 이 신호를 기본으로 하여 연료 분사량과 전자제어 스로틀시스템을 제어하는 중요한 센서로서, 저항 값이 변화하는 더블 포텐쇼미터방식이다.

센서1은 연료분사량과 분사시기를 결정하며 엔진의 요구 토크신호로 사용하고, 센서2는 센서1의 검사 기능과 차량의 급발진 방지를 위한 센서이다. 만일 두 개의 센서 중 어느 하나라도 고장이 나면 페일 세이프 기능으로 엔진회전수는 약 1200[rpm]으로 고정되어 안전성과 신뢰성을 확보한다.

(3) 크루즈 컨트롤 시스템(cruise control system)

크루즈 컨트롤 시스템은 정상 주행 조건에서 설정된 속도를 유지하는 속도 조절 시스템이다. 즉 정속 주행을 할 수 있고, 스위치의 작동을 통해 설정 속도를 올리거나 내릴 수 있다. 또 브레이크 페달을 밟거나 변속레버를 변속하면 이 시스템이 해제되고, 스로틀은 아이들 위치로 변경된다.

최저속도 40[km/h] 아래에서는 시스템 동작을 방지하는 최저속도 한계치를 가지고 있고, 조향 휠 오른쪽에 있는 ON/OFF 메인 스위치에 의해 작동 대기 상태가 된다.

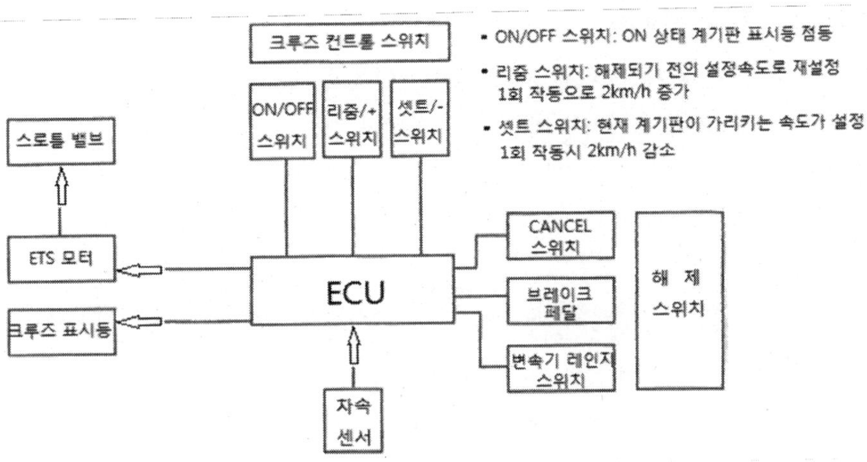

[크루즈 컨트롤 시스템의 구성도]

1-4. 공회전 속도 제어(idle speed control)

자동차가 운행 중에 신호 대기하거나 정차 중일 때는 기관이 공회전(idling) 상태가 되고 스로틀밸브가 닫힌 상태가 된다. 이때 스로틀밸브 틈새와 스로틀밸브를 바이패스하는 소량의 공기가 기관에 공급되는데 이때의 출력과 기관 자체의 마찰이 평형을 이루는 회전속도를 공전속도(idle speed)라 한다.

기관 마모에 의한 기관의 상태 변화나 스로틀밸브의 카본, 틈새에 달라붙은 미세한 먼지 등으로 공기량이 변화하면 공전속도도 변화하게 된다. 뿐만 아니라 에어컨 사용에 의한 부하증가, 자동변속기 차량의 경우 토크컨버터 부하 변화, 동력조향장치의 작동, 차량의 전기장치 사용에 의한 발전기 부하의 증대 등이 공전속도 변화의 원인이 된다.

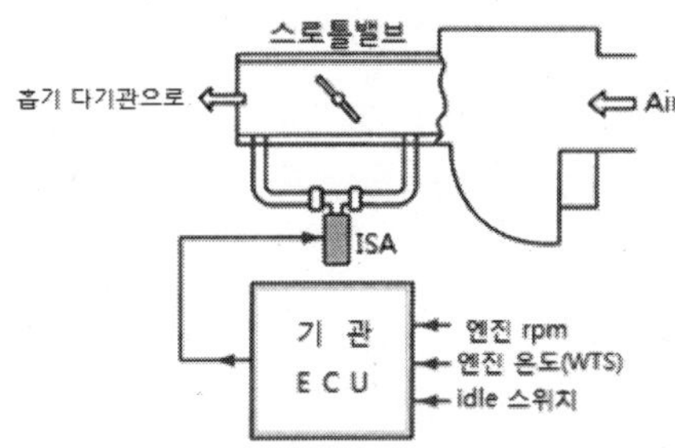

[바이패스 제어 방식]

기관 공회전수는 가능한 낮은 것이 연비나 소음 측면에서 유리하지만, 너무 낮은 저속에서는 기관의 출력이 작으므로 기관 회전속도가 불안정하게 되고 진동이 발생하거나 발진 시 기관이 정지하는 경우가 발생할 수 있다. 반대로 공전속도가 높은 경우는 공전 시 연비가 악화되며, 유해 배기가스의 발생량도 증가하게 된다. 따라서 공전속도 제어 목적은 위와 같은 운전조건이 변화하더라도 공전속도를 일정 범위로 제어하여 최적의 연비 유지 및 정숙성을 유지하는 데 있다. 또한 공전속도 제어는 시동 시 냉각수 온도에 따라 흡입공기량을 제어하는 시동 공회전, 기관 워밍업기간을 단축시키기 위한 패스트 아이들(fast idle) 제어를 하고, 에어컨 등의 전기 부하 사용과 자동변속기 차량의 부하 상태 등에 따라 공전속도 목표 회전수까지 올리는 아이들 업(idle up) 제어와 감속 시 대시포트(dash pot) 제어 기능을 한다.

대시포트는 급감속 시 스로틀밸브가 급격히 닫히는 것을 방지하는 것으로, 급격히 밸브가 닫힘으로 인한 기관의 충격을 완화하고 특히 이때 발생할 수 있는 유해 배기가스의 저감 기능도 한다. 즉 스로틀밸브가 급격히 닫히면 흡입공기의 양이 갑자기 줄어들고, 순간 기관이 농후한 연소를 하면 일산화탄소(CO)의 발생량이 증가할 수 있기 때문이다.

1-4-1. 공전속도 제어장치의 종류

공전속도 제어는 운전자가 기관 공회전 시 에어컨 ON, 동력조향장치 작동, 전조등 ON, 냉각팬 작동, 자동변속기 작동 등일 때, 기관 ECU가 기관 부조를 방지하기 위해 공전회전수를 약간 올려준다. 일반적으로 공전속도 제어 시스템은 바이패스 제어 방식이다. 이 바이패스 제어 방식은 액추에이터(actuator)에 따라 로터리 밸브, 스텝모터식, 리니어 솔레노이드 방식 등이 있다.

Handy hint

▌ECU 공회전속도 제어장치의 목적과 종류

최적의 공회전을 유지하여 기관 부조 또는 시동 꺼짐이나 유해 배기가스 배출을 방지하기 위한 목적이다.

① 패스트 아이들 제어 : 시동 직후 엔진의 워밍업 시간 단축을 위해

② 대시포트 제어 : 고속 주행 후 급감속 시 대시포트제어 기능을 수행하여 연료 및 배기가스를 줄이기 위해 연료 차단한다.

③ 아이들-업 제어 : 엔진의 부하(자동변속기, 에어컨, 동력조향장치의 펌프구동, 전기부하)에 따른 아이들-업 제어를 실시하여 엔진 부조나 시동 꺼짐을 방지한다.

(1) 아이들 스피드 액추에이터(idle speed actuator : ISA)

기관에 부하가 가해지면 ECU는 공회전 안정을 확보하기 위해 ISA의 솔레노이드 코일에 흐르는 전류를 듀티 제어하여 밸브 내의 솔레노이드 밸브에 발생하는 전자력과 스프링 장력이 서로 평형을 이루는 위치까지 밸브를 이동시켜 공기 통로의 단면적을 제어하는 전자 밸브이다. 듀티 제어 방식의 ISA밸브는 스로틀 보디에 직접 장착하는 방식이 있고, 바이패스 호스로 연결하는 방식(로터리밸브 방식)이 있다.

(a) 바이패스 호스 연결방식의 ISA

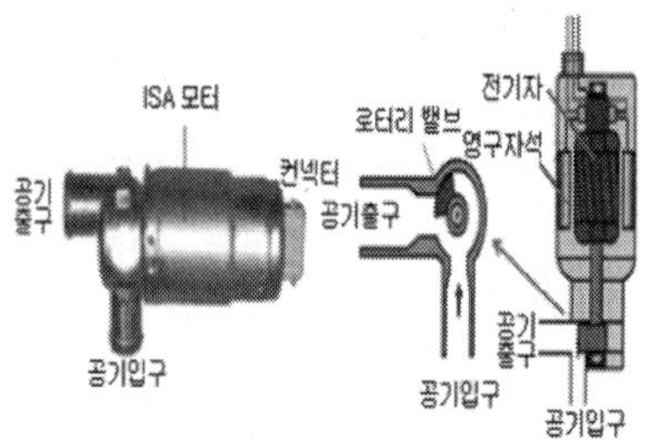

(b) 로터리 밸브 내부 구조

다음 그림 (c)는 듀티 구동 방식의 ISA밸브가 공기유량을 어떻게 제어하는가를 설명하는 것으로 핀틀은 전자력에 의해 상하로 움직이면서 공기 통로의 크기를 변하게 하는 것이며, 2개 코일 방식인 경우 열림

측과 닫힘 측의 전원은 항상 반대로 움직이게 된다.

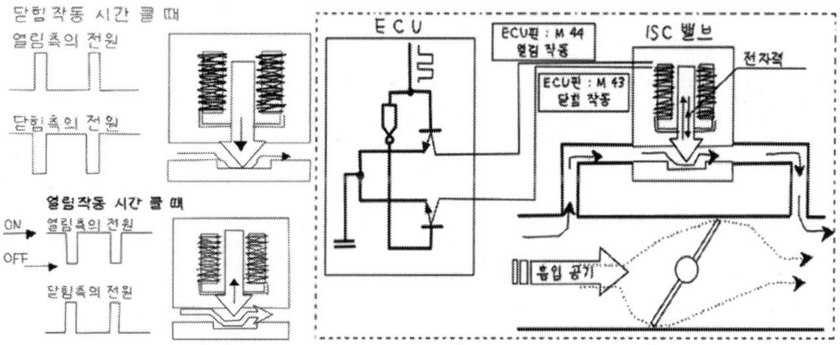

(c) ISA 구동 방식의 회로

(2) 스텝모터식(step motor type) 공회전 속도 조절기

스텝 모터식은 스로틀 보디 바이패스하는 흡입통로에 설치하여 흡입공기량을 증감시켜 공전속도를 제어하도록 되어 있다. 즉 기관 공전하는 상태에서 부하에 의한 기관 부조현상을 방지하기 위해 흡입되는 공기량을 증가시켜 주는 장치이다.

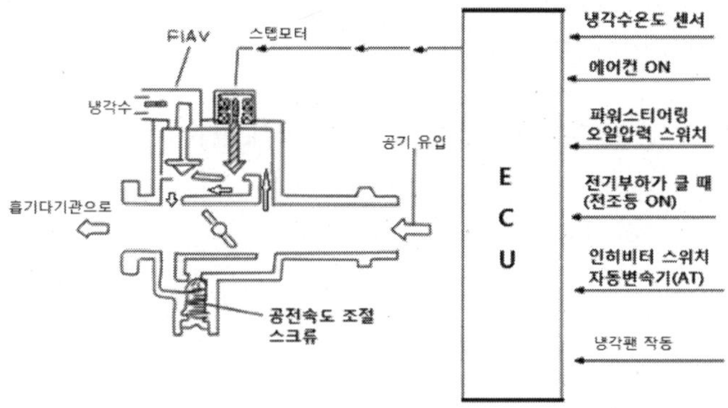

[스텝모터식 공회전 조절기]

(3) 리니어식 공회전속도 조절기(linear type idle speed control actuator)

리니어 방식은 밸브를 열고 닫는 솔레노이드 코일이 플런저를 구동하고 플런저는 밸브의 스프링을 밀어 올려 공회전속도 조절밸브를 열게 한다. 이때 스로틀밸브에 의해 차단된 공기가 공기 입구를 통해 출구로 유입되어 연소실에 유입되는 공기량을 증가시킨다.

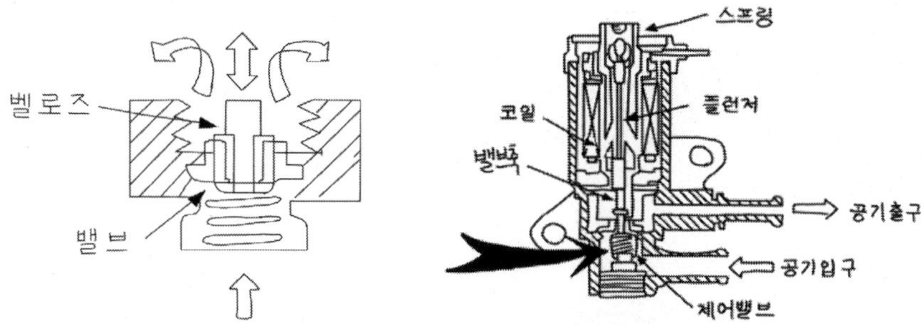

[리니어식 공전속도 조절기]

1-4-2. 공전속도 제어장치의 작동

(1) 공전속도 제어

공전속도 제어의 작동은 기관의 실제 회전속도와 목표회전수를 비교하여 그 차이를 줄여서 목표회전수가 되도록 제어하는 것이다. 목표회전수는 기관의 냉각수 온도, 에어컨 컴프레셔의 부하, 자동변속기 부하, 동력조향장치 유압펌프 부하, 전기장치 사용에 의한 발전기 부하, 냉각팬 부하 등의 상태에 따라 결정된다.

ECU에 의해서 제어량이 결정되면 액추에이터를 구동하여 흡입공기량을 제어하고 기관의 회전속도를 피드백(feedback) 제어한다. 또한 운전자가 가속페달을 조작하고 있는 주행 중에 공전속도를 피드백 제어하면 가속페달 조작에 의한 공기량 조절과 서로 간섭하게 되므로 공회전 스위치(idle sw), 차속신호 등으로 공전상태를 검출하여 공전 시에만 피드백 제어하도록 되어 있다.

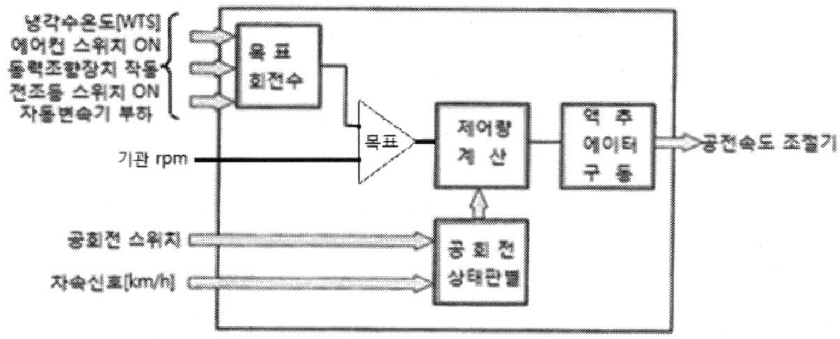

[공전속도 제어신호 and 액추에이터 구동]

공전속도 제어 종류를 구분하면 다음과 같다.

1) 시동 시 제어

기관 정지 시 공전속도 조절기를 완전히 열어 다음의 기관 시동성능을 좋게 하고, 기관 시동과 동시에 기관의 냉각수 온도에 대응하여 회전수를 보정한다.

2) 회전수 상·하한 제어

공전속도의 상한값과 하한값을 결정하여 그 범위 안에서 결정한다.

3) 아이들-업(idle-up) 제어

기관 공회전 시 자동변속기 중립(N)위치로부터 전진(D) 및 후진(R)위치로 변환하는 경우나 에어컨 ON, 전조등 ON, 동력조향장치 등 부하 변동이 있을 때 아이들-업 제어한다.

4) 학습제어

스로틀밸브 부근의 틈새의 상태가 변화하거나 마모나 오염물질의 퇴적 등으로 틈새의 간격이 변화한 경우 ECU의 처음에 기억된 제어량으로는 올바른 목표 회전수로 제어되는 것이 어렵다. 따라서 ECU는 항상 필요한 제어량을 학습한다.

5) 기타 제어

기관 제동을 효과적으로 하기 위하여 감속 시에는 공전속도 제어밸브를 닫는다. 반대로 스로틀밸브가 급격히 열리면 공연비의 급격한 변화로 CO, HC의 농도도 높아지는 것을 방지하기 위하여 공전속도 제어를 한다.

(2) 공전속도 제어량의 산출

공전속도 제어는 일반적으로 듀티제어(duty control)를 한다. 듀티제어는 ECU에서 듀티 신호에 의해서 솔레노이드 코일을 ON, OFF함으로써 스로틀밸브 바이패스하는 공기량을 제어하는 것이다.

듀티비(duty ratio)는 듀티율이라고도 하며 한 사이클 중에서 신호가 ON인 시간의 비율을 의미하며 다음과 같다. 즉 듀티율 60[%]란 전류 통전시간 비율이 60[%]이고, 비통전 시간은 40[%]이란 뜻이다.

$$\therefore \text{듀티율} = \frac{on\text{되는 구간}}{\text{한주기}} \times 100[\%] = \frac{on\text{되는 구간}}{on\text{되는 구간} + off\text{되는 구간}} \times 100[\%]\text{과 같다.}$$

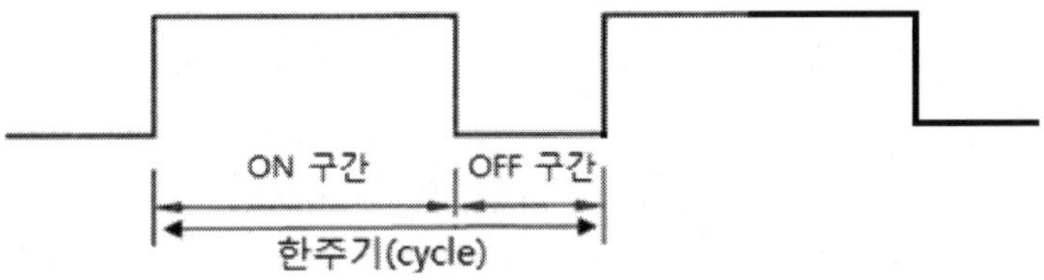

듀티비가 증가할수록 신호의 ON 시간의 비율이 커지므로 바이패스 공기량은 많아지고 기관 회전속도는 증가한다. 듀티비가 작으면 바이패스 공기량은 적어지고 기관 속도는 감소한다. 따라서 공전속도 제어에서 제어되는 공기량은 듀티비에 비례한다. 공전속도 제어량은 기본 공기량(기본 듀티제어)과 각종 보정량으로 구성된다. 기본 공기량 제어는 냉각수 온도와 공회전 스위치 신호만으로 결정된다.

1) 기본 듀티 제어

기본 듀티 제어 시 기본 공기량은 공전 시 기관 냉각수 온도의 함수[f(WTS)]이며 부분 부하 시에는 스로틀밸브 개도의 함수이다.

2) 보정량과 목표 회전수의 계산

기관의 상태나 변화를 보정하여 최적의 제어를 위한 것으로 여러 가지 보정요소가 고려되지만 대표적인 몇 가지만 설명한다.

① 시동 후 보정 : 시동 시에는 가속페달을 밟지 않기 때문에 시동 시 기관 회전수 및 부하 여부는 공회전수 제어에 민감한 영향을 받는다. 보통 시동 후 기관회전수를 2000~3000[rpm] 정도 올렸다가 떨어뜨리는 기능도 바로 이 시동 후 보정이 담당한다.

② 각종 부하 보정 : 에어컨 ON, 전조등 ON, 동력조향(power steering) 작동, 라디에이터 팬(radiator fan : 냉각 팬) 등의 작동으로 인해 공전 회전수가 불안정하게 되는 현상을 개선하기 위한 보정으로, 흡입 공기량을 증가시킨다.

③ 대시포트 보정 : 가속 페달을 밟은 상태에서 급하게 밟지 않은 상태로 진입 시 스로틀밸브의 급격한 닫힘으로 인한 기관 정시(stall) 및 충격을 방지하기 위하여 흡입공기 유량을 서서히 감소시키는 기능이다. 현재의 기관에서는 급감속 시에 연료 분사를 차단(fuel-cut)시킨다.

④ 피드백(feedback) 보정 : 기관 상황에 따라 회전수가 정해지면 이를 맞추기 위해 현재의 기관 회전수를

검출하여 목표 회전수와의 편차를 구하고 이 편차가 0이 되는 방향으로 제어 듀티를 보정하는 것이다. 보통 비례적분(PI-control)로 구성되어 있다.

⑤ 목표 회전수 계산 : 기관의 상황에 맞게 공전 시의 목표 회전수를 설정하는 것이다. 예를 들어 평상 시 목표[rpm]이 700[rpm]이었다면 기온이 낮을 때나 에어컨과 같이 기관에 부하가 작용하고 있을 때는 750[rpm] 또는 800[rpm] 정도로 높게 설정하여 공전 회전수의 안정성을 도모하는 기능이다.

1-5. 흡기다기관(Intake Manifold)

흡기다기관은 혼합기 또는 공기를 될 수 있는 대로 저항을 적게 하여 실린더 내로 안내하는 통로이며, 각 실린더에 혼합기가 균일하게 분배되도록 하여야 하며 굴곡이 있어서는 안 된다.

따라서 흡기다기관의 설계에 따라 흡입 공기량, 혼합기의 분배, 시동성 등 기관의 출력에 큰 영향을 주며, 특히 고출력 기관에서는 흡기다기관의 저항을 적게 하여 많은 양의 공기를 흡입하게 할 뿐만 아니라 다기관의 관성효과를 이용하고, 연소가 촉진 되도록 혼합기에 와류를 일으키도록 하여 보다 큰 출력을 얻고 있다. 흡기다기관은 공전상태에서 45~50[cmHg]의 부압을 유지하고 있다.

흡기다기관의 두께는 3~4[mm] 정도이며 가솔린 기관의 경우 알루미늄 합금재 또는 플라스틱 일체로 되어 있는 형식이 많이 사용되고 있다.

(1) 흡기다기관의 중요성

기관의 출력을 향상시키기 위한 방법으로는 연소효율, 전달효율, 흡배기 효율 총 3가지를 들 수 있는데, 이 중에서 연소효율과 전달효율에 의한 출력상승 효과는 모두 어렵게 되어 있다.

자연 흡기식에서 실제로 흡배기할 수 있는 양은 60[%] 전후, 즉 배기량이 100[cc]인 경우에는 60[cc]이며, 아무리 좋은 기관이라 하여도 70[cc] 전후에 지나지 않는다. 이것을 어떻게 효율을 좋게 하는가 하면, 흡기관의 단면적, 길이, 곡면부 등의 변화에 의해 기관의 성능향상을 꾀할 수 있다.

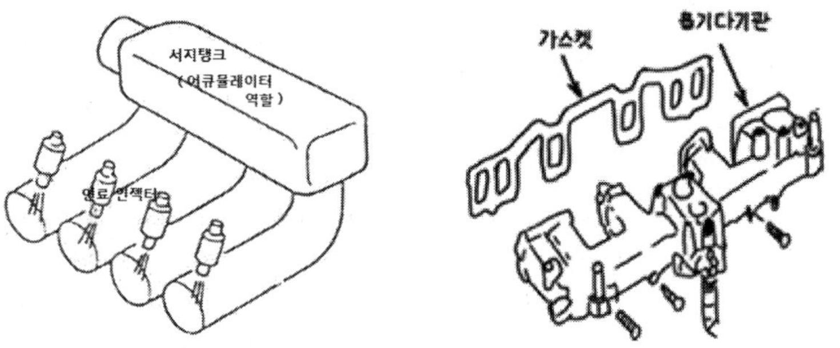

[흡기다기관의 구조]

(2) 흡기포트에 요구되는 조건

① 흡기효율을 높이기 위하여 저항을 적게 할 것

② 혼합기 또는 흡입공기에 와류를 주어 연소속도를 빠르게 할 것

우선, 저항을 작게 하기 위해서는 급격한 포트형상을 피하고 내면의 상태도 흡기관과 아울러 면 조도를 깨끗이 하는 것이 효과적이다. 면의 조도가 나쁘면 혼합기가 내부를 흐를 때 작은 와류가 발생하게 되어

실제의 내경보다 작아지는(유효단면적이 좁아진다) 현상을 일으키게 된다.

혼합기 또는 공기에 강한 와류를 주기 위해서는 연소실 입구의 유속이 저하되지 않도록 서서히 내경을 좁히고, 형상도 다소 커브로 하는 것이 바람직하다.

흡기계에 필요한 조건을 정리해 보면 기관의 배기량과 특성에 맞추어 형상 및 내경 등이 결정되지만, 어떠한 운전상태에서도 흡입효율이 우수하고 연료의 무화와 적당한 와류가 얻어지는 것이 흡기계의 최적화의 조건이다.

(3) 고속고성능용 흡기계통

우선 흡기저항이 작은 것이 바람직하다. 나아가 흡기포트를 포함하여 단면적은 크고 곡면부는 부드럽게 함과 동시에 전체의 길이를 짧게 하여 고속회전 시의 흡입효율 향상을 꾀하여야 한다.

그러나 저속에서는 흡입공기의 유속이 느리고, 그로 인하여 가솔린의 무화가 약화됨과 동시에 강한 와류를 얻기 어렵기 때문에 안정성이 결여된다.

(4) 저·중속 토크 중시형 흡기계통

저·중속 시에 우수한 흡입효율을 얻기 위해서는 실린더마다 브랜치(branch) 길이를 길게 하고, 흡기밸브의 개·폐에 따른 흡기관 안의 압력변동이 다른 실린더에 영향을 주지 않도록 함과 동시에 혼합기의 분배가 균일한 것이 요구된다.

1-6. 가변 흡입장치(Variable Induction Control System : VICS)

공기는 마치 무게가 없는 것처럼 보이지만 실은 어느 정도의 질량(중량)을 가지고 있다. 질량이 있으면 관성의 법칙이 작용한다. 이 관성효과를 효과적으로 이용하여 체적 효율을 향상시키는 장치가 가변 흡입장치이다. 실제로 흡기관을 변화시키는 방법은 지름과 길이를 변화시키는 방법, 공명효과를 이용하는 방법 등이 있다. 가변 흡입장치는 엔진의 회전속도에 따라 회전력이 최대가 될 수 있도록 흡입공기 흐름의 회로를 자동적으로 조정하여 저속에서는 통로의 길이를 길게, 고속에서는 짧게 한다. 흡입제어 밸브의 구동은 직류 전동기로하며, 이 전동기는 크랭크 각 센서(CKPS), 에어 플로어 센서(AFS), 수온센서(WTS) 등의 정보를 받아 ECU에 의해 구동한다.

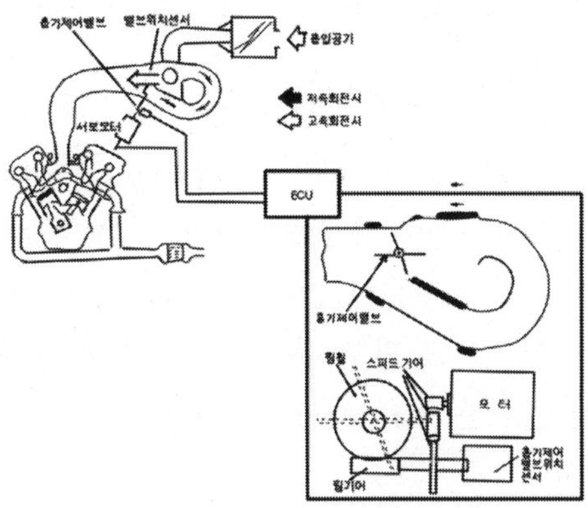

[가변흡기 장치의 구성]

1-7. 디젤 기관의 과급기(Turbo Charger)

기관의 성능을 향상시키기 위해서는 실린더 체적당 출력을 크게 하고 열효율을 높여 기관의 중량을 가볍게 해야 한다. 실린더 단위체적당 출력을 크게 하기 위해서는 제동평균유효압력을 높이고 기관의 회전수를 증가시키면 된다. 그러나 회전속도를 증가시키면 회전 및 운동부에 강성 또는 압축착화라는 연소상의 측면에서 문제점이 발생된다.

과급기를 사용하지 않은 4사이클 기관의 제동평균유효압력은 8[kgf/㎠] 정도로서 제동평균유효압력을 높이기 위해서는 실린더 안으로 흡입되는 체적 효율을 증가시키면 동일한 실린더 체적에서 연소하는 연료량을 증가시킬 수 있으므로 제동평균유효압력을 높일 수 있다. 이와 같은 장치를 과급기라고 한다.

과급기를 기관에 설치하여 과급하는 데 따라 동일 회전속도, 동일 실린더 체적에서 출력은 증가하고 기계효율이 증진되어 연소가 잘 되므로 연료 소비율이 적어진다. 디젤 기관 과급기를 설치하면 다음과 같은 장점이 있다.

① 동일 배기량에서 출력이 증가한다.
② 연료 소비율이 향상된다.
③ 연소 상태가 좋아지므로 압축, 온도 상승에 따라 착화지연 시간이 짧아진다.
④ 냉각 열량이 감소한다(냉각 손실 감소)
⑤ 연소상태가 양호하기 때문에 연료의 질이 나쁜 연료를 사용할 수 있다.
⑥ 대기압 변동(1720[m]이상 높은 지대)에서도 출력 감소가 적다.

과급기 장착 차량의 문제점은 다음과 같다.

① 배압이 증가하고 기관의 펌핑 손실도 증가한다.

현재 주로 사용하고 있는 터보 과급은 배기가스 에너지로서 배기 터빈을 작동하고, 터빈 회전력이 원심압축기를 구동하여 흡입공기를 압축하여 연소실에 과급한다. 이 경우 배기 터빈 구동 시 배기압력이 증가하고 기관 펌핑 손실도 증가하나 과급된 공기에 따른 연료공급량을 증가하여 기관 출력이 증가하기 때문에 고출력을 얻으며 기관의 연비를 향상시킬 수 있다.

② 응답성 지연(turbo lag)이다.

기관을 급가속하면 흡배기의 유속과 터빈 및 압축기의 관성중량으로 인하여 급기 압력 및 공기공급량이 기관 요구량에 못 미치어 기관의 가속력을 따라가지 못하는 현상이 발생한다. 이로 인하여 기관 출력은 정상운전 출력보다 낮아져 가속력 및 발진력 부족, 매연증가, 연료소모량 증대 등을 가져온다.

③ 저속 운전 시 불완전 연소로 매연과 PM 발생 증가

터보 과급기는 특히 고부하 영역에서는 증가된 부스트(boost)로 희박 혼합기를 조성함으로써 입자상 물질(PM : particulate materials) 감소와 연비 향상에 큰 역할을 한다. 배기가스 유량이 적은 저속 운전에서는 터빈의 에너지 회수가 적어 기관에 충분한 공기를 공급하지 못하여 매연과 PM 발생 증가를 초래할 수 있다. 또한 고속에서 과도한 부스트가 발생하면 펌핑 손실이 증가하며, 분사된 연료의 진행(pene-tration)도 방해를 받아 불완전 연소를 초래함으로서 연비 악화와 기관 신뢰성에 문제점이 발생하기 때문에 기술적 보완이 필요하다.

④ 저부하 영역에서 급기 온도가 낮아 착화지연기간이 길게 되어 PM과 HC 증가한다.

과급기에 의해 압축된 흡기 공기온도는 100[℃] 이상 온도가 상승하는 경우도 있어 이는 기관 체적 효율의 저감(공기온도가 상승되면 체적 팽창 때문에)을 가져와 과급기 사용효과를 상쇄한다. 이를 보완하기 위하여 열교환기로서 흡입공기를 냉각시키는 방법을 사용되고 있다. 열교환 방식으로 기관의 냉각수를 사용할 경우 구조가 간단해지고 기관 본체에 일체로 할 수 있는 등의 장점이 있으나, 흡기온도를 냉각수보다 낮출 수 없기 때문에 자동차에 사용하기는 어렵다. 현재는 열교환 매체로 자동차 주행 시 발생하는 공기를 사용하여 흡기온도를 50[℃] 정도 저하시키는 방식인 인터쿨러(intercooler)를 사용하고 있으나 열교환기 부피가 크며 탑재성과 배관 등에 어려움이 있다.

인터쿨러를 사용하여 급기온도를 낮추면 연소온도가 저하되어 질소산화물(NO_X) 발생이 저감된다. 또한 연소 및 배기온도가 낮아져 기관의 열부하가 경감되며 급기 비중이 증가함에 따라 급기 압력을 낮출 수 있어 과급기의 부하를 줄일 수 있다. 그러나 저부하 영역에서 과도하게 흡입공기를 냉각시키면 착화지연 기간을 길게 하여 도리어 PM과 HC가 증가하기 때문에 저부하에서는 냉각을 적절하게 제한할 수 있는 방식이 필요하다.

이와 같은 문제점을 개선하기 위하여 터보 과급기 최적화를 위해 웨이스트 게이트(waste gate) 과급기, 가변용량(variable geometry) 과급기 등을 개발하여 보완하고 있다.

(1) 터보차저의 원리

터보차저는 1개의 양 끝에 각도가 서로 다른 펌프 임펠러와 터빈 런너를 설치하여 펌프는 흡기다기관에 연결하고 터빈은 배기다기관에 연결하여 배기가스 압력으로 배기 쪽의 터빈을 회전시키면 흡입 쪽의 펌프도 회전되기 때문에 펌프 중심 부근의 공기는 원심력을 받아 바깥둘레로 가속되어 디퓨저(diffuser : 확산)로 들어간다. 디퓨저에 공급된 공기는 통로 면적이 크므로 공기의 속도 에너지가 압력 에너지로 변환되어 실린더에 공급되기 때문에 체적 효율이 향상된다.

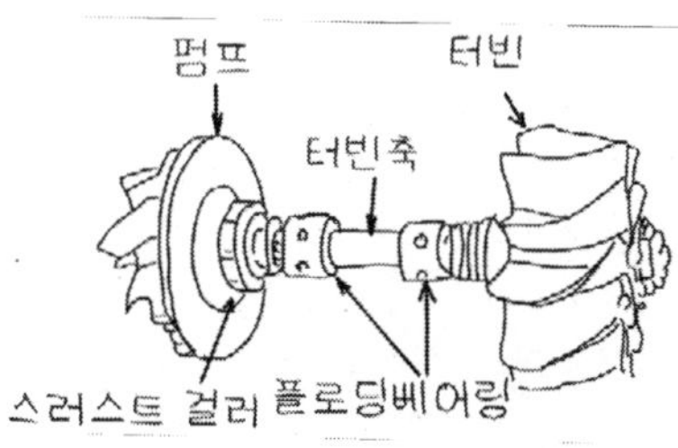

[펌프와 터빈]

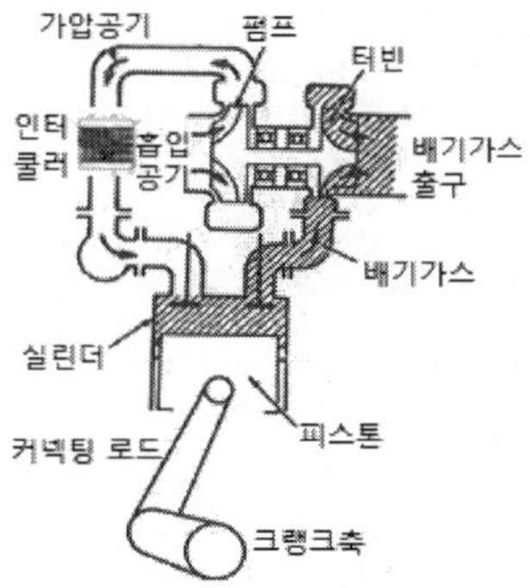

[터보차저 작동과정]

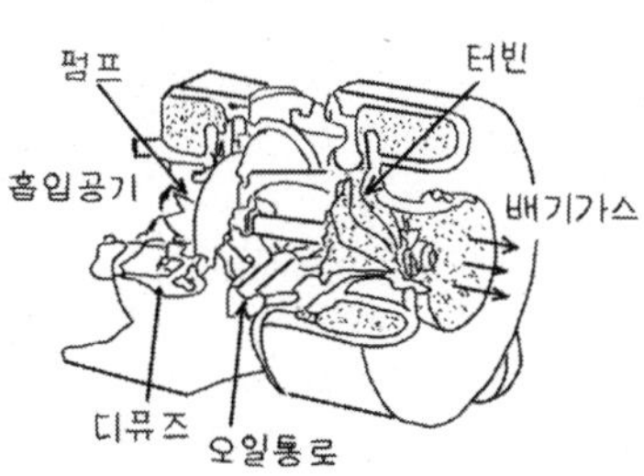

[디퓨즈]

(2) 인터쿨러(inter cooler)

인터쿨러는 펌프와 흡기다기관 사이에 설치되고, 라디에이터와 비슷한 구조로 설계되어 과급된 공기를 냉각시켜 공기 온도를 낮추고 공기 밀도를 높여 흡입효율을 높이고 출력 향상을 도모하는 장치이다. 공랭식 인터쿨러와 수냉식 인터쿨러가 있으나 자동차에서는 공랭식을 사용한다.

(3) 터보차저 엔진 사용 시 주의 사항

터빈 축에 설치되어 있는 플로딩(flooding : 부동) 베어링에는 엔진오일이 윤활작용을 하고 고속 주행

직후 엔진을 정지시키면 플로딩 베어링에 오일이 공급되지 않기 때문에 고착되는 경우가 있으므로 엔진을 충분히 공회전시켜 터보차저를 냉각시킨 후 정지시켜야 한다. 만약, 오일 여과기가 막히면 과급기가 고착되어 과급 불충분으로 매연이 발생된다.

1-8. 가변용량 터보 과급기(VGT)

터보 과급기는 배기 터빈(turbine)과 흡기 압축기(compressor : 펌프)로 구성되어 있으며 압축기의 특성이 과급기 성능에 가장 중요하다. 기관과 과급기의 유량특성이 서로 다르기 때문에 두 장치의 결합 시 매칭이 매우 중요하다.

저부하 운전 시에는 배기가스 온도가 낮으며, 저속 시에는 배기유량이 적어 배기 터빈이 흡기 압축기를 구동할 수 있는 충분한 구동력을 얻지 못하기 때문에 무과급 기관(자연 흡기식 기관) 토크 특성을 갖는다. 반면 고속운전 영역에서는 과도한 과급 압력과 배기 터빈 과회전에도 유의하여야 한다.

VGT(vriable geometry turbocharger)는 배기가스 유로를 효율적으로 정밀 제어할 수 있도록 전자제어 방식을 사용하여 저속 및 고속 영역에서 최적의 성능을 확보할 수 있고, 배기 유로를 정밀하게 제어함으로써 저속 및 고속 구간에서 터빈의 구동력이 증대되어 충분한 공기 흡입으로 최적의 연소가 이루어지므로 불완전 연소를 감소시켜 매연 및 유해 배기가스를 저감시킬 수 있다. 이 VGT는 최신의 과급기로서 현재의 전자제어 디젤 기관에 많이 사용된다. 이 장치의 장점은 다음과 같다.

(1) 저속 시

배기가스가 저속 구간에는 적게 배출되므로 배기 유로를 축소하여 빠른 속도의 배기가스가 터빈의 속도 에너지가 증대되어 압축기 압축력을 크게 하여 토크가 증대되어 가속성능을 향상시킬 수 있다.

(2) 고속 시

배기가스가 많이 배출되는 고속 구간에서 배기 유로를 확대하면 많은 양의 배기가스가 터빈의 운동 에너지가 증대되어 압축기 압축력을 크게 하여 최대 출력을 향상시킬 수 있다.

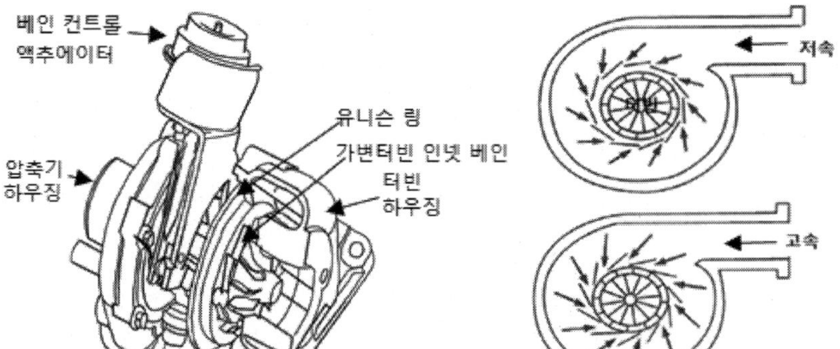

[가변용량 과급기(VGT) 구성요소]

디젤 기관의 흡기과정 변천사를 보면 자연흡기식(NA : naturally aspirated)에서 터보 과급기, 터보 과급기 인터쿨러를 통해서 오늘날에는 가변용량으로 개발, 발전되어 왔다. 특히 흡기장치에 터보 과급기가 등장하면서 배기가스를 이용하여 흡입 공기량을 추가적으로 공급하여 기관 출력을 NA기관보다 약 10[%] 정도 향상시켰다.

그 다음은 터보 과급 인터쿨러로서 터보 과급기에서 나오는 과열된 공기를 인터쿨러를 통해 흡입공기 온도를 낮추어서 공급하게 만들어준 장치로, 이 장치 또한 터보 과급기 대비 약 10[%] 이상의 기관 출력을 향상시키는 효과를 가져왔다. 현재 전자제어 디젤 기관에서 가장 많이 사용하고 있는 가변용량 터보 과급기는 인터쿨러 터보 과급기보다 약 10[%] 정도 이상의 기관출력 향상 효과를 가지고 있다.

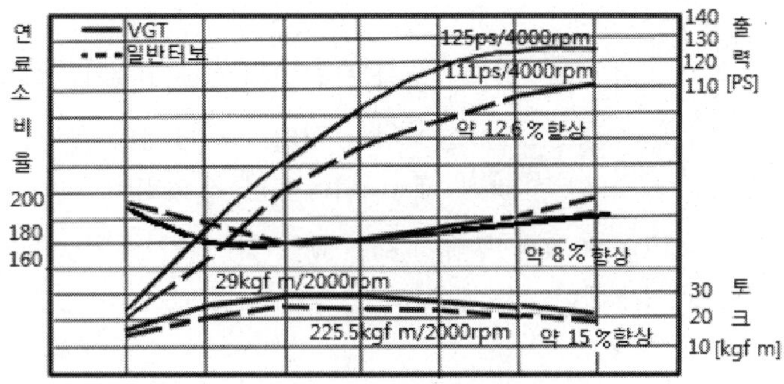

[VGT의 기관 성능 곡선]

기관 출력 부분에서는 터보 과급기는 111마력인데 비해 가변용량형 터보 과급기는 125마력으로 최대 출력이 약 12.5[%] 정도 향상되었다. 또한 토크를 보면 최대 토크는 25.5[kgf·m]에서 29[kgf·m]로 약 14[%] 정도 향상되었다. 연료 소비율은 시내 주행 구간인 1000~2000[rpm] 사이에서 약 8[%] 정도의 연비 향상효과가 있었다. 이외에도 유해 배출가스의 저감효과도 있다.

(3) 가변용량 터보 과급기(VGT)의 작동원리

① 저속에서의 작동원리

일반적인 터보 과급기의 경우 저속 구간에서는 배기가스량이 적고 유속이 느려 터보의 효과를 발휘할 수 없다. 그러나 VGT는 저속 구간에서 배출가스 통로를 좁힘으로써 배기가스 속도를 빠르게 하여 터빈을 빠르고 힘 있게 구동시켜 일반 터보 과급기보다 많은 공기를 흡입할 수 있다.

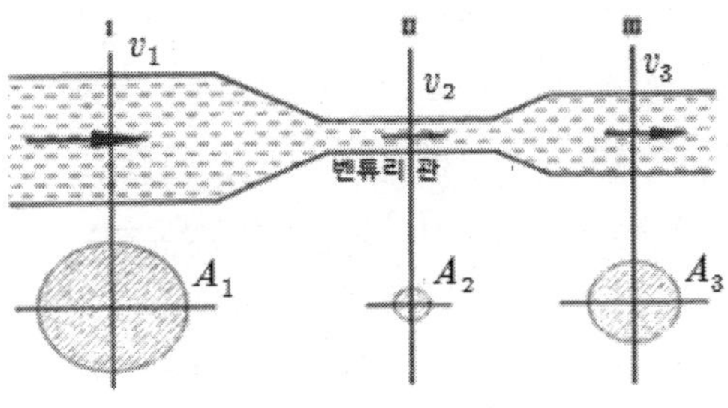

$$Q = A_1 v_1 = A_2 v_2 = A_3 v_3 = \text{일정}$$

[연속의 정리]

연속한 1개에서 관의 단면적이 달라도 단위시간에 흐르는 유량(Q)은 어느 단면에서나 같다. 또 단면이 좁으면 유속은 빠르고 압력은 낮고, 단면이 넓으면 유속은 느려지고 압력은 높다. 이것이 연속의 정리(principle of continuity)이다. 따라서 저속에서는 벤튜리의 원리를 이용하여 벤튜리 관으로 공기가 흐른다고 가정할 경우 면적이 작아지는 II지점에서는 속도는 빨라지고 이러한 상태에서 벤튜리 관의 내경을 더욱 좁히면 속도는 점점 빨라지는 원리를 이용한 것이 VGT(가변용량 터보 과급기)이다.

② 고속에서의 작동원리

고속 구간의 경우 배기가스량이 많이 나오며 그 배출 가스에는 많은 힘을 동반하고 있다. 이와 같은 경우 벤튜리 관의 내경을 넓혀 준다면 다량으로 배출되는 배기가스에 의해 터보 과급기의 터빈은 더욱 커진 에너지를 압축기에 전달하게 되므로 흡입 공기량이 더욱더 많아지게 된다.

(4) VGT의 작동 및 작동 방법

가변용량 터보 과급기는 압축기가 어느 한 축 위에 설치되어 있으며 터빈 측에는 배출가스의 유속을 변화시키기 위한 가변 터빈 인렛 베인이 11개 설치되어 있다. 그 11개의 베인을 동시에 모두 작동하게 만들어 주기 위해서 원형으로 된 유니슨 링이 베인 뒤쪽으로 설치되어 있다.

터빈과 압축기를 감싸주는 터빈 하우징과 압축기 하우징이 설치되어 터빈 하우징 쪽으로 유니슨 링을 작동하기 위해서 베인 컨트롤 액추에이터가 설치되어 있는 구조로 되어 있다.

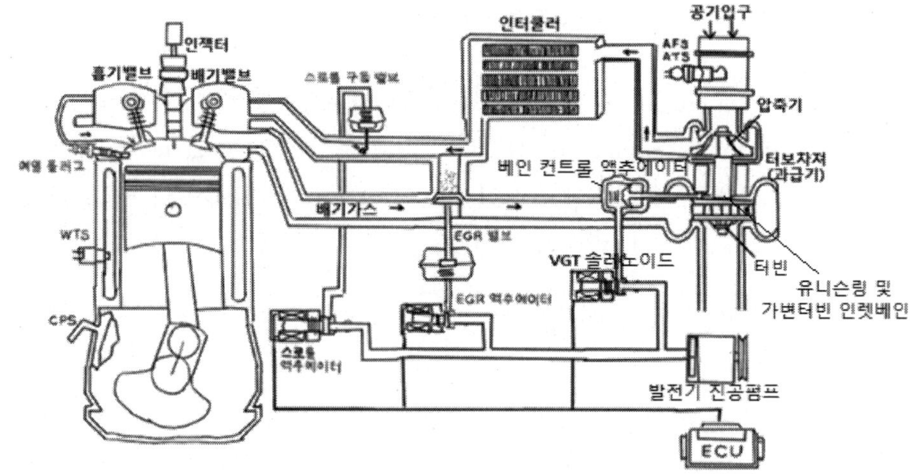

[VGT 관련 핵심 부품]

유니슨 링(unison ring)은 오른쪽 및 왼쪽 방향으로 움직일 수 있도록 되어 있으며 유니슨 링은 베인 컨트롤 액추에이터와 기계적으로 연결되어 있고 액추에이터의 작동에 따라 유니슨 링도 오른쪽 또는 왼쪽방향으로 작동하게 된다. 액추에이터가 작동하게 되면 11개의 베인(vane)이 움직이게 된다.

11개의 베인은 터빈 입구의 배기가스의 통로 역할을 하고 있으므로, 이 베인의 움직임에 따라 배기가스의 유로 면적이 변하게 되는 것인데 저속에서는 그림 (a)과 같이 좁혀서 배기의 속도를 높이게 되어 터빈의 전달 에너지를 증대시키고 고속에서는 그림 (b)과 같이 넓혀서 많은 배출가스로 인해 더욱더 큰 터빈의 전달 에너지를 증대시킨다.

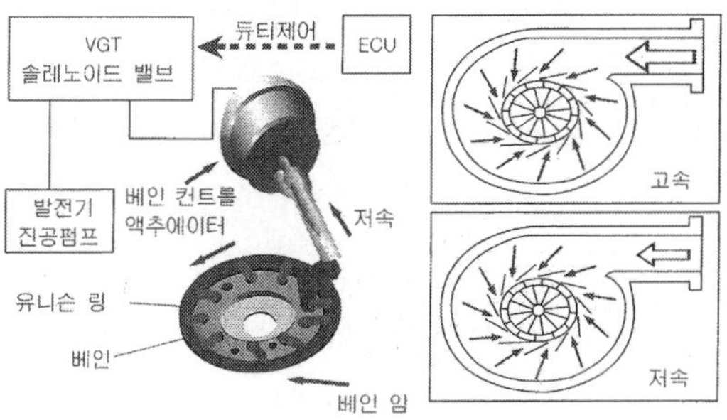

(a) VGT 작동원리

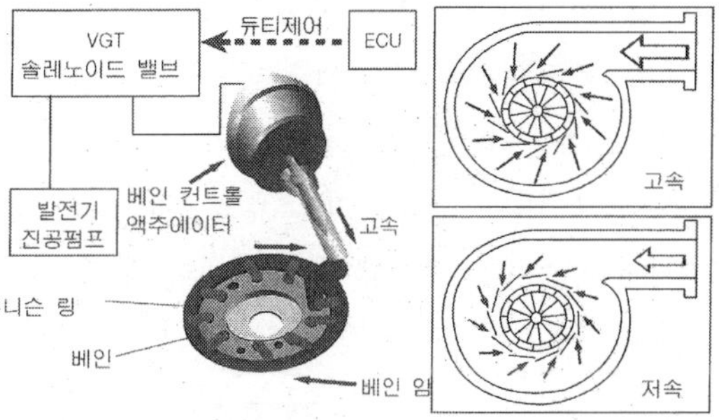

(b) VGT 작동원리

베인 컨트롤 액추에이터는 ECU에 의해 듀티 제어하는 VGT 솔레노이드 밸브와 진공호스로 연결되어 있어서 ECU가 운전조건에 따라 솔레노이드 밸브를 300[Hz]의 주파수와 듀티 값을 변화시킴으로써 액추에이터의 움직임을 제어할 수 있는 구조로 되어 있다.

1-9. 흡기다기관 진공도 시험

회전 중인 엔진 흡기다기관 내의 진공도를 측정하여 지침의 움직이는 상태로 점화시기 틀림, 밸브 작동상태 불량, 배기장치 막힘, 실린더 압축압력 누출 등 엔진의 작동 상태에 이상이 있는지를 판단할 수 있다.

[진공측정 게이지]

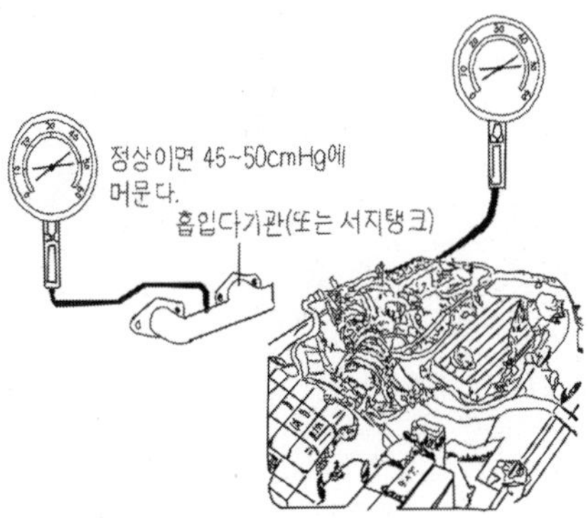

[진공게이지 설치위치]

(1) 준비작업 및 측정

① 엔진을 가동하여 정상운전 온도(80~90[℃])로 한다.

② 엔진 작동을 정지한 후 흡기다기관의 진공 구멍에 진공계 호스를 연결한다.

③ 엔진 공전(800±50[rpm])상태로 운전하면서 진공계 눈금을 판독한다.

(2) 판정방법

① 정상일 때 : 공전 상태에서 지침이 45~50[cmHg] 사이에서 조용히 움직인다.

② 점화시기가 늦을 때 : 진공도가 정상보다 5~8[cmHg] 낮거나 그다지 흔들리지 않는다.

③ 배기장치의 막힘이 있을 때 : 초기에는 정상을 나타내다 잠시 후 0[cmHg]까지 내려갔다가 다시 정상으로 되돌아온다.

④ 실린더 벽 또는 피스톤 링이 마멸 시 : 정상보다 약간 낮은 30~40[cmHg]를 나타낸다.

⑤ 밸브가 불량할 때

가. 밸브가 소손되었을 때 : 공전상태에서 정상 눈금보다 5~10[cmHg] 낮고 지침이 규칙적으로 움직인다.

나. 밸브 타이밍 불량일 때 : 공전상태에서 지침이 20~40[cmHg] 사이에서 왔다 갔다 한다.

다. 밸브 접촉 불량일 때 : 공전상태에서 지침이 정상 눈금보다 5~8[cmHg]보다 낮다.

라. 밸브 가이드가 마멸일 때 : 공전상태에서 지침이 35~50[cmHg] 사이를 빨리 움직인다.

마. 밸브가 완전히 닫히지 않을 때 : 공전상태에서 지침이 35~40[cmHg]에서 흔들린다.

바. 밸브 스프링 장력이 약할 때 : 공전상태에서 지침이 25~55[cmHg] 사이에서 흔들리며, 엔진회전속도를 증가시키면 회전속도와 함께 지침이 격렬하게 움직인다.

2. 배기장치(Exhaust System)의 구성요소

단(單) 실린더에서는 배기 다기관(manifold)이 없이 실린더 헤드에 직접 배기 파이프가 부착되어 있으나, 2실린더 이상의 다(多) 실린더 기관에서는 배기 매니폴드를 설치하여 연소가스를 모아서 배기 파이프로 배출한다.

이론 공연비(14.7:1) 제어를 위한 산소 센서, 배기관으로 배출되는 배기가스 정화장치인 삼원촉매 장치, 고온 고압의 연소가스를 저온 저압으로 낮추어 주는 소음기 등으로 구성되어 있다.

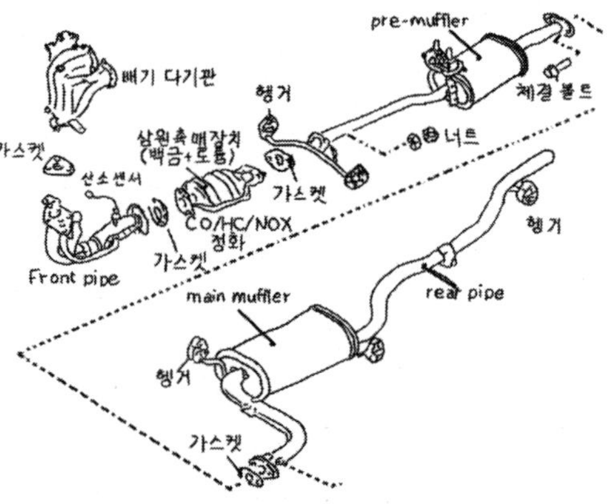

[배기장치의 구조]

2-1. 배기 다기관(manifold)

배기 매니폴드는 흡기 매니폴드와 비슷한 구조로 되어 있으며, 배기가스를 그림 (a)와 같이 기관의 한쪽 끝(뒤쪽)으로 모으는 방식과 그림 (b)와 같이 중앙으로 모으는 방식이 있다.

(a)의 경우 배기 매니폴드를 짧게 할 수 있으나 운전석이 가열될 염려가 있다. (b)는 배기를 이용해서 흡기 매니폴드를 예열하는 경우에 배기가스를 이용할 수 있는 이점이 있다.

(a)

근년에는 2개의 배기 파이프를 사용하여 그림 (c)와 같이 4실린더 기관에서는 No.1,4와 No.2,3 실린더로 분할하고, 6실린더 기관에서는 No.1,2,3과 No.4,5,6으로 분할하여 각 실린더 간의 배기 간섭을 일으키지 않도록 하여 한정된 실린더 용적에서 출력을 증가하는 방식을 쓰고 있다.

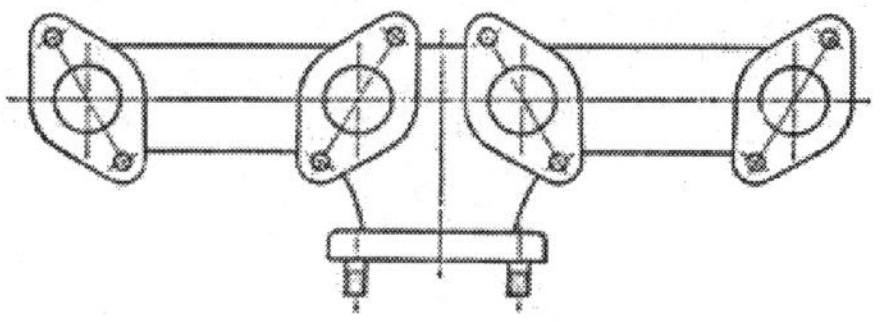

(b)

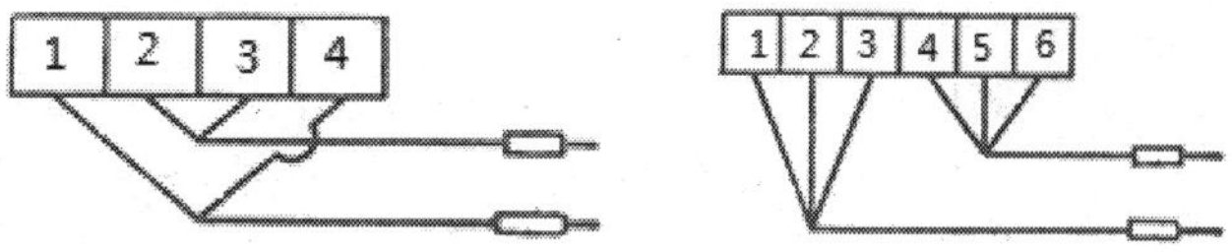

(c)

2-2. 배기 파이프(exhaust pipe)

배기 파이프는 그림 (d)와 같이 배기 매니폴드에서 나오는 배기가스를 외부로 방출하는 강관이며, 배기가스의 열의 일부를 발산하는 역할도 한다.

배기 파이프는 소음기의 수나 촉매변환기 등의 부착에 따라 앞, 중간, 뒷파이프 등으로 나누어진다. 그리고 배기가스의 흐름을 좋게 하기 위해 배기 파이프를 2개 이상으로 하여 소음기에 도입하는 방식도 있다.

2-3. 소음기(muffler)

배기 매니폴드에서 배출되는 가스는 600~800[℃]이고, 압력은 3~5[kgf/㎠]이므로 그대로 외부로 방출되면 급격한 가스의 팽창 때문에 폭발음이 발생하고 화재를 일으킬 염려도 있다. 따라서 이를 방지하기 위해 가스가 완만한 팽창을 하게 하면서 출력 손실이 최대 5[%] 이내로 되도록 배압(back pressure)을 적게 한다. 그리고 발생하는 소음을 적게 하기 위해 흡음재(吸音材)를 사용하거나 공명에 의한 방법, 배기가스를 냉각시키는 방법, 가스를 작은 구멍(orifice)에서 분출시켜 압력과 온도를 저하시켜 에너지를 흡수시키고 또 가스의 통로를 도중에 길이가 다른 2개의 통로로 나누어 음파(音波)를 서로 간섭시키는 등 여러 가지 방법이 있다.

소음기 구조는 여러 가지 형식이 있으나 보통 1[mm] 두께의 철판 원통형으로 용접하여 만들어진다. 그리고 그 내부는 몇 개의 칸막이를 하여, 배기가스가 이 칸막이의 장벽을 지날 때마다 음파의 간섭 및 압력변동의 감소, 배기 온도의 저하로 점차 소음이 된다. 그러나 소음효과를 높이기 위해 소음기의 저항을 너무 크게 하면, 기관의 폭음은 적어지나 배기 행정에 가해지는 저항, 즉 배압이 높아져서 기관의 출력이 저하되므로 자동차의 사용목적에 따라 소음의 정도를 결정한다.

소음기는 역류식 소음기(reverse flow type muffler : 일본식)와 단류식 소음기(stright flow type muffler : 유럽식)로 구분된다.

역류식 소음기는 소음기 체적을 확대하여 배기의 압력파에 의해 생기는 음압을 작게 할 수 있도록 여러 개의 파이프를 직렬로 연결한 형상이다. 이 형식은 소음기의 효과가 좋으며 설치하기가 편리하지만, 배압을 3[kgf/㎠] 이하로 내리기 곤란하다.

단류식 소음기는 소음기를 통과하는 가스의 유속을 높여 압력파의 주파수를 변경시켜 흡음재로 음을 흡수할 수 있도록 파이프 측면에 많은 구멍을 뚫은 다음 흡음재로 포장한 형식이다. 이 형식은 배기가스의 압력이 저하되며, 배압은 1.5[kgf/㎠]로 걸리고 소음효과도 다소 저하된다.

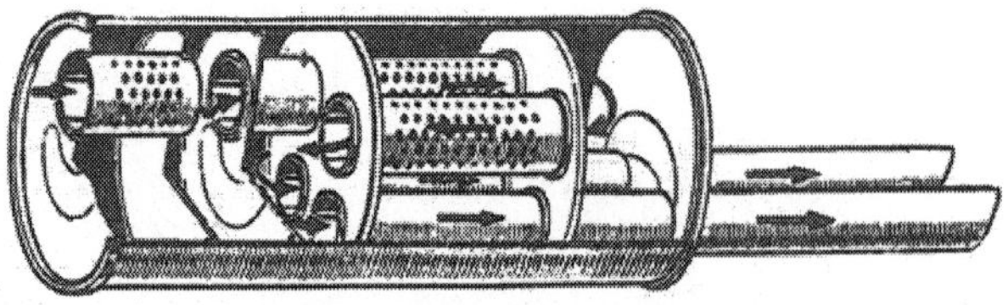

[역류식 소음기의 구조]

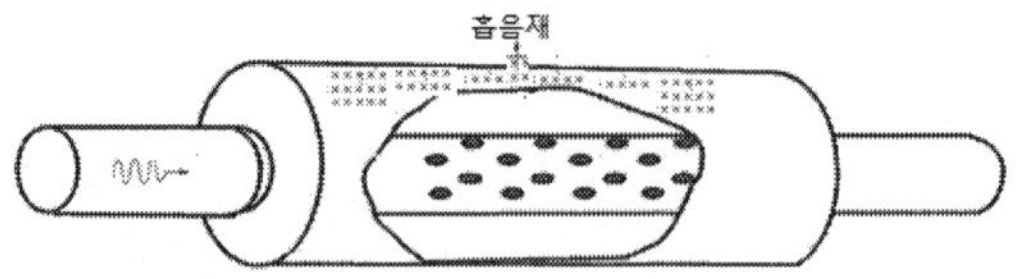

[단류식 소음기의 구조]

또한 배기 매니폴드와 머플러 사이에 소형 소음기를 부착한 경우가 있는데, 이를 보조 소음기(sub muffler : 프론트 소음기)라 한다. 보조 소음기는 소음기의 수명을 길게 하기 위한 것이다. 기관이 시동 초기에는 소음기가 냉각되어 있기 때문에 배기가스 속의 수분이 소음기에 괴어 내부가 부식하기 쉽다. 따라서 구조가 더 간단하고 값이 싼 보조 소음기를 설치하여 소음기의 수명을 연장하면서 보수비를 절감하는 것이다.

2-4. 산소 센서(O_2 Sensor)

산소 센서는 공연비를 이론 공연비로 제어하기 위하여 산소 센서를 배기다기관 또는 촉매 컨버터 전에 설치하여 배기가스 중의 산소 농도를 검출한다. 산소 센서는 배기가스 중의 산소와 대기 중의 산소 농도 차에 따라 이론 공연비 중심으로 출력전압이 급격히 변화되는 것을 이용하여 피드백(Feed Back)의 기준신호로 ECU에 공급한다. 산소 센서 종류는 산화지르코니아(ZrO_2) 산소 센서와 산화티타니아(TiO_2) 산소 센서 형식이 있다.

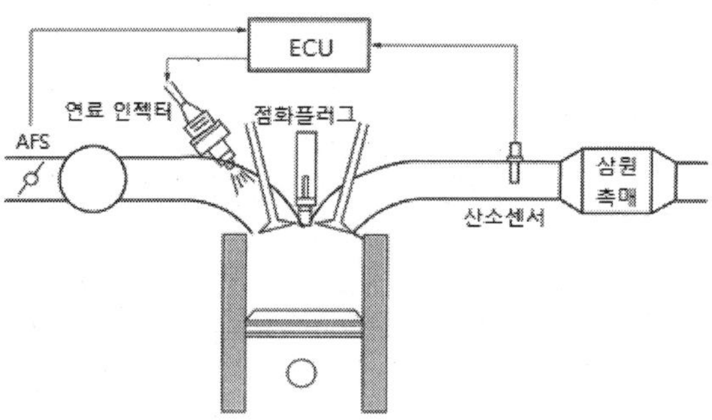

[피드백 제어]

(1) 지르코니아 산소 센서(zirconia O_2 sensor)

지르코니아 산소 센서는 고체전해질의 지르코니아에 소량의 이트륨(yttrium : Y_2O_3)을 혼합하여 양면에 백금 전극을 설치하고, 전극을 보호하기 위하여 전극 외부를 세라믹으로 코팅한 것이다.

센서의 안쪽은 산소 농도가 높은 대기와 접촉되고 바깥쪽은 산소 농도가 낮은 배기가스가 접촉되도록 되어 있다. 지르코니아 소자는 저온에서 저항이 매우 크고 전류는 통하지 않지만, 고온에서 내측과 외측의 산소 농도가 크면 산소이온만 통과하여 기전력을 발생시키는 특성을 가지고 있다.

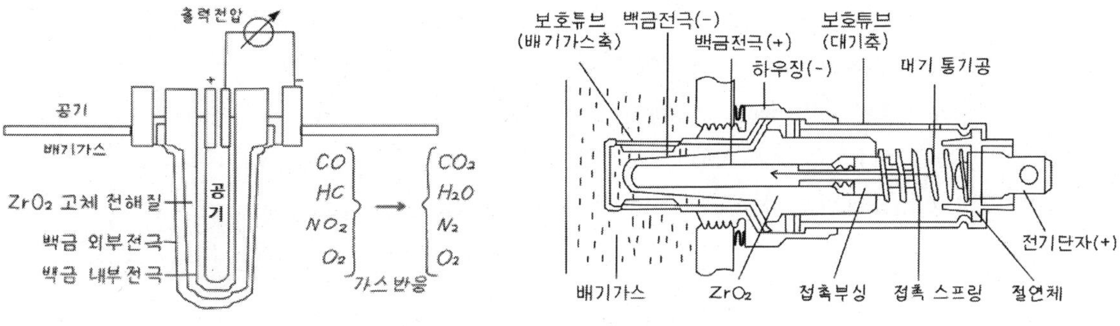

[지르코니아 산소 센서의 구조]

이온은 전기적으로 극성을 가지고 있는 입자이며, 산소이온 2개의 과잉전자를 갖고 있으므로 음극으로 되어 있다. 따라서 산소이온은 지르코니아에 끌리는 경향이 있으며, 백금 전극의 안쪽인 지르코니아 표면에 끌려가게 된다.

센서의 공기에 접하는 부분은 전기적으로 배기가스보다 더 음극이 되므로 전기장이 지르코니아 물질 사이에 존재하고, 그 결과 전위차가 발생된다. 이 전위차는 배기가스 안의 산소 농도와 센서의 온도에 비례한다.

$$전위차(Us) = \frac{RT}{4F} ln \frac{pO_2 79^{''}}{pO_2^{'}}$$

여기서, R : 가스정수[J/mol °K]

T : 절대온도[°K]

F : 패러데이 상수[C/mol]

$PO_2^{''}$: 대기 중의 산소분압(Pa)

$PO_2^{'}$: 배기가스 중의 산소분압

즉, 혼합기의 농후한 경우에는 배기가스 중의 산소 농도가 낮으므로 농도차가 커져 전위차가 크고, 희박한 경우에는 배기가스 중의 산소 농도가 높으므로 농도차가 작아 전위차가 작아진다. 이러한 변화는 그림과 같이 이론 공연비 중심으로 급변하게 나타나므로 출력전압의 스위칭 특성이라고 말하기도 한다. 그러나 실제 연소과정에서는 이론 공연비를 중심으로 이러한 격차가 크지 않으므로 소자의 표면에 다공성 백금을 도금하여 충분한 농도 차이를 발생하게 한다.

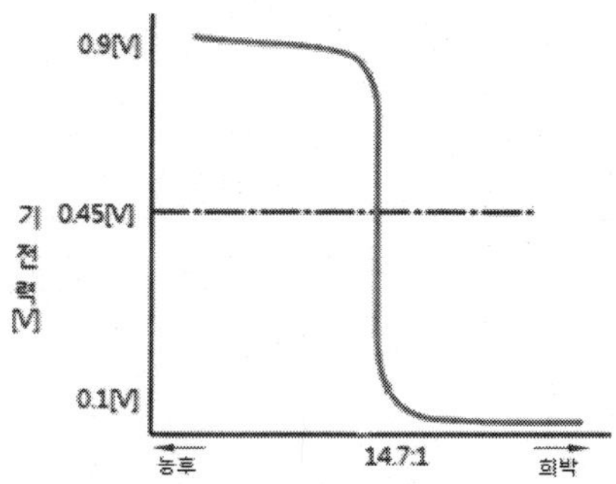

[산소 센서의 공연비에 따른 출력 특성]

백금의 촉매작용으로 농후한 혼합기가 연소하면 소량의 O_2가 CO와 거의 완전히 반응하여 백금 표면의 O_2는 거의 0으로 되기 때문에 산소 농도의 차가 매우 크게 되어 약 1[V]의 기전력이 발생한다.

희박한 혼합기가 연소되는 경우 배기가스 중 O_2는 고농도이고, CO는 저농도이므로 CO와 O_2가 반응하여도 산소 농도는 크게 낮아지지 않으므로 농도차가 작아 기전력이 거의 발생하지 않는다. 또한 공연비가 농후에서 희박한 쪽으로 변화할 때와 희박에서 농후한 쪽으로 변화할 때 히스테리시스(hysteresis) 현상이 나타난다. 이것으로 인하여 산소 센서의 응답특성에 차이점이 발생한다. 즉 농후에서 희박으로 변화할 때 소요되는 시간과 희박에서 농후로 변화할 때의 시간이 다르게 나타나는 것이다.

온도는 센서의 출력 특성에 많은 영향을 미치고 있다. 온도가 300[℃] 이하일 때는 센서의 출력값이 온도에 따라 급변하므로 기관제어 시 사용하기가 어렵다(open loop 제어 : 공기/연료 비율이 ECU에 입력되어 있는 정보에 의해 제어). 300[℃] 이상에서 농후한 경우는 약 0.9[V], 희박한 경우는 약 0.1[V] 정도에서 안정된 값을 얻을 수 있다.

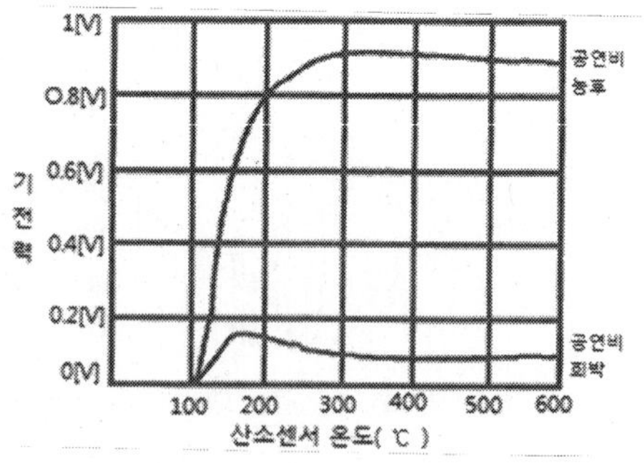

[온도에 따른 산소 센서의 출력변화]

온도는 스위칭(switching) 시간에도 영향을 미치며, 농후에서 희박으로 또는 희박에서 농후로 변화되는 데 소요시간이 350[℃]에서 약 0.1[S] 정도인데 800[℃]에서는 약 0.05[S]이다. 따라서 온도변화 때문에 스위칭 시간이 약 2:1이 된다. 따라서 점화스위치 ON 시 산소 센서 히팅코일(열선 내장형 산소 센서)에 전류를 흐르게 하여 가열하면 시동과 함께 제어(closed loop 제어 : 산소 센서에서 보내진 정보를 기초로 하여 ECU가 공기/연료 비율을 변환제어)하도록 하고 있다.

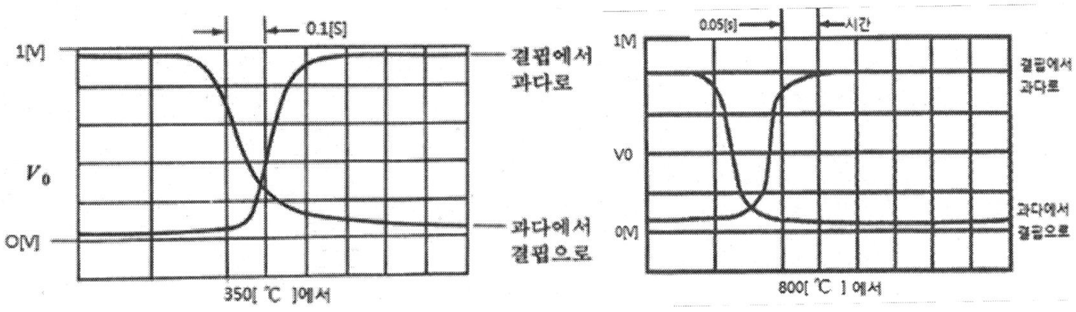

[온도에 따른 스위칭 시간의 변화]

산소 센서의 출력파형을 보면 정상적인 경우 0.1~0.9[V] 사이에서 주기적인 변화를 보인다. 산소 센서가 정상인 경우에도 센서의 출력전압이 규정값을 벗어나면 공연비 조정이 문제가 있다는 뜻이다.

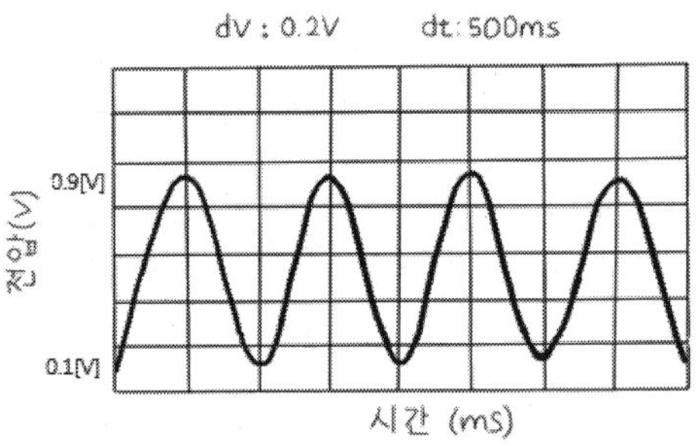

[산소 센서 출력파형]

즉 인젝터 결함, 흡기덕터 등의 틈새를 통한 공기의 누설, 흡입공기량 센서, 흡기온도 센서, 냉각수 온도센서 등의 결함, 연료압력의 점검 등과 관계가 있다. 다시 말해서 평균출력 전압 0.45[V] 이상을 나타내는 경우는 농후한 연소가 이루어지고 있는 것으로, 흡입공기량 센서의 불량이나 인젝터의 누설이 있을 수 있는 것이다. 또한 평균출력 전압이 0.45[V] 이하를 나타내는 경우는 희박연소를 하고 있는 경우이며, 진공 누설이나 센서 자체의 불량일 수 있다. 또 산소 센서 자체가 전압을 발생하는 것이므로 저항측정 시 센서에 손상을 줄 수 있기 때문에 저항을 직접 측정하지 않아야 한다.

(2) 티타니아 산소 센서(titanic λ-sensor)

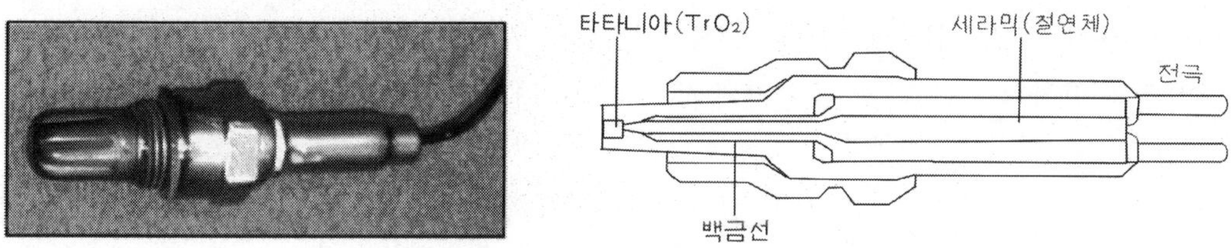

[티타니아 산소 센서의 구조]

티타니아 소자는 일정한 온도 이상에서 자신의 주위에 산소가 많으면 자체 저항값이 커지고, 산소가 없으면 저항값이 작아지는 일종의 가변저항체다.

지르코니아 형식은 배기가스와 표준가스를 분리하는 특징이 있으나 티타니아 형식은 배기가스 소자를 삽입하는 형식이며 공연비 조정에서는 지르코니아 형식보다 불리하다.

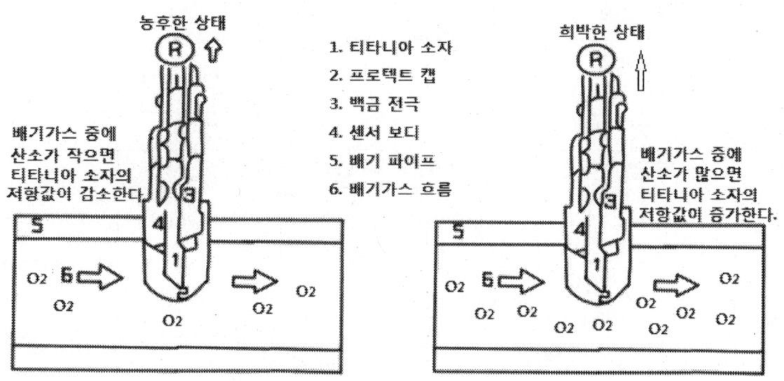

[티타니아 산소 센서의 작동원리]

티타니아 산소 센서의 출력 값은 공기과잉율(λ)이 낮은 농후 시에는 약 0.4[V], 희박 시에는 4.5[V] 가깝게 높은 전압이 출력된다.

$$R_T = APO_2^n \exp\left(\frac{E}{\kappa T}\right)$$

여기서, A: 상수, PO : 산소분압, n : 1/4, E: 활성화 에너지, κ: 볼츠만 상수, T: 절대온도

Handy hint

▮ 공기과잉율(excess air : 공기비 : λ)

연료를 완전 연소시키는 데 필요한 이론 공연비에 대해 현재 연소실에서 연소되는 혼합기의 공연비율을 말한다. 즉, 이론 공연비에 대해 현재 어느 정도 상태로 연소되는지 나타내는 지수이다.

$$\text{공기과잉율}(\lambda) = \frac{\text{실제 흡입된 공연비}}{\text{이론 공연비}} = \frac{14.7:1}{14.7:1} = 1$$

λ : 1이면 최적의 연소 상태이고, λ>1은 연소실 내 혼합기는 희박한 상태, λ<1은 연소실 내 혼합기는 농후한 상태이다. 공기 과잉율의 상태로서 엔진 내 혼합기의 농도를 간접적으로 파악할 수 있으며 이로 인해 배기가스 중의 유해가스 발생정도도 파악할 수 있게 된다.

▮ 지르코니아 산소 센서와 티타니아 산소 센서의 비교

	지르코니아	티타니아	비고
전원공급	배터리	ECU	closed loop 초기예열
원리	이온전도성	전자전도성	
출력	기전력 변화	저항치 변화	
감지	지르코니아 표면	티타니아 표면	
내구성	불리	유리	
응답성	불리	유리	
가격	싸다	비싸다	
희박범위	0~0.1[V]	4.3~4.7[V]	
농후범위	0.8~0.9[V]	0.3~0.8[V]	

2-5. 배출가스 정밀제어 산소 센서

(1) 리니어(linear) 산소 센서

리니어 산소 센서는 공연비 변화(0.7 < λ < 1.9)에 따라 비례적으로 센서출력이 변하기 때문에 공연비의 미세한 조정이 가능해서 정밀한 광대역 배출가스 제어용으로 많이 쓰인다. 즉 얼마만큼 희박한지, 얼마만큼 농후한지를 측정하는 것으로, 바이너리 산소 센서 대비 냉간 시, 급가감속 시에도 배출가스 정밀제어가 가능하다. 이 산소 센서는 산소 이온 전도성으로 출력전압이 변화한다. 기준전압은 아래와 같다.

구분	케피코 EMS	콘티넨탈 EMS	오트론(우진) EMS
기준전압	약 1.5[V]	약 2.0[V]	약 2.5[V]
기준전압 이하 : 농후(가속 시) 기준전압 이상 : 희박(감속 시)			

(2) 바이너리(binary : 지르코니아) 산소 센서

바이너리 산소 센서는 이론공연비(λ=1.0) 부근에서 급격히 변화하는 특성을 갖고 있어 이론공연비보다 희박한지 또는 농후한지만 판단하는 용도로 쓰인다. 이론공연비보다 희박한 경우 0.2~0.4[V], 이론공연비보다 농후한 경우 0.6~0.9[V]의 출력 전압을 나타낸다.

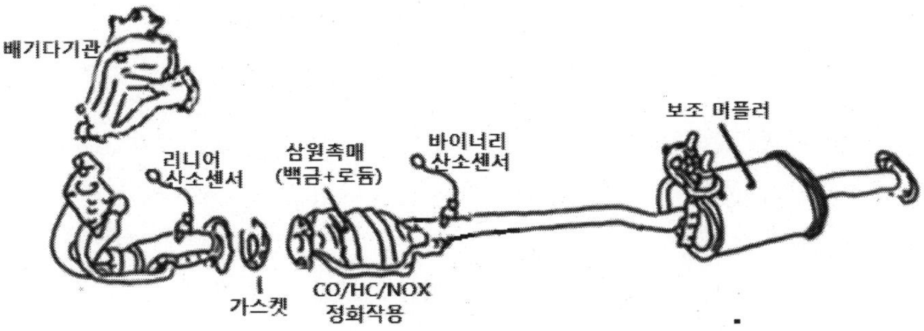

[배출가스 정밀제어 산소 센서]

2-6. 자동차 배출가스

자동차에서 배출되는 가스에는 배기 파이프로부터의 배기가스, 엔진 크랭크 케이스로부터의 블로-바이 가스(blow-by gas) 및 연료장치에서의 연료증발 가스 등 3가지가 있다.

자동차에서 배출가스가 배출되는 유형을 보면 차종별로 상이하지만 배기가스가 약 60[%], 블로-바이 가스가 약 25[%], 증발가스가 약 15[%] 정도이다.

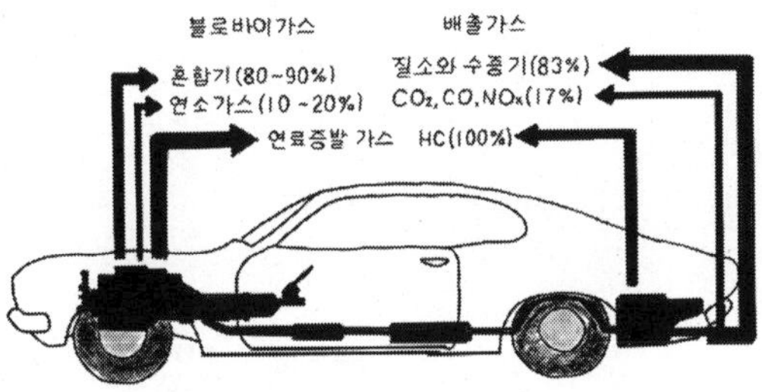

[자동차와 배출가스]

(1) 배기가스(exhaust gas)

배기가스란 연소된 가스가 배기 머플러(소음기)를 통해 외부로 배출되는 가스를 말한다. 배기가스에는 인체에 해가 없는 수증기(H_2O), 탄산가스(CO_2), 질소(N_2)와 인체에 유해한 일산화탄소(CO), 탄화수소(HC), 질소산화물(NO_X)와 약간의 납산화합물과 탄소입자(흑연) 등이 함유되어 있다.

(2) 블로-바이 가스(blow-by gas)

블로-바이 가스란 피스톤과 실린더의 틈새를 빠져나와 크랭크케이스 안으로 유입하는 가스이며 크랭크케이스 에미션(crankcase emission)이라고도 한다. 블로-바이 가스의 유량은 실린더 안의 압력과 크랭크케이스 안의 압력에 따라 영향을 받으며, 흡기관 부압이 낮은 경우, 즉 기관 부하가 클수록 많아진다.

블로-바이 가스의 70~80[%]는 연소되지 않은 탄화수소(HC)이고 나머지는 연소 후 기관 오일의 미스트(mist)가 포함된 강한 산성으로써 크랭크케이스 안에 남아 있으면 기관 내부를 부식시키고 기관오일을 오염시킨다. 따라서 발생된 블로-바이 가스를 대기 중으로 직접 방출하지 않고 흡기계통으로 다시 보내어 재연소하는 방법을 사용한다.

(3) 연료증발 가스

연료증발 가스는 퍼지가스(purge gas)라고 하며 연료탱크 내의 가솔린이 증발하여 대기 속으로 방출되는 가스이다. 주성분은 연료와 같은 탄화수소이며 자동차에서 방출되는 전 탄화수소(HC)의 약 15[%]를 차지한다.

2-7. 배기가스 발생과정

(1) 일산화탄소(CO) 발생과정

연료는 탄소와 수소의 화합물인 탄화수소이므로 완전 연소하였을 때 탄소는 무해성 가스인 이산화탄소, 수소는 수증기로 변화한다.

$$C + O_2 = CO_2 \rightarrow \text{지구온난화의 원인}$$

$$H_2 + \frac{1}{2}O_2 = H_2O$$

그러나 실린더 내의 혼합가스가 농후하여 산소 공급이 부족한 상태로 연소하면 불완전 연소를 일으켜 일산화탄소가 발생한다.

$$C + \frac{1}{2}O_2 = CO$$

따라서 배출되는 일산화탄소의 양은 공급되는 혼합가스의 비율에 좌우하므로 일산화탄소의 발생을 감소시키려면 희박한 혼합가스를 공급해야 한다. 그러나 혼합가스가 희박하면 엔진의 출력 저하 및 실화의 원인이 된다.

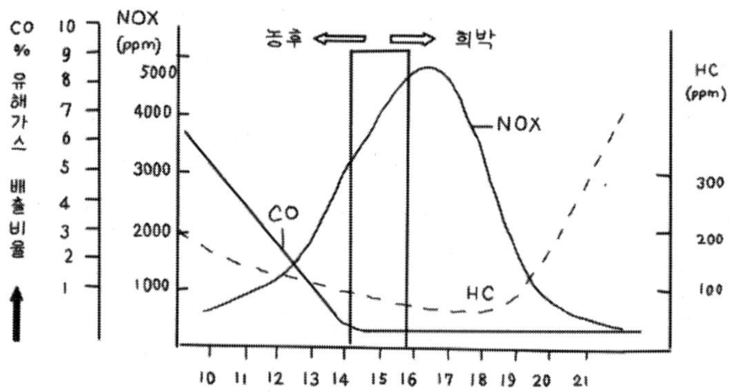

[공연비와 유해가스 배출량과의 관계]

(2) 탄화수소(HC) 발생과정

탄화수소는 비교적 온도가 낮은 연소실벽이나 연소온도에 도달하지 않고 화염이 전달되지 않을 때(소염경계층) 다량 발생한다. 또한 점화플러그의 불꽃이 약하거나 완전히 착화되지 않을 때, 그리고 밸브 오버랩 시에 혼합기가 빠져나가면서 탄화수소가 발생된다.

혼합비가 17:1 이내의 범위에서는 혼합비가 농후할수록 탄화수소의 배출량이 증가하나 혼합비가 17:1이 넘는 희박한 혼합비가 되면 실화가 되면서 탄화수소가 다량으로 배출된다. 또한 저속 운전 시 가스의 압축압력이 낮아져 혼합기의 연소속도가 느리기 때문에 탄화수소가 발생한다.

Handy hint

▮ 탄화수소(HC)가 발생하는 원인

① 기관 저온 및 연소 시 소염경계층

② 점화시기 진각 시 또는 밸브 오버랩 시

③ 가감속 시 → 현재의 기관에서는 급감속 시/기관 브레이크 시/기관 rpm red zone 시에 급출발 방지를 위해서 ECU에 의해 연료분사를 차단한다.

④ 혼합비 희박 또는 농후 시 또 기관 저속 운전 시

⑤ 연료탱크 및 연료 파이프에서 연료 증발 시 발생한다.

▮ ppm : 백만분의 1을 나타내는 농도 단위

(3) 질소산화물(NO_X)의 발생과정

질소산화물은 연소실 안에서 고온(1,800[℃]), 고압의 화염 속을 통과할 때 질소가 산소와 반응하여 발생한다. 질소산화물은 혼합비가 14.7:1인 이론공연비 부근에서 가장 많이 발생하고, 농후하면 감소하고 희박하면 증가한다. 또한 질소산화물의 발생은 완전연소에 가까울수록 증가하고, 불완전연소에 가까울수록 감소한다. 또한 점화시기를 진각 함과 압축비가 높을수록 증가한다.

2-8. 배출가스 정화대책

(1) 블로-바이 가스 정화장치

블로-바이 가스(blow by gas)를 대기 속으로 방출하지 않고 재연소하기 위해 크랭크케이스 또는 실린더 헤드 커브로부터 흡기계통으로 되돌리는 블로-바이 가스 환원장치를 설치하여 재연소한다.

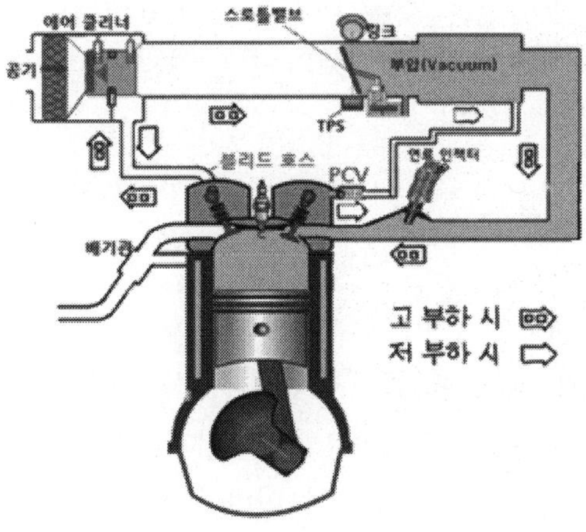

[블로-바이 가스 정화장치]

경 · 중부하시에는 PCV(Positive Crankcase Ventilation)를 통해 흡기다기관으로 유입되고, 급가속, 고부하시에는 PCV 밸브에 연결된 흡기다기관의 호스에 부압이 감소하여 PCV 밸브(체크밸브 일종)의 개도가 작아진다. 따라서 블리드 호스를 통해 흡기다기관으로 유입된다.

(2) 연료증발 가스 정화장치

연료탱크 및 연료라인에서 발생한 연료증발 가스를 모집한 후 PCSV(purge control solenoid valve)의 제어에 의해 흡기다기관을 통해 연소실로 유입되어 재연소가 이루어진다. 구성부품으로는 연료증발 가스를 포집하는 charcoal canister(활성탄 용기), ECU의 신호(냉각수 온도 65[℃] 이상, 엔진 2,000[rpm])에 의해 작동되는 PCSV 등으로 구성되어 있다. 특히 PCSV는 엔진 공회전 및 워밍업 전, 피드백 시에는 작동하지 않는다.

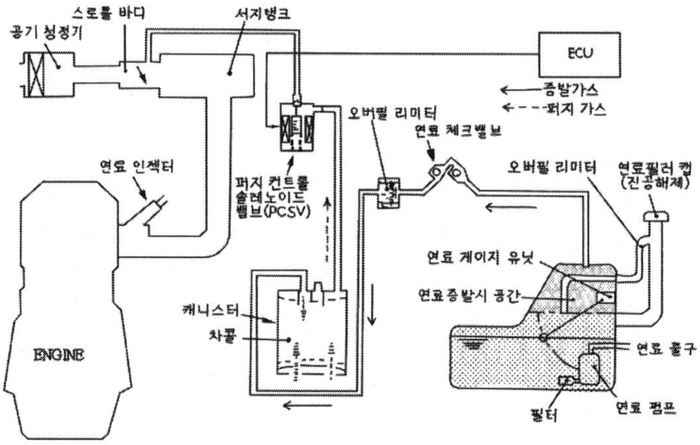

[연료증발 가스 정화장치]

> **Handy hint**
>
> ■ overfill limiter(2웨이 밸브)
>
> 오버필 리미터(overfill limiter)는 압력밸브와 진공밸브로 구성되어, 연료 탱크 내에 진공이 형성되면 진공 밸브가 열려 대기압이 공급되도록 하고, 연료 탱크 내의 압력이 규정 압력보다 높게 되면 압력 밸브가 열려 연료의 증발 가스를 캐니스터에 공급하는 역할을 한다.
>
> 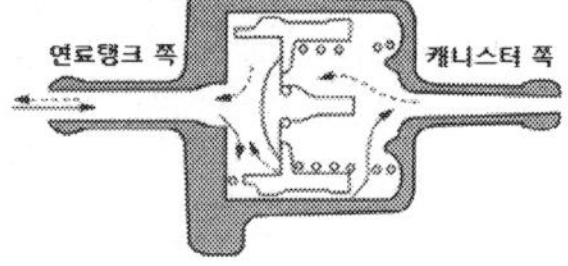
>
>
> [2웨이 밸브]

(3) 질소산화물 정화장치

질소산화물 제어는 배기가스 재순환장치(EGR : exhaust gas recirculation)를 이용하여 배기가스 중의 일부를 흡기다기관으로 유입시켜 엔진 출력을 최소화하면서 연소온도를 낮추어 질소산화물(NO_X)을 줄여주는 장치이다. NO_X를 저감시키는 방법에는 점화시기 지연, 인터쿨러 사용, EGR 사용, 선택적 촉매환원 장치, 밸브타이밍에 의한 저감방법 등이 있다.

특히, SCR(selective catalyst reduction : 선택적 촉매환원) 시스템은 최근 디젤 기관에서 질소산화물을 저감시키는 방법이다. 머플러를 통해 유해가스가 배출되기 전, 요소수의 주성분인 우레아[암모니아(NH_3)

수용액]가 분사되면서 질소산화물을 SCR 열과 반응하여 질소와 물로 변환시켜 질소산화물을 저감하는 기술이다. SCR 재질은 이산화티타늄(TiO_2), 오산화바나듐(V_2O_5), 삼산화텅스텐(WO_3)등 있고, 요소수 20리터로 주행할 수 있는 거리는 약 20,000km 정도이다.

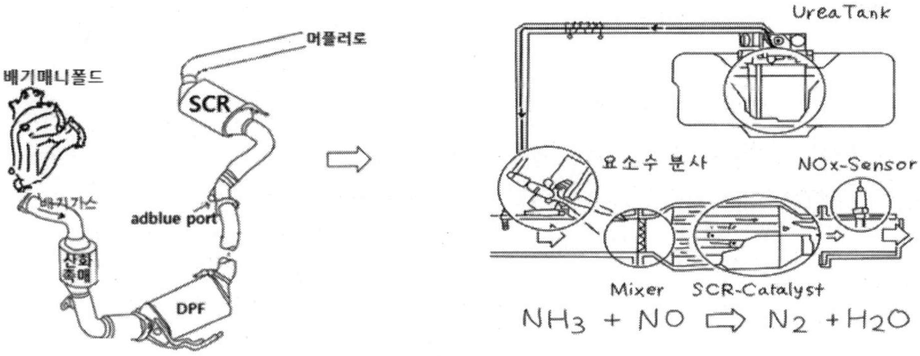

[선택적 촉매환원 장치]

또 밸브 타이밍에 의한 질소산화물 저감은 회전 중에 흡기 매니폴드의 부압을 변화시키는 것은 회전수가 일정하고 스로틀밸브 개도가 최저일 때, 흡입부압이 하강하는 하나의 동작이 있다. 이것을 밸브오버랩이라고 한다. 그러면 이 상태를 연소실을 기준으로 하여 생각해 보자.

배기밸브는 아직 열려있다. 연소실 안은 배기관 안과 같은 정압이다. 이때 배기밸브와 대향한 위치의 흡기밸브가 열려있다. 이때 열린다고 하는 것은 배출가스가 정압상태로 충만해 있는 연소실과 흡기다기관이 일체화 된 것을 말한다. 당연히 정압은 부압측으로 급격히 밀려들어가고, 배기밸브가 닫히는 것에 의해 중지된다.

오버랩일 때는 대기압보다 고압인 배출가스가 흡기다기관 안으로 진입해 가므로 부압은 떨어진다. 이것이 밸브타이밍에 의한 EGR이다. 이 EGR 때문에 흡기밸브, 흡기포트, 서지탱크, 스로틀밸브 뒷면까지 새까만 카본이 쌓여 출력 부족 및 출발 시 '꿀럭꿀럭'거리는 등의 문제가 발생되어 운전성(drive ability)에 악영향을 준다.

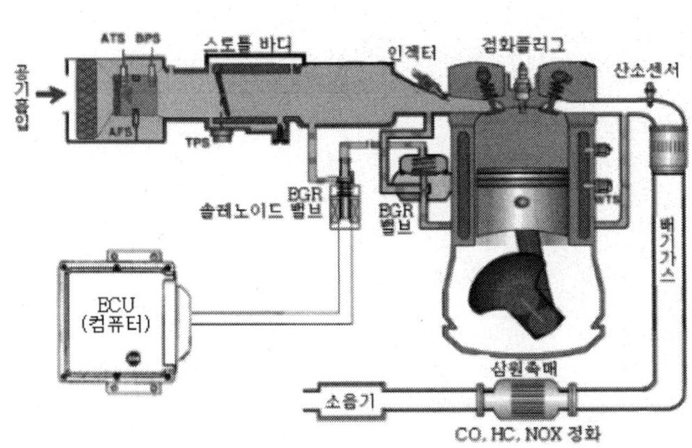

[가솔린 기관의 NO_X 정화장치]

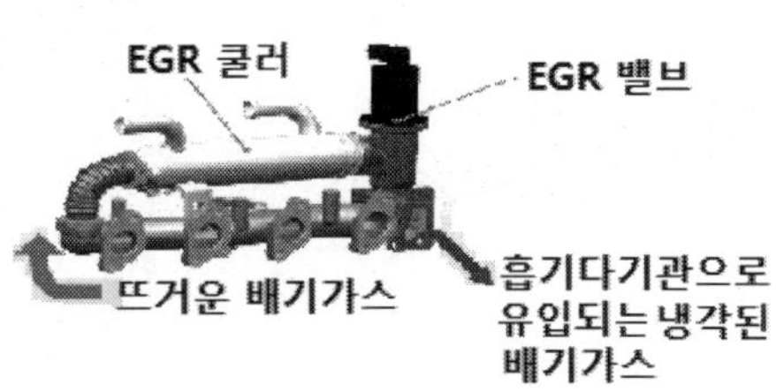

[CRDi 디젤 기관의 NO_X 정화장치]

엔진의 운전상태 즉, 엔진의 냉각수 온도, 회전속도, 흡입공기량, 스로틀 포지션 센서, 점화시기 등의 각종신호를 입력받아 ECU는 요구 EGR율을 계산하고 이 기준에 의하여 EGR을 행하는 솔레노이드 밸브를 제어한다.

ECU는 각종센서로부터 신호를 바탕으로 EGR 솔레노이드 밸브를 열면 엔진의 진공이 EGR 밸브에 전달되어 배기가스 재순환은 시작되고 진공을 차단하면 EGR을 차단한다.

연소가 완료된 가스는 화염전파를 방해하고 폭발시의 연소를 지연시켜 압력과 온도가 동시에 낮아진다. 따라서 배기가스재순환장치가 작동하면 ECU는 EGR의 출력신호를 근거로 별도의 점화시기 제어를 실시하게 된다.

EGR을 행하는 경우는 화염전파시간이 길어지고 폭발압력은 낮아지며 이때는 연소실 내의 온도가 낮아져서 질소산화물의 배출량을 줄여주는 것이다. 또한 EGR을 사용 시 혼합기의 착화성은 불량해지고, 기관의 출력은 감소한다. EGR율이란 흡입공기 중의 EGR 가스량을 말한다.

$$EGR\text{율} = \frac{EGR\text{ 가스량}}{\text{흡입공기량} + EGR\text{ 가스량}} \times 100(\%)$$

Handy hint

▌EGR 차단 조건

① 엔진 냉각수 온도가 35[℃] 이하 또는 100[℃] 이상일 때

② 엔진 시동 시 차단

③ 공회전 시

④ 급가속 시

⑤ 연료분사계통, 흡입공기량센서, EGR 밸브 등 고장 시 차단한다.

▌EGR 제어(운전) 영역

EGR 제어 영역은 냉각수 온도가 약 65[℃] 이상, 저속, 중부하 영역이다.

(4) 배기가스 정화장치

배기파이프로 배출되는 배기가스를 정화하기 위해 초기에는 2차 공기 공급 장치를 이용했으나, 최근에는 촉매컨버터를 이용하여 배기가스 정화를 하고 있다. 촉매컨버터의 정화율은 이론 공연비 부근(14.7:1)일 때가 가장 높고, 촉매컨버터 온도는 약 250~350[℃] 이상일 때 정화율이 가장 높다. 촉매장치는 벌집모양의 담체표면에 촉매성분을 도포한 모노릭스 형식(세라믹 일체형 담체)을 사용한다.

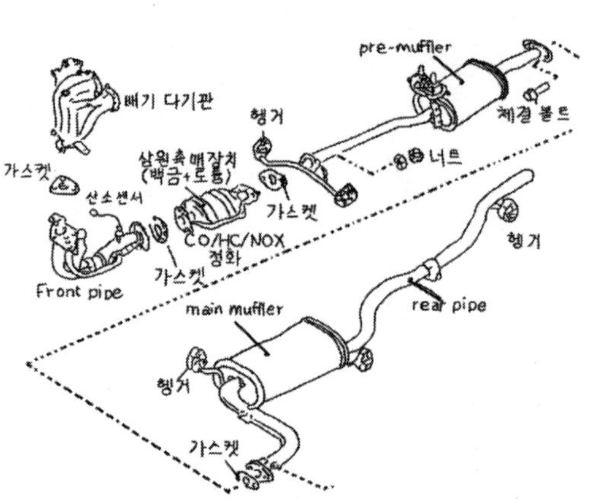

[배기장치 계통도]

촉매(catalytic)란 그 자신은 변화하지 않으면서 다른 물질의 화학반응을 촉진시켜주는 물질이다. 자동차에서 촉매기란 배기가스 중의 유해물질을 산화(oxidation) 또는 환원(reduction) 반응을 통해 무해한 물질로 변환시켜주는 장치를 말한다.

촉매장치는 연소실에서 발생된 배출가스 중 배기다기관으로 배출되는 가스, 즉 HC, CO, NO_X가 촉매를 지나는 동안에 촉매에 코팅되어 있는 백금(Pt), 파라듐(Pd), 로듐(Rd) 등으로 산화 또는 환원되어 인체에 무해한 가스로 대기 중에 배출시키는 장치이다. 종류로는 환원촉매, 산화촉매, 삼원촉매 등이 있다.

환원촉매는 Rh(로듐)을 이용하여 질소산화물(NO_X)을 N_2와 O_2로 환원처리를 주목적으로 하는 촉매로서 CO와 HC의 처리가 불충분하기 때문에 2차 공기공급 장치를 추가로 설치해야 하므로 구조가 복잡해져 실용화 되지 않았다.

산화촉매는 백금 또는 파라듐이 사용되고 있으며 CO, HC를 산화 반응시켜 CO_2와 H_2O로 변환시킨다. NO_X는 처리가 되지 않기 때문에 EGR 장치를 추가로 설치하거나 NO_X 배출이 적은 엔진에 사용된다.

삼원촉매장치는 유해 가스 정화를 하기 위해 이론 공연비(14.7:1) 부근에서 최대의 정화율을 발휘하므로 이론 공연비에 가깝게 제어할 필요가 있다. 귀금속은 약간의 특성 상 촉매 역할을 다르게 하는데 Pt(백금)는 일산화탄소 및 탄화수소의 산화(oxidation)에, Rh(로듐)는 산화질소 환원(reduction)에 주 역할을 하며, Pd(파라듐)은 Pt(백금)나 Rh(로듐)의 대용으로 주로 사용된다.

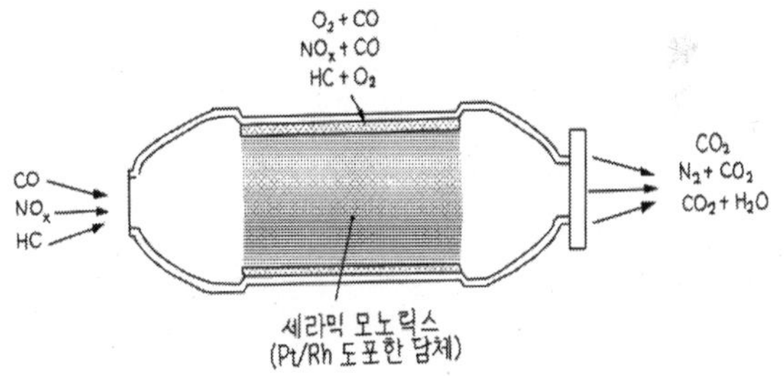

[삼원촉매장치의 산화, 환원 작용]

$$CO \rightarrow CO_2 \quad NO_X \rightarrow N_2,\ CO_2 \quad HC \rightarrow H_2O,\ CO_2$$

삼원촉매 장치에서의 정화 특성 곡선도를 살펴보면 CO와 HC는 공연비가 농후할 때 정화특성이 낮고, 희박할 때는 정화 특성이 높다. NO_X는 혼합비가 농후할 시 정화특성이 높고 혼합비가 희박할 시 정화특성이 매우 낮다. 이론 공연비 부근에서 CO, HC, NO_X의 3성분 모두 촉매 이후에 낮게 배출된다.

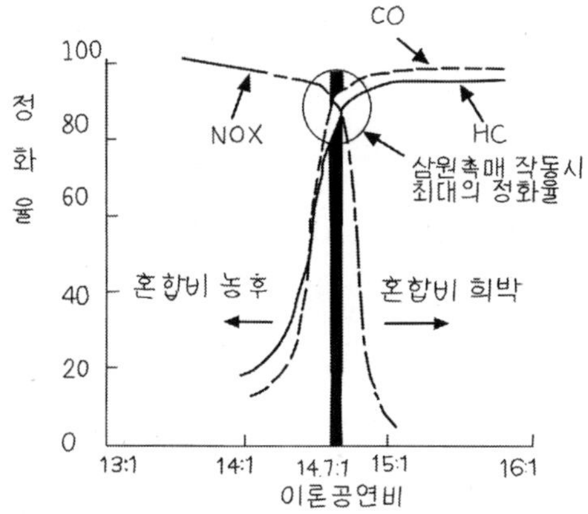

[삼원촉매 장치의 정화특성 곡선도]

이와 같이 촉매는 세라믹이나 금속으로 만들어진 담채(substrate)와 귀금속의 촉매 반응도를 높이기 위해 담채와 촉매 사이에 중간 매체인 Al_2O_3 워시코트(washcoat)를 입혔으며, 직접 가스와 반응하는 촉매 물질을 가장 바깥에 도포하였다. 이 촉매는 표면온도가 약 350[℃] 이상으로 가열되어야만 정상적으로 반응하며, 반응이 시작되는 초기온도는 저온시동 성능에 매우 중요하다. 일반적으로 전환율이 50[%]가 될 때의 촉매온도를 라이프 오프(life off) 온도라고 하며 이 온도를 낮추어야 한다.

Handy hint

■ 촉매 컨버터가 부착된 자동차 사용 시 주의사항

① 반드시 무연가솔린을 사용하고, 산소 센서는 테스트기로 저항을 측정하지 말 것

② 엔진의 파워 밸런스시험은 실린더당 10초 이내로 할 것

③ 자동차를 밀거나 끌어서 시동하지 말 것

④ 엔진 공회전 상태로 10분 이상 두지 말 것

⑤ 잔디, 낙엽, 카펫 등 가연성 물질 위에 주차시키지 말 것

Chapter 9 LPi 기관의 연료장치

LPG 기관은 봄베 내의 고압 액체 상태인 연료를 여과기를 거쳐 여과시킨 후 베이퍼라이저 내에서 감압 기화시킨 다음 믹스로 보내지면 믹스 내에서 공기와 혼합 후 실린더 내의 연소실로 보내져 연소된다. 또한 안전을 위해 과충전 방지 장치와 긴급 차단 장치가 설치되어 있다.

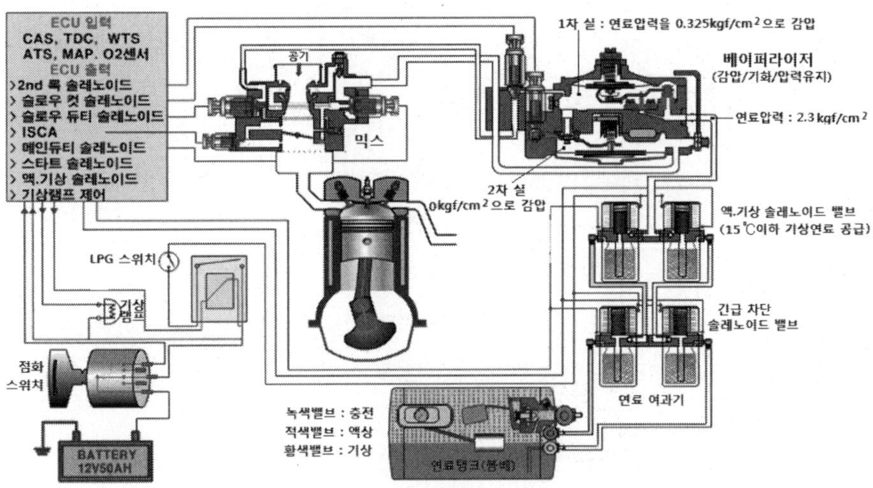

[LPG 연료공급 과정]

기존 LPG 차량은 국내 배기가스 규제('02EM) 강화 대응을 위해 기존 믹스 시스템의 경우 공연비 정밀제어가 불가능하여 강화 배기 규제 대응에 불가능하였다. 이에 액상분사 방식의 LPi (Liquid Petroleum Injection) 시스템은 LPG 연료를 고압 액상으로 유지한 후 엔진 전자 제어장치(ECM)로 인젝터를 통해 각 실린더별로 분사하여 고정밀의 공연비 제어가 가능하여 환경친화성, 고성능, 저연비, LPG차량 문제점(역화, 타르, 저온 시동성) 개선, 안전성 및 고 신뢰성을 추구한 엔진이다.

1. LPi(Liquid Petroleum Injection) 기관의 연료장치

LPi 기관의 연료장치에서 연료 흐름은 연료탱크 안의 연료펌프에서 연료를 고압액상(5~15[bar]) 압송하면 공급밸브(과류방지밸브)를 거쳐 연료 컷 솔레노이드 밸브(1)을 통해 탱크에서 빠져 나온 연료가 특수 재질의 연료 라인을 거쳐 레귤레이터 유닛으로 오게 된다. 이 레귤레이터 유닛으로 온 연료는 연료 컷 솔레노이드 밸브(2)와 연료 온도센서를 지나 인젝터로 연료를 공급한다.

연료라인은 다시 레귤레이터로 유닛으로 와서 연료 압력센서, 연료압력 레귤레이터를 통해 연료압력을 조정하고 분사 후 남은 연료는 다시 연료탱크로 리턴된다.

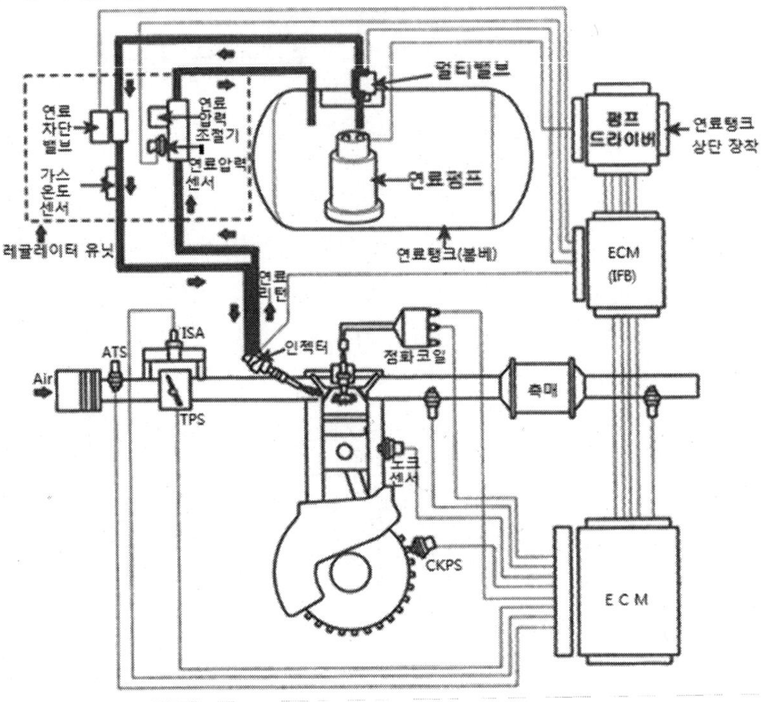

[LPi 기관 연료공급 과정 : K7정비지침서 FLB-9]

1-1. LPi 기관의 제어 방식

LPi 엔진은 기존 가솔린 엔진의 시스템인 ECM를 그대로 사용하지만 가솔린 엔진에서는 사용하지 않는 LPi 인젝터와 LPi와 관련된 각종 센서신호(연료압력, 연료온도) 그리고 각종 구동장치(연료펌프, 솔레노이드밸브)는 인터페이스박스(IFB : LPi ECM)를 통해 처리하고 있다.

IFB(Interface Box)란 LPG 연료온도와 연료압력 신호를 받아 CAN 통신을 통해 엔진 ECM와 정보를 공유하고 IFB는 CAN 통신을 통해 받은 정보를 연산하여 분사량제어, LPi 램프제어, 연료차단 솔레노이드 제어, 펌프 드라이브 등을 제어한다.

또한, LPi 연료펌프는 IFB에 의해 펌프 드라이브를 구동하고, 엔진의 상태를 판단하여 필요한 연료량을 공급할 수 있도록 5단(485[rpm], 1000[rpm], 1500[rpm], 2000[rpm], 2800[rpm])제어를 하고 있다.

1-2. LPi 엔진 연료공급 장치의 구성요소

(1) 연료펌프(fuel pump)

LPi 연료펌프는 코일의 기계적인 브러시 대신에 트랜지스터를 이용한 것이다. 브러시가 없기 때문에 스파크가 발생되지 않아 가스 폭발의 위험이 없으므로 LPi 엔진의 연료 펌프는 BLDC(brushless direct current : 브러시 없는 직류전원)모터를 사용하고 있다.

연료펌프 내의 BLDC Motor 구동은 엔진 요구조건에 따라 IFB 제어를 통하여 연료펌프를 다단(5단)으로 제어하고, 엔진전자제어장치(ECM)와 BLDC Motor Drive 간에 연료펌프의 정상적인 동작여부를 자기 진단하는 기능을 가지고 있다. 또한 윤활유 보충용 벤트 호스를 두고 있다.

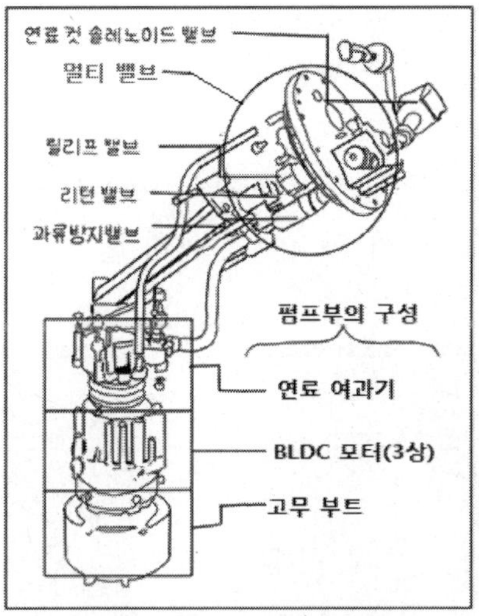

[LPi 연료펌프의 구성요소]

(2) 멀티 밸브(multi valve)

멀티 밸브는 연료 컷 솔레노이드 밸브(1), 릴리프 밸브, 리턴 밸브, 과류방지 밸브 등으로 구성되어 있다.

① 연료 컷 솔레노이드 밸브(fuel cut solenoid valve)

연료압력 레귤레이터 유닛과 멀티 밸브에 각각 한 개씩 장착되어 있다. 점화스위치 ON 시 밸브를 열어 연료펌프에 의해 압송된 연료를 연료라인에 공급하고, 점화스위치 OFF 시 ECM에 의해 이중으로 연료를 차단하여 신뢰성을 확보한 안전밸브 역할을 한다.

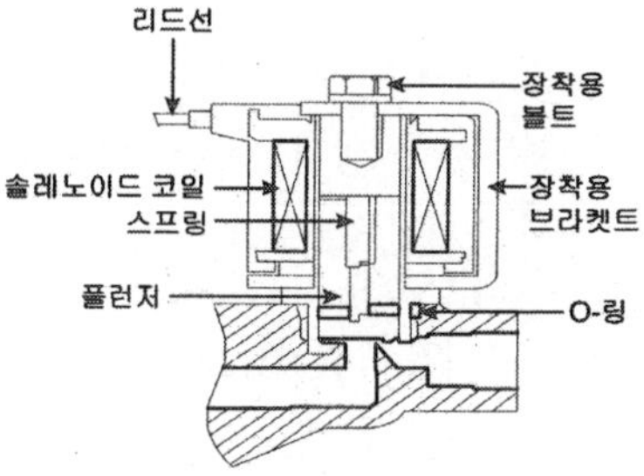

[가스차단 솔레노이드밸브]

② 릴리프 밸브(relief valve)

연료 공급 라인의 LPG 압력(20±2bar)을 액상으로 유지시켜 열간 재시동성 지연을 개선시키는 역할을 한다.

③ 리턴 밸브

연료 공급 라인의 LPG 압력이 규정값 이상이 되면 열려 과잉의 LPG를 봄베로 유입시키는 역할을 한다.

④ 과류방지 밸브

LPi 엔진에서 차량의 사고 등으로 인하여 배관 및 연결부의 파손이 되었을 경우 봄베로부터 연료 송출을 차단하여 LPG의 방출로 인한 위험을 방지하는 역할을 한다.

(3) LPi 연료여과기(filter)

LPi 연료여과기는 연료의 정제과정에서 생기는 연료 부산물을 여과시키는 장치로서 교환 주기는 매 50,000~60,000[km]이며, 가혹한 조건일 때는 30,000~40,000[km]마다 교환하여야 한다.

연료필터 교환 순서는

① 엔진을 시동한 후 LPG 스위치를 OFF하고 엔진이 정지할 때까지 기다린다.
② 엔진 정지 후 연료탱크의 수동밸브를 잠근다.
③ 배터리 (-)케이블을 탈거한다.
④ 연료필터를 교환한다. 이때 연료필터 장착 시 입구(IN)와 출구(OUT) 측을 반드시 확인한다.
⑤ 밀폐된 장소를 피하고, 필터 교환 시 화기에 주의한다.

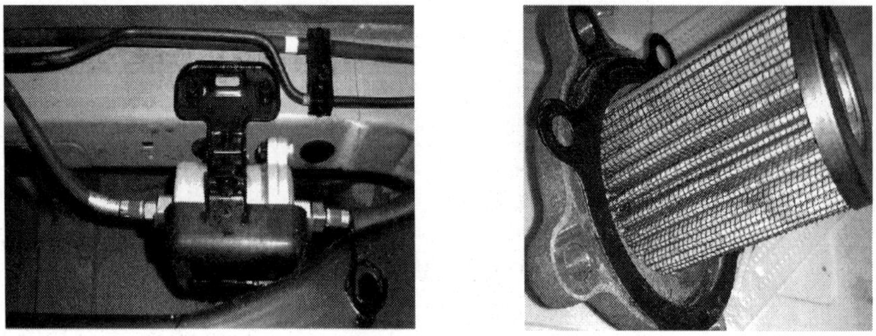

[LPi엔진 연료 필터 장착위치 및 구조]

(4) 레귤레이터 유닛(regulator unit)

레귤레이터 유닛은 연료 컷 솔레노이드 밸브(2), 가스 온도센서, 가스 압력센서, 가스압력 조절기로 구성되어 있다.

① 가스 온도센서(gas temperature sensor)

가스온도 센서는 NTC(부특성 더미스터)를 이용하여 LPG 온도를 감지하여 IFB에 입력하면 IFB는 분사시기를 보정하고 연료펌프 구동시간제어(분사량)에도 사용된다.

② 가스 압력센서(gas pressure sensor)

압전소자(피에조 저항형 센서)를 이용하여 액체상태의 LPG압력을 IFB에 입력하여 LPG공급 압력에 따른 분사량을 보정한다.

③ 가스압력 조절기(gas pressure regulator)

연료 펌프를 이용해 LPG 연료를 압축하면 연료레일 끝단에 장착된 연료 압력 레귤레이터는 연료 탱크보다 약 5.0[bar] 더 높은 압력을 유지함으로써 액상분사를 가능하게 해 배출 가스는 물론 연비나 출력 등을 향상시킬 수 있는 진화된 최신의 전자제어 연료시스템이다.

작동원리는 가스압력 조절기의 스프링 챔버실은 출구 측 압력과 연결되어 있어 항상 연료탱크 압력이 형성되며, 연료압력이 규정을 초과 할 때는 다이어프램이 밀려 올려가게 되고, 이때 연료는 리턴 라인을 지나 연료탱크로 복귀하게 된다.

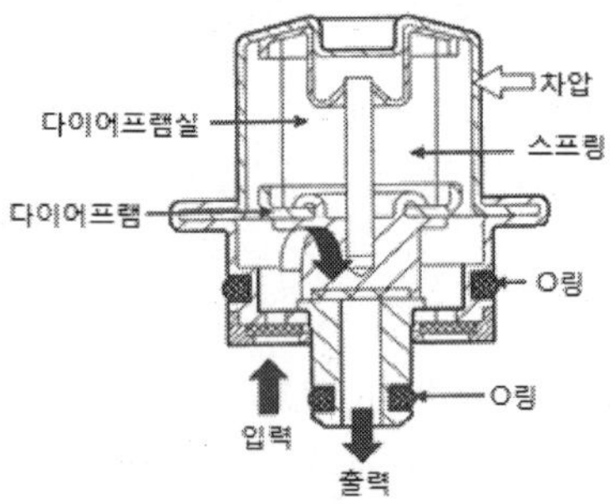

[가스압력 조절기]

가스압력 레귤레이터가 봄베의 압력보다 약 5.0[bar] 정도 더 높아야 하는 이유는 LPG 연료를 액체 상태로 연료 레일에 유지시켜 분사해야 엔진에서 요구하는 연료 분사량을 만족시킬 수 있기 때문이다.

(5) 연료 인젝터(injector)

인젝터는 ECM의 구동신호에 의해 IFB가 제어하는 방식을 택한다. LPi시스템의 경우 인젝터 내의 액상연료가 연료레일에서 증발하면 엔진 정지 후 재시동 시 증발된 가스에 의해 연료공급이 어려워 시동이 지연될 수 있기 때문에 이런 문제가 발생되지 않도록 연료를 하단부에 공급하는 보텀 피드(bottom feed) 방식의 인젝터를 사용한다. 연료를 인젝터 위쪽으로 공급하는 톱 피드(top feed) 방식의 인젝터는 가솔린 엔진에서 주로 적용하고 있다.

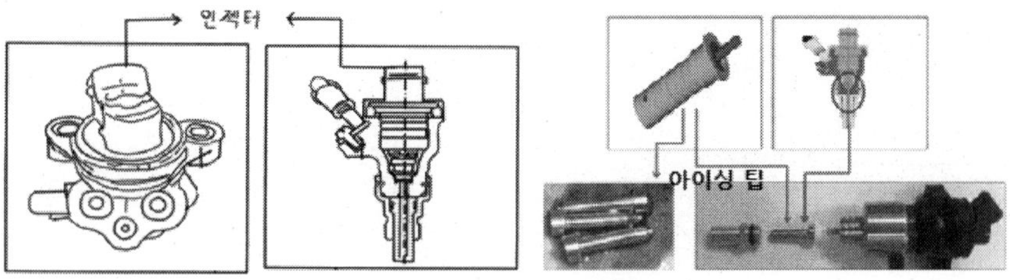

[LPi 인젝터와 아이싱 팁의 형상]

LPi 인젝터는 연료 분사 후 발생하는 기화 잠열로 인해 주위 수분이 빙결을 형성하는데, 이로 인한 기관 성능 저하를 방지하기 위해 아이싱 팁(icing tip)을 사용한다. 이 아이싱 팁은 재질의 차이를 이용해 아이싱 결속력을 저감시켜 아이싱 생성을 방지하는 특징이 있다.

2. LPi 기관 연료장치(4그룹)의 주요 구성품

구성품	기능
연료펌프 모듈	연료펌프와 멀티밸브로 구성되어 있으며, 탱크 내 LPG를 펌프에 의해 고압 액상을 송출한다.
레귤레이터 유니트	연료 컷 솔레노이드 밸브, 온도센서, 압력센서가 장착되어 액상을 유지하기 위해 연료탱크 압력보다 약 5bar 정도 높게 조정된다.
흡기 매니폴드 유니트	흡기 매니폴드, 인젝터, 연료라인으로 구성되며 연소실로 연료를 공급한다.
펌프 드라이버 어셈블리	펌프에 장착된 모터를 5단 제어하는 기능을 한다. (500[rpm], 1000[rpm], 1500[rpm], 2000[rpm], 2800[rpm])

※ LPi 엔진에서 연료압력을 연료탱크 압력보다 약 5[bar] 정도 높이는 이유는 액상으로 유지하기 위함이고, CNG 엔진에서 연료압력을 연료탱크 압력보다 약 5[bar] 정도 낮추는 이유는 기상으로 유지하기 위함이다.

3. LPG와 LPi의 차이점 비교(장착 부품 유무 면에서)

장착 부품	LPG	LPi
연료펌프	없음	있음
액 · 기상 솔레노이드 밸브	있음	없음
베이퍼라이저	있음	없음
믹스기	있음	없음
연료 인젝터	없음	있음
연료분사 상태	베이퍼라이저에서 기체 (연료탱크에서는 액 · 기상)	인젝터에서 액상 분사 (연료탱크에서도 액상유지)
타르 배출	필요함(매달 1회)	필요 없음

Handy hint

▮ 연료주입구는 배기관 끝으로부터 300[mm] 이상 떨어져 있어야 하며, 전기 단자 및 전기 개폐기로부터 200[mm] 이상 떨어져있을 것(연료탱크는 제외).

Chapter 10 CRDi 디젤 기관의 연료장치

1. 디젤 기관(Diesel engine)의 개요

자동차용 디젤 기관은 실린더 안에 공기만 흡입, 압축하여 공기온도가 높아졌을 때 연료를 안개 모양의 입자로 고압 분사하는데, 이 분사 연료가 공기의 압축열에 의해 자기착화 연소하게 된다. 이때 발생한 가스 압력에 의해 동력을 얻는다. 가솔린 기관과 디젤 기관의 비교는 표 9.1과 같다.

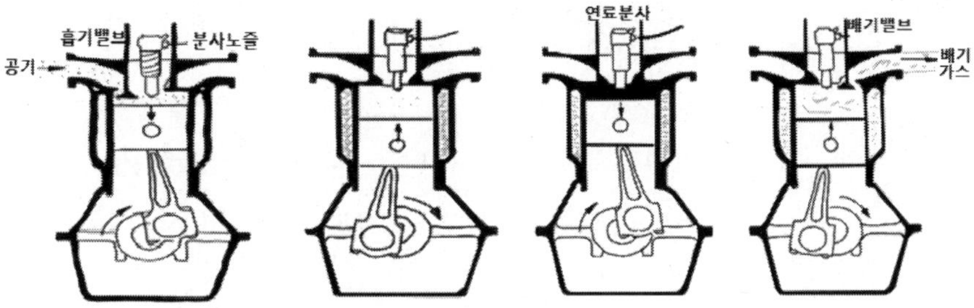

[디젤 기관의 행정순서]

항목 \ 엔진		가솔린 엔진	고속 디젤엔진
연료(Fuel)		휘발유(옥탄 : C_8H_{18}) 옥탄가는 안티노크성(내폭성)을 표시한다.	경유(세탄 : $C_{16}H_{34}$) 세탄가는 착화성을 표시한다.
연료 인화점		-38∼-43[℃]	50∼90[℃]
연료 발화점		500∼550[℃]	300∼400[℃]
연소 사이클		오토(정적)사이클	사바테(복합 : 정압과 정적)사이클
실린더 형식		단행정기관(D > L, $\frac{L}{D}$ < 1) D : 실린더 지름 L : 피스톤 행정	장행정기관(D < L, $\frac{L}{D}$ > 1)
흡입하는 기체		공기와 가솔린 혼합기 (GDI 제외)	공기
연료공급		흡기포트 내 저압 분사(1∼5[kgf/㎠])	연료분사펌프, 노즐에 의한 연소실내 고압분사(100∼300[kgf/㎠])
평균 공연비		13∼18:1(공기 연료의 중량 비)	16∼160:1
출력제어	원리	혼합기량의 증감(GDI 제외)	연료량의 증감
	방식	스로틀밸브의 개도	연료분사펌프의 제어
점화방식		점화장치에 의한 전기점화 (점화플러그 사용)	압축열에 의한 자기착화 (예열플러그 사용)

연료소비량 (혹한 시)	230~300[g/ps · h](150[%] 증가)	150~240[g/ps · h](15~20[%] 증가)
열효율	22~30[%]	30~40[%]
압축비	7~13:1 압축비를 높일 시 노킹유발	15~23:1
압축압력	8~15[kgf/㎠]	30~50[kgf/㎠]
최대 폭발압력	50[kgf/㎠]	60~90[kgf/㎠](무과급식) 100~140[kgf/㎠](과급식)
마력당 중량	3.5~4.0[kgf/ps]	5~8[kgf/ps]
소음 및 진동	적음	매우 큼
실린더 치수	160[mm] 이하 (노킹문제로 화염전파 가능하게 제작)	75~1000[mm]
비출력(출력/ℓ)	45~100[ps/ℓ] 최고회전수가 높음	18~33[ps/ℓ] 최고회전수가 낮음
유해배출가스 성분	HC, CO, N0X	HC, CO, NOX, 스모그, 입자상 물질 가솔린에 비해 CO/HC 배출은 적음
응답성	양호	나쁨(엔진 각부가 무거워서)
시동성	양호	나쁨(시동 보조 장치가 필요)

표 9.1 가솔린 기관과 디젤 기관의 비교

디젤 기관은 기관 본체, 윤활, 냉각, 흡배기 전기장치 등 기본 구조는 가솔린 기관과 거의 같으나, 크게 다른 점은 디젤 기관에서는 전기점화장치가 필요 없는 대신 고압 연료분사 장치가 필요하다는 점이다.

출력 조정은 가솔린 기관에서는 스로틀밸브를 개폐하여 혼합기 양을 가감하여 조정하나, 디젤 기관에서는 스로틀밸브가 없으며, 연료 분사량을 가감하여 출력을 조정한다. 그러므로 흡입공기량은 기관부하에 따라 변화하지 않으며, 혼합비는 공회전부터 전부하에 이르기까지 약 16~160:1으로 광범위하다.

균일하지 않은 혼합기의 연소 때문에 가솔린 기관과 달리 이론 혼합기 부근에서 배출되는 가스 연기의 농도가 너무 짙어서 혼합비의 하한을 16 정도로 억제하며, 디젤 기관의 비출력(比出力 : 배기량에 대한 출력)이 적은 원인의 하나다. 단, 이론 혼합비는 가솔린 기관이 약 14.7:1이고, 디젤 기관은 약 14.3:1이다. 그 이유는 가솔린 조성은 탄소수가 5~10으로 된 탄화수소이고, 평균 조성 비율은 C:0.86 H:0.14 정도이다.

또한 경유는 탄소수가 11~19이고 평균 조성 비율은 C:0.88 H:0.12이기 때문이다. 그리고 가솔린 기관은 기계적인 강도가 허용하는 범위에서 고속 운전이 가능하나, 디젤 기관은 주로 높은 압축비 때문에 회전속도 증가에 따라 기관의 마찰 손실이 급증하고 출력은 급속히 저하된다. 이것이 비출력이 적은 또 하나의 이유이다.

1-1. 압축열의 발생

압축열 발생은 실린더 안에 흡입된 공기의 분자가 압축하기 전에는 천천히 돌아다니고 있다가, 압축을 하면 서로 부딪치고 간섭하게 되므로 분자의 운동 속도가 가속된다. 그리하여 압축 상사점에 이르면 공기 분자가 운동하는 공간이 매우 작아져 실린더 벽에도 부딪치는 횟수가 많아지고, 또 피스톤의 운동도 공기 분자를 향해 움직이므로 공기 분자의 속도는 가속된다. 공기 분자의 속도가 가속되는 것은 외부로부터 에너지를 받았기 때문이며 그 결과 공기의 온도가 높아진다. 이와 같이 압축열은 흡입된 공기의 분자 상호간에 발생하는 것이므로 공기의 흡입량과 압축비에 비례하여 높아지게 된다.

1-2. 연료의 착화온도

연료는 고온이 되면 외부에서 불을 가까이 하지 않아도 발화한다. 이때의 최저온도를 그 연료의 착화온도라 하며, 이 연료의 착화온도와 공기 온도와의 차가 클수록 공기의 열이 빨리 전달되어 빨리 착화하게 된다. 공기의 온도를 높이기 위해서는 압축비를 크게 하면 되지만, 여기에는 한계가 있다.

따라서 연료의 착화온도가 낮을수록 연소하기 쉽다. 경유의 착화온도는 가솔린보다 낮으며 압축압력이 높을수록 낮아진다. 또 경유의 착화성을 나타내는 데 세탄가(cetane number)를 쓰고 있는데, 이 값이 클수록 착화하기 쉽다.

1-3. 연료 분사량 제어의 중요성

디젤 기관에서 발생하는 회전력은 연소하는 연료의 양에 따라 결정되므로, 운전자가 의도하는 기관의 회전속도와 출력을 얻기 위해 연소실에 분사하는 연료의 양을 정확하게 제어하는 기능이 필요하다. 분사시기, 분사기간, 분사율(단위시간 또는 단위 회전각도에 대한 연료 분사량) 및 분무상태 즉 연소실 안에서 분무의 도달 거리 또는 관통력(penetration), 분포상태(distribution : 확산), 미립화(atomization : 무화)의 정도 등은 연소실의 모양과 함께 혼합기의 형성과 연소 패턴(pattern)을 결정하기 때문에 기관의 성능에 큰 영향을 준다. 그러므로 디젤 기관의 심장부라고도 할 만큼 연료장치는 중요한 기능을 한다.

2. 디젤 기관의 연소실과 연소과정

2-1. 연소실(Combustion chamber)

가솔린 기관에서는 공기와 연료가 충분히 혼합된 혼합기를 실린더에 흡입하여 점화플러그 점화에 의해 연소하지만, 디젤 기관은 분사 인젝터에서 분사된 연료가 공기와 혼합하여 착화온도에 도달한 다음에 연소가 시작된다. 따라서 이 연소실은 분사된 연료와 공기를 잘 혼합시키는 구조라야 한다. 그 방법으로는 연소실 모양을 특수하게 만들어 압축이 끝날 때 강한 소용돌이(와류)를 일으키게 하거나, 특히 직접 분사실식에서는 스퀴시(squish : 압축행정이 끝날 때 실린더 상부와 연소실 사이 틈새에서 연소실로 분출되는 공기 흐름)의 발생, 착화 초기에 생기는 높은 압력을 이용해서 혼합하게 하는 방법 등이 있다.

이 연소실에 요구되는 조건을 요약하면 다음과 같다.

① 분사된 연료를 될 수 있는 대로 짧은 시간에 완전 연소시켜야 한다.
② 연료 소비율이 적어야 한다.
③ 평균 유효 압력이 높아야 한다.
④ 고속회전 시 연소 상태가 좋아야 한다.
⑤ 시동이 용이해야 한다.
⑥ 디젤 노크가 적어야 한다.

디젤 기관 연소실의 종류에는 단실식인 직접 분사실식과 복실식인 예연소실식, 와류실식, 공기실식이 있다.

(1) 직접 분사실식(direct injection type)

직접분사식 연소실에는 그림 9.2과 같은 것이 있으며, 구조가 가장 간단하고 주로 2사이클 디젤 기관에 사용된다. 이 형식은 그림 9.2와 같이 실린더 헤드의 연소실은 평면이고, 피스톤 헤드 부분에 특수한 모양으로 오목하게 파진 곳에 연소실이 마련되어 있으며, 오목한 곳의 중심부에서 구멍형(다공형) 노즐을 사용하며 연료 분사가 방사상으로 분사된다. 이 형식의 장점은 다음과 같다.

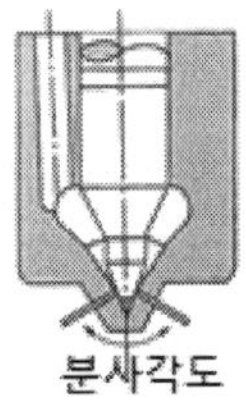

그림 9.1 구멍형 노즐

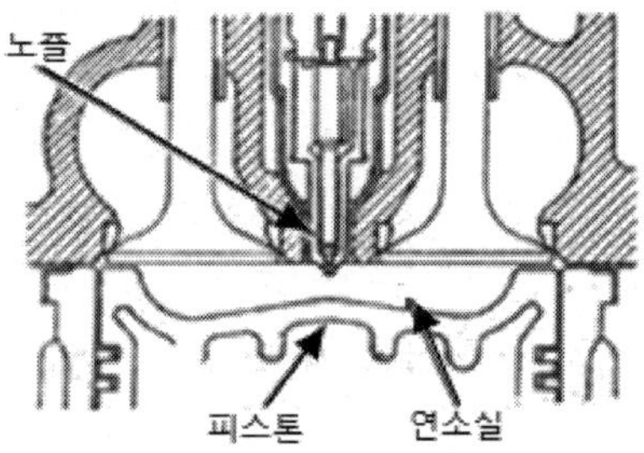

그림 9.2 직접분사식 연소실의 구조

① 실린더 헤드의 구조가 간단하므로 열에 의한 변형이 적다.
② 연소실의 체적에 대한 표면적의 비율이 적으므로 냉각 손실이 적다.
③ 연소실 구조가 간단하고 표면적이 비교적 적기 때문에 열의 손실이 적고 따라서 열효율이 높고 연료 소비가 적다.
④ 시동이 잘 되고 예열플러그가 필요 없다.

직접분사식에서는 연료와 공기의 혼합을 주로 분사노즐에 의존하며 다음과 같은 단점이 있다.

① 다공형 노즐이기 때문에 가격이 비싸다.
② 연료의 착화성에 민감하다.
③ 연료 개시 압력(150～300[kgf/㎠])이 높다.
④ 분사노즐의 상태가 약간만 변화해도 기관의 성능에 민감하게 영향을 준다.
⑤ 복실식에 비하여 공기의 소용돌이가 약하므로 공기의 이용율이 나쁘고 고속회전에 적합하지 않다.

(2) 예연소실식(pre-combustion chamber type)

이 형식은 그림 9.3과 같이 주 연소실의 윗부분에 예연소실이 있다. 이 예연소실의 체적은 체적비(전 압축 체적에 대한 예연소실 체적의 비율)가 30~40[%] 정도이고, 분사 구멍의 면적은 피스톤 면적의 0.3~0.6[%]로 되어 있다.

분사노즐에서 예연소실에 분사된 연료는 그 일부가 연소하여 고온 고압가스가 발생하면, 그 압력에 의해 남은 연료가 분사구멍을 통해 주연소실로 분출되어 소용돌이를 따라 공기와 잘 혼합하여 완전 연소하게 된다.

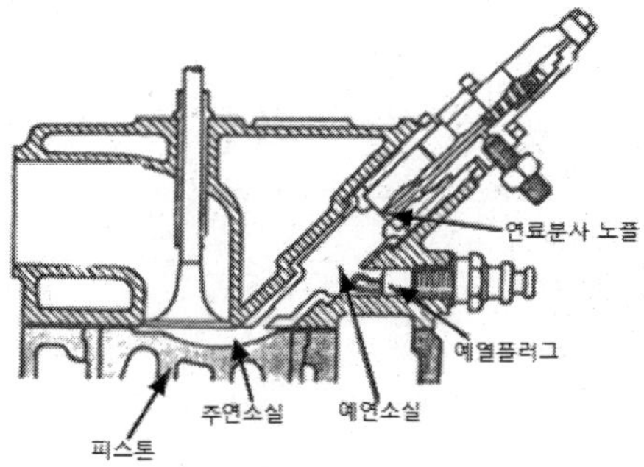

그림 9.3 예연소실의 구조

예연소실식은 2단계 연소가 되며, 연료와 공기의 혼합은 예연소실에서 분출된 기류를 이용하는 것이 특징이다. 그림 9.4는 예연소실식 실린더 안의 압력변화를 나타낸 것이다. 압축행정에서 피스톤이 주연소실 속의 공기를 압축하면 압력은 곧 상승하나, 예연소실식은 좁은 구멍으로 주연소실과 연결되어 있으므로 공기의 통과가 억제되어, 그 유입 저항 때문에 예연소실의 압력 상승은 늦어져, 압축행정에서 예연소실의 압력은 주연소실보다 낮다.

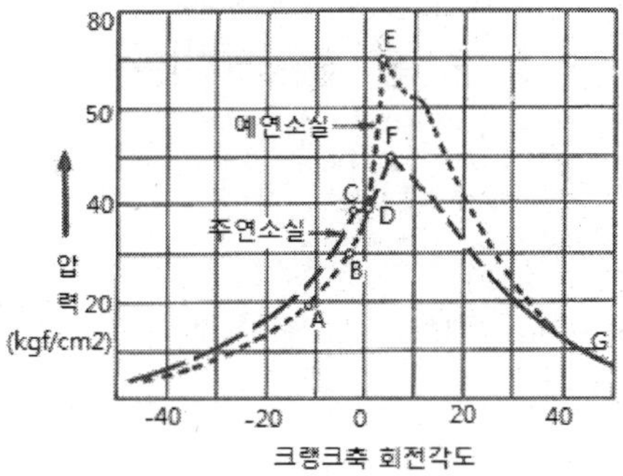

그림 9.4 예연소실식의 실린더 안의 압력변화

그림의 A점에서 예연소실에 연료가 분사되면 (A-B)의 착화지연 기간을 거쳐 압력은 급상승하며, D점 이후는 예연소실의 압력이 주연소실의 압력보다 높아져 분출구멍에서 불출이 시작된다.

주연소실로 분출된 남은 연료는 공기와 혼합하여 더욱 연소되어 주연소실의 압력은 F점까지 상승한다. 이 사이에 피스톤은 하강하고, 예연소실의 가스는 주연소실로 분출하면서 (C-G)의 과정을 거친다.

그림과 같이 예연소실의 압력 변화에 비하여 주연소실의 압력 변화는 그다지 급격하지 않으므로, 다른 형식에 비하여 운전 상태가 조용하고, 디젤 노크도 잘 일어나지 않는다. 예연소실식의 장점과 단점을 정리하면 다음과 같다.

[장점]

① 공기와 연료의 혼합이 잘 되고 다른 형식보다 기관에 유연성이 있다.
② 사용 연료의 변화에 민감하지 않다.
③ 연료 분사 개시 압력(100~120[kgf/㎠])이 비교적 낮으므로 연료 장치의 고장이 적고, 수명이 길다.
④ 운전상태가 조용하고, 디젤 노크가 잘 일어나지 않는다.

[단점]

① 실린더 헤드의 구조가 복잡하다.
② 연료 소비량이 직접 분사식보다 많다.
③ 시동이 곤란하며 예열장치가 필요하다.
④ 예연소실 체적에 대한 표면적이 크기 때문에 냉각 손실이 크다.
⑤ 시동성 및 냉각 손실을 고려하여 압축비가 커야 하며, 이 때문에 기동 토크가 증가하여 마력이

큰 기동 전동기가 필요하다.

(3) 와류실식(swirl chamber type)

이 형식은 그림 9.5와 같이 실린더 또는 실린더 헤드에 와류실을 만들었다. 압축행정 시에 와류실로 공기를 유입시키면서 강한 소용돌이를 일으켜 여기에 연료를 분사하여 연소시킨다. 와류실에 분사된 연료는 강한 선회운동을 하는 공기와 혼합하여 착화 연소하며, 예연소실식에서는 연료를 부분적으로 연소시키나 와류실 안에서는 전부를 완전히 연소하도록 되어 있다. 일부 남은 연료는 주연소실의 새로운 공기와 접촉하여 연소하게 된다. 따라서 와류실의 체적은 전 연소 체적의 70~80[%]를 차지하고, 분출 구멍의 면적은 피스톤 면적의 1~3.5[%] 정도이다.

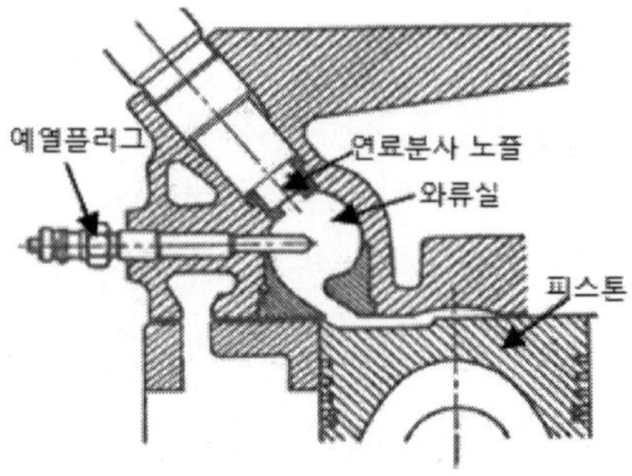

그림 9.5 와류실식의 구조

와류실식의 연소 상태는 그림 9.6과 같이 직접 분사실식과 예연소실식의 중간 특성을 가지고 있다. 이것은 예연소실식처럼 억제 작용은 그다지 크지 않으나 2단으로 연소하는 경향을 나타내고 있다. 와류실식에서는 억제작용에 중점을 두지 않고, 와류실에서 발생하는 와류를 이용하여 대부분의 연료를 완전히 연소시키는 것이 목적이다. 와류실식은 직접 분사실식과 예연소실식의 장점과 단점을 모두 가지고 있다.

[장점]

① 압축에 의해 생기는 와류를 이용하므로 공기와의 혼합이 잘 되고 회전수 및 평균 유효 압력을 높게 할 수 있다.
② 분사 압력(100~140[kgf/㎠])이 낮아도 된다.
③ 기관의 회전 범위가 넓어 원활한 운전을 할 수 있다.

[단점]

① 실린더 헤드의 구조가 복잡하다.
② 분사 구멍의 억제 작용, 연소실 체적 및 면적비가 크므로 직접분사식보다 열효율이 낮다.
③ 저속 시에 디젤 노크를 일으키기 쉽다.
④ 시동 시에는 예열 플러그가 필요하다.

(4) 공기실식(air chamber type)

공기실식은 그림 9.7과 같이 주연소실 외에 공기실이 있다. 연료는 주연소실 안에 분사되어 그 일부가 공기실로 튀어 들어가서 연소되어, 이 연소로 인한 공기의 분출 에너지를 크게 하여 연소를 향상시키는 것과, 공기실 안에는 연료를 분사하지 않고 피스톤이 하강함에 따라 공기실에서 공기를 분출하여 산소를 공급하고 소용돌이를 일으켜 연소시키는 것이 있다. 공기실식의 장단점은 다음과 같다.

그림 9.7 공기실식의 구조

[장점]

① 연소가 완만하기 때문에 최고 폭발 압력이 낮고, 어느 형식보다 작동이 조용하다.

② 연료분사 개시 압력(100~140[kgf/㎠])이 낮다.

③ 예열플러그가 필요 없다.

[단점]

① 연료의 분사시기가 민감하게 연료에 영향을 준다.

② 후연소의 경향이 있으며 배기온도가 높고 열효율이 나쁘다.

③ 전반적으로 취급하기가 까다롭다.

④ 연료의 소비량이 비교적 많다.

2-2. 디젤 기관의 연소과정

디젤 기관의 연소과정을 설명하면 다음과 같다. 분사노즐에서 실린더 안에 고압으로 분사된 안개 모양의 연료 입자는 고온 고압의 공기에 의해 가열되어 온도가 올라가서 증발이 시작되고 고온의 공기와 혼합된 상태에서 착화 연소한다. 이 과정을 크랭크축 회전각도를 기준으로 하여 압력으로 나타내면 그림 9.8과 같이 되며, 연소과정은 다음 4기로 나눌 수 있다.

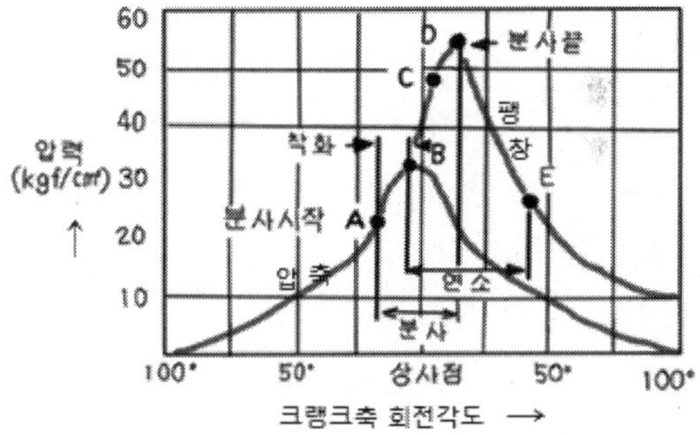

그림 9.8 디젤 기관의 연소과정

(1) 착화지연 기간(A~B)

그림의 A에서 B까지의 기간은 연료가 안개 모양으로 분사되어 실린더 안의 압축 공기에 의해 가열되어 착화온도에 가까워지는 기간이다. 순간적으로 극히 짧은 기간이며 압력은 급격히 높아지지 않으나, 이 기간의 크기는 연소에 큰 영향이 미치므로 될 수 있는 대로 짧은 것이 좋다. 이 기간의 크기는 연료의 착화성, 공기의 압축압력 및 온도, 연료의 분사 상태 등의 영향을 받는다.

(2) 화염전파 기간(B~C)

그림의 B에서 C까지의 기간이며, 착화지연 기간에 연소의 준비가 진행된 다음에 그림의 B에서 혼합기의 1군데 또는 여러 군데서 발화가 일어나 급속히 각 부분으로 전파됨과 동시에 연소하여 압력이 급격히 상승한다. 이때의 압력 상승은 착화지연 기간에 분사된 연료의 양 및 무화(霧化) 상태 등과 관련되며, 이 기간이 끝나는 C에서는 분사된 연료는 대부분이 연소되어 버린다.

(3) 직접연소 기간(C~D)

그림에서 C에서 D까지의 기간이며, C를 지나서도 연료는 분사되나, B-C 사이에 생긴 불꽃 때문에 분사됨과 동시에 연소한다. 따라서 C-D 사이의 압력의 변화는 연료의 분사량을 적당히 증감하여 어느 정도 조정할 수 있다.

(4) 후기연소 기간(D~E)

그림의 D에서 분사가 끝나고 연소가스는 팽창하나 그 때까지 완전히 연소되지 않은 것은 팽창기간 중에 연소한다. 이 기간이 길면 배기가스 온도가 높아지고 열효율이 저하되므로 짧아야 한다. 연료 입자의 크기, 분포 및 공기와의 접촉이 이 기간의 연소에 큰 영향을 준다.

2-3. 디젤 기관의 노크(Knock)

(1) 발생 원인

디젤 기관에서 노크란 폭발적인 연소로 압력이 급격히 상승하면 실린더나 피스톤 등이 충격을 받아 강한 금속음이 나고, 이로 인해 운전이 흐트러지고 출력도 저하되는 현상을 말한다. 그 원인은 착화지연 기간이 길기 때문이다.

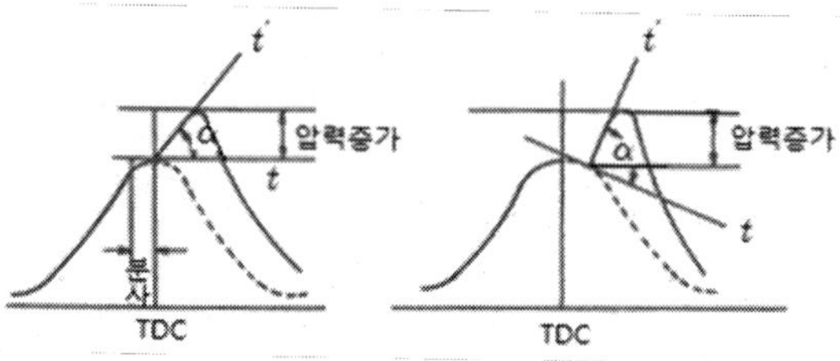

(A) 노크가 적음 (B) 노크가 큼

그림 9.9 연소압력과 디젤노크의 선도 크기

착화지연 기간이 길다는 것은 연료가 분사된 다음 연소를 시작할 때까지 고온의 공기 속에 체류하는 시간이 길다는 것을 뜻한다. 이때 분사된 연료 입자의 대부분이 기화하여 혼합기가 대량으로 형성된다.

이 상태에서 착화가 일어나면 그 연소는 매우 급격하고 압력도 급격하게 상승한다. 그림 9.9는 지압선도에 의한 디젤 노크의 크기를 비교한 것이며 그림에서 (A)는 크랭크 핀이 상사점에 이르렀을 때 화염전파 기간이 시작되고 (B)는 상사점을 상당히 지난 점에서 화염전파 기간이 시작되고 있다.

연소 최고 압력이 같다고 하면 (A)보다 (B)는 압력 상승 비율이 크고, 또 급격한 압력 변화를 한다. 그림 (B)와 같은 상태에서 노크가 발생하며 양쪽을 비교해 보면 화염전파 기간의 개시점이 다르고, 이것은 결국 착화 기간이 긴 것에 기인한다. 따라서 디젤 노크를 완화하기 위해서는 착화지연 기간을 짧게 해야 한다. 이와 함께 연료의 착화성, 연소실의 모양, 분사장치의 개선도 필요하다.

(2) 디젤노크의 방지

디젤노크의 원인이 되는 요소로 연료의 종류, 연소실의 모양, 회전수, 압축비, 연료의 분사시기, 기관의 부하, 분사량, 분무 상태, 냉각장치 등을 들 수 있다. 이 가운데 가장 큰 영향을 미치는 사항에 대해 설명하면 다음과 같다.

① 연료의 종류

연료가 실린더 안에 분사된 다음 착화 연소하기까지는 일정한 기간이 필요하다. 이 기간을 착화지연 기간이라 하는데 이는 연료에 따라 차이가 있다. 따라서 노크를 방지하기 위해서는 착화성이 좋은 연료를 사용한다.

② 압축비

압축비를 크게 하면 압축 온도와 압력이 높아져 노크를 방지하는 데 도움이 된다. 그러나 압축비를 너무 높이면 기관의 시동 토크가 커지고 연소 최고 압력도 높아지며 기계효율이 저하되므로 어느 한도 이상으로 하는 것은 오히려 불리하다.

③ 연료의 분사량

분사 초기의 연료 분사량을 적게 하면 최초에 착화하는 연료가 적으므로 압력 상승도 급격하지 않고 노크도 적게 할 수 있다. 착화 연소가 시작된 후에 분사되는 연료는 연소실 안이 이미 고온으로 되어 있으므로 곧 착화한다. 따라서 분사 초기의 분사량을 적게 하고 착화 후에 분사량을 많이 하면 좋다. 이것은 분사노즐의 구조에 따라 필요한 성능을 얻을 수 있다.

④ 연소실 모양

착화지연 기간을 짧게 하여 급격한 압력의 상승을 방지하기 위해 여러 가지 연소실 모양이 있으며, 현재 사용하고 있는 것으로, 직접 분사실식, 예연소실식, 와류실식 등이 있다.

⑤ 기타

분사시기는 어느 정도 빨리해도 착화시기에는 한도가 있으며, 기관의 온도가 낮은 경우 또는 회전 속도가 느릴 경우에는 압축 온도가 낮아져 착화지연 기간이 길어지기 때문에 노크가 일어나기 쉽다.

3. 디젤 기관의 시동보조 장치

디젤 기관은 한냉 시 시동을 원활하게 하기 위해 시동 보조 장치를 둔다. 이 시동보조 장치에는 감압장치, 예열장치, 연소 촉진제, 스타트 릴레이 등이 있다.

3-1. 감압장치(de-compression device)

디젤 기관에서는 압축 압력이 상당히 높기 때문에 크랭크축을 수동으로 회전시키기가 어려워 기동 전의 워밍업(warming up)이나 기관 조정 등을 하기에 지장이 있다. 감압장치는 이를 위해 캠축 운동에 관계없이 흡기밸브 또는 배기밸브를 열어 실린더 안의 압축 압력을 감압하여 기관 회전을 쉽게 한다.

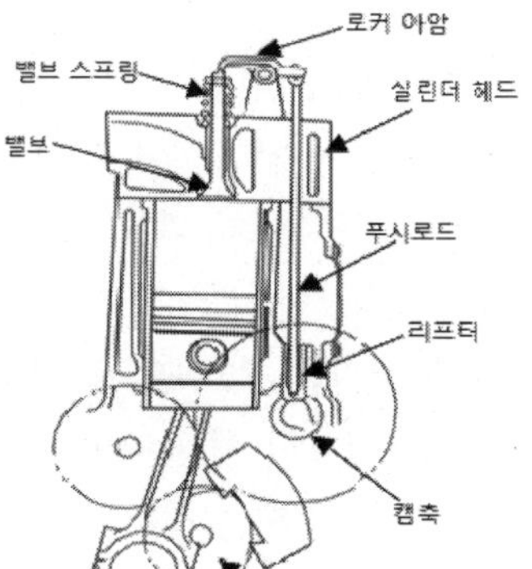

그림 9.10 밸브 기구

감압장치에는 감압 캠축(de-compression camshaft)의 캠으로 로커 아암의 푸시 로드 쪽으로 밀어 올려 흡기밸브를 열게 한 것과 로커 아암의 밸브 스템 쪽을 눌러 흡기밸브를 열게 한 것이 있다. 감압 캠축은 각 흡기밸브 로커 아암의 위치에 캠을 가지고 있으며 밸브 로커 아암축과 평행되게 실린더 헤드에 몇 개의 베어링으로 지지되어 있다. 앞 기관 형식에서는 감압 캠축의 뒤 끝에 설치된 감압 레버(de-compression lever)를 운전석에서 직접 조작하게 되어 있고, 뒤 기관 형식에서는 링크나 케이블을 통해 조작되게 되어 있다. 감압하였을 때의 크랭크축의 회전 저항은 압축 행정에서의 65[%] 정도가 된다.

감압장치를 사용하면 다음과 같은 효과가 있다.

① 흡기 또는 배기밸브를 강제로 열어 압축압력을 낮춘다.

② 기동 전동기에 무리가 가는 것을 방지한다.

③ 기관 점검 시 크랭크축을 수동으로 회전시킬 수 있다.

④ 기관 작동을 정지시킬 수 있다.

⑤ 윤활유 점도가 높을 시 엔진 회전저항을 줄일 수 있다. 아래 표 9.2는 기온, 기관오일 점도, 회전 저항의 관계이다.

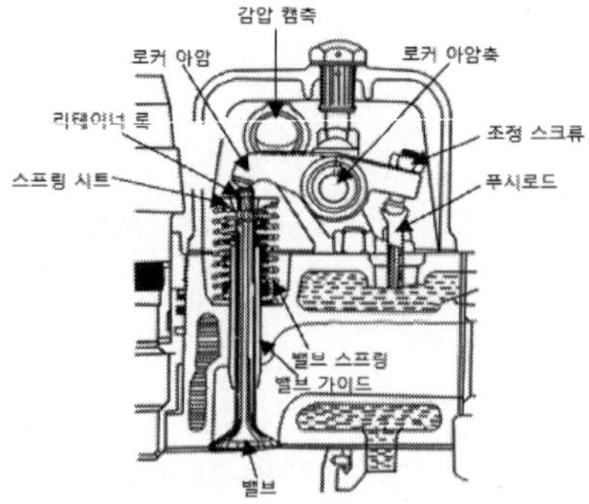

그림 9.11 감압 캠축

구분 / 온도	기관오일 점도 [E^0/S]	회전 저항[kgf/㎠]	
		압축 시	감압 시
0[℃]	250	5.80	3.80
10[℃]	100	4.50	2.50
20[℃]	45	3.50	2.30
30[℃]	26	3.00	1.95

표 9.2 기온, 기관오일, 회전 저항과의 관계

3-2. 예열 장치(preheating system)

디젤 기관에서는 실린더 안에 흡입된 공기를 압축할 때에 발생한 열로 착화 연소시키기 때문에 가솔린 기관과 같은 전기 점화장치를 필요로 하지 않는다. 따라서 디젤 기관의 예열장치는 겨울에 외기 온도가 낮을 때나 기관이 냉각되어 있을 때 공기의 압축열이 실린더 및 실린더 헤드에 흡수되어 연료가 착화할 수 있는 고온이 되지 않으므로 예열소실 안의 공기를 미리 가열하여 시동을 쉽게 하는 장치이다. 예열 장치에는 일반적으로 직접분사식 연소실에 사용하는 흡기 가열식(intake air heater type)과 복실식(예연소실식, 와류실식) 연소실에 사용하는 예열 플러그식(glow plug type)이 있다.

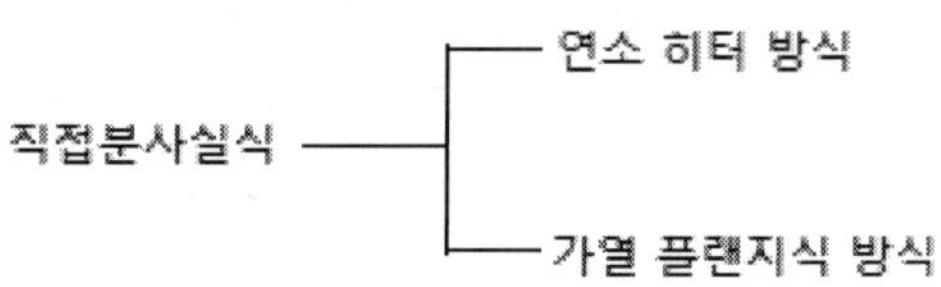

(1) 흡기 가열식(intake heater type : 연소 히터식)

흡기 가열식은 공기청정기와 흡기다기관 사이에 설치되며, 스위치를 닫으면 히터코일에 전류가 흘러 노즐 보디가 가열된다. 그러면 노즐 보디와 밸브 스템의 열 팽창 차로 인하여 볼 밸브가 열리며, 이때 연료가 유입 기화하여 이그나이터부로 유출되면 착화하여 흡입공기와 함께 실린더 안으로 들어간다. 점화스위치를 넣은 다음 약 10~15초 후에 기관을 시동한다. 기관을 시동한 후 스위치를 끄면 매니폴드 안의 흡입 공기에 의해 히터코일이 냉각되어 볼 밸브가 닫히고 연료 흐름이 멈춘다.

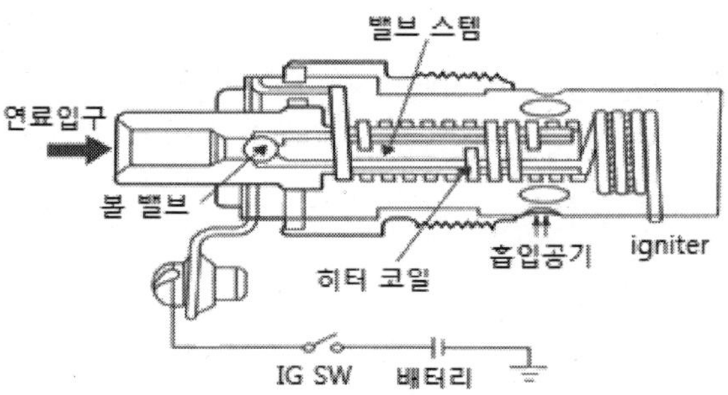

그림 9.12 흡기 가열식의 구조

(2) 가열 플랜지(heating flange)

가열 플랜지식은 직접분사실식에 예열플러그를 설치할 적당한 곳이 없기 때문에 흡기 매니폴드에 히터(heater : 열선)를 설치한 것이다. 가열 플랜지 흡기 히터는 기동 스위치를 거쳐 히터 플랜지, 지시등(indicator), 히터 릴레이가 그림 9.15과 같이 축전지에 접속되어 있다.

기관을 기동하기 전에 점화 스위치를 '예열' 위치에 놓으면 히터 릴레이가 작동하여 축전지에서 흐르는 전류는 흡기 히터와 표시등 안의 히터 코일에 흘러서 가열이 시작된다.

표시등의 히터 코일이 가열되는 상태에 따라 히터 플랜지의 가열을 확인한 다음, 기동 전동기가 회전한다. 흡입공기는 적열한 히터 코일에 의해 데워져, 실린더 안으로 흡입되므로 한냉기에도 충분한 압축열을 얻게 되어 기관의 시동이 용이하다. 기관이 시동한 다음 기동 스위치를 '운전' 위치로 되돌리면 예열장치 및 기동 전동기에 흐르는 전류는 끊기고, 흡기 히터의 작동은 끝난다. 가열코일(PTC)로는 크롬-니켈합금 코일이 주로 사용되며, 가열온도는 900~1,250℃ 범위이다. 정격전압은 전원전압에 따라 12[V]식 또는 24[V]식이, 출력은 400~650[W] 정도로 다양하다.

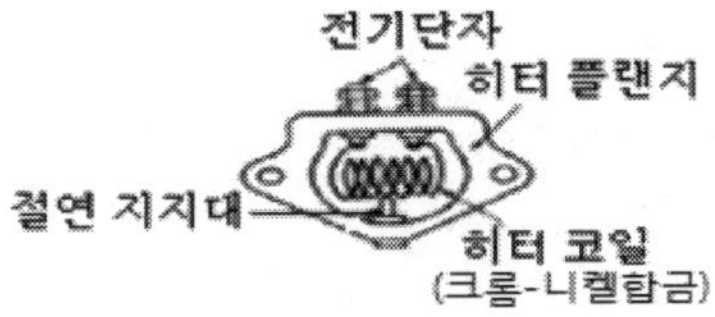

그림 9.13 가열 플랜지식의 구조

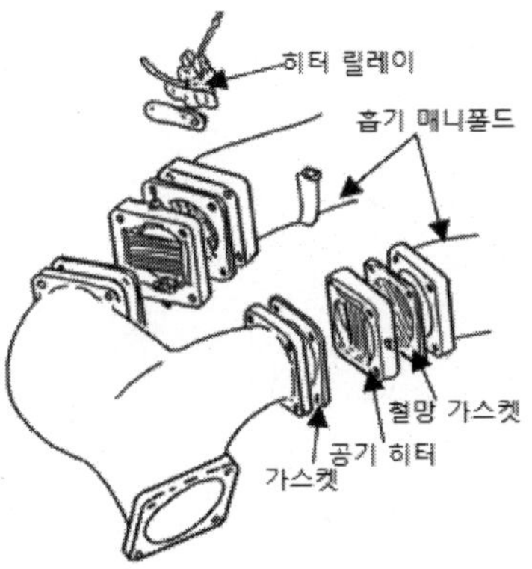

그림 9.14 가열 플랜지식 히터

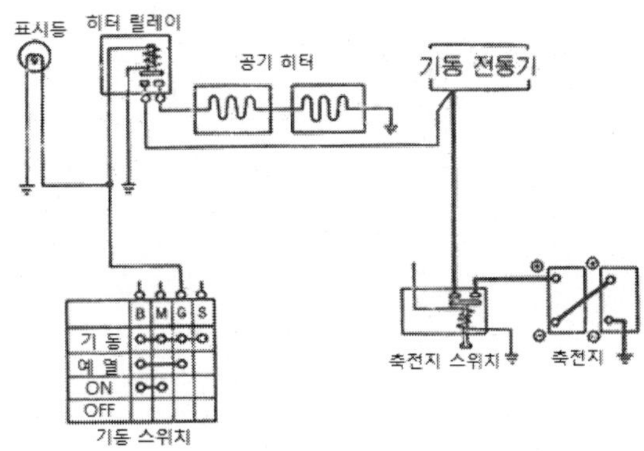

그림 9.15 가열 플랜지식 히터 회로

3-3. 예열 플러그 방식(glow plug type)

예열 플러그 방식의 예열장치는 그림 9.16과 같이 예연소실식, 와류실식 실린더 헤드에 있는 예연소실에 부착되어 공기를 직접 가열하는 예열 플러그와 예열 플러그의 적열 상태를 운전석에 표시하는 예열 플러그 파일럿 및 여기에 흐르는 전류를 단속하는 예열 플러그 릴레이 등으로 구성되어 있다.

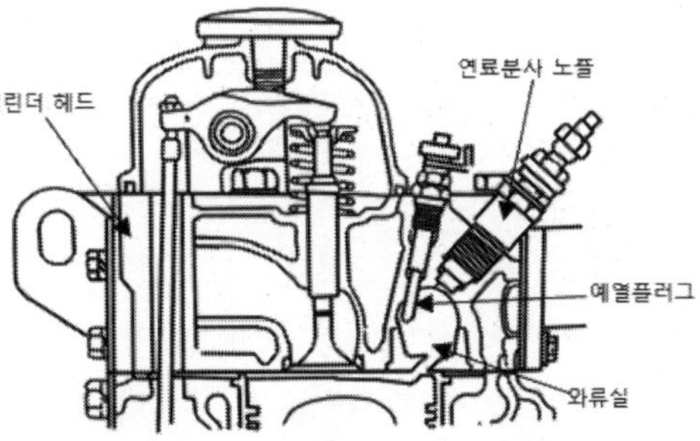

그림 9.16 예열 플러그 부착

(1) 예열 플러그(glow plug)

예열 플러그는 그림 9.17과 같이 보호 금속관 안에 히트 코일을 결합한 것으로, 코일과 금속관 사이의 틈새에는 내열성 절연 분말을 충전하여 절연 및 히트 코일을 지지하는 역할을 하고 있다. 이와 같이 금속제 보호관에 코일이 들어 있는 예열 플러그를 실드형(shield type) 예열 플러그라고 한다.

그리고 그림 9.18과 같이 히터 코일이 노출된 코일형(coil type) 예열 플러그도 있으나 현재는 실드형 예열 플러그를 많이 사용한다. 표 9.3은 예열 플러그 사양을 나타낸 것이다.

그림 9.17 실드형 예열 플러그

그림 9.18 코일형 예열 플러그

항 목	실드형	코일형
예 열 시 간	60~90[s]	40~60[s]
발열부 온도	950~1050[℃]	
발 열 량	60~100[W]	30~40[W]
전 압	24[V]식 20~23[V] 12[V]식 9~11[V]	0.9~1.4[V]
전 류	24[V]식 5~6[A] 12[V]식 10~11[A]	30~60[A]
결 선 방 식	병렬 결선 방식이므로 어느 1개가 단선되어도 다른 것들은 작동한다.	직렬 결선 방식이므로 어느 1개가 단선되면 다른 것들은 작동 안 된다.
특 징	전류가 흐르면 금속관 전체가 적열된다.	저항기를 두어야 한다.

표 9.3 예열 플러그의 사양

Handy hint

■ 예열 플러그가 단선되는 이유

① 기관 작동 중 예열시킬 때

② 예열 시간이 너무 길 때

③ 기관이 과열되었을 때

④ 예열 플러그에 규정 이상의 과대 전류가 흐른 때

⑤ 예열 플러그 설치할 때 조임력이 불량할 때

(2) 예열 플러그 파일럿(glow plug pilot)

예열 플러그 파일럿은 그림 9.19와 같이 히터 코일과 이것을 지지하는 단자 및 보호커버로 구성되어 있으며 전류에 의해 예열 플러그와 함께 적열하도록 되어 있다. 예열 플러그 적열 상태를 운전석에서 확인할 수 있도록 하는 장치로서 코일로 된 것은 예열 플러그와 동시에 적열되며, 표시등으로 된 것은 예열 플러그의 적열이 완료됨과 동시에 소등된다.

(3) 예열 플러그 릴레이(glow plug relay)

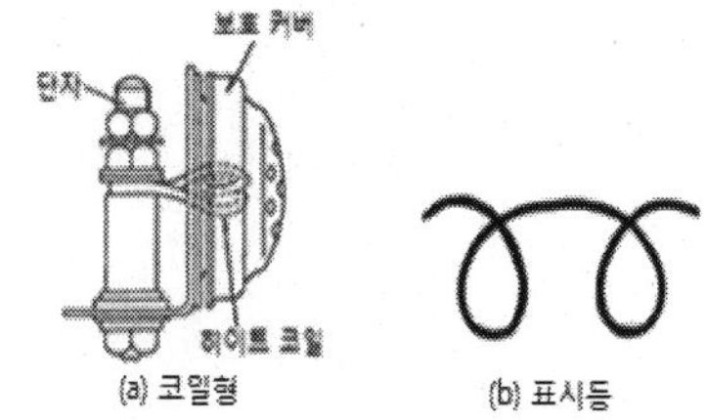

그림 9.19 예열 플러그 파일럿

예열 플러그 릴레이는 스타트 릴레이라고도 하며, 그림 9.20과 같이 예열용 릴레이 및 기동용 릴레이의 독립된 두 릴레이가 하나의 케이스에 들어 있어 각각 점화 스위치의 조작에 의해 작동한다. 그리고 예열 플러그의 양쪽 끝에 가해진 전압이 예열 시와 기동 전동기를 작동할 때 변화하지 않고 양호한 적열상태가 유지되도록 회로를 절환한다.

이 릴레이를 설치하는 목적은 기동 전동기로 많은 전류를 보내 충분한 크랭킹 속도를 유지하고 점화 스위치를 보호하며, 기관 시동을 용이하게 하는 것이다.

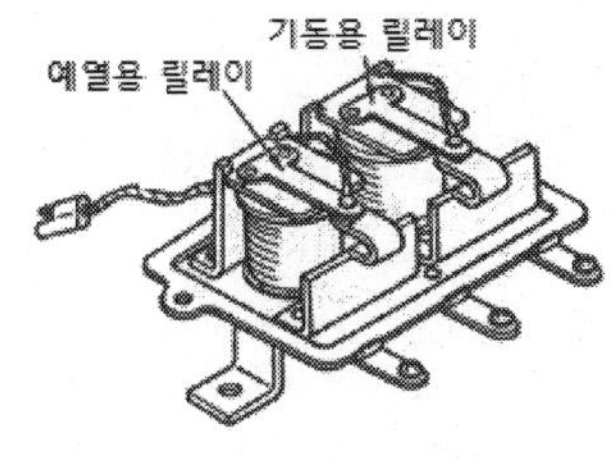

그림 9.20 예열플러그 릴레이

(4) 시일드형 예열 플러그 예열장치의 작동

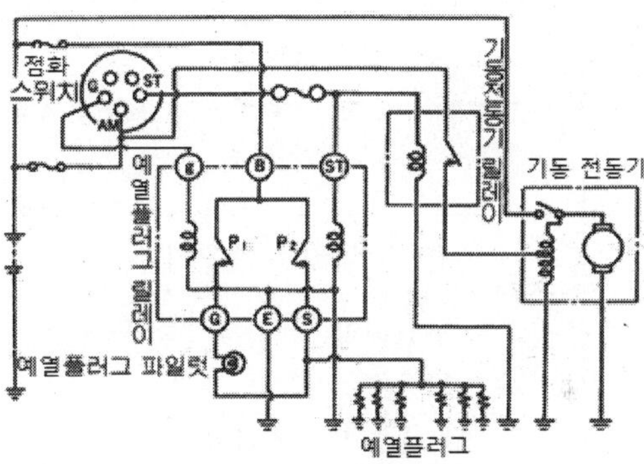

그림 9.21 시일드형 예열플러그의 회로

시일드형 예열 플러그식 예열장치의 작동은 그림 9.21과 같다. 점화스위치를 '예열' 위치로 돌리면 AM-g 사이가 접속되어 축전지의 전압이 예열 플러그 릴레이의 g-E 사이에 가해지면, 릴레이가 작동하여 접점 P_1이 닫히고 예열 플러그 파일럿을 지나 예열 플러그에 전류가 흘러 가열이 시작된다.

예열 플러그 파일럿이 적열(赤熱)되는 것에 의해 예열플러그가 가열된 것을 확인한 다음, 점화 스위치를 ST 위치로 돌리면 예열 플러그 릴레이의 g-E 사이의 전압은 없어진다. 그리고 P_1은 열려 ST-E 사이에 가해져 P_2가 닫히므로, 예열 플러그에 흐르는 전류는 예열 플러그 파일럿을 거치지 않고 축전지에서 직접 흐른다.

이와 동시에 기동 전동기의 작동이 시작되고 큰 전류가 흘러 축전지의 전압이 떨어지지만, 이 전압강하의 영향을 받지 않도록 회로가 구성되어 있어 적열 상태는 변하지 않고 유지된다. 기관이 시동된 후 점화 스위치를 'ON' 위치로 돌리면 기동 및 예열 장치에 흐르는 전류는 끊겨 작동이 끝난다.

4. CRDi 디젤 기관의 연료장치

배출가스 규제강화에 대응하기 위해 기존의 기계식 인젝션 펌프방식을 완전히 탈피하여 초고압(약 1400bar 이상) 축압식 연료분사장치(CRDi : Common Rail Direct Injection System)가 적용된 커먼레일형 디젤 기관이 개발되어 상용화되었다. 이 커먼레일 기관은 연료분사 방식을 개선하여 유해배출 가스의 저감, 연료소비율 향상, 출력성능 향상, 가속성능 향상, 운전성능을 향상시킨 디젤 기관이다.

4-1. CRDi 엔진 입·출력 관계

입 력 ⇩

- 핫필림식 공기유량 센서(AFS)
  · EGR 피드백 제어용
  · 스모크 리미트 부스터 압력 제어용
- 크랭크 각 센서(CKPS)
- 캠 포지션 센서(CMPS)
  (1번 실린더 압축상사점 센서)
- 부스트 압력 센서
  (흡기다기관에 장착 : VGT 제어용)
- 흡입 공기온도 센서
- 냉각수 온도 센서
- 블로워 스위치
- 에어컨 스위치
- 에어컨 트리플 스위치
- 연료레일 압력 센서
  (고장 시 400bar 고정)
- 브레이크 스위치
- 클러치 스위치
- 가속페달 스위치 1, 2
  (고장 시 1200rpm으로 고정)
- 람다 센서
- 축전지(Battery) 전압

⇨

제 어 ⇩

- ECU
  (컴퓨터)

⇨

Actuator(출력) ⇩

- 인젝터 구동
  연료 분사량 및 분사시기
- EGR 제어
- 연료압력 제어
  (펌프측과 레일측)
- 가변 스웰밸브 제어
- 냉각팬 제어
- 프리 히터 제어
  ① 가열 플러그 방식
  ② 연소식 프리히터 방식
- 에어컨 컴프레셔 릴레이 제어
- 예열 플러그 제어
  ① 프리 글로우
  ② 스타트 글로우
  ③ 포스트 글로우
- 에어 컨트롤 밸브 제어
- MIL/예열 램프 제어
- CAN 통신 및 K-라인

4-2. 전기식 저압펌프의 연료공급 과정

CRDi 디젤엔진에서 전기식 저압연료펌프의 연료공급 과정은 연료탱크-연료펌프(연료탱크 내장)-연료필터-고압펌프-커먼레일-인젝터 순으로 공급된다.

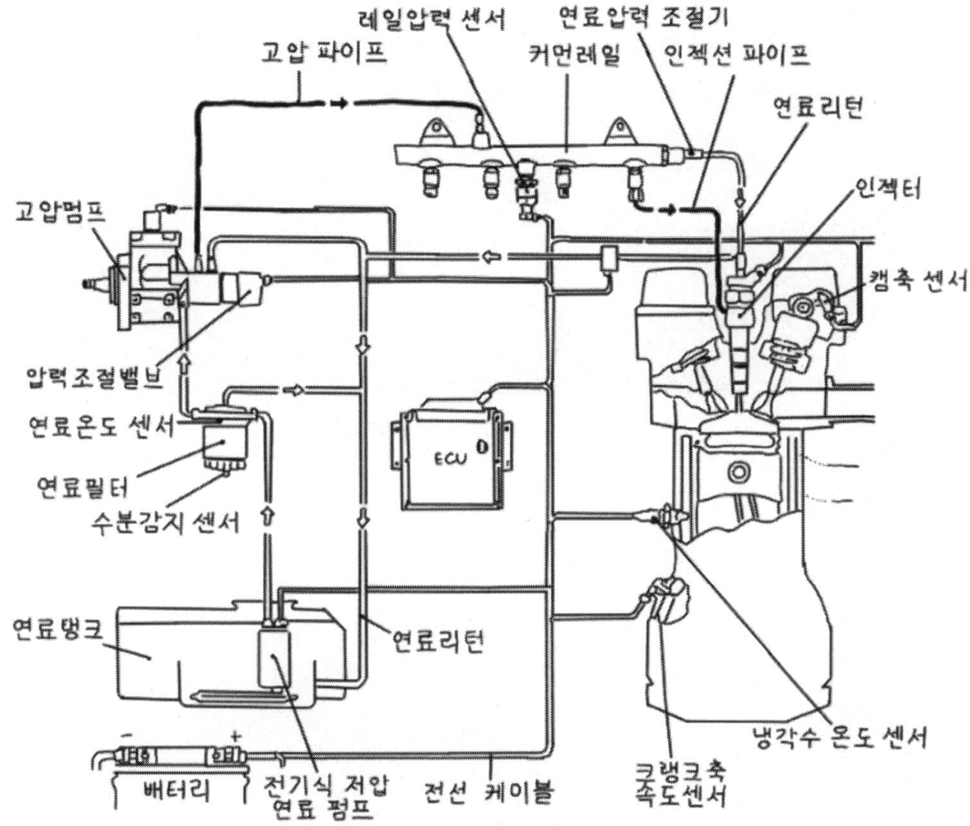

[전기식 저압 연료펌프의 구성도]

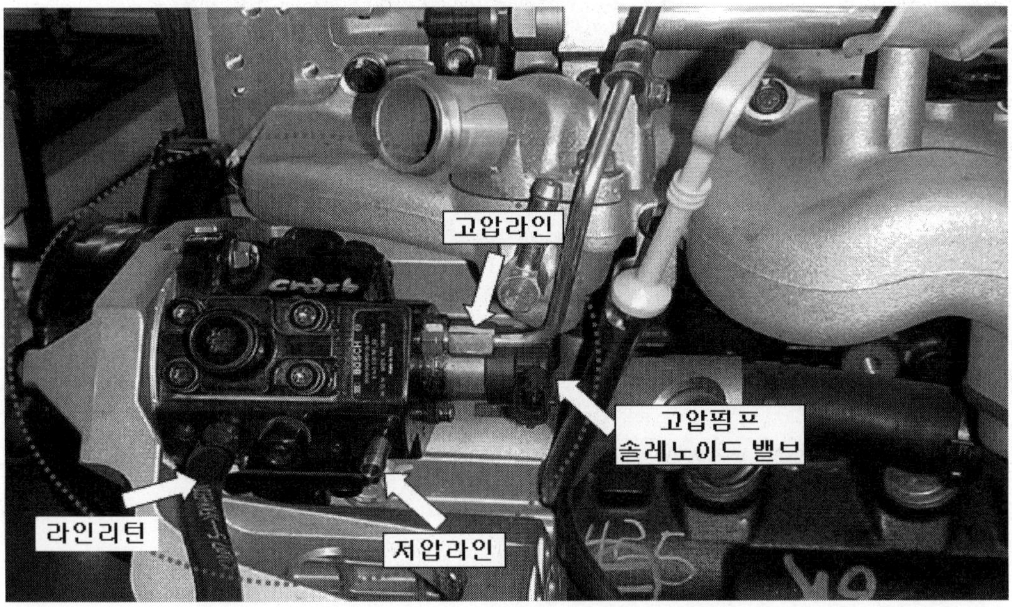

[CRDi 엔진 고압펌프 장착위치]

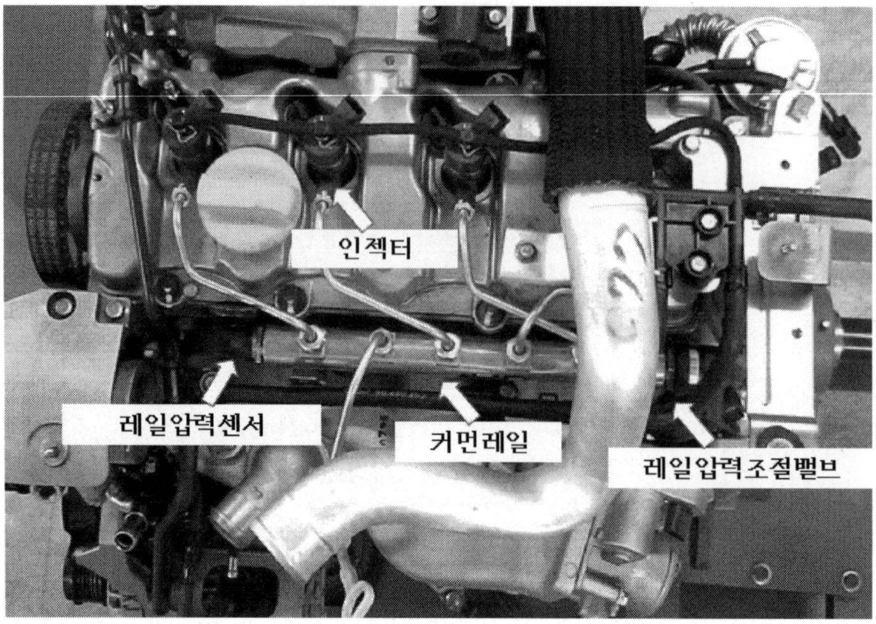

[CRDi 엔진 구성요소 장착위치]

4-2-1. 연료 탱크

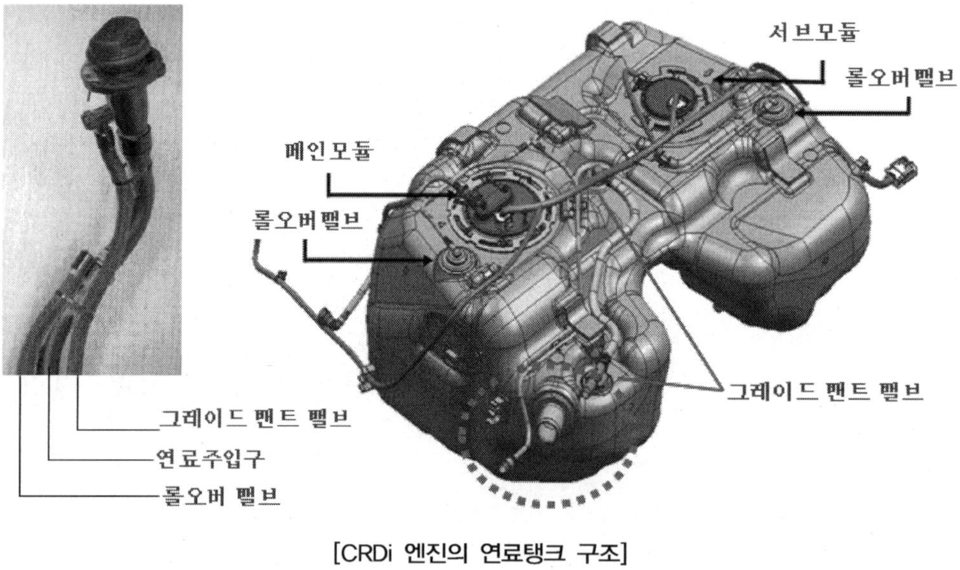

[CRDi 엔진의 연료탱크 구조]

연료탱크는 메인모듈(연료펌프), 서브모듈(연료 게이지), 롤 오버 밸브, 그레이드 벤트 밸브 등으로 구성되어 있고, 용량은 승용 디젤 기준으로 약 65리터 플라스틱으로 만들어져 있다.

(1) 롤 오버 밸브(roll over valve)

이 밸브는 항상 열려 있는 밸브이다. 탱크 내에 발생하는 증발가스의 통로, 전복 시 연료가 연료탱크 외부로 유출되는 것을 방지한다.

(2) 그레이드 벤트 밸브(grade vent valve)

이 밸브는 항상 닫혀 있는 밸브로 탱크 내의 압력이 높아지면 자동으로 열리는 구조(탱크가 무리한 압력을 받지 않도록)이다. 가솔린의 경우 캐니스터로 증발가스를 배출하는 역할을 한다.

4-2-2. 연료펌프

연료펌프는 점화스위치 ON 시 약 4초 동안 구동하고 크랭크각 센서의 신호에 의해 구동한다.

(1) 연료펌프의 형상

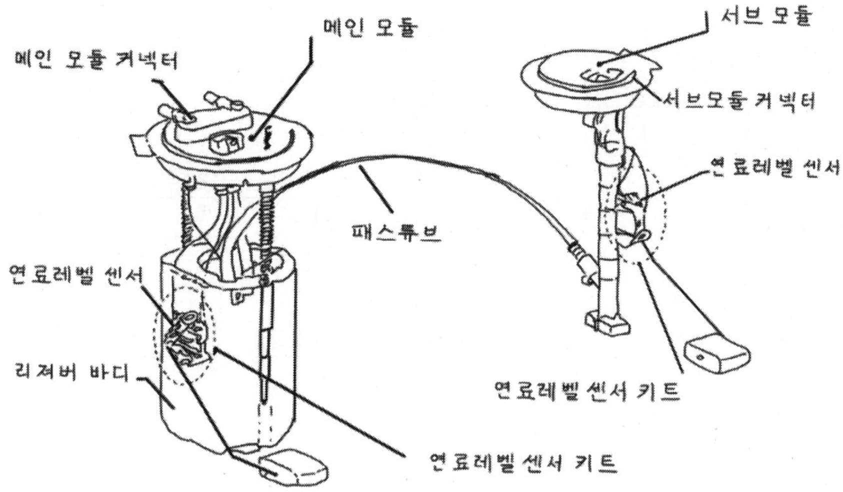

(2) 연료펌프의 제원(윈스톰 2.0 터보 디젤)

구분	항목	제원	비고
연료펌프	형식	전기 모터식	
	사용전압	13[V]	
	작동전류	3.0~11.5[A]	
	연료 시스템 압력	450[kPa]	
	송출량	165~215[ℓ/h]	시간당 송출량
	연료펌프 릴리프 압력	650~950[kPa]	
연료레벨 센서	연료 full 위치 저항	37.0~45.5[Ω]	
	연료 1/2 위치 저항	99.4~112.8[Ω]	
	연료 최저 위치 저항	240.4~253.0[Ω]	

(3) 연료펌프의 회로

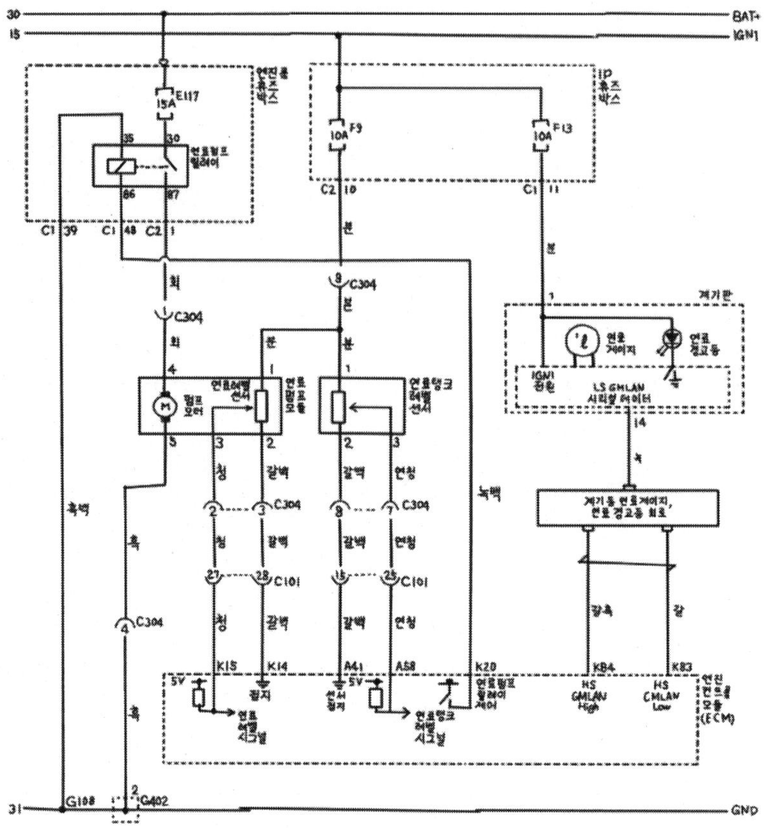

4-2-3. 연료필터 히터 및 온도 센서

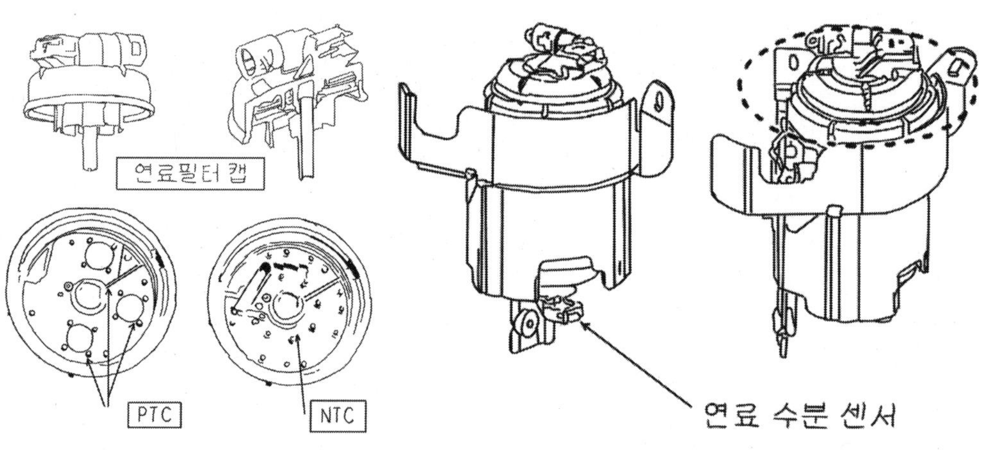

(1) 연료필터 히터

온도가 상승하면 저항값이 증가하고 온도가 내려오면 저항값이 떨어지는 PTC(정특성 서미스터)를 사용하며, 연료온도 센서와 일체로 되어 있다. 연료가 차가울 때 히터가 작동한다.

(2) 연료온도 센서

온도가 상승하면 저항값이 떨어지고 온도가 내려오면 저항값이 증가하는 NTC(부특성 서미스터)를 사용하며, 연료의 온도를 감지하는 역할을 한다.

[연료필터와 엔진오일 필터의 장착위치]

(3) 연료필터 히터 및 온도 센서의 제원(윈스톰 2.0 터보 디젤)

구분	항목	정비 제원	비고
연료필터 히터	형식	PTC	
	작동 전압	12[V]	
	히터 저항	0.4~2.0[Ω]	
	작동 출력	250[W]	-20[℃]
	작동 조건	연료온도 3[℃] 이하	5[℃] 이상 OFF
연료온도 센서	형식	NTC	
	온도에 따른 저항변화	26,116±2,533[Ω]	-30[℃]
		5,896±430[Ω]	0[℃]
		2,057±115[Ω	25[℃]
		596±23[Ω]	60[℃]
		187±4[Ω]	100[℃]
		127±3.3[Ω]	115[℃]

(4) 연료필터 히터 및 온도 센서의 회로도

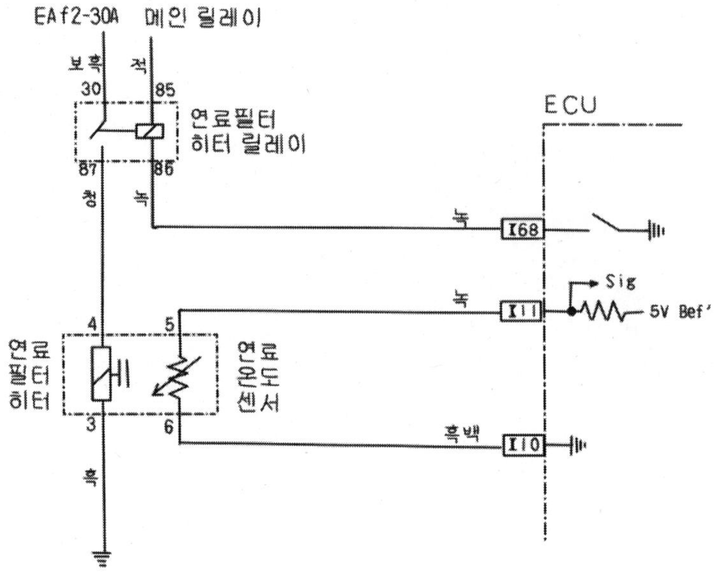

4-2-4. 연료필터 수분감지 센서

연료필터 수분감지 센서는 연료필터가 분리해낸 물의 양을 감지하는 역할을 한다. 연료필터 수분감지 센서 수위를 측정하여 ECU에 신호를 보내고 일정 이상의 수분을 감지하면 ECU는 계기판의 연료필터 수분감지 지시등을 점등시킨다.

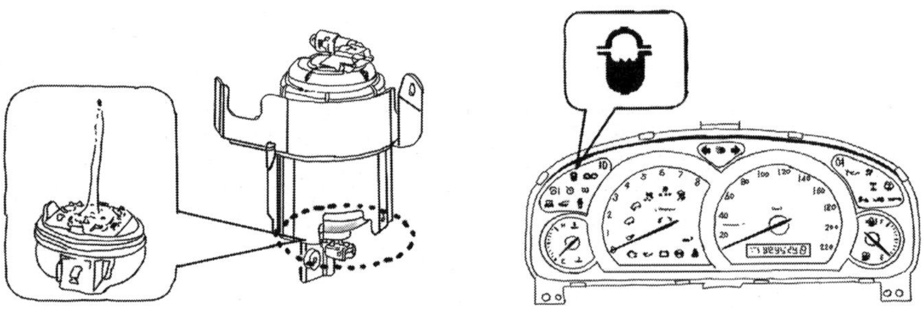

[연료필터 수분감지 센서와 지시등]

(1) 연료필터 수분감지 지시등의 제원(윈스톰 2.0 터보 디젤)

구분	항목	정비 제원	비고
연료 수분 센서	형식	플로트 형식	기계식, 리드 스위치
	작동 전압	10~16[V]	
	연료필터 수분감지 지시등 점등	95[cc] 이상	
	소비전류	15[mA] 이하	연료필터 수분감지 지시등 미점등
		50[mA] 이하	연료필터 수분감지 지시등 점등

[연료필터 수분감지 센서 및 지시등의 제원]

(2) 연료필터 수분감지 지시등의 회로도

수분감지 센서는 연료필터에 배선이 연결된 상태에서 점화스위치를 ON 위치로 한 후 연료필터를 거꾸로 했을 때 계기판의 연료필터 수분감지 지시등이 들어오는지 확인하여 진단한다.

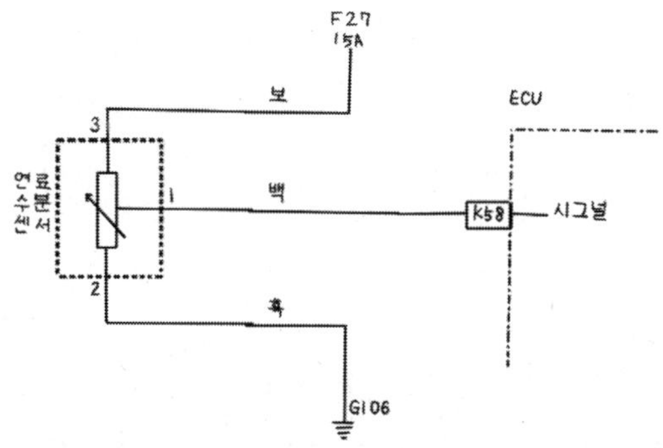

4-2-5. 고압 연료펌프

고압 펌프는 편심된 캠에 의해 플런저가 하강하면 연료를 흡입하고, 플런저가 상승하면 연료를 압축하여 연료압력을 증가시켜 커먼레일로 공급한다. 엔진 회전수가 증가하면 연료압력이 상승하여 최고 1350~1800[bar] 정도에서 ECU에 의해 조절된다. 고압 펌프의 제원은 다음과 같다.

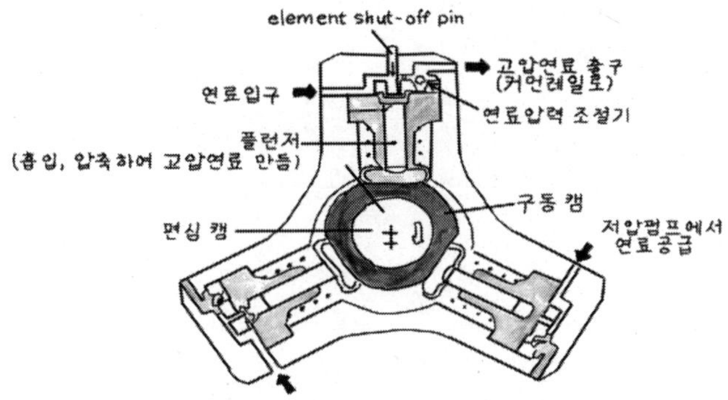

[고압 연료펌프]

구분	항목	정비 제원	비고
고압 펌프	연료펌프 형식	3-실린더 레이디얼 플런저	
	연료펌프 송출량	695[㎣/rev]	
	고압송출 압력	최소 650[bar]	500[rpm]
		최대 1,600[bar]	1860[rpm]
고압 펌프 솔레노이드 밸브	형식	솔레노이드	PWM 제어
	저항	2.60~3.16[Ω]	20[℃]
	작동 주파수	120~200[Hz]	

[고압 펌프 제원 : 윈스톰 2.0 터보 디젤]

※ PWM(Pulse Width Modulation) 제어 : 일정한 주기 내에서 pulse의 폭을 바꾸어주는 제어, 즉 변조파이다.

4-2-6. 커먼레일(common-rail)

커먼레일은 고압펌프에서 압송된 연료를 저장하고, 인젝터가 레일로부터 연료를 분사하더라도 레일 내의 압력은 일정하게 유지된다. 연료압력은 레일 내의 압력센서에 의해서 측정되고 ECU에 의해 연료압력조절밸브를 제어한다. 또한 고압의 연료는 미세한 압력의 변동(맥동 현상)이 발생되며 이 미세한 맥동을 흡수할 수 있는 어큐뮬레이터(축압기)의 효과도 있어야 한다. 연료 압력제어 방법은 ECU에 의해 시동 시에는 레일압력(출구)을 제어하고, 고속 고부하 시에는 펌프 측(입구)의 압력을 제어한다. 또 저속 저부하 시에는 두 밸브 모두 제어한다. 커먼레일 제원은 다음과 같다.

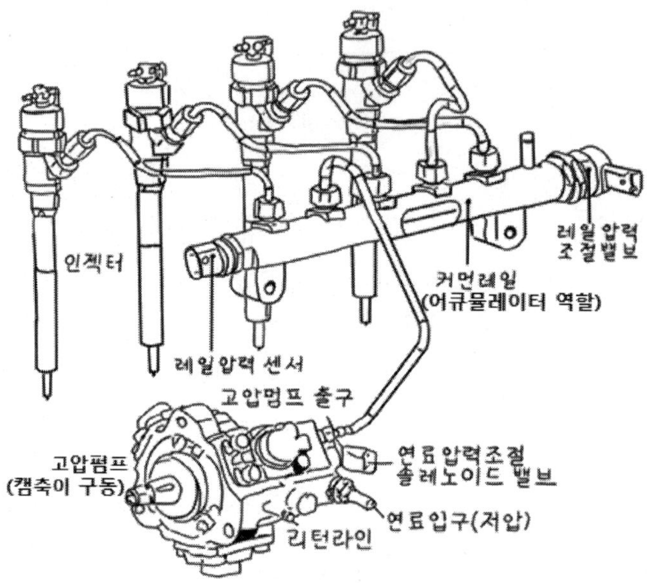

[커먼레일의 구성요소]

구분	항목	정비 제원	비고
커먼레일	커먼레일 압력	최대 1,600[bar]	
레일압력 컨트롤 밸브	형식	솔레노이드	
	저항	3.42～3.78[Ω]	
레일압력 센서	형식	피에조 저항	압력(MPa) $=\left(\frac{\text{출력전압}}{\text{공급전압}}-0.1\right)\times\frac{150}{0.8}$ 연료량/분사시기를 조정하는 신호로 사용한다.
	작동 전압	4.75～5.25[V]	

[커먼레일 제원]

4-2-7. 인젝터(injector)

인젝터에는 141[μm] 크기로 7개의 노즐 구멍이 있다. 각각의 고유 인젝터 유량 데이터에 따라 ECU는 인젝터의 유량편차를 보정하여 엔진의 정숙성을 도모, 최적의 분사량 제어, 배기가스 규제 등에 대응하기 위해 인젝터 교환 시 스캔을 이용하여 IQA(Injector Quantity Adjustment : 연료분사량 편차보정 기능)을 실시한다.

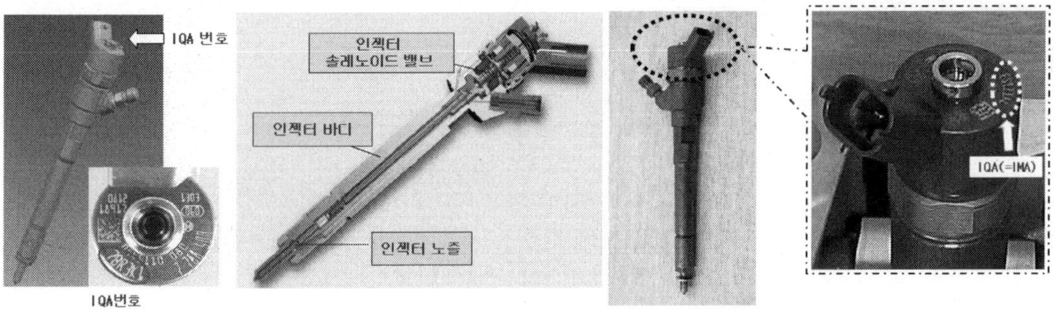

[IQA 번호]

(1) 인젝터의 구조

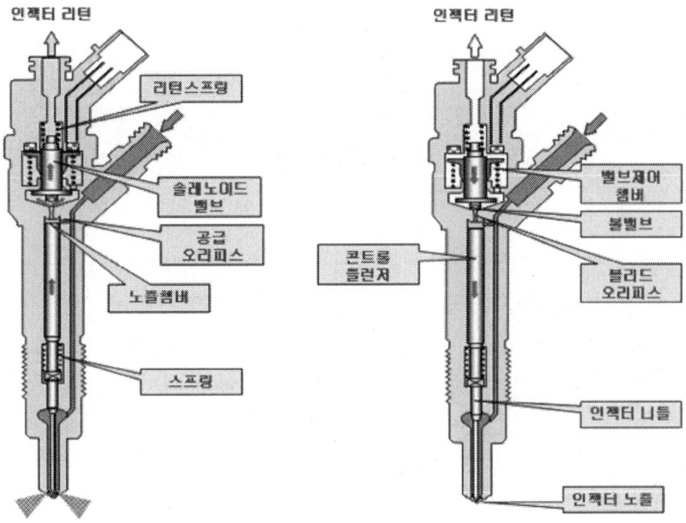

(a) 연료분사 (b) 닫힘

[인젝터 구조]

(2) 인젝터의 작동

[인젝터 연료 분사]

① ECU로부터 솔레노이드 코일에 전기가 인가되어 블리드 볼밸브 오리피스를 열어 준다.

② 컨트롤 체임버 위의 연료는 연료 탱크로 리턴 된다.

③ 연료 체임버와 니들밸브의 압력 균형이 니들 밸브 쪽이 높아져 니들밸브 위로 밀고 연료를 분사한다.

[인젝터 닫힘]

볼밸브 오리피스는 스프링 힘에 의해 닫히고 고압은 컨트롤 체임버와 니들밸브 보디에 압력을 가하여 니들밸브는 닫힌다.

(3) 인젝터의 제원(윈스톰 2.0 터보 디젤)

구분	항목	정비 제원	비고
인젝터	형식	솔레노이드 형식	
	분사 홀	7개	
	작동 온도	-30~115[℃]	
	솔레노이드 코일 저항	0.25~0.29[Ω]	20℃
	최대 분사압력	1,600[bar]	
	최소 분사압력	120[bar]	
	노멀 분사압력	250~1,600[bar]	
	연료 리턴압력	0.3~0.8[bar]	

[인젝터의 제원]

커먼레일 엔진에서 인젝터 연료 분사는 ECU의 명령에 의하나 가솔린 엔진과 다르게 예비(점화)분사, 주 분사, 사후분사, 즉 다단분사를 실시한다. 각 분사 단계 목적과 특성은 다음과 같다.

분사단계	목적과 특성
1단계(예비분사) pilot injection 점화분사	주분사가 이루어지기 전 미세한 연료를 연소실에 분사하여 연소가 잘 이루어지게 하기 위한 분사이다. 연소실 폭발압력을 부드럽게 하여 엔진 폭발 시 소음과 진동을 줄이는 것이 목적이다. 또한 NOx도 저감된다. 예비분사는 냉각수 온도와 흡입공기량에 따라 조정되고, 예비분사 금지조건은 ① 점화분사가 주 분사를 너무 앞지르는 경우 ② 엔진 회전수가 3200[rpm] 이상인 경우 ③ 분사량이 너무 작은 경우 ④ 주 분사 시 연료량이 충분하지 않는 경우 ⑤ 엔진에 오류가 발생한 경우 ⑥ 연료압이 최소값(100[bar]) 이하인 경우 등이다.
2단계(주분사) main injection	엔진의 출력에 직접 관계되는 에너지는 주분사로부터 나온다.
3단계(후기분사) post injection 사후분사	배기가스에 연료를 분사하여 배기가스의 온도를 일정하게 유지하여 배기가스 후처리장치(DPF : 세라믹 필터)에 축적되어 있는 입자성 물질(PM)을 연소시켜 매연을 줄여주는 역할을 한다. 이 사후분사는 항상 실시하는 것은 아니고 컴퓨터(ECU)에서 사후 분사시기를 판단하여 실시한다.

[인젝터 분사단계 및 목적]

4-2-8. 디젤 배기가스 후처리 장치(DPF 또는 CPF)

경유 자동차에서 주로 발생하는 매연(검댕이, Soot)의 주성분은 탄소이다. 매연은 경유의 경우 휘발점이 높으므로(연소온도가 낮음) 연소실 내에서도 미처 기화하지 못하는 경우 연소 과정에서 배출된다. 이 배출가스 매연은 일차적으로 산화촉매를 거치게 되는데 산화촉매에서 매연의 CO, HC를 산화작용을 통해 무해한 CO_2인 탄산가스, H_2O인 물로 변환되고 이 가스는 배기가스 후처리장치로 가게 되어 매연 재생 시 촉매의 온도를 높게 하기 위한 발열작용을 한다.

또한 산화촉매(백금)보다 성능이 뛰어난 배기가스 후처리장치인 DPF(diesel particulate filter) 세라믹 필터라는 촉매 필터장치를 부착하여 기관에서 발생된 고체의 입자상 물질(PM)을 포집 및 재생하는 장치이다.

재생(regeneration) 과정은 계속해서 발생하는 매연을 배기가스 후처리장치에서 여과장치 안에 축적하고 있다가 배기가스 온도가 매연을 연소할 수 있는 온도(300~450[℃]) 이상이 되면 연소과정을 통해 매연을 연소시켜 대기로 보내는 것이다. 이렇게 연소과정을 통해 매연을 줄어주는 행위를 재생과정이라 한다.

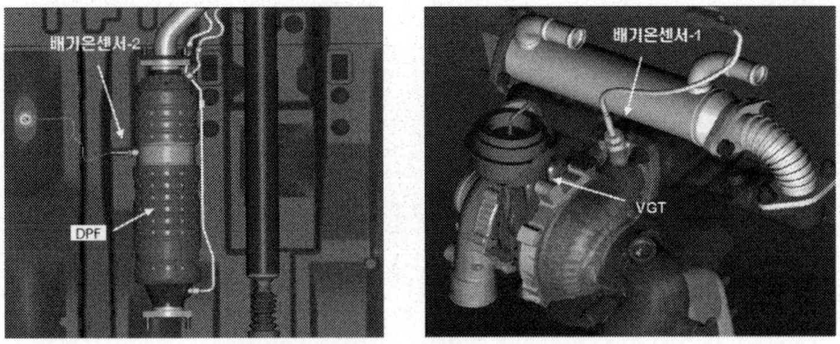

[front/rear 배기가스 온도센서]

DPF 재생기능을 수행하기 위해서는 배기가스 온도가 매우 중요한 역할을 한다. ECU는 프론트와 리어 배기가스온도를 감지하여 재생이 진행되는 동안 인젝터의 분사량과 분사시기를 결정한다.

재생방법은 다음과 같다.

(1) 차압센서를 통한 재생

가장 우선적으로 사용되는 조건이며 PM 양을 DPF의 앞 · 뒤쪽의 압력 차를 차압센서로 확인하는 것이다. PM이 DPF에 많이 포집될수록 공기흐름이 막히면서 압력 차가 커지는데, 차압센서가 이를 측정해 ECU에 전달한다. 그리고 ECU는 엔진 배기행정일 때 후기분사를 통해 연소온도를 상승시켜 포집된 PM을 연소시켜 PM을 줄여준다.

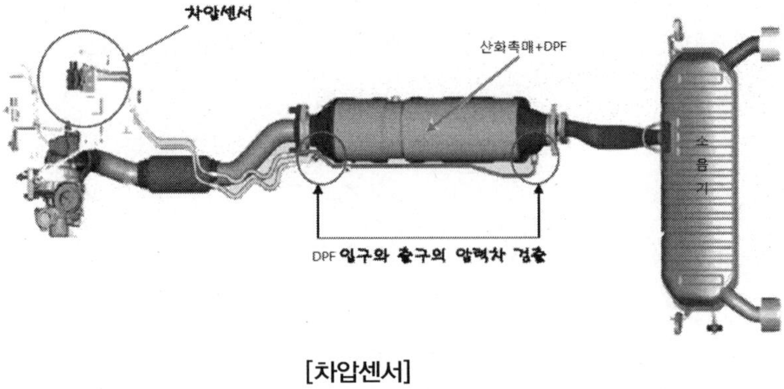

[차압센서]

(2) 일정거리 및 주행시간에 의한 재생

매 1,000[km] 주행 시 ECU는 재생 모드로 진입한다. 이때 갑자기 시동을 꺼버리면 엔진 경고등이 다음 시동 때 켜지거나 점멸할 수 있지만 어느 정도 정상적 주행을 하면 다시 정상으로 돌아온다. 보통 주행시간 15분 정도면 된다.

(3) 시뮬레이션 계산에 의한 재생

기관의 상태에 따라서 발생하는 PM 양과 연소되는 PM 양을 미리 계산하여 미리 ECU에 저장한다. 이를 기초로 주행 조건에 따른 잔여 PM 양을 연산해서 ECU가 미리 저장된 값과 주행조건을 실시간으로 비교 종합하여 재생이 이루어지는 것이다. 매 1000[km] 이상, 엔진회전수 1000~4000[rpm], 엔진부하 0.7[bar] 이상, 차량속도 5[km/h] 이상, 냉각수온도 40[℃] 이상 등의 조건이 갖추어지면 ECU는 재생을 실행한다.

(4) 기관 경고등에 의한 재생

차량소통이 원활한 운전조건에서 정상적인 운행을 할 경우 DPF는 포집과 재생 기능이 이루어져 DPF가 최적의 상태로 유지된다. 하지만 정체가 극심한 도로나 조건 또는 정상적인 운전형태가 아닌 상태에서는 매연 포집은 가능하나 재생은 정상적으로 이루어지지 않을 수 있다. 이 상태로 지속적으로 운행을 할 경우 매연 증가로 엔진의 연비 및 출력에 이상이 생기고 DPF를 회복 불능상태로 만들 수 있다.

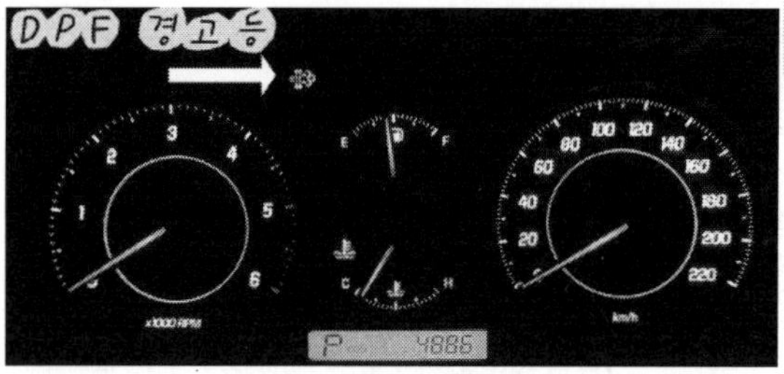

[DPF 경고등의 형상]

[재생 지시등]

(5) 스캔 툴을 이용한 DPF 강제재생

엔진 체크램프 또는 DPF 경고등이 점등될 경우 운전자는 정비업체를 찾아 수리를 의뢰할 것이고 정비사는 스캔 툴을 이용해서 최종적으로 이 차량이 무슨 문제가 있는지 확인한 후 강제 재생을 실행한다. 목적과 재생 조건에 대한 안내사항이 스캔 툴에 나오므로 지시하는 대로 실행하면 된다.

4-3. 기계식 저압연료펌프의 연료공급 과정

CRDi 디젤엔진에서 기계식 저압연료펌프의 연료는 연료탱크-연료필터-저압펌프-고압펌프-커먼레일-인젝터 순으로 공급된다.

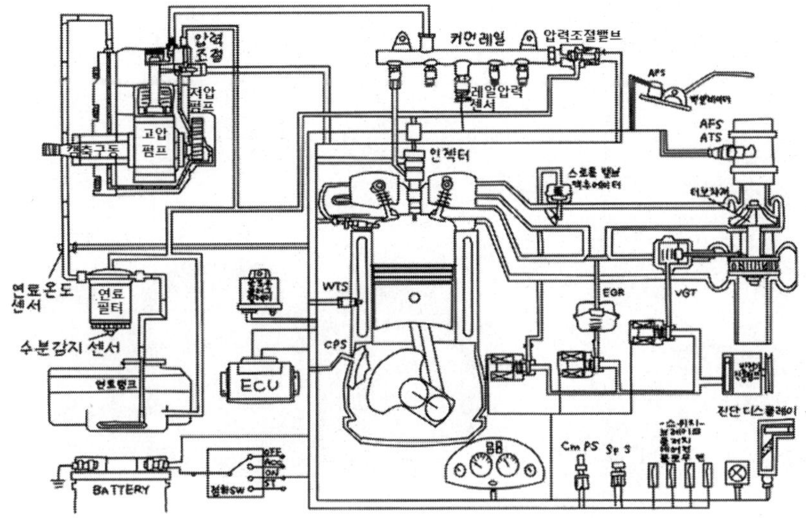

[기계식 저압연료 펌프 CRDi 엔진 단면도]

Chapter 11 Hybrid Electric Vehicle

하이브리드는 잡종이라는 의미를 담고 있다. 즉, 성질이 서로 다른 것들이 결합해서 새로운 것을 창조한다는 의미로 사용된다. 다시 말해서 엔진의 동력과 전기 모터의 2개의 동력원을 함께 사용해서 유해 배출가스를 저감하고, 연비를 향상시키는 것으로 정의할 수 있다.

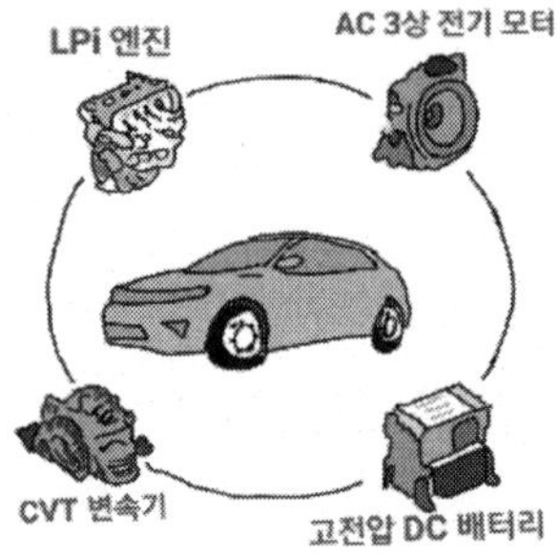

하이브리드 자동차는 계기판에 READY 램프가 점등(ON)될 때 정상 주행이 가능하고, 소등(OFF)될 때는 주행이 불가능하며 점멸 시(blinking)에 비상모드 주행이 가능하다. 또한 운전석 계기판에 'charge' 표시등이 점등되면 모터가 차량의 여유 동력을 발전제어 하여 배터리를 충전시키는 상태이고, 'assis'가 점등되면 모터가 엔진을 보조하여 차량 성능을 향상시키는 상태를 나타낸다.

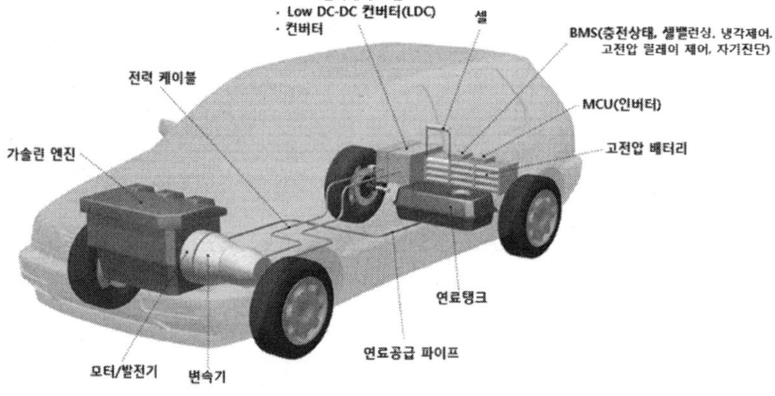

[하이브리드 자동차의 시스템]

하이브리드 리튬-폴리머 이온 배터리는 15년 30만[km]의 내구성을 갖고 있고, 보증 기간은 10년 20만[km]다. 무게는 22[kg]으로 일반 차량 대비 공차중량이 많이 나가는 것은 사실이나, 하이브리드 차량은 엔진 기동을 최적점에서 운행하고, 모터 주행 가능 시 엔진을 OFF시켜 전기로 주행하기 때문에 불필요한 엔진 기동을 줄여 가솔린차 대비 연비가 좋아지게 된다.

1. 하이브리드 자동차 용어 설명

[아반떼 하이브리드 기준]

용어	영문	국문	비고
HEV	Hybrid Electric Vehicle	하이브리드 전기자동차	
HCU	Hybrid Control Unit	하이브리드 종합 제어기	실내 조수석에 장착
MCU	Motor Control Unit	모터 컴퓨터 (인버터)	IPM 내부에 장착(180V) (고전압 직류를 삼상교류로 전환하여 모터를 구동)
BMS	Battery Management System	고전압 배터리 관리 시스템	충전상태(soc), 파워제한, 셀 밸런싱, 냉각제어, 고전압 릴레이 제어, 자기진단 등 수행
LDC	Low DC-DC Converter	DC-DC 변환기	IPM 내부에 장착, 높은 전압을 낮은 전압으로 변환하여 12V 배터리에 충전
ECU	Engine Control Unit	엔진 컴퓨터	에어클리너 옆에 장착
IFB	Inter Face Box	LPI 컴퓨터	운전석 A-필러 하단 장착
TCU	Transmission Control Unit	자동변속기 컴퓨터	브레이크 부스터 옆
TMK	Tire Mobility Kit	타이어 펑크 수리 키트	아반떼 HEV 미적용
CAS	Creep Aid System	밀림 방지 시스템	
CVT	Continuously Variable Transmission	무단 변속기	
MDPS	Motor Driven Power Steering	전동식 모터 조향장치	
PRA	Power Relay Assembly	고전압 릴레이 어셈블리	IPM 내부에 장착 (고전압계 고장으로 인한 안전사고 방지)
IPM	Intergreated Package Module	통합 패키지 모듈 (배터리, 인버터, LDC)	
SOC	State Of Charge	배터리 충전상태	
레졸버	Resolver	모터위치 센서	모터 내부에 장착 (회전자의 위치 및 속도 정보로 MCU가 가장 큰 토크로 모터를 제어하기 위해)
안전플러 그	Safety Plug	고전압 차단 플러그	IPM 내부에 장착
HSG	Hybrid Starter Generator	스타트 & 충전 모터	별도 엔진 시동기능과 발전기능을 수행, 감속 시 배터리 충전
FMED	Flywheel Mounted Electric Device	모터가 플라 휠에 장착	소프트 타입 의미 (병렬연결 HEV)

TMED	Transmission Mounted Electric Device	모터가 변속기에 장착	하드 타입 의미 (병렬연결 HEV)
플러그-인	Plug-in Hybrid Electric Vehicle	가정용 등 별도의 외부 전원을 사용하여 배터리를 충전할 수 있는 HEV	
NI-MH	Nickel-Metal Hybird	니켈-수소 배터리 셀당전압; 1~1.6V(1.2V)	리튬-폴리머 배터리보다 수명이 짧음
Li-PB	Lithium-Polymer	리튬 이온-폴리머 배터리 셀당전압 : 2.5~4.3V(3.75V)	자기방전이 거의 없음 내부 수소가스 없음

[하이브리드 자동차 용어 설명]

2. 하이브리드 자동차의 분류

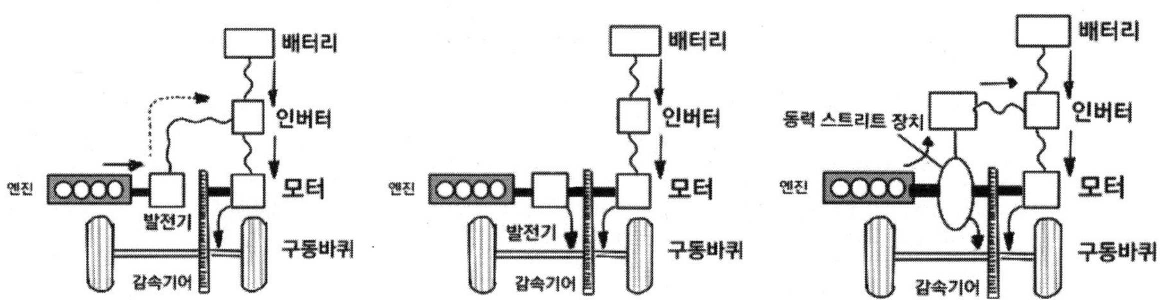

[직렬형 하이브리드] [병렬형 하이브리드] [직 · 병렬형 하이브리드]

2-1. 직렬형(Series Type) 하이브리드 시스템

직렬형은 기관을 가동하여 얻은 전기를 축전지에 저장만 하고, 차체는 순수하게 전동기의 힘만으로 구동하는 방식이다.

2-2. 병렬형(Parallel Type) 하이브리드 시스템

병렬형은 기관과 변속기가 직접 연결되어 바퀴를 구동한다. 동력전달은 축전지 → 전동기 → 변속기 → 바퀴로 이어지는 전기적 구성과, 기관 → 변속기 → 바퀴의 내연기관 구성이 변속기 중심으로 병렬로 연결된다. 구동용 모터 용량을 크게 할 수 없고, FMED 방식과 TMED 방식이 있다. 또한, 병렬형은 소프트 방식과 하드 방식으로 나뉜다.

(1) 소프트 타입(Soft Type)

소프트 타입은 출발 시 모터와 엔진을 사용하고 평지 주행 시(부하가 적음)는 엔진만으로 주행한다. 가속/등판과 같이 큰 출력이 요구되는 상황에서는 엔진과 모터를 사용하며, 감속 시 기존 차량에서 브레이크에 의해 버려지는 감속 에너지를 모터가 회생시켜 에너지를 회수하여 배터리에 충전한다(회생제동기능). 마지막 신호대기 또는 정차 시 엔진을 정지시켜 전혀 연료소비를 하지 않는 Auto-Stop 기능을 보여주고 있다.

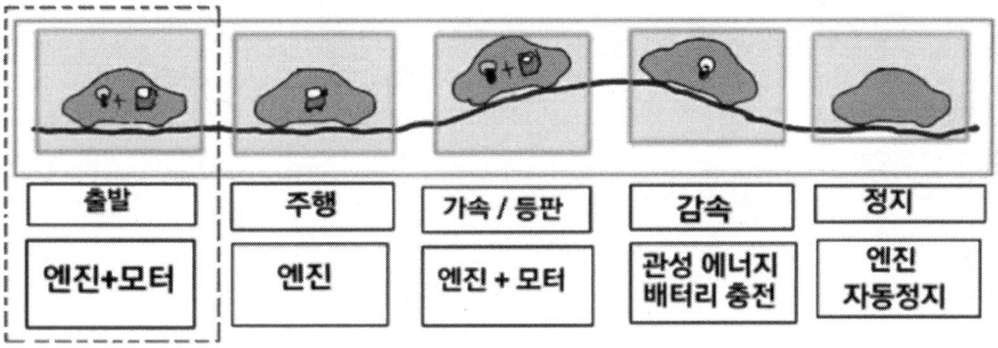

[소프트 타입]

(2) 하드 타입(Hard Type)

하드 타입의 주행 모드는 소프트 타입과 동일하나, 처음 출발과 저속주행 시 일체의 엔진을 사용하지 않고 모터로만 주행을 한다. 순수 전기구동(EV) 모터가 있으면 하드 타입이다. 예를 들어 고산지(강원도)에서 약 7km 계속되는 오르막과 같은 등판을 하는 경우, 고전압 배터리의 충전량은 떨어지고 등판력 확보 및 배터리 충전을 위해서 엔진이 기동된다. 엔진 동력으로 인하여 등판은 가능하다.

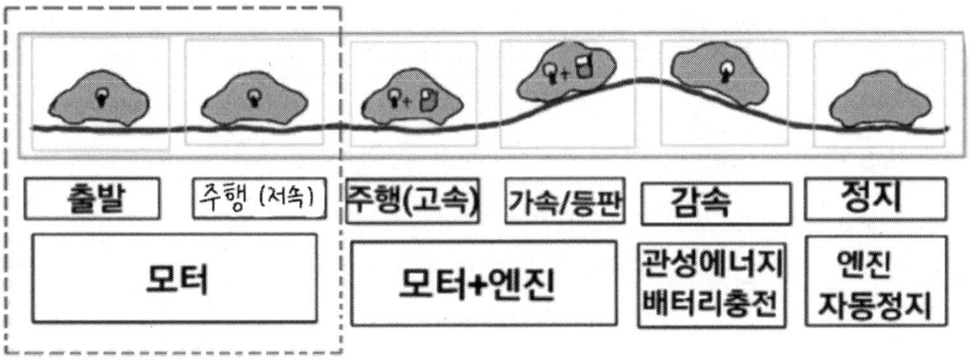

[하드 타입]

2-3. 직 · 병렬형 하이브리드 시스템

출발할 때와 경부하 영역에서는 축전지로부터의 전력으로 전동기를 구동하여 주행하고, 통상적인 주행에서는 기관의 직접구동과 전동기의 구동이 함께 사용된다. 그리고 가속, 앞지르기, 등판할 때 등 큰 동력이 필요한 경우 통상주행에 추가하여 축전지로부터 전력을 공급하여 전동기의 구동력을 증가시킨다. 감속할 때에는 전동기를 발전기로 변환시켜 감속에너지로 발전하여 축전지에 충전하여 재생한다.

3. HCU(Hybrid Control Unit : 메인 컴퓨터)

하이브리드 자동차에는 자동차의 운전상태 및 각 장치의 상태를 파악하여 차량의 최적 조건에서 운전될 수 있도록 제어하는 하이브리드 컴퓨터가 적용되어있다. 이 HCU는 차량의 메인 컴퓨터로서 ECU(엔진 컴퓨터), MCU(모터 컴퓨터), TCU(변속기 컴퓨터), BMS(배터리 컴퓨터), LDC(DC-DC 컨버터 : 12[V] 배터리 충전용 직류변환장치) 등을 제어한다.

3-1. HCU 입력 구성요소

(1) 보조 배터리 전원

HCU는 보조 배터리(12[V]) 전원을 공급받아 제어기를 구동할 수 있는지를 판단한다. 보조 배터리 전압이 7[V]보다 낮은 경우가 30초 이상 지속되면 보조 배터리경고등을 점등시킨다.

(2) 브레이크 스위치

브레이크 스위치는 브레이크 페달 상부에 장착되어 있으며 브레이크 페달의 작동상태를 감지한다. 이 스위치가 고장 나면 오토-스톱을 금지시킨다.

(3) 스타트 컷 릴레이

스타트 컷 릴레이는 오디오 뒤쪽에 장착되어 있다. HCU가 스타트 컷 릴레이를 제어하면 하이브리드 모터로 엔진 시동이 가능하고, 스타트 컷 릴레이를 제어하지 않으면 엔진 스타트 모터로 엔진 시동이 가능하다. HCU는 시스템이 정상일 경우 스타트 컷 릴레이를 항상 접지 제어하여 하이브리드 모터로 엔진 시동이 가능하도록 제어한다. 접지 제어 이유는 HCU가 고장 시 스타트 릴레이를 작동시킬 수 있어 스타트 모터로 시동을 하기 위함이다.

(4) 브레이크 부스터 압력 센서

브레이크 부스터 압력 센서는 브레이크 부스터에 장착되어 있으며, 브레이크 부스터의 압력을 측정한다. 브레이크 부스터 내 부압이 부족하여 비정상적인 브레이크 제동이 발생하는 것을 방지하기 위해 부압이 형성되도록 제어하는 것이 목적이다. 아이들 상태에서 부압이 부족할 경우 엔진의 부하 토크를 감소시켜 스로틀밸브를 닫힘 방향으로 제어하여 부압이 생성되도록 하는데, 부압의 크기와 출력전압은 비례한다. 오토-스톱 상태에서 부압이 부족할 경우 오토-스톱을 해제 제어(엔진 시동)을 하여 부압이 생성되도록 한다.

(5) 경사각 센서

경사각 센서는 히터 코어 아래에 장착되어 있으며, 차량의 경사도를 측정한다. 차량이 경사로 등에서 뒤로 밀리지 않도록 밀림 방지를 제어하는 데 중요한 신호로 사용된다. 차량이 언덕길에 정차하여 오토-스톱 상태가 된 후 출발 시 차량이 뒤로 밀리는 경우가 있다. 이를 방지하기 위하여 브레이크 페달을 뗀 후에도 경사도에 따라 일정시간 동안 제동장치가 작동하도록 제어하는 것이다. 밀림방지 제어를 하기 위해서는 경사각 센서, 브레이크 스위치, ABS 모듈, HCU 등이 필요하다.

(6) 얼터네이터 L 릴레이

얼터네이터 릴레이는 계기판 뒤쪽 ICM 릴레이박스 내에 장착되고, HCU는 LDC가 정상적으로 12V를 발생시켜 보조 배터리를 충전하는지 확인한다. 만약 LDC가 비정상일 경우 보조 배터리는 충전되지 않으며, HCU는 얼터네이터 릴레이를 제어하여 보조 배터리 충전 경고등이 점등되고, 에탁스로 신호를 보내어 에탁스가 부하가 큰 전장품을 OFF 제어하도록 한다.

(7) 에어백 신호

에어백이 전개되었을 경우 에어백 ECU에서 HCU로 에어백이 전개되었다는 신호를 보낸다. 이 경우 HCU는 운전자 및 차량의 안전을 위해서 하이브리드 고전압 시스템을 중지한다.

4. HCU 제어(출력) 기능

HCU의 제어기능	기능 설명	특이 사항
HEV 모터 시동	IG KEY 시동 혹은 오토 스톱 이후 HEV 모터를 이용한 시동	· HEV 모터 작동 불가 시 스타터 모터(Key)로 시동 · 장시간 오토 스톱 후 시동 시 시동 rpm 상승 (자동변속기 유압발생을 위해)
HEV 모터 보조	가속 시 HEV 모터 구동을 통한 엔진 토크 보조	
HEV 모터 회생제동	감속 시 HEV 모터 발전을 통한 전기에너지 저장(고성능 배터리 충전)	
변속기 변속비 제어	주행 상태에 따른 최적 변속비 제어	
오토-스톱 (운전자가 스위치 ON 시 실행)	D단 주행 후 브레이크 정차 시 엔진정지, 브레이크 페달 OFF 혹은 가속페달 ON 시 엔진 재시동 [ISG(Idle Stop & Go) 시스템]	· 9[km/h] 이상의 속도로 2초 이상 운행 후 브레이크 페달을 밟은 상태로 4[km/h] 이하가 되면 엔진 정지 · 브레이크 페달을 떼고 차속이 발생하고, 구배가 17[%](경사각 10°) 이상이면 해제
경사로 밀림방지 제어(CAS)	D/R단에서 브레이크 정차 시 밀림방지 밸브 작동시켜 차량밀림방지, 일정 값 이상의 급경사로의 경우 아이들 스톱 진입 금지(경사각 센서장착)	· 동작조건 기어 위치 D/R/L단에서 브레이크 페달 ON · 해제조건 브레이크 페달 OFF시 경사도에 따라 일정 시간(1.2초) 지연 후 해제
연료 컷 및 분사 허가	시동 시 연료분사 허가 /연료 컷 금지요구(SOC/변속비 조건) /연료분사 금지요구	
모터 및 배터리 보호	180V 배터리의 과충전 방지, 토크 제한, 보조배터리(12V) 과방전 방지 (과방전 시 오토 스톱 금지)	

부압제어	브레이크 부스터 압력 저하 시 모터 보조를 통한 브레이크 부압 생성	
LDC 제어 (DC-DC 변환기)	LDC ON/OFF Control, LDC 발전제어, 보조배터리 전압제어	아이들 스톱 시 원활한 전장전원 공급 가능, 발전기보다 효율이 높아 연비 향상 기여
서비스 램프제어	HCU, BMS, MCU, TCU, LDC 등이 고장 시 계기판에 점등	서비스 램프가 점등되면 하이브리드 시스템 작동은 중지하고 엔진동력으로만 운행
경제운전 안내	경제적인 운전 영역에서 운행 할 수 있도록 유도하며 연비 악화로 인한 불만 해소 및 연비향상	E(Economic)단으로 D레인지에서 변속 레버를 오른쪽으로 이동하면 출력을 감소시키고 연비를 향상시키는 주행패턴으로 변경하여 주행속도별 RPM 감소, APS에 대한 RPM 반응성 저하, 엔진과 모터 토크 저감, 회생 제동량 증대

4-1. 오토-스톱 또는 아이들-스톱 금지조건

① 엔진 냉각수 온도가 50[℃] 이하
② 오토-스톱 스위치가 OFF인 경우
③ Main 배터리 충전량이 낮은(18[%] 이하) 경우
④ 브레이크 부압이 낮은 경우(250[mmHg], 680[hPa])
⑤ 12[V] 배터리 전압이 낮은 경우(전기 부하가 클 때)
⑥ 가속 페달을 밟은 경우
⑦ 변속레버가 P 또는 R단인 경우
⑧ 관련 시스템(배터리, 모터)의 Fault가 검출된 경우
⑨ 급감속 시(기어 비 추정 로직)
⑩ ABS 작동 시

4-2. 차량이 정지한 후 엔진이 재시동되는 경우

① D, E(경제운전 모드)단에서 브레이크 페달을 뗄 경우
② 차속이 발생하는 경우
③ 일사량 및 외기온도가 높아 에어컨 작동이 필요한 경우
④ R, P, L단으로 변속하는 경우
⑤ 앞유리 서리 제거 모드 경우

4-3. 하이브리드 모터 시동 금지조건

① 배터리/모터 방전 제한 값(엔진의 시동 토크보다 적을 때)
② 배터리 온도가 낮을(-10[℃]) 때

③ 배터리 온도가 높을(45[℃] 이상) 때
④ MCU(모터조절기)가 94[℃] 이상일 때
⑤ 냉각수 온도가 -10[℃] 이하 시
⑥ SOC(고전압 배터리 충전율)가 18[%] 이하일 때
⑦ ECU/MCU/BMS 고장 시(CAN 통신 고장)

5. 고전압 배터리 시스템(BMS)

하이브리드 전기 자동차는 차량 내 타 시스템, 즉 하이브리드 전기자동차 제어기(HCU), 모터 제어기(인버터 : MCU) 등과의 CAN통신을 통하여 배터리 충전 상태(SOC : 20~70[%]에서 제어), 파워제한(가용파워 예측), 자기진단, 셀 밸런싱(전압 편차가 생긴 셀을 동일한 전압으로 매칭), 냉각제어, 고전압 릴레이 제어(고전압계 고장으로 인한 안전사고 방지) 등을 수행한다.

전기 동력 시스템은 DC 180[V]의 고전압 배터리와 AC 180[V]/15[kW]급 3상 교류 동기 모터, 모터 제어기(MCU), DC-DC 변환기(LDC), 파워 케이블 등으로 구성되어 있다.

기존 차량에 장착되어 사용해왔던 DC 12[V] 배터리의 경우 하이브리드 전기자동차에서는 일반 바디전장이나 각종 제어 ECU 동작을 위한 보조 배터리의 개념으로 이해해야 하며, 정격 전압 180[V]의 고전압 배터리 시스템은 12[V] 보조 배터리와는 완전히 분리되는 독립적인 전원 시스템임을 주지해야 한다.

셀	모듈	배터리 팩
	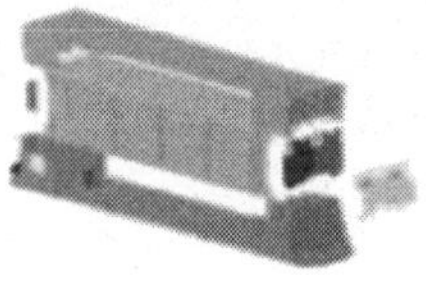	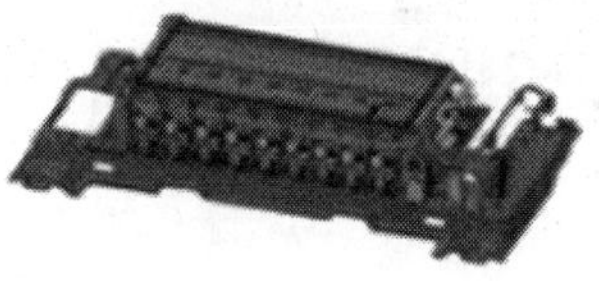
- 리튬이온 폴리머 배터리 - 전압 : 3.75[V]	- 1모듈은 8개의 셀로 구성 - 전압 : 30[V](3.75[V]×8)	- 9개의 모듈로 구성 - 전압 : 270[V](30[V]×9개)

(고전압 배터리의 사양(K5(9모듈) : 3.75[V] 72셀 : 270[V])

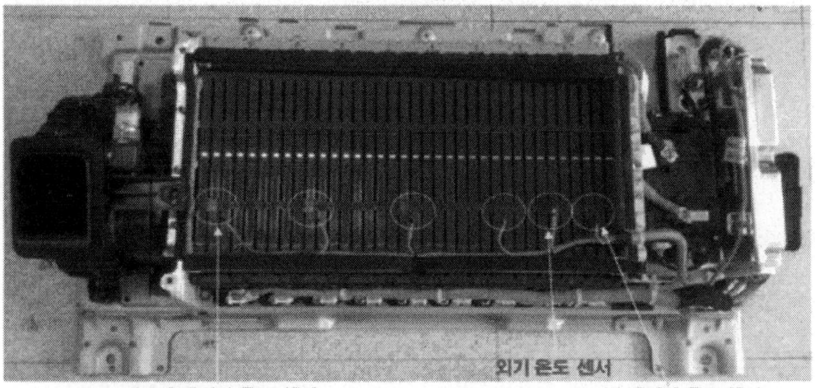

[고전압 배터리 온도센서 장착위치]

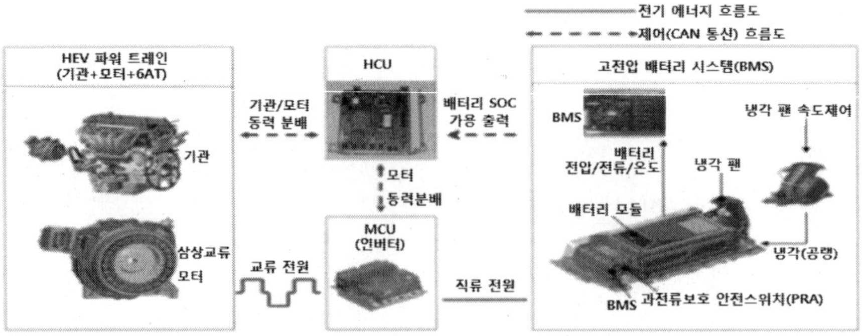

[고전압 배터리 시스템과 전체적인 하이브리드 시스템의 구성도]

배터리 팩 상단에 장착된 온도센서 및 외기 온도 센서는 부특성 더미스터(NTC)소자를 사용하며, 고전압 배터리를 냉각시키기 위하여 유입되는 공기의 온도를 감지하여 배터리 제어 유니트(BMS)로 입력된다. 고전압 배터리 가용온도는 -30[℃]~55[℃]이나 평균온도 30[℃]로 유지한다.

BMS 제어 금지 조건은

① 고전압 배터리 온도가 -10[℃] 이하
② 고전압 배터리 온도가 50[℃] 이상
③ 고전압 배터리 충전율(SOC)이 20[%] 이하 시(충전 제한 영역은 20~70[%])
④ ECU, MCU, BMS ECU Fail 시 등이다.

6. 하이브리드 모터 및 모터 제어기(MCU : Motor Control Unit)

6-1. 삼상 교류 모터(Motor)

하이브리드 자동차에 적용된 모터는 엔진과 무단변속기 사이에 장착되어 있고, 모터의 구동력을 발생시키는 회전자가 엔진의 크랭크축과 연결되어 엔진의 동력을 보조하여 무단변속기의 입력 축으로 전달하는 시스템이다. 이로써 엔진과 모터의 동력을 조화롭게 제어하여 차량을 구동함으로 엔진의 부하가 줄어들고 연비가 향상된다. 악셀러레이터의 조작 없이 관성의 힘으로 주행하는 내리막길이나 감속 시 또는 제동 시에는 모터를 발전기로 작동시키는데, 이때 운동에너지를 전기에너지로 변환해 회수하는 충전모드로 전환되므로 제동력을 발휘하면서 하이브리드 모터 발전을 통한 전기에너지가 고전압 배터리로 충전을 하게 된다.

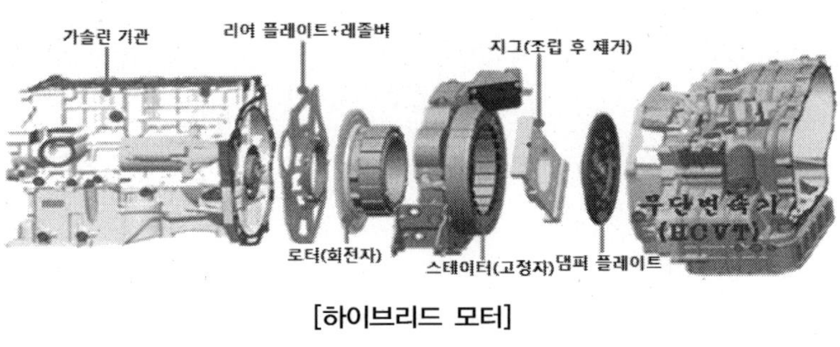

[하이브리드 모터]

Handy hint
▌ 모터의 주요 기능 ① 모터에 의한 엔진 시동(Auto stop & Go) ② 가속 시 구동력 보조 ③ 감속 시 에너지 회수(배터리 충전 : 회생제동)

모터가 가열되면 영구자석 및 고정자의 코일 등의 변형 및 성능 저하가 발생된다. 이를 방지하기 위해 모터 내부에 온도 센서를 장착하여 모터 온도에 따라 제어한다.

엔진의 CMPS(캠 포지션 센서)를 이용하여 피스톤 상사점을 검출하고 ECU는 상사점에서 연료분사 및 점화를 시켜 엔진의 가장 큰 힘을 출력한다. 모터도 마찬가지로 가장 큰 힘으로 제어하기 위해 회전자와 고정자의 위치를 정확하게 알아야만 한다. 즉, 회전자의 위치 및 속도 정보로 MCU가 가장 큰 토크로 모터를 제어하기 위해 리졸버(resolver)가 장착된다.

6-2. 모터 제어기(MCU : Motor Control Unit : 인버터)

모터 제어기(MCU)는 고전압 배터리(180V)의 직류(DC) 전원을 모터 작동에 필요한 3상 교류(AC) 전원으로 변경하고, 하이브리드 총합 제어기(HCU)의 명령을 받아 모터의 구동 전류 제어와 감속 및 제동 시 모터를 발전기 역할로 변경하여 배터리 충전을 위한 에너지 회수 기능(3상 교류를 직류로 변경 : 컨버터)을 담당한다. 모터 제어기(MCU)를 인버터(Inverter)라고도 부른다.

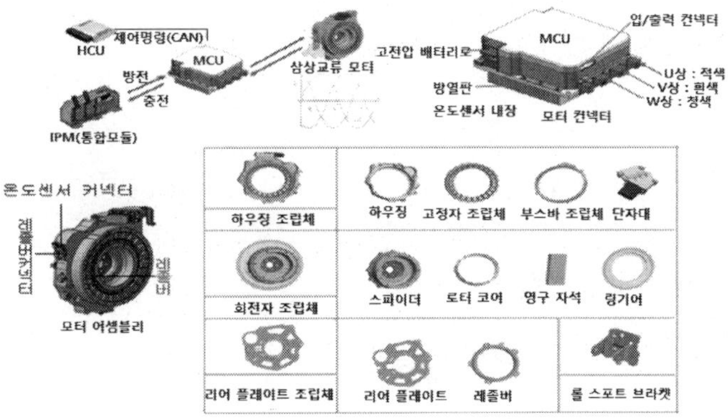

[모터제어기 입 · 출력과 모터 구성부품]

7. 하이브리드 자동차 작업 시 주의사항

하이브리드 시스템은 일반 배터리(12[V])도 있지만 고전압(140~380[V]) 시스템으로 구성되어 아래 주의사항을 준수하지 않을 경우 쇼트, 감전, 누전 등으로 개인의 심각한 부상이나 장비에 악영향을 끼칠 수 있다.

7-1. 작업 전 준비사항

① 안전복, 절연장갑, 고무장갑, 보호 안경 및 안전화를 준비한다.
② ABC 소화기를 준비한다(다량의 물을 사용하는 것은 무방하나 소량일 경우 위험하다).
③ 전해질을 닦을 수 있는 수건을 준비한다.

7-2. 고전압 시스템 점검 시 주의사항

① 취급 기술자는 고전압 시스템에 대한 검사와 서비스 교육이 선행되어야 한다.
② 모든 고전압 시스템을 취급하는 단품에는 고전압이라는 라벨이 붙어있다.
③ 고전압 작업 시 절연장갑을 착용하고, 차량 고전압 차단을 위한 안전 스위치를 OFF한다.
- 안전 스위치는 후석 시트 등받이를 제거하고, 경고문구가 있는 안전 커버를 제거하면 ON/OFF 스위치가 보인다.

④ 안전 스위치 탈거 후 5분이 경과한 다음 작업해야 한다(MCU 인버터 내의 콘덴서에 충전되어 있는 고전압 방전시간 필요).
⑤ 작업 시 금속성 물질은 몸에서 탈거해야 한다(시계, 반지, 금속성 필기구 등)
⑥ 고전압 케이블(주황색) 금속부 작업 시 반드시 전압계를 사용하여 0.1[V] 이하인지 확인한다.
⑦ 고전압 터미널부 체결 시 반드시 규정 토크를 준수한다.
⑧ 정비/점검 시 주의 : '고전압 흐름. 작업 중 촉수 금지' 경고판으로 알릴 필요가 있다.
- 고전압 관련 주요부품은 고전압 배터리, MCU&인버터, LDC, 모터 등으로, 특히 모터는 강한 영구자석이므로 신용카드, 핸드폰, 시계 등을 가까이 대면 손상될 수 있다.

7-3. 차량 정비 시 작업 준수

① 이그니션(점화스위치 : Key) 스위치 : OFF
② 후석 시트 등받이를 제거한다.
③ 절연장갑을 착용한 상태에서 12[V] 배터리(보조 배터리) (-)케이블을 제거한다.
④ 안전 스위치를 OFF한다.
⑤ 안전 스위치 OFF 후 고전압 부품을 취급하기 전에 5~10[분] 이상 대기한다.

7-4. 차량 사고 시 조치사항

① 고전압 케이블(절연피복이 벗겨진 상태)은 손대지 말 것(불가피할 경우 차체와 케이블에 고전압 통전 상태인지 확인할 것).

② 차량 화재 시 ABC 소화기로 진압할 것.

③ 차량이 반쯤 침수 상태일 경우 차량의 안전 스위치 등의 접근을 일절 금할 것.

④ 차량에 손을 댈 필요가 있을 경우, 물에서 차량을 완전히 안전한 곳으로 이동 및 주차 후 조치할 것.

⑤ 고전압 배터리 전해질 누수 발생 시 피부에 접촉하지 말 것.

⑥ 리튬 폴리머 배터리는 젤(Gel) 타입의 전해질 적용으로 액상 전해질 미적용(누수 가능성은 희박하나 전해질 피부 접촉 시 비눗물로 깨끗이 씻는다).

⑦ 차량 파손으로 고전압 차단이 필요 시 다음 순서로 작업 조치할 것.

- 차량 정지 후 P단으로 위치하고 사이드 브레이크를 작동시킬 것
- IG Key 제거 후 보조 배터리의 접지(-)를 탈거할 것
- 절연장갑을 착용하고 안전 스위치를 OFF 할 것(차량 파손으로 불가능 할 경우 IG 릴레이 또는 배터리 퓨즈를 제거할 것)

7-5. 차량 도색 건조 시 주의 사항

① 고전압 배터리 통합 패키지 모듈(IPM : Intergreated Package Module(배터리, 인버터, LDC)를 탈거하고 고온 건조 작업을 한다.

② 고전압 배터리 통합 패키지 모듈을 탈거가 불가피할 경우에는 70[℃]에서 30[분], 80[℃]에서 20[분] 초과 금지할 것

참고문헌

1. ED MAY LES SIMPSON, automotive mechanics, Mc Graw Hill
2. Colin R,Ferguson, INTERNAL COMBUSTION, WILEY
3. MARTINE W,STOCKEL, auto mechanics fundamentals, Goodhear
4. 자동차연구회, 자동차공학, 중원사
4. 정비연수원, 전자제어 스로틀 시스템, 현대기아자동차(주)
5. A/S교육팀, 윈스톰 2.0 터보, GM대우(주)
6. K7정비지침서, LPI기관, 기아자동차(주)
7. 정비연수원, 전자제어엔진(가솔린/디젤), 현대기아자동차(주)
8. 정찬문 외 3인, 자동차가솔린 기관공학, 미전사이언스
9. 박재림 외 4인 자동차전자제어기관, 미전사이언스
10. 정찬문, 전자제어기관, 한국산업인력공단
11. WILLIAM H, CROUS/DONALD L, ANGLIN Automotive MECHANICS GLENCOE Mc Graw Hill
12. 김보영 외 3인, 자동차기관, 한국산업인력공단
13. 송업조 외 3인, 자동차구조공학, 미전사이언스
14. 정비교육교재, 아반떼 하이브리드, 현대자동차(주)
15. 안정기 외 2인, 자동차공학과정비, 동신출판사

저|자|소|개

이찬수 / 現 부산자동차정비학원 원장

황성일 / 現 기아자동차(주)부산서비스센터
(공학박사)

봉필준 / 現 서영대학교(파주캠퍼스) 자동차기계공학과 교수

자동차 기관공학

1판 1쇄 2020년 1월 15일

저 자	이찬수 / 황성일 / 봉필준
발행인	송광헌
발행처	복두출판사
주 소	서울특별시 영등포구 경인로82길 3-4 센터플러스 807호 (우) 07371
전 화	02-2164-2580
FAX	02-2164-2584
등 록	1993. 11. 22. 제 10-902 호

정가 : 16,000원

ISBN : 979-11-5906-608-5 93550

한국과학기술출판협회 회원사

* 본 도서의 자료 업데이트가 있을 경우 본사 홈페이지 자료실에 업로드 됩니다. 정기적으로 들러서 유익한 자료를 받아가시기 바랍니다.